新生物学丛书

基因载体

王天云　王小引　王　磊等　著

科学出版社

北京

内 容 简 介

本书反映了近十年来基因载体领域的最新进展，从基因载体的基础知识、原核表达载体、酵母表达载体、昆虫表达载体、哺乳动物表达载体、病毒表达载体、植物表达载体、人工染色体载体、基因编辑载体、基因表达载体操作实例等方面系统介绍基因载体相关的理论和技术。

本书可作为生物工程相关专业本科生、基因工程相关研究方向的研究生，以及从事生物工程的广大科研工作人员的参考用书。

图书在版编目（CIP）数据

基因载体/王天云等著. —北京：科学出版社，2024.3
ISBN 978-7-03-077452-1

Ⅰ. ①基… Ⅱ. ①王… Ⅲ. ①基因载体 Ⅳ. ①Q782

中国国家版本馆 CIP 数据核字（2024）第 009179 号

责任编辑：罗 静 刘 晶 / 责任校对：郑金红
责任印制：肖 兴 / 封面设计：刘新新

科学出版社 出版
北京东黄城根北街 16 号
邮政编码: 100717
http://www.sciencep.com
三河市骏杰印刷有限公司印刷
科学出版社发行 各地新华书店经销
*
2024 年 3 月第 一 版 开本：720×1000 1/16
2024 年 9 月第二次印刷 印张：20 3/4
字数：418 000

定价：198.00 元
(如有印装质量问题，我社负责调换)

《基因载体》著者名单

（按姓氏笔画排序）

马双平　王　冲　王　磊　王小引

王天云　孙秋丽　李翠萍　张　玺

张继红　耿少雷　贾岩龙　倪天军

樊振林

“新生物学丛书”丛书序

当前，一场新的生物学革命正在展开。为此，美国国家科学院研究理事会于2009年发布了一份战略研究报告，提出一个“新生物学”（New Biology）时代即将来临。这个“新生物学”，一方面是生物学内部各种分支学科的重组与融合，另一方面是化学、物理、信息科学、材料科学等众多非生命学科与生物学的紧密交叉与整合。

在这样一个全球生命科学发展变革的时代，我国的生命科学研究也正在高速发展，并进入了一个充满机遇和挑战的黄金期。在这个时期，将会产生许多具有影响力、推动力的科研成果。因此，有必要通过系统性集成和出版相关主题的国内外优秀图书。为后人留下一笔宝贵的“新生物学”时代精神财富。

科学出版社联合国内一批有志于推进生命科学发展的专家与学者，联合打造了一个21世纪中国生命科学的传播平台——“新生物学丛书”。希望通过这套丛书的出版，记录生命科学的进步，传递对生物技术发展的梦想。

“新生物学丛书”下设三个子系列：科学风向标，着重收集科学发展战略和态势分析报告，为科学管理者和科研人员展示科学的最新动向；科学百家园，重点收录国内外专家与学者的科研专著，为专业工作者提供新思想和新方法；科学新视窗，主要发表高级科普著作，为不同领域的研究人员和科学爱好者普及生命科学的前沿知识。

如果说科学出版社是一个“支点”，这套丛书就像一根“杠杆”，那么读者就能够借助这根“杠杆”成为撬动“地球”的人。编委会相信，不同类型的读者都能够从这套丛书中得到新的知识信息，获得思考与启迪。

“新生物学丛书”专家委员会

主　任：蒲慕明

副主任：吴家睿

2012年3月

序　一

目前基因工程已成为生物医学领域应用最广泛的技术。基因载体是基因工程的关键工具，负责携带、运载目的基因至宿主细胞并决定其表达。基因载体是经过遗传学改造的质粒、噬菌体、病毒等 DNA 分子。通过不同元件的组合和优化能够提升基因载体性能，进而提高目的蛋白表达水平，因此研究基因载体的结构、功能、优化策略具有重要的理论意义和应用价值。随着基因工程在生物医学领域的发展和广泛应用，基因载体的新理论、新技术层出不穷。国内企业和科研机构使用的基因载体主要依赖于国外进口，缺乏自主知识产权。对于从事生物医药研发的科研人员来说，迫切需要学习掌握基因载体的最新理论与研究进展，但近年来国内外缺乏相关书籍出版。

该书是作者多年科研实践积累的经验和智慧结晶，全书围绕不同类型基因载体结构、功能及优化策略进行系统的论述，针对不同表达系统，介绍不同类型基因载体并结合实践经验总结不同基因载体的具体操作实例，且对近年来取得的一些新进展进行详述与分析。该书内容丰富全面、图文并茂、深入浅出，具有很高的学术价值，是一本实用的基因载体技术工具书。该书不仅对生物医药及相关领域的研究者有参考意义，更是对从事重组蛋白药物研发的科技工作者具有指导价值。

李校堃

中国工程院院士

2024 年 2 月

序

序　二

基因载体是基因表达系统的重要组成部分，是决定目的基因表达的关键因素。自基因工程技术诞生以来，研究者围绕基因载体做了大量的研究工作，弥补了原始载体许多不足和缺陷。目前基因载体种类繁多，适合不同基因表达系统和不同宿主细胞。通过优化基因载体的调控元件，可以极大提高目的蛋白表达量，尤其是近 30 年来，目的蛋白的表达量已经提高了上百倍。随着分子生物学以及相关学科的发展，会不断发现新的有效的基因载体元件，进一步优化构建新型的基因载体，以适合各种宿主细胞，达到理想的表达效果。

在经历了以 *E. coli* 生产的重组细胞因子为代表的第一波产业发展后，目前迎来了重组单克隆抗体为主流的第二波产业热潮。正值基因工程产业蓬勃发展之机，出版一本基因载体方面的专著十分必要。

国内的基因载体主要依赖国外进口，国内鲜有进行载体研发的科研团队。王天云教授所著《基因载体》一书从基因载体的基础知识、原核表达载体、酵母表达载体、昆虫表达载体、哺乳动物表达载体、病毒表达载体、植物表达载体、人工染色体载体、基因编辑载体、基因表达载体操作实例等方面详细介绍了基因载体的理论和应用。

该书参考了大量国内外最新的科研成果，同时结合作者自身的研究实践和经验，反映了基因载体领域最新研究进展，内容广泛、资料详实、实用性好、可操作性强。

该书的出版能使生物制药领域的相关科研工作者更系统、更全面地了解国内外最新的基因载体知识，对于促进国内基因工程产业的发展具有重要的指导意义。

华子春
南京大学生命科学学院
2024 年 2 月

前　言

基因工程技术诞生于20世纪70年代，目前已成为生物、医学领域应用最广泛、最有意义的技术。基因载体是基因工程的核心，是决定目的基因表达的关键工具。

基因载体是运载目的DNA并驱动目的基因表达的工具，是经过遗传学改造的质粒、噬菌体或病毒等。基因载体的DNA与外源DNA经过体外酶切、连接组成新的重组DNA分子，进而导入宿主细胞。由于基因调控系统的差异，不同种类的宿主细胞有各自适合的基因载体。基因载体结构较为复杂，除了载体的必需元件之外，一些非必需元件也能影响载体的特性。随着分子生物学的发展，目前已经有多种不同类型的基因载体，适合不同的表达系统，满足不同的表达需求。通过优化基因载体，可以对目的基因的表达进行调控，如提高目的蛋白的表达量等。目前国内的企业和科研机构所使用的表达载体仍然依赖于国外进口，缺乏自主知识产权及技术，因此，亟须出版一本关于基因载体方面的著作。

鉴于以上原因，在长期的科研活动中，我们不断总结经验，交流学习，在查阅国内外大量相关文献的基础上，结合自己的实践，编著了这本《基因载体》。全书共分10章，主要内容包括基因载体的基础知识、原核表达载体、酵母表达载体、昆虫表达载体、哺乳动物表达载体、病毒表达载体、植物表达载体、人工染色体载体、基因编辑载体、基因表达载体操作实例等内容。

本书可作为从事基因工程相关研究的研究生及广大科研工作者的参考用书，也可以作为相关专业本科生的参考用书。参与本书撰稿的人员均为河南省重组药物蛋白表达系统国际联合实验室、新乡医学院的一线科研人员。他们具有多年丰富的基因载体操作、研发经验，为本书的编写投入了大量的精力。另外，科学出版社的编辑在本书的编辑加工中做了大量细致的工作，在此表示衷心的感谢！

因著者水平有限，加之日常繁重的科研教学工作，书中难免有疏漏和不足之处，敬请各位读者提出宝贵意见，以便再版时更正！

王天云

2024年1月

目　　录

第一章　基因载体概论

诞生于20世纪70年代的基因工程（gene engineering）技术，是生命科学领域最有意义的技术突破之一，从根本上改变了生命科学的本质，改变了人们的生活。利用基因工程技术，人们可以根据自己的意愿对生命体进行遗传改造和修饰，可以使自然条件下存在的极其微量的有用蛋白质在短时间内得到大量生产，从而满足社会需要。基因工程生产的重组蛋白已经广泛应用到各个领域，如基础研究、生物制药、美容保健等；此外，还可以利用此技术进行基因诊断、基因治疗、细胞编辑等，加快了对疾病发病机制的认识，提升了临床疾病诊断和治疗水平。基因载体（vector）是基因工程技术的核心，是决定目的基因（gene of interest，GOI）表达的关键工具。对于同类宿主细胞，基因载体具有较强的通用性，同一载体可以携带不同的目的基因，操作方法基本相同（陈金中和薛京伦，2007）。

第一节　基因工程与基因载体

1972年，波耶尔（Boyer）首次进行了DNA的体外酶切和连接，完成了DNA的体外重组。1973年，科恩（Cohen）等首次在体外将重组DNA分子转化进入大肠杆菌（*Escherichia coli*，*E. coli*），筛选出抗四环素和链霉素的重组菌落，标志着基因工程的诞生。1978年，世界上第一家遗传工程公司Genetech利用基因工程技术成功在*E. coli*中表达出胰岛素，是世界上第一个利用基因工程生产的重组蛋白药物，标志着基因工程药物产业新时期的到来。

基因工程又被称为重组DNA技术（recombinant DNA technique）、分子克隆（molecular cloning）、遗传工程（genetic engineering），其过程涉及在分子水平上获取不同生物的目的基因，体外进行酶切并与适当载体DNA连接，转入细胞内进行扩增，利用宿主细胞的酶、原料等使转入的目的基因在细胞内转录、翻译，产生出所需要的目的蛋白。基因工程主要涉及目的基因、基因载体和宿主细胞三个基本要素。目的基因是人们感兴趣的、有研究或应用价值的基因，一般又称为外源基因。宿主细胞是指接受外源DNA的细胞，如细菌、酵母或哺乳动物细胞等。

基因载体是运载目的DNA并驱动目的基因表达的工具，是经过遗传学改造的质粒、噬菌体或病毒等。基因载体DNA与外源DNA经过体外酶切、连接组成新的重组DNA分子，导入宿主细胞内。由于基因调控系统的差异，不同种类的宿主细胞有各自适合的基因载体，例如，*E. coli* 的基因载体并不适合在真核细胞表达，适合真核细胞的表达载体也不能在原核宿主细胞表达。为了操作方便，有些载体如穿梭载体，包括原核生物和真核生物两套调控元件，能在两种宿主细胞中发挥作用。基因载体虽然不具备宿主细胞的通用性，但都具有基本相同的操作方法。

第二节　基因载体分类

一、按照功能分类

作为运载目的基因的基因载体，其特性是与其功能相适应的。按照基因载体的功能来分，可以分为克隆载体和表达载体。此外，基因载体还有测序载体、转化载体、穿梭载体等。

（一）克隆载体

克隆载体的功能主要是携带目的基因或者外源 DNA 进入宿主细胞，并在宿主细胞中进行复制，如常见的 pUC 系列载体。

作为克隆载体，其一般特性应该包括：①具有复制子（replicon），能在宿主细胞中独立复制繁殖；②易插入外源 DNA，通常在载体上设计多克隆位点（multiple cloning site，MCS）以便于操作，一般载体上最多包括 20 个限制性内切核酸酶酶切位点，并且这些酶切位点在载体上是唯一的；③分子质量小、拷贝数高，由于受转化（染）效率的影响，分子质量小的载体容易转化或转染，此外，载体过大还存在操作困难、容易断裂等缺点；④具有筛选标记，大多数商业化的载体一般有一个或多个筛选标记，大部分为抗药和营养补偿标记，如氨苄青霉素抗性（ampicillin resistance，Amp^{r}）、卡那霉素抗性（kanamycin resistance，Kan^{r}）、四环素抗性（tetracycline resistance，Tet^{r}）、链霉素抗性（streptomycin resistance，Str^{r}）和氯霉素抗性（chloramphenicol resistance，Cml^{r}）等（范桂枝，2015）。

（二）表达载体

表达载体除了携带目的基因或者外源 DNA 进入宿主细胞进行复制外，其重要的功能是驱动目的基因表达。按照表达系统不同，表达载体又可以分为原核表达载体和真核表达载体。目的基因在细胞内的表达是个复杂过程，涉及多个层次的表达调控，尤其是真核生物，因此高效表达载体的构建是相对复杂的工程。作为表达载体，除了具有克隆载体的上述特性外，还要具有下列元件。①目的基因表达盒，包括启动子（promoter）、终止子（terminator）及加尾信号。克隆载体一般含有筛选标记的基因表达盒，不含目的基因的表达盒。目的基因如果要达到高水平表达，必须有强启动子。启动子是 RNA 聚合酶识别、结合和开始转录的一段 DNA 序列。原核表达系统常用的启动子如 T7 噬菌体来源的启动子、阿拉伯糖代谢操纵子来源的 araBAD 启动子、色氨酸操纵子来源的 Trp 启动子、乳糖操纵子来源的 Lac 启动子等。真核表达系统常用的启动子如巨细胞病毒主要即刻早期基因(cytomegalovirus major immediate early gene，CMV)、猿猴病毒 40(simian virus 40，SV40)、延伸因子-1α（elongation factor-1α，EF-1α）、磷酸甘油酸激酶（phosphoglycerate kinase，PGK）和泛素 C（ubiquitin C，Ubc）等。终止子位于基因的 3′调控序列后，能决定转录单元终止转录并起始新合成的 RNA 与转录机器分离。原核表达载体常用的终止子如 T7，哺乳动物表达载体常用终止子如 SV40、人生长激素（human growth hormone）和牛生长激素（bovine growth hormone）等。②其他调控元件，如前导序列（leader sequence）、信号肽（signal peptide）、核定位序列（nuclear localization sequence）等。前导序列是结构基因编码区上游的一段序列，这部分序列能被转录，但不被翻译。有些重组蛋白为分泌蛋白，N 端需要信号肽引导新合成的蛋白质向分泌通路转移。信号肽长度一般为 5～30 个氨基酸。核定位序列是蛋白质的一个结构域，通常为一个短的氨基酸序列，它能与入核载体相互作用，使蛋白质能被运进细胞核。此外，为了使目的基因高效表达，往往还需要对表达载体进行优化，增加一些新的元件，如增强子（enhancer）、核基质附着区（matrix attachment region，MAR）和土拨鼠肝炎病毒转录后调控元件（woodchuck hepatitis virus post-transcriptional regulatory element，WPRE）（王天云等，2020）。

（三）测序载体

测序载体主要用于 DNA 片段的测序，通常含有一段多酶切位点序列，便于外源 DNA 片段的插入和重组。测序载体包括单链载体和双链载体，如 M13、pUC、pGEM 系列载体。在插入片段的侧端，存在合适的测序引物互补序列。双链 DNA 载体可以从插入片段的两侧双向测定 DNA 片段序列，测序效率更高。

（四）转化载体

为了把一个目的基因或 DNA 序列整合到目的生物体基因组，首先构建一个含目的基因或 DNA 序列的环状载体，通过同源重组整合到基因组；然后利用同一种载体克隆外源 DNA 序列后去转化目的生物体，通过转化载体和整合载体的同源性，将外源 DNA 序列插入到该生物体基因组。

（五）穿梭载体

穿梭载体含有两个亲缘关系不同的复制子，能在两种不同的生物中进行复制，例如，既能在原核生物中复制，又能在真核生物中复制。

二、按照来源分类

基因载体按照来源不同，可以分为非病毒载体和病毒载体。非病毒载体又包括质粒载体、噬菌体载体、噬菌粒载体、黏粒载体和人工染色体。

（一）非病毒载体

1. 质粒载体

质粒（plasmid）载体是基于细菌染色体外的双链环状 DNA 分子改造的。与天然质粒相比，质粒载体通常带有一个或一个以上的选择性标记基因（如抗生素抗性基因），以及一个人工合成的、含有多个限制性内切核酸酶识别位点的 MCS 序列，并去掉了大部分非必需序列，使分子质量尽可能小，以便于基因工程操作。其中，*E. coli* 的 pUC、pBR322、pSC101 等质粒是目前商品化质粒的基本骨架。酵母质粒载体是一种穿梭载体，既可以在 *E. coli* 中又可以在酵母系统中进行复制与扩增（常重杰，2012）。

2. 噬菌体载体

噬菌体（bacteriophage）是感染细菌、真菌、藻类、放线菌或螺旋体等微生物的病毒的总称，因能引起部分宿主菌的裂解，故称为噬菌体。噬菌体由遗传物质核酸及其蛋白质外壳组成，不能独立于寄主细胞生长和繁殖。在寄主细胞内，噬菌体利用寄主的合成系统进行 DNA 或 RNA 的复制和壳蛋白的合成，从而实现增殖。基于 λ 噬菌体的基因载体应用最为广泛。λ 噬菌体 DNA 是线状双链 DNA 分子，长约 50 kb，单链末端含 12 bp 的互补黏性末端，称为 cos 位点（cohesive end site），当其被注入寄主细胞后，可以通过两个黏性末端的互补作用形成双链的环状 DNA 分子。M13 噬菌体是一种丝状噬菌体，内有一个环状单链 DNA 分子，长 6407 个核苷酸，含 DNA 复制和噬菌体增殖所需的遗传信息。M13 噬菌体载体由于单链特性而难以进行基因操作，曾被用于制备基因探针和测序分析。最常用的噬菌体载体是 M13mp18/19 载体，但 M13 噬菌体具有良好的蛋白质展示特性（Sambrook and Russell，2001）。

3. 噬菌粒载体

噬菌粒载体（phagemid 或 phasmid）是带有丝状噬菌体复制起始位点的质粒，是由质粒载体和单链噬菌体载体结合而成的新型载体。噬菌粒载体分子质量一般都比较小，约为 3000 bp，易于体外操作，可克隆长达 10 kb 的单链外源 DNA 片段。

4. 黏粒载体

黏粒（cosmid）是在质粒和 λ 噬菌体基础之上改造的一种人工载体，具有质粒和噬菌体的优点，也具有噬菌体稳定性较差的缺点。黏粒含 λ 噬菌体 cos 位点和质粒复制起始位点，全长 5～7 kb，可容纳长达 45 kb 的 DNA 片段，多用于构建基因文库。

5. 人工染色体

人工染色体（artificial chromosome）是人工构建的、含有天然染色体基本功能单位的载体系统，包括酵母人工染色体（yeast artificial chromosome，YAC）、细菌人工染色体（bacterial artificial chromosome，BAC）、源于噬菌体的 P1 派生人工染色体（P1-derived artificial chromosome，PAC）、植物人工染色体（plant artificial chromosome，PLAC）、哺乳动物人工染色体（mammalian artificial chromosome，MAC）和人类人工染色体（human artificial chromosome，HAC）。人工染色体可以容纳更长的 DNA 片段，用较少的克隆就可以包含特定基因组的全部序列，从而保持了基因组特定序列的完整性，有利于制作物理图谱（Grimes and Monaco，1990；Hagemann et al.，1994；Monaco and Larin，1994）。

（二）病毒载体

大多数野生型病毒对机体具有致病性，且其负载外源 DNA 能力有限，因此需要对其改造后才能应用。理论上，所有病毒载体都可以被改造成基因载体，但由于病毒的多样性及其与机体复杂的依存关系，目前只有少数几种病毒被成功地改造为基因载体并得到应用，包括逆转录病毒载体、腺病毒及腺相关病毒载体、疱疹病毒载体和甲病毒载体等。

三、按照是否整合分类

按照基因载体是否整合到宿主细胞基因组上，可以把基因载体分为三类。

（一）整合性载体

目的基因要在宿主细胞中长期稳定表达，需要整合到宿主细胞基因组 DNA 上。目前这类载体主要是哺乳动物细胞表达载体，如用于基因治疗的病毒载体、用于重组蛋白/抗体生产的质粒载体等。这类载体的优点是外源基因可以通过同源重组或随机整合的方式整合到宿主细胞基因组 DNA 上长期稳定表达；缺点是外源基因的插入可能引起宿主细胞基因组 DNA 突变，且存在引起肿瘤等疾病发生的潜在风险（Edavettal et al.，2012）。

（二）附着体载体

附着体载体（episomal vector）可以使外源基因不整合到宿主细胞基因组上，而是以附着体的形式存在，不存在整合载体插入突变的潜在风险。附着体载体有两种类型：一种是病毒附着体载体，如 EBV、BKV、BPV-1 或 SV40；另一种是基于核基质附着区构建的附着体载体（Hu，2014；Wang et al.，2019；Zhang et al.，2017）。

（三）游离性载体

游离性载体是游离于宿主细胞染色体基因组外的一类基因载体，主要有细菌质粒载体和酵母质粒载体。这类载体是基于野生型质粒进行遗传改造而成，常用于基因工程重组蛋白的表达（陈金中和薛京伦，2007）。

四、按照目的分类

基因载体按照目的不同可以分为两大类：一类用于基因工程重组蛋白表达，另一类用于人类遗传病的基因治疗。重组蛋白表达宿主细胞包括 *E. coli*、酵母、植物、哺乳动物细胞等。基因治疗载体的靶细胞主要有体细胞和生殖细胞两大类。

第三节　基因载体结构

基因载体种类繁多，不同种类的基因载体，存在共同的特点，具有不同的结构。质粒是大部分载体最基本的组成部分，几乎所有载体都有质粒结构。为了实现载体的高效表达及高容量等目的，往往在基因载体构建过程中将不同元件进行组合和优化，从而产生性能更优良的新基因载体。

一、质粒载体结构

质粒是指存在细菌染色质以外，能自主复制且与细菌共生的遗传物质。经遗传改造的质粒载体是基因工程中最常用、最简单的载体。质粒载体一般包括以下几种结构。

（一）复制子

质粒是环状的核外自主复制 DNA 分子，因此它首先要有复制起始位点（origin of replication，ori）或称“ori 基因”“ori 序列”等。目前，*E. coli* 中使用的质粒一般含有源自 pMbB1 或 pColE1 的 ori 序列。常见的复制子见表 1.1。质粒的 ori 决定质粒的复制方式和起始频率。根据质粒 DNA 复制与宿主之间的关系或在宿主细胞中拷贝数的多少，可以将质粒分为严紧型和松弛型。严紧型质粒复制受宿主染色体 DNA 复制的严格控制，拷贝数较少，一般只有 1～3 个拷贝。松弛型质粒复制不与宿主细胞的染色体复制相偶联，在宿主中的拷贝数比较多，一般有 10～200 个拷贝，有的可达到 700 个（Lin-Chao et al.，1992）。

表 1.1　常用质粒的复制子和拷贝数

载体名称	复制子	拷贝数	拷贝类型	抗性
pUC 及衍生系列	pMB1	500～700	高拷贝	Amp
pBluescript	ColE1	300～500	高拷贝	Amp
pGEM	pMB1	300～400	高拷贝	Amp
pBR322 及衍生系列	pMB1	15～20	低拷贝	Amp/Tet
pACYC 及衍生系列	p15A	10～12	低拷贝	Kan/Amp
pSC101 及衍生系列	pSC10	1～5	极低拷贝	Tet

（二）遗传选择标记

质粒能够通过表达某些蛋白质赋予宿主细胞一些新的生物学特性，利用这一原理可以选择某些基因作为质粒的筛选标志。目前使用最广泛的是抗生素选择标记、抗突变标记、人工插入失活标记和 α-互补标记等。

质粒主要的抗生素选择基因有 *Amp*^{r}、*Cml*^{r}、*Tet*^{r}、*Kan*^{r} 和 *Str*^{r} 5 种。转化的宿主菌一般都是抗生素敏感型的，获得质粒的宿主菌能在含有抗生素的平板上生长，从而达到筛选的要求。氨苄青霉素抗性基因编码 β-内酰胺环水解酶，该酶分泌进入细菌的周质，抑制转肽反应并催化 β-内酰胺环水解，从而解除氨苄青霉素的毒性。此外，青霉素可抑制细胞壁肽聚糖的合成，与相关的酶结合并抑制其活性，从而抑制转肽反应。*Kan*^{r} 编码氨基糖苷磷酸转移酶，对卡那霉素进行修饰，能够阻断其与核糖体结合，因此，在筛选培养基上添加卡那霉素，能够存活下来的就是具有卡那霉素抗性基因的质粒。*Cml*^{r} 和 *Tet*^{r} 也是常用的载体选择标记，前者表达氯霉素乙酰转移酶，可以使氯霉素结合核糖体的能力丧失，后者编码一个 300 个氨基酸的膜蛋白，可以阻碍四环素被细胞吸收。*Str*^{r} 编码一种氨基糖苷磷酸转移酶，对链霉素进行修饰，阻断其与核糖体 30S 亚基结合。此外，真核生物质粒常用的选择标记包括嘌呤霉素（puromycin）、遗传霉素（geneticin，G418）和潮霉素 B（hygromycin B）等抗性基因。嘌呤霉素是由白黑链霉菌（*Streptomyces alboniger*）产生的一种肽基核苷抗生素，可抑制原核细胞和真核细胞的肽基转移，当细胞的新霉素（neomycin）表达抗性产物氨基糖苷磷酸转移酶时，细胞获得抗性而能在含有 G418 的选择性培养基中生长。*E. coli* 来源的潮霉素抗性基因，编码潮霉素B磷酸转移酶，将潮霉素B转化成不具有生物活性的磷酸化产物，根据这一原理，潮霉素B用来筛选和维持培养成功转染潮霉素抗性基因的原核或真核细胞。适合原核和真核细胞的筛选标记包括博来霉素（zeocin）和杀稻瘟菌素（blasticidin），来自斯坦链异壁菌（*Streptoalloteichus hindustanus*）的 *Shble* 基因编码一种14 kDa的蛋白质，能够以一定比率结合博来霉素，使其不能结合细胞DNA，抑制其 DNA 断裂活性，从而使细胞对博来霉素产生抗性。因此，博来霉素可用来筛选表达博来霉素抗性基因的多克隆或单克隆细胞，或用于相应的多克隆或单克隆细胞的维持性培养。杀稻瘟菌素抗性基因所编码的blasticidin S脱氨酶可以催化blasticidin S发生脱氨基反应，生成对细胞无毒性的blasticidin S脱氨羟基化衍生物，从而使细胞对blasticidin S产生抗性。因此，blasticidin S可用于筛选携带杀稻瘟菌素抗性基因质粒的动物稳定转染细胞株，也可用于 *E. coli* 等原核细胞的筛选（范桂枝，2015；王天云等，2020）。

插入失活和α-互补也是利用较多的筛选方法。理论上，插入失活可以用于任何基因，但实际中往往用于带有两个或两个以上的抗生素抗性基因的质粒载体。当外源 DNA 插入其中一个抗性基因序列内部时，由于基因编码序列受到破坏，常导致此种抗性的消失。α-互补是指 *lacZ* 基因上缺失操纵基因区段的突变体与带有完整的近操纵基因区段中由1024个氨基酸组成的β-半乳糖苷酶（β-galactosidase）突变体之间实现互补。α-互补是基于在两个不同的缺陷β-半乳糖苷酶之间可实现功能互补而建立的（Trivedi et al.，2014）。

（三）多克隆位点

多克隆位点是一段包括多个限制性内切核酸酶酶切位点的短 DNA 片段，便于外源基因的插入。一般来说，外源 DNA 片段越长，越难插入，越不稳定，转化效率越低。在表达型质粒中，MCS常位于启动子之后。目前，随着无缝克隆技术的发展，没有合适酶切位点的质粒可以通过无缝克隆实现DNA分子重组。

（四）其他结构

除了上述质粒的基本结构外，作为特殊用途的质粒还包括其他结构，如用于原核表达的质粒，还有启动子、SD序列、终止子，以及便于下游蛋白质纯化的分子标签。

（五）常见的 *E. coli* 质粒载体

1. pSC101质粒载体

pSC101质粒载体是世界上第一个用于基因克隆的天然质粒载体，是基因工程诞生的标志，目前已不常用。pSC101质粒载体为严紧型复制，拷贝数极低，每个宿主细胞只有1～2个拷贝，分子大小为9.09 kb，有1个四环素抗性基因（Tet^r）筛选标记和6个克隆位点（*Eco*RⅠ、*Xho*Ⅰ、*Pvu* Ⅰ、*Hin*dⅢ、*Bam*HⅠ和 *Sal*Ⅰ），其中 *Hin*dⅢ、*Bam*HⅠ、*Sal*Ⅰ三个酶切位点插入外源DNA，都会导致 Tet^r 失活（图1.1）（Manen and Car，1991）。

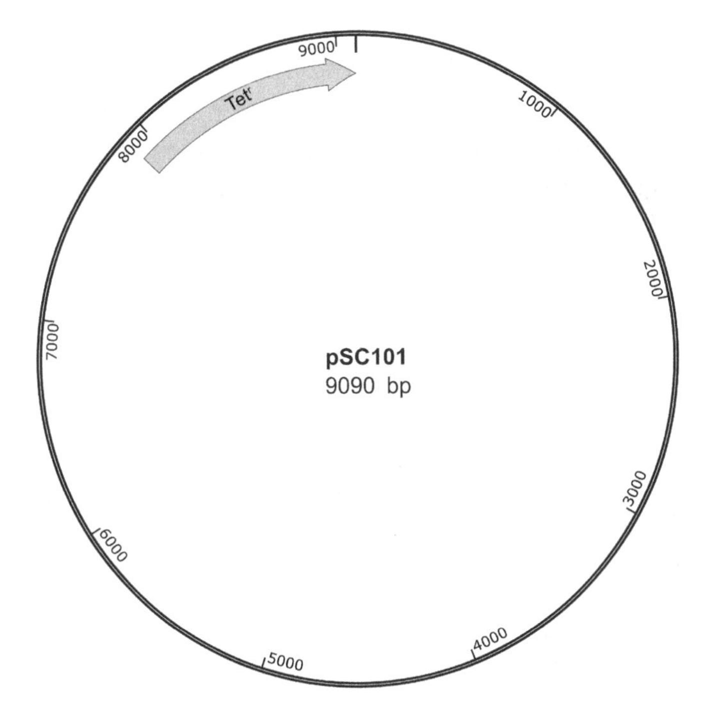

图1.1　pSC101质粒载体分子结构（范桂枝，2015）

2. ColE1 质粒载体

ColE1质粒载体为松弛型复制的多拷贝质粒，当培养基中氨基酸耗尽或者在对数期末期加入氯霉素抑制蛋白质合成时，宿主染色体DNA复制受到抑制，细胞生长随之停止，但质粒DNA仍可以复制达数小时，最后累积的质粒拷贝数可以增加到1000～3000个。ColE1质粒载体大小为6.3 kb，该质粒具有 *Eco*RⅠ单酶切位点，有编码大肠杆菌素的E1基因和使寄主细胞具有对E1免疫性的基因。外源DNA插入 *Eco*RⅠ位点后，E1基因失活，但不影响其DNA复制活性及对大肠杆菌素E1的免疫性能，因此可以根据对大肠杆菌素E1的免疫性选择转化子。

3. pBR322 质粒载体

pBR322是一个人工构建的重要质粒，由Bolivar和Rogigerus于1977年构建完成。pBR322 中的“p”代表质粒，“BR”为两位研究者 Bolivar 和 Rogigerus 姓氏的首字母，“322”是实验编号。pBR322 是由 pSF2124、pMB1 及 pSC101 三个亲本质粒经复杂的重组过程构建而成的。pSF2124 提供 *Amp*ʳ，pMB1 提供 ColE1 松弛型复制子，pSC101 提供 *Tet*ʳ（图 1.2）。

质粒载体 pBR322 的大小为 4363 bp，分子质量较小，带有一个复制起始位点，保证了该质粒只在 *E. coli* 的细胞中行使复制功能；具有两种抗生素抗性基因——氨苄青霉素抗性基因和四环素抗性基因，方便转化子的选择标记筛选；具有较高的拷贝数，经过氯霉素扩增以后，每个细胞中可累积 1000～3000 个拷贝，为重组 DNA 的制备提供了极大的方便。

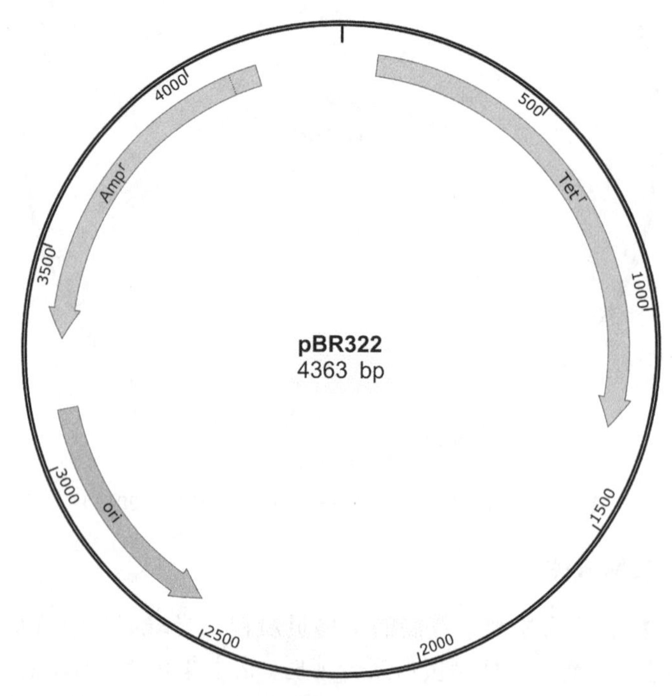

图 1.2　pBR322 质粒载体分子结构（范桂枝，2015）

4. pUC 系列

pUC 载体是由美国加州大学（University of California）学者于 1987 年首先构建的，所以命名为 pUC 系列载体，它是在 pBR322 质粒载体的 5′端插入一个带有一段多克隆位点的 *lacZ* 基因，发展成有双功能检测特性的新型质粒载体系列。

pUC 质粒载体包括以下四个组成部分：①pBR322 质粒的复制起始位点；②氨苄青霉素抗性基因（*Amp*ʳ），该核苷酸序列经过改造，没有原限制性内切核酸酶的单识别位点；③*E. coli* β-半乳糖酶基因（*LacZ*）的启动子及其编码 α 肽链的 DNA 序列（即 *LacZ'*基因）；④*LacZ'*基因靠近 5'端引入的一段 MCS 区段，但它不会引起编码肽链功能的改变。该质粒载体为常用的为高拷贝质粒（120～200 个拷贝），含有 MCS，以满足多种限制性内切核酸酶酶切割 DNA 片段需要（图 1.3）。

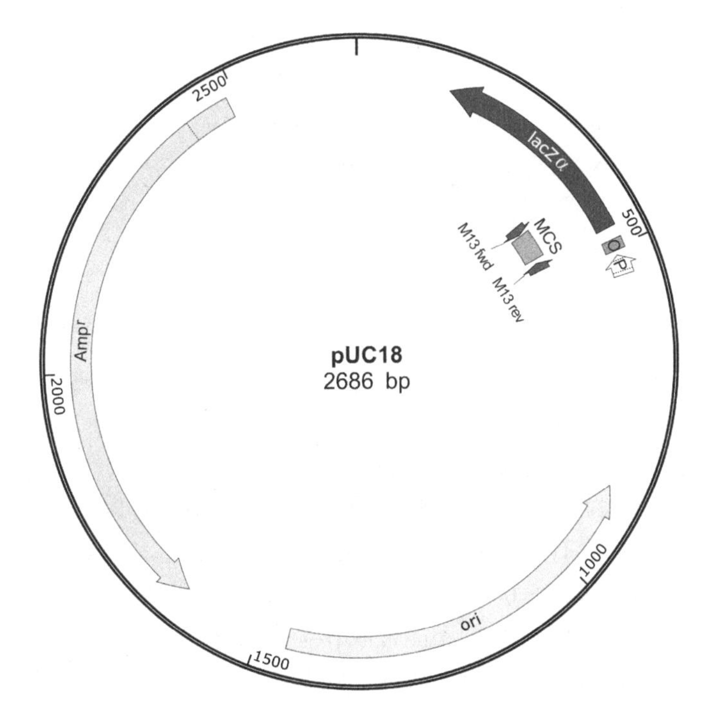

图 1.3　pUC18 质粒载体分子结构（Richard，2003）

二、噬菌体载体结构

噬菌体主要有两个基本来源——λ 噬菌体和 M13 噬菌体。最常见的噬菌体核酸是双链线性 DNA，此外，还有双链环性 DNA、单链环性 DNA、单链线性 DNA 及单链 RNA 等多种形式的噬菌体。

（一）λ 噬菌体载体结构

λ 噬菌体迄今已经定位的基因至少有 61 个，其中 2/3 左右为 λ 噬菌体的必需基因，参与噬菌体生命周期活动；另外 1/3 为非必需基因，可以被外源基因取代。此外，λ 噬菌体有 56 种限制性内切核酸酶酶切位点。λ 噬菌体 DNA 长度为 48 502 bp，由蛋白质外壳和线状双链 DNA 分子组成，在分子两端各有 12 个碱基的单链互补黏性末端（图 1.4）（陈金中和薛京伦，2007）。

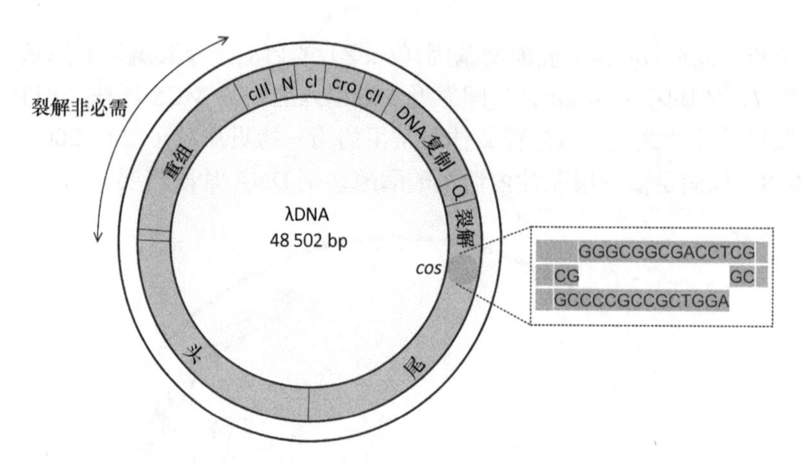

图 1.4　λ 噬菌体线性 DNA 分子的黏性末端

λ 噬菌体能承载较大的外源 DNA 片段，其头部容许包装 38～54 kb 的 DNA 片段，非必需区可被外源 DNA 取代。λ 噬菌体载体包括两种不同类型：插入型载体和替换型载体。插入型载体包括免疫功能失活型载体和 β-半乳糖苷酶失活型载体，前者有一段带有 1～2 种限制性内切核酸酶单酶切位点的免疫区，外源 DNA 插入到这种位点时，载体所具有的合成活性阻遏物的功能遭到破坏，不能进入溶源周期；后者的基因组中含有一个 *E. coli* 的 Lac 5 区段，编码 β-半乳糖苷酶基因 *LacZ*。这种载体感染的 *E. coli* 在 IPTG 和 X-gal 存在情况下会形成蓝色的噬菌斑；如果外源基因插入到 Lac5 区段上，则不能合成 β-半乳糖苷酶，只能形成无色的噬菌斑。替换型载体具有成对的克隆位点，在两个位点之间的 λDNA 区段是 λ 噬菌体的非必需序列，可被外源插入的 DNA 片段所取代。

（二）M13 噬菌体载体结构

M13 噬菌体是一种丝状噬菌体，其 DNA 呈单链闭合环状，即（+）链的 DNA（图 1.5）。M13 噬菌体基因组 DNA 长约 6.4 kb，可分为 10 个区和 507 个核苷酸的基因间隔区，能插入外源 DNA 而不会影响噬菌体的活性。M13 噬菌体是单链 DNA，在受体细胞内可形成环形双链 DNA，并且能有效转染受体细胞，但缺乏选择标记和克隆位点，因此通常在基因间隔区插入选择性标记基因，在选择标记基因区进行组装多克隆位点片段（图 1.5）。

M13mp1 克隆载体没有合适的克隆位点，通过在 *LacZ* 选择标记基因区插入 MCS 区段，构建了多种成对的 M13 克隆载体，如 M13mp8/9、M13mp10/11 和 M13mp18/19。M13 载体系列主要用于制备测序用单链 DNA 模板，进行序列分析、制备杂交探针等。

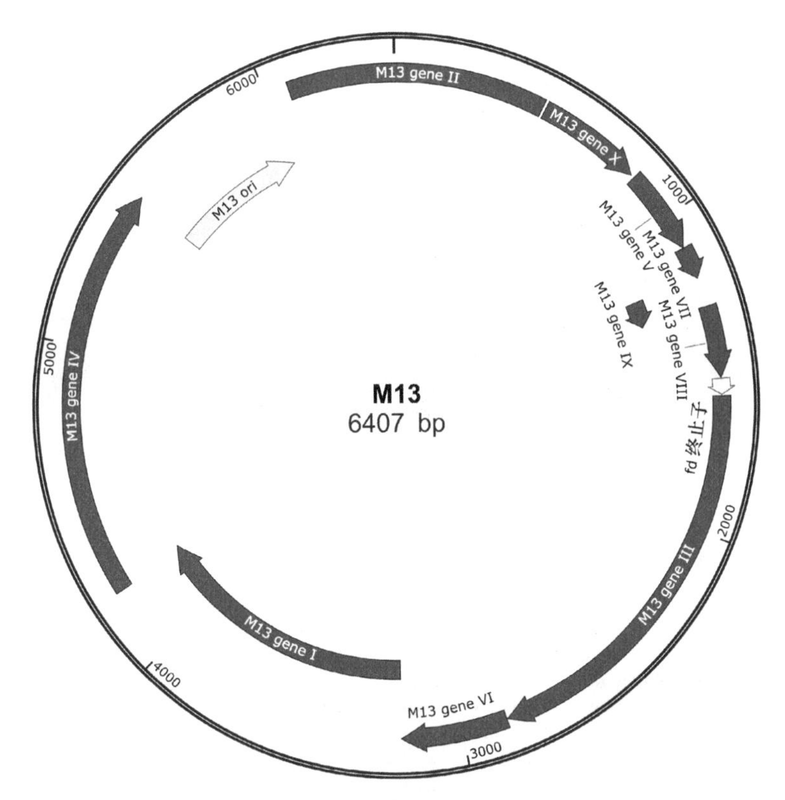

图 1.5　野生型 M13 单链 DNA 噬菌体分子结构（Richard，2003）

三、噬菌粒载体结构

噬菌粒载体是一种由质粒载体和单链噬菌体载体结合而成的新型载体，克服了 M13 噬菌体载体的局限性。其最简单的结构组成为具有 ColE1 复制起始位点和抗生素标记的质粒加上单拷贝的丝状噬菌体主要基因间隔区。噬菌粒载体的分子质量比较小，约为 3000 bp，易于体外操作，可以容纳长达 10 kb 的外源 DNA 单链序列，常见的有 pUC118/119 和 pBluescript 噬菌粒载体。pUC118 和 pUC119 是由 pUC18 和 pUC19 质粒与野生型 M13 噬菌体的基因间隔区重组而成的噬菌粒载体。两个载体的区别在于多克隆位点的序列彼此相反，其他的分子结构完全一样（图 1.6）。pBluescript 噬菌粒载体是从 pUC19 衍生的载体，为体外转录载体的代表，基本结构包括以下几部分：①ColE1 质粒复制起始位点，用于产生双链 DNA；②M13 或 f1 复制起始位点，用于产生单链 DNA；③来自 pUC19 的 MCS，用于克隆外源基因；④MCS 两侧存在一对 T3 和 T7 噬菌体启动子，用于驱动外源基因的转录；⑤*LacZ* 基因，用于通过蓝白斑试验筛选重组子；⑥氨苄青霉素抗性基因，用于筛选重组子（图 1.7）。

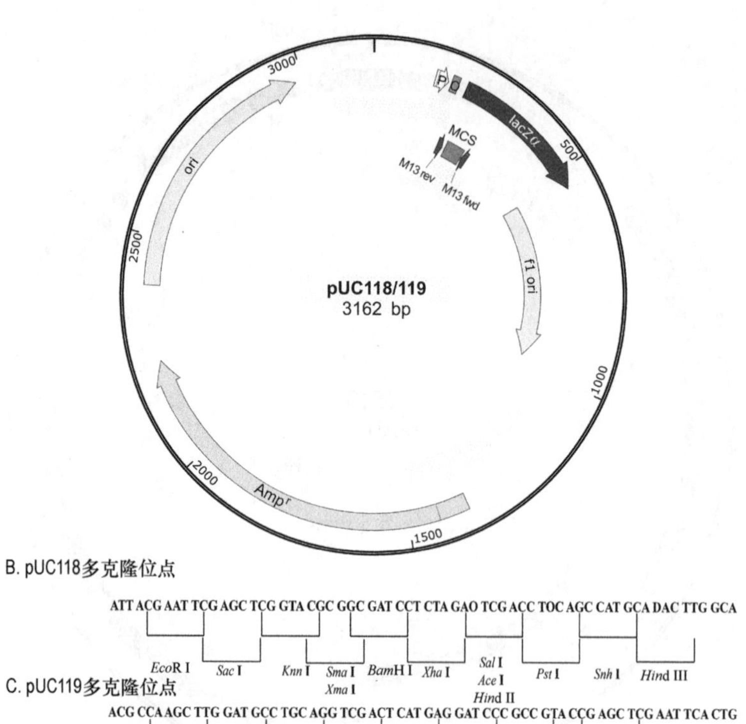

B. pUC118多克隆位点

ATT ACG AAT TCG AGC TCG GTA CGC GGC GAT CCT CTA GAO TCG ACC TOC AGC CAT GCA DAC TTG GCA

*Eco*R I　*Sac* I　*Knn* I　*Sma* I / *Xma* I　*Bam*H I　*Xha* I　*Sal* I / *Ace* I / *Hind* II　*Pst* I　*Snh* I　*Hind* III

C. pUC119多克隆位点

ACG CCA AGC TTG GAT GCC TGC AGG TCG ACT CAT GAG GAT CCC GCC GTA CCG AGC TCG AAT TCA CTG

Hind III　*Snh* I　*Pst* I　*Sal* I / *Ace* I / *Hind* II　*Xha* I　*Bam*H I　*Sma* I / *Xma* I　*Knn* I　*Sac* I　*Eco*R I

图 1.6　pUC118 和 pUC119 噬菌粒载体分子结构（Sambrook and Russell，2001）

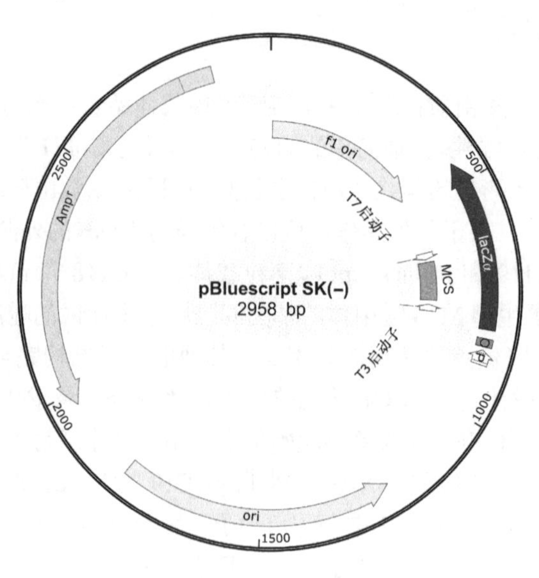

图 1.7　pBluescript SK（–）噬菌体载体分子结构

四、黏粒载体结构

黏粒载体是一类含有λDNA 的 cos 序列和质粒复制子的质粒载体，具有λ噬菌体的高效感染能力和质粒易于克隆选择的特点，既能像质粒一样在寄主细胞内复制，也能像λDNA 一样被包装到噬菌体颗粒中，克隆能力为 31～45 kb。实验室常用的黏粒载体有 pHC79、pU206、pFR-5 和 pJB8 等。pJB8 载体由λDNA 片段和 pBR322 质粒 DNA 组合而成（图 1.8）。

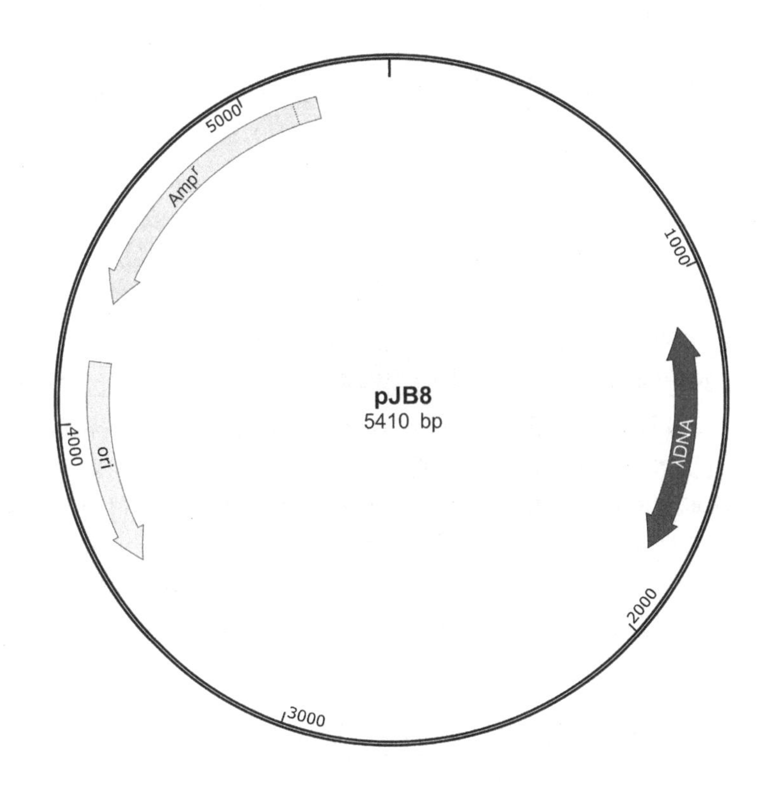

图 1.8　黏粒载体 pJB8 分子结构

五、人工染色体载体结构

人工染色体是人工构建的、含有天然染色体基本功能单位的载体系统。人工染色体接受外源 DNA 能力强，并且不整合到宿主基因组中，因此转基因的导入不会引起宿主基因的插入失活，以及由于位置效应导致的“转基因沉默”。人工染色体已经由最初的酵母人工染色体发展到细菌人工染色体、植物人工染色体和哺乳动物人工染色体。

人工染色体的必需元件包括以下三种：①复制起始位点，能够与特定起始蛋白结合开始 DNA 复制的特定 DNA 序列，如酵母自主复制序列（autonomously replicating sequence）；②着丝粒（centromere），有丝分裂过程中纺锤丝的结合位点，与染色体的分配有关；③端粒（telomere），位于真核生物染色体的末端，防止染色体融合、降解，维持染色体长度及稳定性，保证染色体的精确复制（Brown et al.，2000）。

六、病毒载体结构

目前，已经有多种病毒载体成为转运核酸的重要工具，主要包括慢病毒载体、逆转录病毒载体、腺病毒载体和腺相关病毒（AAV）载体等。目前的病毒载体可以分为两种类型。一种为重组型病毒载体，这类载体以完整的病毒基因组为改造对象，选择性地删除病毒的某些必需基因（尤其是立早基因或早期基因），或控制其表达；缺失的部分基因功能由互补细胞反式提供。用外源基因表达单位替代病毒非必需基因区，病毒复制和包装所需的顺式作用元件不变，例如，将外源基因表达盒插入穿梭质粒（如 pXCX2 或 pFGdX1）的腺病毒同源序列中，与辅助质粒共转染 HKE293 细胞，通过细胞内的同源重组获得含有外源基因的重组腺病毒（Chen et al.，2018；De et al.，2021）。另一种是无病毒基因的病毒载体（gutless vector），这类载体系统往往由载体质粒和辅助系统组成。载体质粒主要由外源基因表达盒、病毒复制和包装所必需的顺式作用元件及质粒骨架组成。辅助系统包括病毒复制和包装所必需的所有反式作用元件。在辅助系统作用下，重组载体质粒（包含或不包含质粒骨架）以特定形式（单链或双链、DNA 或 RNA）被包装到病毒壳粒中，其中不含任何病毒基因。常见病毒载体的顺式作用元件和经典包装方式见表 1.2。

表 1.2 常见病毒载体的顺式作用元件和经典包装方式

载体	顺式作用元件	经典包装方式
逆转录病毒载体	两个长末端重复序列（LTR）：含有整合和调节转录的必需序列；含有转录增强子和启动子；tRNA 引物结合位点 p；包装信号序列 ψ	载体质粒转染整合了所有必需基因（*gag*、*pol*、*env*）的包装细胞系如 PA317，经选择和培养获得高产病毒细胞系；病毒不断分泌至培养上清中
腺病毒载体	两个末端倒转重复序列（ITR）；包装信号序列 ψ	载体质粒与辅助质粒共转染 293 细胞获得重组腺病毒。重组腺病毒感染 293 细胞而扩增，细胞每次被感染后发生裂解
腺病毒伴随载体	两个 ITR 序列；其中包括病毒复制起始位点、包装信号和拯救所必需的顺式元件	AAV 载体质粒和辅助质粒共转染 293 细胞，并辅助病毒（腺病毒或单纯疱疹病毒）感染
单纯疱疹病毒载体	HSV 病毒复制起始位点 ori；包装信号序列 ψ	PTCA 重组病毒在互补细胞上传代，扩增子病毒在辅助病毒存在下传代

第四节　基因表达系统

基因工程技术诞生早期，基因表达系统主要是原核表达系统，后期逐渐发展了酵母、昆虫等表达系统。当前主要有四大基因表达系统，即原核细胞表达系统、酵母细胞表达系统、昆虫细胞表达系统及哺乳动物细胞表达系统，此外还有植物表达系统、动物器官（如乳腺等）表达系统，以及近几年来发展起来的无细胞蛋白质表达系统。

原核表达系统以 *E. coli* 表达系统为主，代表系统如 BL21/pET 系统等。*E. coli* 具有遗传背景清楚、易于操作、生长快速、产量高、成本低、过程易放大及生产周期短等优点。*E. coli* 适合表达分子质量较小、结构相对简单的蛋白质，但缺乏哺乳动物类的翻译后修饰（post-translational modification，PTM），不能进行糖基化、磷酸化、乙酰化、泛素化、甲基化等修饰。此外，表达的蛋白质难以形成正确的二硫键配对和空间构象折叠，通常会聚集形成不溶的包涵体。

酵母表达系统适合表达分子质量较大、结构较复杂、较少糖基化的蛋白质。常用酵母表达系统如毕赤酵母属（*Pichia*）、汉森酵母属（*Hansenula*）、球拟酵母属（*Torulopsis*）等表达系统，其中毕赤酵母表达系统应用最多。酵母细胞具有生长繁殖快、成本较低、遗传稳定、可进行高密度细胞培养等优点，并且能够产生具有适当折叠和 PTM 的重组蛋白。然而，酵母细胞产生的重组蛋白的 PTM 往往出现非预期的高甘露糖基化（hypermannosylation），影响蛋白质的活性，并可能在临床治疗中引起免疫反应。

昆虫细胞表达系统优于原核表达系统：具备 PTM，以及正确的蛋白质折叠、二硫键配对，表达水平高；可容纳大分子的插入片段；能同时表达多个基因。昆虫细胞表达系统的缺点是缺乏哺乳动物细胞表达系统的糖基化模式，蛋白质表达受极晚期病毒启动子的调控，病毒感染会导致细胞死亡等。

植物表达系统主要利用根、叶等器官，利于大规模培养和生产；但存在费时、表达量低、分离纯化困难等缺点。

哺乳动物细胞具备类似于人类细胞的 PTM，能够生产结构复杂及具备 PTM 的蛋白质，活性更接近于天然蛋白质，且适合表达完整的大分子蛋白，因此，哺乳动物细胞表达系统是目前批准上市重组蛋白药物的首选表达系统，但存在培养基成本高、培养周期长、培养困难、表达量较低、操作技术要求高，且易发生病毒、支原体感染等缺点。

总结与展望

基因载体是运载目的 DNA 并驱动目的基因表达的工具，是基因工程技术的核心。基因载体可以分成不同种类。质粒载体结构包括复制子、遗传选择标记、多克隆位点等。如果是原核表达质粒，还包括启动子、SD 序列、终止子等。常见的原核质粒载体如 pSC101、ColE1、pBR322、pUC 系列质粒等。噬菌体包括 λ 噬菌体和 M13 噬菌体。黏粒载体含有 λDNA 的 cos 序列和质粒复制子。人工染色体接受外源 DNA 容量大，并且不整合到宿主基因组中。病毒载体主要包括慢病毒、逆转录病毒、腺病毒和腺相关病毒载体等。基因表达系统主要有原核细胞、酵母细胞、昆虫细胞以及哺乳动物细胞表达系统。

虽然目前基因载体种类繁多，能够满足不同的需要，但由于不同宿主细胞的遗传调控机制存在差异，尤其是哺乳动物细胞的调控系统较为复杂，因此基因载体需要不断进行优化和改造。结合现代分子生物学、生物信息学手段，会不断发现新的有效载体元件，构建新型的基因载体，以适合各种宿主细胞，达到理想的目标。

参考文献

陈金中, 薛京伦. 2007. 载体学与基因操作. 北京: 科学出版社.

常重杰. 2012. 基因工程. 北京: 科学出版社.

范桂枝. 2015. 基因工程原理与技术. 北京: 化学工业出版社.

王天云, 贾岩龙, 王小引, 等. 2020. 哺乳动物细胞重组蛋白工程. 北京: 化学工业出版社.

Brown W R, Mee P J, Hong Shen M. 2000. Artificial chromosomes: ideal vectors? Trends Biotechnol, 18(5): 218-223.

Chen Y H, Keiser M S, Davidson B L. 2018. Viral vectors for gene transfer. Curr Protoc Mouse Biol, 8(4): e58.

De Haan P, Van Diemen F R, Toscano M G. 2021. Viral gene delivery vectors: the next generation medicines for immune-related diseases. Hum Vaccin Immunother, 17(1): 14-21.

Edavettal S C, Hunter M J, Swanson R V. 2012. Genetic construct design and recombinant proteinexpression for structural biology. Methods Mol Biol, 841: 29-47.

Grimes B R, Monaco Z L. 1990. Yeast artificial chromosomes: tools for mapping and analysis of complex genomes. Trends Genet, 6(8): 248-258.

Hagemann T, Surosky R, Monaco A P, et al. 1994. Physical mapping in a YAC contig of 11 markers on the human X chromosome in Xp11.23. Genomics, 21(1): 262-265.

Hu K. 2014. Vectorology and factor delivery in induced pluripotent stem cell reprogramming. Stem Cells Dev, 23(12): 1301-1315.

Lin-Chao S, Chen W T, Wong T T. 1992. High copy number of the pUC plasmid results from a Rom/Rop-suppressible point mutation in RNA II. Mol Microbiol, 6(22): 3385-3393.

Manen D, Car L. 1991. The replication of plasmid pSC101. Mol Microbiol, 5(2): 233-237.

Monaco A P, Larin Z. 1994. YACs, BACs, PACs and MACs: artifical chromosomes as research tools. Trends Biotechnol, 12(7): 280-286.

Richard J R. 2003. Analysis of Genes and Genomes. Chichester: John Wiley & Sons, Ltd.

Sambrook J, Russell D W. 2001. Molecular Cloning: A Laboratory Manual. 3rd ed. New York: Cold Spring Harbor Laboratory Press: 636-648.

Trivedi R N, Akhtar P, Meade J, et al. 2014. High-Level production of plasmid DNA by *Escherichia* coli DH5α ΩsacB by introducing inc mutations. Appl Environ Microbiol, 80(23): 7154-7160.

Wang X Y, Yi D D, Wang T Y, et al. 2019. Enhancing expression level and stability of transgene mediated by episomal vector via buffering DNA methyltransferase in transfected CHO cells. J Cell Biochem, 120(9): 15661-15670.

Zhang X, Wang X Y, Jia Y L, et al. 2017. A vector based on the chicken hypersensitive site 4 insulator element replicates episomally in mammalian cells. Curr Gene Ther, 16(6): 410-418.

（王天云　贾岩龙）

第二章　原核表达载体

随着基因工程技术的不断发展和完善，原核表达系统已经被广泛用于各种重组蛋白的表达。原核表达系统具有遗传背景清楚、操作简单、培养周期短、目的基因表达水平高等优点。*E. coli* 是原核表达系统中应用最广泛的宿主细胞，目前很多商品化的重组蛋白都是用 *E. coli* 表达系统生产的。

第一节　原核表达系统概述

一、原核表达系统历史

生物在代谢和生长发育过程中，将蕴藏在 DNA 中的遗传信息传递到 RNA 分子上，然后再传递到蛋白质分子的过程称为基因表达。原核生物是一类无成形细胞核的原始单细胞生物，包括细菌、放线菌、螺旋体、支原体和衣原体等。广义的原核表达，是指发生在原核生物内的基因表达。狭义的原核表达，是指将外源基因克隆至表达载体并导入原核细胞内表达。

原核表达系统中表达重组蛋白最有效的是 *E. coli* 表达系统，在基因工程中发展最早且应用广泛。1885 年，Escherich 首次分离出 *E. coli*。1976 年，Struhl 等从酿酒酵母中分离出一段 DNA 整合到 *E. coli* 组氨酸营养不良的染色体中，使该细菌可以在没有组氨酸的情况下生长。1977 年，Vapnek 等将粗糙链孢霉（*Neurospora crassa*，*N. crassa*）5-脱氢喹啉酸水解酶 DNA 片段导入 *E. coli*，转化菌株具有 5-脱氢喹啉酸水解酶活性，该活性在生物化学和免疫学方面与粗糙链孢霉分解代谢的 5-脱氢喹啉酸水解酶相同。1978 年，Chang 等通过将哺乳动物 cDNA 片段导入 *E. coli* 改变其表型，实现了外源基因在 *E. coli* 中有功能的活性表达。1980 年，Guarante 等建立以质粒、乳糖操纵子为基础的 *E. coli* 表达系统并在 *Science* 杂志上发表，标志着成功构建了 *E. coli* 表达系统。该系统构建了一个含有 *E. coli LacZ* 基因的质粒 pLG，由于删除了编码启动子和翻译起始位点的 DNA，质粒不直接表达 β-半乳糖苷酶；只有将目的基因的 5′端融合到质粒 pLG 上，才能编码出融合蛋白。

随着 20 世纪 80 年代后期基因工程技术的不断发展，*E. coli* 表达系统以其成本低廉、生产率高、操作简单等优点备受青睐，利用 *E. coli* 高效表达目的蛋白已成为生物化学、细胞生物学及蛋白质结构功能等研究的一个重要技术，利用该技术可以得到一些从自然界中难以得到或者纯化困难的蛋白质。运用基因工程技术在 *E. coli* 中成功地表达了许多重要的生物活性蛋白，如细胞因子、激素、酶、抗原、抗体等。进入后基因时代，基因功能和蛋白质组学研究选择 *E. coli* 进行遗传改造，探索基因表达的新领域，为 *E. coli* 表达系统的发展提供了理论依据和技术支撑。

二、原核表达系统组成

原核表达系统主要由表达载体和宿主菌株两部分组成。原核表达载体是指将外源基因的编码序列克隆到特定位点，在原核细胞中转录并翻译成相应蛋白质的表达载体。原核表达系统的宿主菌株包括 *E. coli*、芽孢杆菌、链霉菌和乳酸菌等。

（一）*E. coli*

E. coli 中文名为大肠杆菌，属革兰氏阴性菌，是短杆菌，两端呈钝圆形，有时因环境不同，个别菌体出现近似球杆状或长丝状。基因工程中常用的 *E. coli* 菌株有 DH5α、BL21（DE3）、BL21（DE3）pLysS、JM109、TOP10、HB101、XL10-Gold 等。其中，DH5α 是 DNA 酶缺陷型菌株，有利于基因克隆，是最常用的基因工程菌株之一。BL21（DE3）用于高效表达含噬菌体 T7 启动子表达载体的基因，适合表达非毒性蛋白。BL21（DE3）pLysS 具有氯霉素抗性和表达 T7 溶菌酶的基因，能够降低目的基因的本底表达水平，适合表达毒性蛋白和非毒性蛋白。TOP10 适用于高效的 DNA 克隆和质粒扩增。目前许多临床上使用的生物制药产品都是在 *E. coli* 中表达的，如人胰岛素、细胞因子、生长激素、酶等（Rosano et al.，2019；Ejike et al.，2021）。

（二）芽孢杆菌

芽孢杆菌属（*Bacillus*）是革兰氏阳性菌，细胞只有一层膜结构，能够将胞外酶分泌到培养基中，不仅不会造成胞内蛋白质污染，也不需要破碎细胞，有利于表达产物后续的分离纯化。此外，表达产物的可溶性好、不容易形成包涵体，且蛋白质折叠状态接近天然蛋白质，可以更好地保持生物活性。枯草芽孢杆菌（*Bacillus subtilis*）是目前研究最为清楚的革兰氏阳性菌，广泛应用于食品、医药等多个领域，已经成为成熟的蛋白质表达系统之一（梁标等，2016）。除了枯草芽孢杆菌以外，巨大芽孢杆菌（*Bacillus megaterium*）、桥石短芽孢杆菌（*Brevibacillus choshinensis*）、短小芽孢杆菌（*Bacillus pumilus*）和地衣芽孢杆菌（*Bacillus licheniformis*）等也可作为蛋白质表达的宿主菌株。目前，使用芽孢杆菌表达系统已经成功表达和制备了多种酶制剂及多肽类药物。例如，通过优化 β-甘露聚糖酶的表达条件，使其在枯草芽孢杆菌中的分泌量达到6041 U/mL，极大地降低了生产成本（Zhou et al.，2018）。

（三）链霉菌

链霉菌属（*Streptomyces*）是一类生活在土壤中的革兰氏阳性菌，已经作为多种酶、次级代谢产物和免疫抑制剂等生产的宿主菌株，具有良好的商业和科研价值。近年来，链霉菌已经发展成为外源基因表达的主要宿主之一。与其他宿主菌株相比，使用链霉菌生产抗生素的历史悠久且技术成熟，因此可以在链霉菌中生产其他外源基因表达产物；利用链霉菌产生的胞外酶能够分泌到培养基中这一优势，可实现外源基因的分泌性表达，进而简化产物的分离与纯化过程；此外，链霉菌的次级代谢产物种类丰富，其中最重要的是抗生素。现已发现由链霉菌生产的抗生素有上千种，如链霉素、卡那霉素、丝裂霉素、土霉素等。

（四）乳酸菌

乳酸菌（lactic acid bacteria，LAB）是指能大量发酵碳水化合物并产生乳酸的革兰氏阳性菌，包含乳球菌、乳杆菌、双歧杆菌等许多种属。已报道，利用LAB能够成功表达抗原、活性酶、细胞因子和抗感染蛋白等。与*E. coli*表达系统相比，LAB系统的优势在于其表达的重组蛋白可以不经分离纯化直接制成活菌制剂，然后通过黏膜途径作用于人体发挥作用。利用这一特点可在乳酸菌中进行基因工程操作，通过构建成熟表达载体，在乳酸菌表达系统中生产功能性重组蛋白。例如，Zhang等（2005）在乳酸乳球菌LM2345中成功表达了疟原虫裂殖子表面蛋白1（merozoite surface protein 1，MSP1）C端片段MSP-119，这为疟疾口服疫苗的研发提供了实验依据。Frossard等（2007）在乳球菌中表达的白细胞介素-10（interleukin-10，IL-10）可有效缓解小鼠过敏症状。

三、原核表达系统应用

随着基因工程技术的快速发展，原核表达系统已经成为科学研究和产业化发展的重要工具。*E. coli*作为第一个用于生产重组蛋白的宿主菌，具有生长繁殖快、转化效率高、可以快速大规模生产目的蛋白等优点，已经被广泛用于重组蛋白的生产（表2.1）。1982年，由*E. coli*生产的重组人胰岛素是第一种获得美国食品药品监督管理局（Food and Drug Administration，FDA）批准用于糖尿病治疗的重组药物。利用*E. coli*生产的激素、细胞因子、干扰素、酶和抗体等重组蛋白药物均已实现了工业化生产，用于治疗各类疾病。*E. coli*表达系统在疫苗研发中也有着良好的应用前景。传统疫苗大多是减毒活疫苗或灭活疫苗，随着基因工程技术的发展，重组疫苗逐渐成为疫苗研发的主要形式之一。重组戊型肝炎疫苗（商品名：益可宁®）是首个基于 *E. coli* 表达系统研制的基因工程疫苗，用于预防戊型肝炎病毒感染引起的戊肝。几种基于 *E. coli* 表达生产的基因工程疫苗等均已投入市场或处于临床研究，如人乳头瘤病毒疫苗、脑膜炎球菌疫苗、疟疾疫苗、炭疽疫苗等（刘丽琴等，2020）。

利用原核表达系统生产的重组蛋白制品在科研、工业和农业领域中的应用也十分广泛。利用 *E. coli* 生产的限制性内切核酸酶、DNA 连接酶、DNA 聚合酶等分子生物学用酶，广泛用于科学研究。如 DNA 聚合酶广泛应用于 DNA 复制和修复、PCR、DNA 测序等实验。利用 *E. coli* 生产的淀粉酶、转化酶、纤维素酶、木聚糖酶等微生物酶，可用于食品发酵与生产等行业。如淀粉酶可以将淀粉水解成可溶性糖，用来改善食品的口感和外观。木聚糖酶可以分解酿造或饲料工业中的原料细胞壁以及 β-葡聚糖，降低酿造中物料的黏度以及降低饲料用粮中的非淀粉多糖，促进营养物质的吸收利用等。

表 2.1　原核表达系统生产的重组蛋白产品

类型	名称
重组蛋白药物	抗体、细胞因子、生长激素、干扰素、胰岛素、L-天冬酰胺酶、溶栓酶
基因工程疫苗	戊型肝炎疫苗、人乳头瘤病毒疫苗、脑膜炎球菌疫苗
分子生物学用酶	限制性内切核酸酶、DNA 连接酶、DNA 聚合酶
微生物酶	肠激酶、淀粉酶、转化酶、纤维素酶、木聚糖酶

第二节　原核表达载体结构与功能

一、原核表达载体分类

原核表达载体可分为结合转移型和非结合转移型载体。结合转移型载体含有完整的转移操纵子基因和转移起始位点，能在同种或亲缘关系近的宿主细胞间进行转移。非结合转移型载体的大小一般为 2～50 kb，质粒稳定性和安全性较高，不仅不会在宿主间发生转移，而且整合到染色体上的概率也很低，因此常用于重组 DNA 的体外操作，是原核表达系统中首选的外源基因运载载体。

根据外源基因在原核细胞中产生表达蛋白形式的不同，将原核表达载体分为以下几类。①非融合型表达载体：表达的蛋白质与天然状态下存在的蛋白质在结构、功能和免疫原性等方面基本或完全一致。目前上市的细胞因子类产品多采用此类表达载体。②融合型表达载体：分子量较小的蛋白质常用此类载体进行表达。将外源蛋白基因与受体菌自身蛋白基因进行融合表达时，一般使受体菌蛋白位于

N 端、外源蛋白位于 C 端。外源蛋白与菌体自身蛋白以融合蛋白的方式表达后，其稳定性大大增加。将目的基因与纯化标签融合表达后，用亲和层析的方法便可将目的蛋白分离，切除标签后可得到纯化的目的蛋白。将目的基因与分子伴侣融合表达，可提高目的基因可溶性表达的比例。③分泌型表达载体：表达分泌蛋白可防止宿主菌对表达产物的降解，减轻宿主细胞的代谢负荷，恢复表达产物的天然构象。将目的基因与信号肽融合表达，表达蛋白在信号肽的引导下成为分泌蛋白。④表面呈现表达载体：将目的基因克隆到细菌表面蛋白的结构基因中，从而使蛋白质在细菌表面进行表达。

二、原核表达载体结构

一个完整的表达载体，除了插入的基因片段外，还应包括复制起始位点、选择标记、启动子以及终止子。理想的原核表达载体具有以下特征：①稳定的遗传复制能力；②显性的选择标记；③启动子的转录可调控；④便于外源基因插入的酶切位点。原核表达载体的基本元件包括启动子、操纵子、核糖体结合位点（ribosome binding site，RBS）、MCS、终止子、选择标记等（图 2.1）。

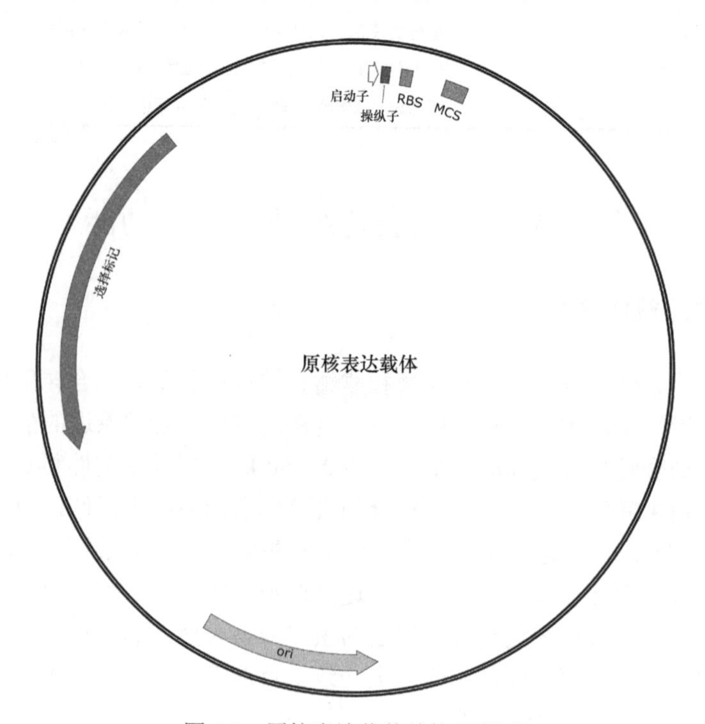

图 2.1　原核表达载体结构示意图

（一）启动子

启动子是与 RNA 聚合酶特异性结合并起始转录的一段 DNA 序列，多数位于结构基因转录起始位点的上游，是基因表达的关键调控序列。原核生物启动子由两段高度保守且间隔的核苷酸序列组成。①Pribnow 盒，又称 TATA 盒或–10 区，位于转录起始位点上游 5～10 bp 处，一般是由 6～8 个碱基组成的富含 A 和 T 的区域。②–35 区，位于转录起始位点上游 35 bp 处，一般是由 10 个碱基组成的区域。RNA 聚合酶 σ 因子与启动子–35 区结合，RNA 聚合酶的核心酶与启动子–10 区结合，在转录起始位点附近 DNA 双链解旋形成单链，在 RNA 聚合酶作用下形成磷酸二酯键和新生 RNA 链（Kaur et al.，2018）。原核表达系统中，启动子主要分为组成型启动子和诱导型启动子两大类（表 2.2）（Kesidis et al.，2020）。常用的启动子有 T7 启动子、乳糖（lac）启动子、色氨酸（trp）启动子、乳糖和色氨酸杂合（tac）启动子、阿拉伯糖（araBAD）启动子、T5 启动子、四环素（tet）启动子和 λ 噬菌体（λP_L）启动子等。

表 2.2　原核表达载体常用启动子及特点

启动子	来源	调控	用途
T7	T7 噬菌体	组成型启动子	体外转录/常规表达
lac	*E. coli* 乳糖操纵子	乳糖或 IPTG 诱导，lacI 蛋白抑制	常规表达
trp	*E. coli* 色氨酸操纵子	β-吲哚丙烯酸诱导，细胞色氨酸抑制	高水平基因表达
tac	色氨酸和乳糖操纵子	IPTG 诱导，lacI 蛋白抑制	常规表达
araBAD	阿拉伯糖操纵子	阿拉伯糖诱导，araC 二聚体抑制	常规表达
T5	T5 噬菌体	IPTG 诱导，lacI 蛋白抑制	常规表达
tet	四环素操纵子	AHT 诱导，四环素转录激活因子抑制	常规表达
λP_L	λ 噬菌体	和温度敏感的 cIts857 阻遏蛋白搭配使用	高水平基因表达

1. T7 启动子

T7 启动子是来源于 T7 噬菌体、对 T7 RNA 聚合酶有特异性反应的强启动子，是启动 T7 噬菌体基因转录的一段序列。T7 启动子受 T7 RNA 聚合酶调控，功能强大且专一性高。当同时存在 T7 RNA 聚合酶和 *E. coli* RNA 聚合酶时，由于 T7 表达系统的转录强度高于宿主本身，诱导表达后目的蛋白表达量在几个小时之内就可以达到总蛋白的 50%以上。T7 RNA 聚合酶的调控模式决定了 T7 表达系统的调控模式，这是因为 *E. coli* 本身不含有 T7 RNA 聚合酶，只能将 T7 RNA 聚合酶引入 *E. coli* 中发挥作用，即只有在诱导条件下目的基因才能转录，非诱导条件下基因处于沉默状态，避免了目的基因的毒性对宿主细胞产生不利影响。因此，可以通过控制诱导条件调控 T7 RNA 聚合酶的含量，进而控制目的基因的表达。目前最常用的商用 *E. coli* 表达系统是基于 T7 启动子的 pET 表达系统。蛋白质数据库（protein data bank，PDB）中有 90%以上的蛋白质是通过 pET 表达系统获得的。

2. lac 启动子

lac 启动子是来源于 *E. coli* 乳糖操纵子的一段核苷酸序列，由启动子基因（*lacP*）、操纵基因（*lacO*）、阻遏蛋白调节基因（*lacI*）、β-半乳糖苷酶结构基因（*lacZ*）、半乳糖苷渗透酶结构基因（*lacY*）和半乳糖苷转酰酶结构基因（*lacA*）组成。lac 启动子分别受到分解代谢系统的正调控和阻遏蛋白的负调控。在分解代谢基因活化蛋白（catabolite gene activator protein，CAP）因子和环磷酸腺苷（cyclic adenosine monophosphate，cAMP）的作用下，启动子激活，促使基因转录，对操纵子形成正调控；阻遏蛋白通过与操纵基因结合，阻止启动子的转录，对操纵子形成负调控。例如，异丙基-β-D-硫代半乳糖苷（isopropyl-β-D-thiogalactoside，IPTG）能够与阻遏蛋白形成复合物，解除阻遏蛋白与操纵基因的结合，进而诱导转录。lac 启动子是乳糖操纵子的关键组分，被用于生产重组蛋白。lacUV5 是一个弱启动子，在葡萄糖存在的情况下用来表达蛋白质，但很少用于重组蛋白的生产（Du et al.，2021）。

3. trp 启动子

trp 启动子是来源于 *E. coli* 的色氨酸操纵子，只有阻遏蛋白与色氨酸结合时才具有活性。当细胞内色氨酸缺乏时，阻遏蛋白不能与操纵基因结合，色氨酸操纵子处于开放状态，该启动子启动转录；当细胞内色氨酸充足时，阻遏蛋白与色氨酸形成复合物结合操纵基因，色氨酸操纵子处于关闭状态，该启动子终止转录。例如，β-吲哚丙烯酸能够抑制阻遏蛋白与色氨酸形成复合物进而解除其活性，促使 trp 启动子启动转录。

4. tac 启动子

tac 启动子是人工构建的杂合启动子，由 trp 启动子-35 区和 lac 启动子-10 区组成，tac 启动子的转录受 lac 阻遏蛋白的负调控，且启动能力高于 trp 启动子和 lac 启动子。其中，tac 1 是由 trp 启动子的-35 区、一个 46 bp DNA 片段（包括 Pribnow 盒）和 lac 操纵基因构成；tac 12 是由 trp 启动子的-35 区、lac 启动子的-10 区、lac 操纵子中的操纵基因部分和 SD 序列融合而成。tac 启动子受 IPTG 诱导。tac 启动子的强度是 lacUV5 的 10 倍（Mohit et al.，2018）。使用 lac/tac 启动子进行蛋白表达的常用质粒有 pUC 系列（lacUV5 启动子）、pGEX 系列（tac 启动子）和 pMAL 系列（tac 启动子）。

5. araBAD 启动子

araBAD 启动子是基于阿拉伯糖操纵子的启动子，是表达毒性蛋白和恢复 *E. coli* 中蛋白可溶性的理想启动子。该启动子可对转录进行精密调控，并且以剂量依赖的诱导方式发挥作用。位于 araBAD 启动子下游的基因由阿拉伯糖诱导表达，且诱导是在高浓度阿拉伯糖和低浓度葡萄糖存在的条件下进行的。在诱导过程中，阿拉伯糖与 araC 结合并导致其二聚化，该二聚体能够激活 araBAD 启动子，并在该启动子作用下表达重组基因（Hjelm et al., 2017）。一些源自 pBAD 系统的突变体，如 pBAD/gIII，表达的蛋白质能够分泌到周质间隙，从而简化重组蛋白的纯化过程。Jahanian-Najafabadi 等（2015）使用 pBAD/gIII 在 *E. coli* 中成功表达了鼠疫耶尔森菌荚膜蛋白 F1 抗原，重组蛋白分泌到周质间隙以便于纯化。

6. T5 启动子

T5 启动子来源于 *E. coli* T5 噬菌体，能够高效表达重组基因。例如，基于噬菌体 T5 启动子的 pQE 载体含有 2 个 lac 操纵子序列，lac 阻遏蛋白结合操纵子序列进而调控转录效率。pQE 载体的宿主菌株主要是 *E. coli* M15，该菌株携带具有卡那霉素抗性的质粒 pREP4，借助 lac 阻遏蛋白能够有效调控 T5 启动子的转录效率。Kumar 等（2017）以 pQE-30 为表达载体，在 *E. coli* M15 细胞中成功表达了 5 种不同的分枝杆菌蛋白以进一步了解其生化特性。

7. tet 启动子

四环素（tet）调控基因表达系统是以 *E. coli* Tn10 转座子编码的 tet 操纵子为基础而建立的。该操纵子的两个结构基因分别是 *tetA* 和 *tetR*，*tetA* 包含四环素抗性，因为它编码一种膜靶向性受体蛋白，该蛋白质负责四环素的主动外排。*tetR* 调节 tet 操纵子，在缺乏四环素的情况下，*tetR* 与 tet 操纵子结合，阻止结构基因的转录。四环素存在时，它与阻遏蛋白结合导致其构象改变，RNA 聚合酶有效结合并启动 *tetA* 和 *tetR* 的转录。与其他启动子系统相比，*tetA* 启动子系统本底表达量低，且独立于 *E. coli* 菌株的代谢状态，任何 *E. coli* 表达菌株都能够优先表达重组基因。*tetA* 启动子是通过使用低浓度的脱水四环素诱导的，其结合能力比四环素高 35 倍，而抗菌活性是四环素的 1/100，这一特点被成功用于生产多种蛋白质。

8. λP_L 启动子

λP_L 启动子是受控于温度敏感阻抑物（cIts857）的强启动子，阻抑物可在低温下阻抑 P_L 启动子的转录，但在高温下不能。因此，带有 λ 噬菌体启动子的载体必须以带有 *cIts857* 基因的菌株作为宿主。该启动子通常由宿主的 RNA 聚合酶转录，

λcI 阻遏蛋白与操纵序列结合进而抑制转录。pLEX 系列载体中，*λcI* 阻遏基因在 trp 启动子的调控下整合到细菌染色体中。在缺乏色氨酸的情况下，*λcI* 持续产生，但添加色氨酸会阻止 λcI 阻遏蛋白的合成，因为色氨酸-trpR 阻遏蛋白复合物与 trp 操纵子紧密结合，随后在 P_L 启动子下表达目的基因。Srivastava 等（2005）证明，在 λP_L 启动子调控下，当携带干扰素基因的质粒与携带 T7 RNA 聚合酶基因的质粒共表达时，干扰素蛋白的产量显著提高。

（二）SD 序列

SD 序列是指 mRNA 中用于结合原核生物核糖体的核苷酸序列，通常位于起始密码子 AUG 上游 3～10 bp 处。SD 序列能够识别细菌 16S rRNA 3′端，帮助招募核糖体 RNA 从而起始翻译过程。一般来说，翻译起始效率取决于 mRNA 与核糖体的结合程度，结合程度越强，翻译起始效率越高。mRNA 5′端非编码区自身形成的特定二级结构能够协助 SD 序列与核糖体结合，任何错误的空间结构均会不同程度地削弱 mRNA 与核糖体的结合强度。SD 序列与 16S rRNA 的碱基互补性决定了 mRNA 与核糖体的结合程度，其中以 GGAG 这 4 个碱基序列尤为重要。*E. coli* 的 SD 序列为 AGGAGGU。如果将其中任何一个碱基替换为 C 或 T 均会降低蛋白质翻译效率。多数情况下，SD 序列与起始密码子 AUG 之间应保持 5～9 个碱基的距离。将该距离减少至 4 个或增加至 14 个碱基，均会显著影响翻译起始效率（Redwan，2006）。

（三）终止子

终止子是 DNA 分子中决定 RNA 聚合酶终止转录的一段核苷酸序列，具有终止转录的功能。终止子可分为两类：一类不依赖于蛋白质辅因子（ρ 因子）就能实现终止作用，该终止子的回文序列中富含 GC 碱基对，序列下游常含有 6～8 个 AT 碱基对；另一类则依赖于蛋白质辅因子才能实现终止作用，该终止子的回文序列中 GC 碱基对含量相对较少。将转录终止子置于基因编码序列下游，可以阻止基因的连续转录。此外，转录终止子能够通过控制转录的 RNA 长度提高其稳定性，避免质粒异常表达导致稳定性下降，从而提高重组蛋白的产量（Inouye，2006）。

（四）融合标签

为了防止蛋白质以包涵体的形式积累，需要选择合适的融合标签，这样不但能够促进蛋白质的可溶性、有利于蛋白质的纯化，而且不会影响蛋白质的结构功能和下游应用（Ki and Pack，2020）。麦芽糖结合蛋白（maltose binding protein，MBP）、谷胱甘肽-*S*-转移酶（glutathione *S*-transferase，GST）、小泛素样修饰蛋白（small ubiquitin-like modifier，SUMO）、硫氧还蛋白（thioredoxin，Trx）、转录终止/抗终止蛋白（transcription termination / antitermination protein，NusA）和多聚组氨酸［polyhistidine，poly（His）］等融合标签都能够增加重组蛋白在 *E. coli* 中的溶解度，通常在体外纯化后通过融合标签与重组蛋白之间的切割位点被切除。

1. MBP

MBP 是 *E. coli* K12 菌株 *malE* 基因编码的一个蛋白质，分子量约为 42 kDa。MBP 可以融合在蛋白质的 N 端或 C 端，通过分子伴侣的内在活性进而增加融合蛋白（特别是真核蛋白）的溶解度。MBP 能够被多糖树脂吸附，便于目的蛋白与其他蛋白质分离。MBP 融合蛋白可通过直链淀粉交联纤维素亲和层析分离纯化，结合的融合蛋白可用 10 mmol/L 麦芽糖在生理缓冲液中进行洗脱。MBP 标签能够减少目的蛋白的降解，增加蛋白质的表达量和稳定性，提高蛋白质的可溶性，因此可以用于克服蛋白质表达量过低等问题（Raran-Kurussi et al.，2022）。常用的含 MBP 标签的商业化载体包括 pMAL 和 pIVEX 系列。

2. GST

GST 是一个含有 220 个氨基酸的蛋白质，分子量约为 26 kDa。GST 是天然存在于真核细胞的蛋白质，但通常不存在于细菌中，因此 GST 标签最适合用于原核表达系统。GST 标签一般插入目的蛋白的 C 端或 N 端（*E. coli* 中常用在 N 端），通常将该蛋白质加入到重组蛋白的末端以便对该重组蛋白进行纯化或检测。融合蛋白使用谷胱甘肽-琼脂糖亲和层析进行纯化，然后用位点特异性蛋白酶（如凝血酶）将融合蛋白的 GST 部分切除，从而获得目的蛋白。GST 标签融合蛋白在蛋白质-DNA 相互作用、蛋白质-蛋白质相互作用和作为疫苗研究的抗原方面也是十分有用的（Bernier et al.，2018）。商业化载体 pGEX 系列含有 GST 标签和目的蛋白之间特定的酶切位点，常用于原核表达载体的构建。

3. SUMO

SUMO 标签蛋白是一种小泛素样修饰蛋白，是泛素类多肽链超家族的成员之一。SUMO 是在酵母（编码 *Smt3* 基因）和脊椎动物（编码 *SUMO-1*、*SUMO-2* 和 *SUMO-3* 三个基因）中发现的一种小蛋白，分子量约为 11 kDa。泛素是自然界中折叠速度最快的蛋白质，SUMO 具有精密、快速折叠的可溶性结构，将 SUMO 标签融合在蛋白质 N 端可以提高蛋白质的稳定性和可溶性（Peroutka et al.，2011）。与 GST 和 MBP 标签不同的是，SUMO 除了可作为重组蛋白表达的融合标签外，还具有分子伴侣的功能，提高融合蛋白表达的同时，还能够促进目的蛋白正确折叠、抑制蛋白酶水解、提高重组蛋白溶解度等。此外，SUMO 标签有其专一的蛋白酶，该酶能够识别 SUMO 的三级结构，在使用特异性 SUMO 蛋白酶纯化后，标签可以被完整切除得到天然蛋白，因此适用于重组蛋白的表达。

4. Trx

Trx 是一类广泛存在于生物体内的氧化还原酶，通过半胱氨酸硫醇-二硫键交换促进其他蛋白质还原而起到抗氧化剂作用。硫氧还蛋白 A（TrxA）来源于 *E. coli*，分子量约为 12 kDa，在重组蛋白生产过程中作为一种避免包涵体形成的融合标签非常有用。TrxA 标签最独特的优点是热稳定性。TrxA 本身不作为亲和标签来优化重组蛋白，而是通过高温条件变性去除杂蛋白而保存目的蛋白。由于 TrxA 没有亲和特性，因此需要添加其他融合标签来纯化蛋白质，如 6×His 标签。商业化含 Trx 标签的载体 pET32 含有 6×His 标签，可用于表达重组蛋白。此外，由于本身容易形成晶体，Trx 融合标签在蛋白质结晶研究中也十分有用（Rasooli and Hashemi，2019）。

5. NusA

NusA 是 *E. coli* 中一类转录延长的抗终止因子，分子量约为 55 kDa。当 NusA 单独作用或包含在抗终止复合物中时，它分别促进或防止 RNA 聚合酶终止。NusA 有着促进 DNA 转录和减缓翻译的生物活性，能使重组蛋白稳定和有活性的表达。当 NusA 作为异源蛋白融合伴侣时，可以明显提高蛋白质的可溶性。例如，人白细胞介素-3（human interleukin-3，hIL-3）与 NusA 标签融合表达时，融合蛋白溶解度可达 97%；当 hIL-3 与 Trx 标签融合表达或单独表达时，都是包涵体形式的蛋白质。NusA 标签还可以提高不溶性靶蛋白，如牛生长激素、人干扰素-γ（interferon γ，IFN-γ）的可溶性。由于本身不具有独立的纯化标签，NusA 标签常常与其他亲和标签（如 6×His 标签）联合使用。商业化载体 pET43 同时含有 NusA 和 6×His 标签，可用于可溶性蛋白的生产和纯化（Costa et al.，2014）。

6. poly（His）

poly（His）标签是一种广泛使用的蛋白质标签，组氨酸残基数量为 3～10 个不等，通常插入目的蛋白的 C 端或 N 端。His 标签是目前原核表达系统最常用的标签，蛋白纯化步骤简便，纯化条件温和，蛋白纯化后不切除此标签也不会影响蛋白质的功能。6×His 标签具有分子量小（0.84 kDa）、不带电荷、低毒性和免疫原性、可在天然和变性条件下使用等优点。目的蛋白可以在温和的条件下通过咪唑竞争性洗脱，或通过低 pH 洗脱。为了纯化 poly（His）标记的重组蛋白，可使用固定化金属亲和层析（immobilized metal affinity chromatography，IMAC）分离金属结合蛋白，主要是基于带负电荷的 His 和固定在基质上的过渡金属离子（Ni^{2+}、Co^{2+}、Cu^{2+}、Zn^{2+}）之间的相互作用。常用的 IMAC 树脂如硝酸三乙酸琼脂糖或羧甲基天冬氨酸琼脂糖具有很高的结合能力，可用于从粗细胞裂解液中直接纯化融合蛋白（Mishra，2020）。

三、常用原核表达载体

（一）pET 系列

pET 系列载体是目前在 *E. coli* 中克隆外源基因功能最强大的表达载体。将目的基因克隆到 pET 载体上，目的基因的转录受强 T7 启动子调控，由宿主细胞提供的 T7 RNA 聚合酶诱导表达。T7 RNA 聚合酶诱导机制高效且具有选择性，IPTG 诱导几个小时内就可以大量表达外源基因，外源蛋白在宿主细胞中的比例可高达 50%以上。

所有的 pET 载体均来自 pBR322，但彼此间先导序列、表达信号、融合标签、相关限制性位点和其他特点有所不同。常见的 pET-28a（+）载体 N 端含有一个 His/Thrombin/T7 蛋白标签，C 端含有一个 His 标签。pET-28a（+）载体大小为 5369 bp，F1 复制子起点是定向的，在 T7 噬菌体聚合酶的作用下启动蛋白质表达。pET-28a（+）载体分子结构如图 2.2 所示。

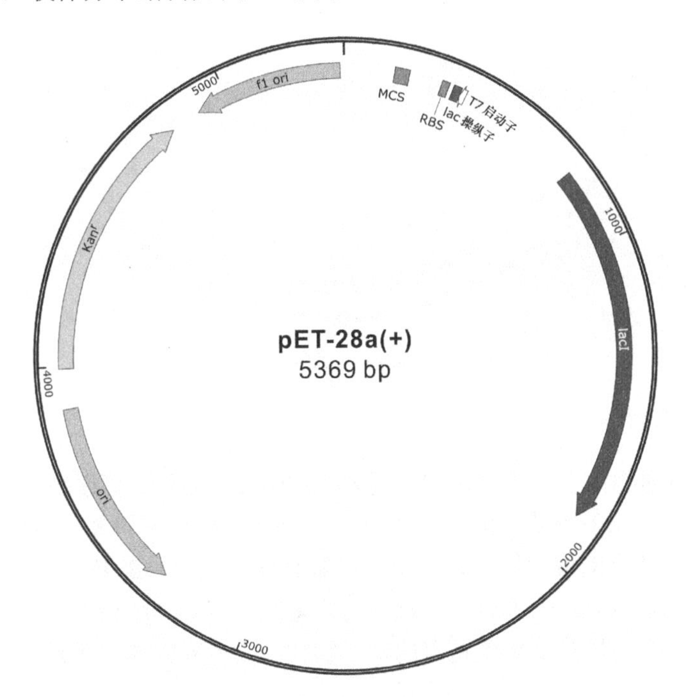

图 2.2　pET-28a（+）载体分子结构

（二）pQE 系列

pQE 系列载体含有一个 T5 启动子和两个乳糖操纵子识别序列，确保与阻遏蛋白相结合以抑制 T5 启动子的表达。这类载体含有一个 6×His 标签，外源基因可以插入标签的C端或N端；同时含有一个核糖体结合位点，使其能够与核糖体结合并高效翻译。利用这种标签的特点，可使用过滤柱纯化融合表达蛋白，而菌体蛋白由于没有6×His标签，很容易通过柱子。

pQE-31载体带有一个N端的His蛋白标签，载体大小为3463 bp，载体分子结构如图2.3所示。

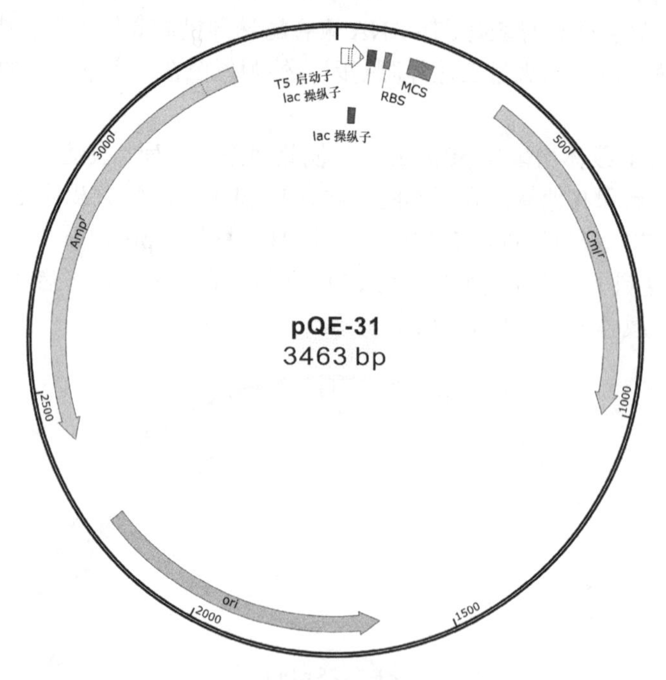

图2.3　pQE-31载体分子结构

（三）pGEX系列

pGEX系列载体上的外源基因不需要T7 RNA聚合酶，普通的*E. coli*经IPTG诱导即可表达。该系列载体的启动子为tac，在tac启动子和多克隆位点之间插入了两个有利于纯化的编码序列，一个是谷胱甘肽巯基转移酶基因，另一个是编码凝血蛋白酶或者Xa因子切割位点的序列。此外，该系列载体上含有一个*lacI^q*基因，通过表达阻遏蛋白以实现精密的诱导调控。该系列载体的优点是使用GST标签表达融合蛋白，增加了目的蛋白的溶解度。

pGEX-4T-1载体带有一个N端的GST蛋白标签，载体大小为4969 bp，载体抗性为氨苄青霉素抗性，载体分子结构如图2.4所示。

（四）pMAL系列

pMAL系列载体是一种融合蛋白高效表达及纯化的表达载体。该系列载体含

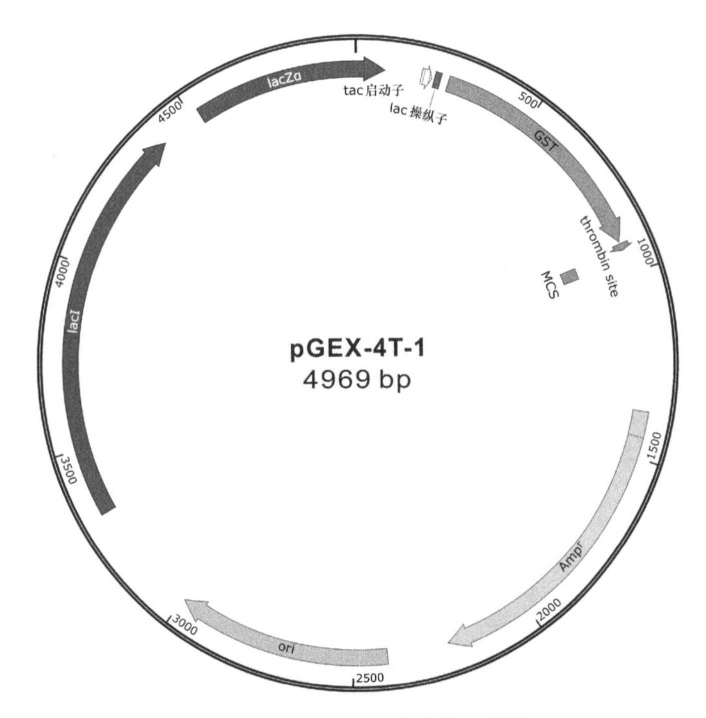

图 2.4　pGEX-4T-1 载体分子结构

有 tac 强启动子和编码 MBP 的 *E. coli malE* 基因，表达 N 端带有 MBP 标签的融合蛋白。tac 强启动子和 malE 翻译起始信号能够高效表达外源基因，使外源蛋白在细胞质或者细胞周质中表达，在细胞周质中表达可以促进二硫键的形成，有利于蛋白质的正确折叠，提高目的蛋白溶解度。利用 MBP 能够被多糖树脂吸附的特点，可使用 Amylose 柱进一步纯化融合蛋白。

pMAL-c2X 载体 N 端含有一个 MBP 标签，载体大小为 6646 bp，载体抗性为氨苄青霉素抗性，载体分子结构如图 2.5 所示。

（五）pBAD 系列

pBAD 系列载体是具有精密调控功能且能够高水平表达外源蛋白的表达载体。将目的基因置于载体 araBAD 启动子的下游，当 L-阿拉伯糖存在时，启动子驱动目的基因高效表达；当葡萄糖存在时，目的基因的表达则被抑制。该载体系统可精密调控目的基因的表达，特别适用于表达“困难”蛋白质，如毒性蛋白或不溶性蛋白。

pBAD/HisA 载体上 araBAD 启动子增强了重组蛋白可溶性表达的水平。调节蛋白 araC 能够调控该启动子。pBAD/HisA 载体大小为 4102 bp，载体抗性为氨苄青霉素抗性，载体分子结构如图 2.6 所示。

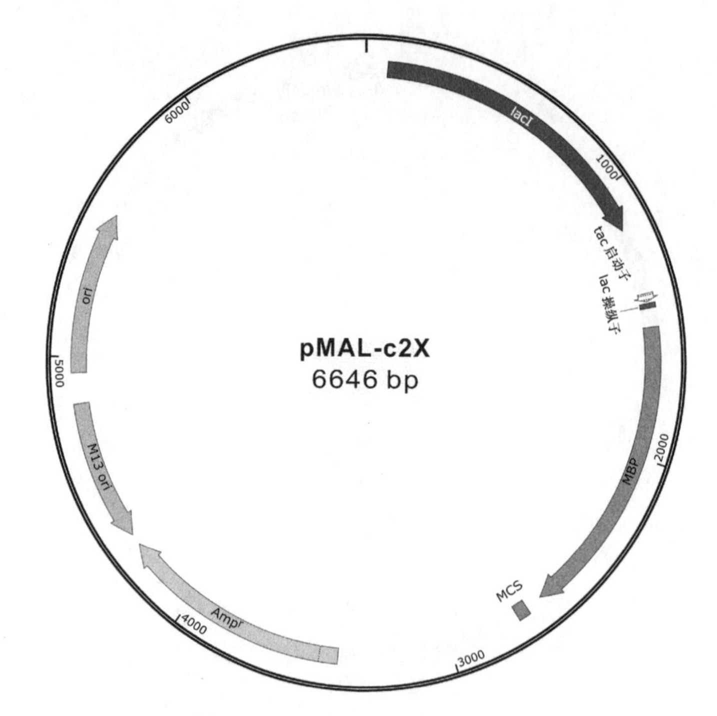

图 2.5　pMAL-c2X 载体分子结构

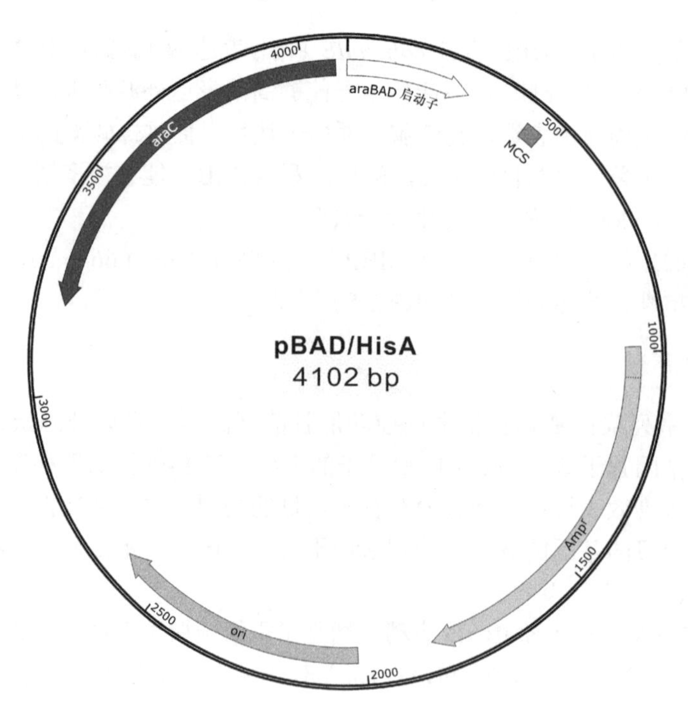

图 2.6　pBAD/HisA 载体分子结构

第三节 原核表达载体优化

一、载体骨架结构优化

（一）启动子优化

启动子控制基因表达的起始时间和表达强度，因此选择合适的启动子是目的基因表达成功的基础。目前，许多启动子被用于 *E. coli* 外源蛋白的表达，从而显著提高蛋白质产量。T7 启动子功能强大且专一性高，因而成为首选的原核表达启动子。T7 启动子受 T7 RNA 聚合酶调控，高活性的 T7 RNA 聚合酶合成 mRNA 的速率比 *E. coli* RNA 聚合酶快 5 倍。当二者同时存在时，T7 表达系统的转录强于宿主本身基因的转录，诱导表达后仅几个小时，目的蛋白的表达量通常可以占到细胞总蛋白的 50%以上（Kar and Ellington，2018）。

使用强启动子替代常用的 T7 启动子或其他启动子可增强 RNA 转录。其中，自诱导启动子也用于稳定克隆的形成和蛋白质生产（Studier，2014）。目前，已研发出一种基于 T7 启动子调控表达单元（ECKm）的新型 T7C p/p 系统。该系统将编码氨基糖苷-3′-磷酸转移酶（aminglycoside-3′-phosptransferase）的卡那霉素诱导基因与ECKm表达盒结合进行筛选。通过将转录终止子基因插入ECKm表达盒中，可阻止非噬菌体启动子的表达。选择标记 *APH* 基因的表达受到 T7 启动子的严格调控，最终形成具有所需特性的新型表达盒。稳定的 T7C p/p 表达系统消除了培养过程中不表达目的蛋白的细胞，克服了连续培养过程中蛋白表达量减少的问题（Kesik-Brodacka et al.，2012）。T7C p/p 系统可以显著提高目的蛋白的生产效率，同时降低生产成本。黄津伟等（2019）在 *E. coli* 基因表达库中筛选出 5 个能够高效调控基因表达的启动子，通过比较基因表达强度得到最高效的 Pslp 启动子。为进一步提高生产聚羟基脂肪酸酯的效率，将 2 个 Pslp 序列采用串联的方式构建得到一个新启动子 P2slp。在 P2slp 的驱动下，重组 *E. coli* 的细胞干重由 22 g/L 提高至 29 g/L，聚羟基脂肪酸酯的产量由 49.1%提高至 81.3%。

（二）串联多聚体表达

使用串联多聚体表达能够增加宿主细胞中的基因拷贝数，提高转录水平，进而增加目的蛋白表达量。研究表明，在乳酸菌中表达人 β 防御素-2（human beta-defensin-2，*hbd-2*）时，没有在上清中检测到分泌的目的蛋白，构建 2～8 个拷贝数的 *hbd-2* 基因串联表达则检测到目的蛋白表达。在 *E. coli* 中表达 *hbd-2* 时，分别构建 1～4 个拷贝数的 *hbd-2* 基因串联表达，结果表明，含 1～2 个拷贝数的 *hbd-2* 载体表达水平高于含 4 个拷贝数的 *hbd-2* 载体，且携带较少 *hbd-2* 基因拷贝的细胞生长速率更快（Li，2011）。Zhou 等（2009）在 *E. coli* BL21（DE3）中表达 CM4 时发现，当基因拷贝数增加至 3 倍时，CM4 产量达到 68 mg/L，是正常拷贝数的 4 倍。

（三）融合标签表达

当改变环境条件不能解决外源蛋白可溶性问题时，可以通过添加融合标签表达的方法来提高宿主细胞中外源蛋白表达的可溶性。在目的蛋白的 N 端或 C 端连接一些易于表达或纯化的融合标签，进而实现目的蛋白的可溶性表达。原核表达系统中常见的融合标签见表 2.3（Kaur et al.，2018）。

表 2.3　常见的融合标签

融合标签	分子量/kDa	用途
麦芽糖结合蛋白（MBP）	42	有利于纯化，提高蛋白可溶性
谷胱甘肽-*S*-转移酶（GST）	26	防止细胞内蛋白质水解，稳定可溶性组分中的蛋白质
小泛素样修饰蛋白（SUMO）	11	促进蛋白质折叠和结构稳定性
硫氧还蛋白 A（TrxA）	12	提高蛋白可溶性，帮助蛋白质重新折叠
转录终止/抗终止蛋白（NusA）	55	有利于纯化，减慢翻译速度，促进折叠
多聚组氨酸［poly（His）］	0.84	分子量小，免疫原性低

在重组蛋白的制备中，新型 FH8 融合标签可用于增强重组蛋白的可溶性。研究表明，与不使用融合标签的蛋白质相比，使用 FH8 融合标签的蛋白质表达量可提高 3～16 倍。与其他常见的融合标签相比，FH8 标签融合蛋白的产量明显升高。Costa 等（2014）将 GST、NusA、His、MBP、Trx 几种常用的融合标签与 FH8 融合标签进行比较，结果表明，FH8 标签能够显著提高目的蛋白的可溶性，且目的蛋白仍保持原有的生物活性。因此，FH8 标签可以作为一种新的融合标签，提高目的蛋白在 *E. coli* 中的表达量和溶解度。

（四）密码子优化

大多数氨基酸都是由一个以上的密码子所编码，且氨基酸密码子的使用具有偏好性。*E. coli* 密码子使用的结果表明，高表达基因比低表达基因表现出更大的密码子偏好性，如果表达基因的密码子偏好性与 *E. coli* 的密码子偏好性有显著差异，由稀有密码子偏好性引起的翻译错误（包括移码突变或翻译提前终止，以及对稀有 tRNA 的竞争），都可能对宿主基因的表达产生不利影响。*E. coli* 稀有密码子见表 2.4（Burgess-Brown et al.，2008）。

为获得最佳重组蛋白表达效果，通常需要根据物种的密码子偏好性进行序列优化。一般用密码子适应指数（codon adaption index，CAI）来表示匹配程度，通常情况下，CAI≥0.80 被认为是预测重组蛋白高效表达的标准。当外源基因的同

表 2.4　*E. coli* 稀有密码子

氨基酸	稀有密码子
精氨酸（Arg）	AGG、AGA、CGG、CGA
亮氨酸（Leu）	CUA、CUC
异亮氨酸（Ile）	AUA
丝氨酸（Ser）	UCG、UCA、AGU、UCC
甘氨酸（Gly）	GGA、GGG
脯氨酸（Pro）	CCC、CCU、CCA
苏氨酸（Thr）	ACA

义密码子使用频率与宿主基因相匹配时，可以显著提高外源基因的表达水平。同义密码子相对使用度（relative synonymous codon usage，RSCU）代表该密码子在所有同义密码子中使用的相对概率，计算方法为：该密码子出现频率/（同义密码子概率的和×同义密码子个数）（Arella et al.，2021）。可以根据密码子 RSCU 判断其偏好性，将 RSCU 值较低的密码子替换成值较高的密码子可提高外源蛋白的表达量。一些常用的密码子优化网站有 Optimizer（http://genomes.urv.es/OPTIMIZER/）、Jcat（http://www.jcat.de/Start.jsp）、DNAworks（https://hpcwebapps.cit.nih.gov/dnaworks/）等。

要提高某一基因在异源宿主中的表达量，常用的策略包括靶向突变去除稀有密码子或在特定细胞系中添加稀有密码子 tRNA，即通过靶向突变将稀有密码子改变为常用密码子，或者通过共表达编码 *E. coli* 中稀有 tRNA 的基因来解决。另外，通过共表达稀有同源 tRNA 基因，可以提高含有稀有密码子的基因表达水平。研究表明，人白细胞介素-18（interleukin-18，IL-18）序列含有 37 个 *E. coli* 稀有密码子，密码子经优化后，IL-18 产量可提高至原来的 5 倍左右（Li et al.，2003）。研究选择性引入同义稀有密码子（synonymous rare codon，SRC）对蔗糖磷酸化酶基因和酰胺水解酶基因在 *E. coli* BL21（DE3）中表达水平的影响，结果表明，在 β 链编码区引入单个 SRC 显著提高了其可溶性表达水平；与对照相比，含有 9 个 SRC 的蔗糖磷酸化酶基因突变体可溶性蛋白表达水平提高了约 6 倍（Zhong et al.，2017）。

二、其他优化策略

（一）信号肽优化

信号肽的优化对于重组蛋白的高效表达和分泌十分重要。提高重组蛋白表达的大量研究聚焦于改造信号肽的序列和结构进而提高蛋白分泌效率这一领域。为了将重组蛋白从胞内转运至胞外，可设计重组蛋白与N端信号肽共表达，以便表达的蛋白质可以通过 N 端信号肽转移至胞外，进而提高细胞分泌效率（Freudl，2018）。通过优化信号肽序列可以提高重组蛋白在 *E. coli* 中的产量。研究发现，使用多聚亮氨酸残基替换碱性磷酸酶基因 phaA 信号肽的疏水区能够提高分泌效率，这一结果为天然信号肽的优化改造提供了参考依据（Klatt and Konthur，2012）。

ESETEC Wacker's 是一种新型高效的分泌技术，能够在 *E. coli* 的胞外环境制备大量的重组蛋白，将具有天然构象和正确折叠的重组蛋白分泌到胞外环境，从而减少下游工艺成本。采用其他的克隆策略、菌种和培养条件时，目的蛋白产量仅为 0.5～400 mg/L；而使用 ESETEC Wacker's 分泌技术，可获得具有生物活性的重组单链抗体 scFv 和 Fab，产量分别为 3.5 g/L 和 4.0 g/L（Frenzel et al.，2013）。

E. coli 中外源蛋白的表达通常定位在细胞的胞质、周质空间以及细胞外（极少数）。其中，蛋白质在胞质中的表达效率最高，但是由于无法正确形成二硫键，导致在胞质表达的蛋白质常常形成包涵体。周质空间是 *E. coli* 中唯一能形成二硫键的位置，因此可以通过插入信号肽将外源蛋白定位在周质中进而获取可溶性目的蛋白。Oelschlaeger 等（2003）在 *E. coli* 中表达 scFv 单链抗体片段时，通过将信号肽 PelB 连接在 scFv 的 N 端，成功引导外源蛋白表达定位在周质空间中。霍世元等（2014）将 OmpA 信号肽与抗 VEGF 单克隆抗体 Fab 片段连接构建重组质粒，结果在细胞周质中成功检测到具有活性的产物。

（二）共表达小肽

小肽早于蛋白质融合标签被广泛用于提高外源蛋白的溶解度。这类肽相对较短，一般总长度不超过 15 个氨基酸残基，主要由 1～2 个氨基酸重复不同的次数组成。小肽既不干扰蛋白质结构，也不损害蛋白质活性，且在后期蛋白纯化时不需要对其进行切除。晚期胚胎富集蛋白（late embryogenesis abundant protein，LEA）在本质上具有亲水性和抗聚集性，可以防止 *E. coli* 表达的其他目的蛋白的聚集。在 *E. coli* 中共表达一种由 11 个氨基酸残基组成的 LEA 多肽，可以显著增强重组蛋白的表达。将绿色荧光蛋白（green fluorescent protein，GFP）与 LEA 多肽共表达，可以提高蛋白表达量至 50%（Ikeno and Haruyama，2013）。

（三）cumate 新型诱导表达系统

cumate 新型诱导表达系统是一种新型的、精密调控的载体系统，使用恶臭假单胞菌 F1 调控元件 cym 和 cmt 操纵子生产重组蛋白。这两个操纵子通过化学诱导剂 p-异丙基苯甲酸酯在转录水平上调控目的基因的表达。与 IPTG 不同，cumate 是一种无毒的化学诱导剂，用于诱导基因转录。cumate 诱导的 pNew 载体包含 T5 启动子、一个合成的操纵子，以及目的基因表达的抑制物蛋白 cymR。与 IPTG 诱导系统相比，cumate 诱导的 pNew 载体的蛋白表达量提高了 3～6 倍（Choi et al.，2010）。在生产工业化蛋白和酶方面，cumate 诱导表达系统提供了更高水平的蛋白表达量，进而降低了发酵和纯化等生产成本。

（四）共表达分子伴侣

共表达与蛋白质折叠过程密切相关的分子伴侣、折叠酶和硫氧环蛋白基因可以显著提高目的蛋白的可溶性。分子伴侣是用来帮助蛋白质从头折叠和实现正确构象的折叠物。通过共表达分子伴侣，可防止包涵体的积累并改变蛋白质的构象。这些伴侣蛋白通过与目的蛋白相互作用形成蛋白-伴侣蛋白复合物，促进蛋白质正确折叠。一些分子伴侣也有助于降低聚集体的形成（Sallada et al.，2019）。一些伴侣蛋白系统以折叠酶的方式发挥作用，以 ATP 依赖的方式促进蛋白质折叠，如 GroEL/GroES 或 DnaK/DnaJ/GrpE 系统。其他的伴侣蛋白则作为支架发挥作用，它们与折叠中间体结合以防止聚集，如 DnaJ 或 Hsp33。

为了提高重组醛脱氢酶 3 家族成员 A1（aldehyde dehydrogenase 3 family，member A1，ALDH3A1）蛋白的表达量和溶解度，将其与 6×His 标签融合，并与两组分子伴侣 GroES/GroEL 和 DnaK/DnaJ/GrpE 共表达，结果在 *E. coli* 中产生了大量的可溶且有活性的重组 ALDH3A1 蛋白（Voulgaridou et al.，2013）。

（五）促进二硫键形成

蛋白质的折叠和二硫键的正确形成对蛋白质的稳定性及生物学功能十分重要。在 *E. coli* 的周质空间中存在二硫化物异构酶（Dsb 蛋白）和 PP 异构酶（PPIase），通过二硫键形成酶 DsbA 和 DsbB 维持适当的氧化还原状态，促使蛋白质二硫键的形成。通过在重组蛋白的 N 端加入不同的信号肽，在 *E. coli* 中获得二硫键结合蛋白，然后通过 *E. coli* 分泌途径或者信号识别颗粒依赖的转移机制，将外源蛋白转移至 *E. coli* 细胞的周质腔或胞外环境中。

在 *E. coli* 细胞内共表达蛋白质二硫键异构酶（protein disulfide isomerase，PDI）可以促进二硫键的形成和蛋白质正确折叠（Assenberg et al.，2013）。对 PDI 进行功能研究发现，其能够促进目的蛋白的二硫键形成和正确折叠，该过程受谷胱甘肽的调节。PDI 具有二硫键异构交换的功能，能够有效弥补 DsbA 和 DsbB 功能上的不足，进而提高目的蛋白正确折叠的比例。由于二硫键氧化还原酶系统催化作用的存在，周质通常是 *E. coli* 中唯一可以形成二硫键的场所。硫氧还蛋白和谷氧还蛋白能够促进胞质内半胱氨酸的还原反应，通过对 *E. coli* 基因组的改造以破坏 Dsb 系统的硫氧还蛋白还原酶基因和谷胱甘肽还原酶基因，从而在胞质内创造更加适于二硫键形成的环境。

总结与展望

原核表达系统已经成为大规模生产重组蛋白的有效工具，广泛应用于生物和医学等领域。原核表达载体可分为非融合型表达载体、融合型表达载体、分泌型表达载体和表面呈现表达载体。常用的原核表达载体包括 pET、pQE、pGEX、pMAL、pBAD 系列等。目前，已经有许多载体优化策略可以显著提高目的蛋白的产量和可溶性，主要包括密码子优化、启动子优化、融合标签表达、信号肽优化、共表达小肽或分子伴侣，以及新型诱导表达系统的开发等。

尽管原核表达系统在重组蛋白生产方面已经取得了巨大的进展，但由于缺乏适当的翻译后加工机制，目的蛋白无法进行正确折叠或翻译后修饰，常常形成不溶性的包涵体，使得原核表达系统的应用受到了很大的限制。因此，仍需进一步筛选并优化新的载体以提高重组蛋白的产量和质量。

参 考 文 献

黄津伟, 高阳, 李道凡, 等. 2019. 启动子优化提高重组大肠杆菌 PHA 产量. 基因组学与应用生物学, 38(7): 3090-3096.

霍世元, 朱文华, 滕凌, 等. 2014. 抗 VEGF 单克隆抗体 Fab 片段在大肠杆菌的表达. 中国生物工程杂志, 29(10): 1085-1088, 1092.

梁标, 郭佳, 关锋. 2016. 阿维链霉菌来源 EndoH 在枯草芽孢杆菌中的表达及应用. 生物学杂志, 33(4): 20-24.

刘丽琴, 陈婷婷, 李少伟, 等. 2020. 大肠杆菌表达系统在基因工程疫苗研发中的应用与策略优化. 中国新药杂志, 29(21): 2434-2442.

Arella D, Dilucca M, Giansanti A. 2021. Codon usage bias and environmental adaptation in microbial organisms. Mol Genet Genomics, 296(3): 751-762.

Assenberg R, Wan P T, Geisse S, et al. 2013. Advances in recombinant protein expression for use in pharmaceutical research. Curr Opin Struct Biol, 23(3): 393-402.

Bahreini E, Aghaiypour K, Abbasalipourkabir R, et al. 2014. An optimized protocol for overproduction of recombinant protein expression in *Escherichia coli*. Prep Biochem Biotechnol, 44(5): 510-528.

Bernier S C, Morency L P, Najmanovich R, et al. 2018. Identification of an alternative translation initiation site in the sequence of the commonly used glutathione *S*-transferase tag. J Biotechnol, 286: 14-16.

Burgess-Brown N A, Sharma S, Sobott F, et al. 2008. Codon optimization can improve expression of human genes in *Escherichia coli*: A multi-gene study. Protein Expr Purif, 59(1): 94-102.

Choi Y J, Morel L, Francois T L. 2010. Novel, versatile, and tightly regulated expression system for *Escherichia coli* strains. Appl Environ Microbiol, 76(15): 5058-5066.

Costa S, Almeida A, Castro A, et al. 2014. Fusion tags for protein solubility, purification and immunogenicity in *Escherichia coli*: the novel Fh8 system. Front Microbiol, 5: 63.

Du F, Liu Y Q, Xu Y S, et al. 2021. Regulating the T7 RNA polymerase expression in *E. coli*

BL21(DE3) to provide more host options for recombinant protein production. Microb Cell Fact, 20(1): 189.

Ejike U C, Chan C J, Lim C S Y, et al. 2021. Functional evaluation of a recombinant fungal immunomodulatory protein from *L. rhinocerus* produced in *P. pastoris* and *E. coli* host expression systems. Appl Microbiol Biotechnol, 105(7): 2799-2813.

Frenzel A, Hust M, Schirrmann T. 2013. Expression of recombinant antibodies. Front Immunol, 4: 217.

Freudl R. 2018. Signal peptides for recombinant protein secretion in bacterial expression systems. Microb Cell Fact, 17(1): 52.

Frossard C P, Steidler L, Eigenmann P A. 2007. Oral administration of an IL-10-secreting *Lactococcus lactis* strain prevents food-induced IgE sensitization. J Allergy Clin Immunol, 119(4): 952-959.

Guarante L, Roberts T M, Ptashne M. 1980. A technique for expressing eukaryotic genes in bacteria. Science, 209(4463): 1428-1430.

Hjelm A, Karyolaimos A, Zhang Z, et al. 2017. Tailoring *Escherichia coli* for the l-rhamnose P_{BAD} promoter-based production of membrane and secretory proteins. ACS Synth Biol, 6(6): 985-994.

Ikeno S, Haruyama T. 2013. Boost protein expression through co-expression of LEA-like peptide in *Escherichia coli*. PLoS One, 8(12): e82824.

Inouye M. 2006. The discovery of mRNA interferases: implication in bacterial physiology and application to biotechnology. J Cell Physiol, 209(3): 670-676.

Jahanian-Najafabadi A, Soleimani M, Azadmanesh K, et al. 2015. Molecualr cloning of the capsular antigen F1 of *Yersinia pestis* in pBAD/gIII plasmid. Res Pharm Sci, 10(1): 84-89.

Kaur J, Kumar A, Kaur J. 2018. Strategies for optimization of heterologous protein expression in *E. coli*: Roadblocks and reinforcements. Int J Biol Macromol, 106: 803-822.

Kar S, Ellington A D. 2018. Construction of synthetic T7 RNA polymerase expression systems. Methods, 143: 110-120.

Kesidis A, Depping P, Lodé A, et al. 2020. Expression of eukaryotic membrane proteins in eukaryotic and prokaryotic hosts. Methods, 180: 3-18.

Kesik-Brodacka M, Romanik A, Sygula D M, et al. 2012. A novel system for stable, high level protein expression from the T7 promoter. Microb Cell Fact, 11: 109.

Ki M R, Pack S P. 2020. Fusion tags to enhance heterologous protein expression. Appl Microbiol Biotechnol, 104(6): 2411-2425.

Klatt S, Konthur Z. 2012. Secretory signal peptide modification for optimized antibody-fragment expression-secretion in *Leishmania tarentolae*. Microb Cell Fact, 11: 97.

Kumar A, Sharma A, Kaur G, et al. 2017. Functional characterization of hypothetical proteins of *Mycobacterium tuberculosis* with possible esterase/lipase signature: a cumulative in silico and in vitro approach. J Biomol Struct Dyn, 35(6): 1226-1243.

Li A, Kato Z, Ohnishi H, et al. 2003. Optimized gene synthesis and high expression of human interleukin-18. Protein Expr Purif, 32(1): 110-118.

Li Y. 2011. Recombinant production of antimicrobial peptides in *Escherichia coli*: a review. Protein Expr Purif, 80(2): 260-267.

Mishra V. 2020. Affinity tags for protein purification. Curr Protein Pept Sci, 21(8): 821-830.

Mohit E, Nasr R, Ghazvini K, et al. 2018. Evaluation of the effect of promoter type on the immunogenicity of the live recombinant salmonella vaccines expressing *Escherichia coli* heat-labile enterotoxins (LTB). Iran J Pharm Res, 17(Suppl2): 98-110.

Oelschlaeger P, Lange S, Schmitt J, et al. 2003. Identification of factors impeding the production of a single-chain antibody fragment in *Escherichia coli* by comparing *in vivo* and *in vitro* expression. Appl Microbiol Biotechnol, 61(2): 123-132.

Peroutka Iii R J, Orcutt S J, Strickler J E, et al. 2011. SUMO fusion technology for enhanced protein expression and purification in prokaryotes and eukaryotes. Methods Mol Biol, 705: 15-30.

Raran-Kurussi S, Sharwanlal S B, Balasubramanian D, et al. 2022. A comparison between MBP- and NT* as N-terminal fusion partner for recombinant protein production in *E. coli*. Protein Expr Purif, 189: 105991.

Rasooli F, Hashemi A. 2019. Efficient expression of EpEX in the cytoplasm of *Escherichia coli* using thioredoxin fusion protein. Res Pharm Sci, 14(6): 554-565.

Redwan E L. 2006. The optimal gene sequence for optimal protein expression in *Escherichia coli*: principle requirements. Arab J Biotechnol, 9: 493-510.

Rosano G L, Morales E S, Ceccarelli E A. 2019. New tools for recombinant protein production in *Escherichia coli*: A 5-year update. Protein Sci, 28(8): 1412-1422.

Sallada N D, Harkins L E, Berger B W. 2019. Effect of gene copy number and chaperone coexpression on recombinant hydrophobin HFBI biosurfactant production in *Pichia pastoris*. Biotechnol Bioeng, 116(8): 2029-2040.

Srivastava P, Bhattacharaya P, Pandey G, et al. 2005. Overexpression and purification of recombinant human interferon alpha2b in *Escherichia coli*. Protein Expr Purif, 41(2): 313-322.

Studier F W. 2014. Stable expression clones and auto-induction for protein production in *E. coli*. Methods Mol Biol, 1091: 17-32.

Voulgaridou G P, Mantso T, Chlichlia K, et al. 2013. Efficient *E. coli* expression strategies for production of soluble human crystallin ALDH3A1. PLoS One, 8(2): e56582.

Zhang Z H, Jiang P H, Li N, et al. 2005. Oral vaccination of mice against rodent malaria with recombinant expressing MSP-119. World J Gastronenterol, 11(44): 6975-6980.

Zhong C, Wei P, Zhang Y P. 2017. Enhancing functional expression of codon-optimized heterologous enzymes in *Escherichia coli* BL21(DE3) by selective introduction of synonymous rare codons. Biotechnol Bioeng, 114(5): 1054-1064.

Zhou C, Xue Y, Ma Y. 2018. Characterization and high-efficiency secreted expression in *Bacillus subtilis* of a thermo-alkaline β-mannanase from an alkaliphilic *Bacillus clausii* strain S10. Microb Cell Fact, 17(1): 124.

Zhou L, Zhao Z, Li B, et al. 2009. TrxA mediating fusion expression of antimicrobial peptide CM4 from multiple joined genes in *Escherichia coli*. Protein Expr Purif, 64(2): 225-230.

（张　玺　孙秋丽）

第三章 酵母表达载体

基因工程技术自诞生以来，发展迅猛且日趋成熟。如今，已有多种蛋白质表达系统被广泛应用于外源基因的重组表达，如细菌、酵母、昆虫和哺乳动物细胞等表达系统。当前已有多种酵母表达系统用于重组蛋白表达，酵母是生产重组蛋白的优良宿主，易于操作、生长速度快，且具有真核翻译后修饰和高效分泌蛋白质等原核表达系统所不具备的优势（祁浩和刘新利，2016）。同时，酵母还具有优良的发酵特性，可进行高密度培养，蛋白产量高，从而大大降低生产成本；此外，酵母系统表达的重组蛋白不含致热源、病原体或病毒蛋白，能满足合成生物分子的安全标准。因此，酵母表达系统具有显著的优势（Gellissen et al.，2005）。

第一节 酵母表达系统概述

一、酵母表达系统历史

几千年前人们已开始用酿酒酵母（*Saccharomyces cerevisiae*）制作各种发酵类食品，积累了大量有关酿酒酵母发酵的实践经验。酿酒酵母作为一种最简单的单细胞真核生物，基因组全长 12 Mb，由 16 条染色体组成，共包含约 5885 个蛋白质编码基因、约 140 个核糖体 RNA（ribosome RNA，rRNA）、40 个小核 RNA（small nuclear RNA，snRNA）及 275 个转运 RNA（transfer RNA，tRNA）。酵母细胞既能通过有丝分裂实现无性繁殖，又能通过减数分裂进行有性繁殖。酵母细胞具有完整的亚细胞结构和严格的基因表达调控机制，和哺乳动物细胞表达机制也有着诸多的相似之处。

酵母是第一种被人类用于生物转化的微生物，奠定了现代微生物工业化基础。在过去的几十年中，酿酒酵母被广泛用于多种外源蛋白质的生产。1981 年，Hitzeman 等用酿酒酵母成功地表达了人干扰素（Hitzeman et al.，1981）。1983 年，Wegner 等建立了以甲醇营养型酵母为代表的第二代酵母表达系统，即甲醇酵母表达系统（Wegner，1983），其中以巴斯德毕赤酵母为宿主的外源基因表达系统发展尤为迅速。1987 年，Hilleman 等利用酿酒酵母细胞表达第一个商业化的乙型肝炎重组蛋白疫苗（Hilleman et al.，1987）。截至 2015 年，美国 FDA 和欧洲药品管理局（European Medicines Agency，EMA）批准的来自真核生物的重组蛋白药物几乎全部来自酿酒酵母。1996 年，酿酒酵母（S288c 菌株）的全基因组测序工作完成，这是人类破解的第一个真核生物基因组（Goffeau et al.，1996）。市场上来自酿酒酵母的产品如预防性乙型肝炎疫苗（hepatitis B surface antigen，HBsAg）、人血清白蛋白（human serum albumin，HSA）、胰岛素前体（insulin precursor）、水蛭素（hirudin）、人转铁蛋白（human transferrin）、尿酸氧化酶（urate oxidase）、胰高血糖素（glucagon）、血小板衍生生长因子和巨噬细胞集落刺激因子（macrophage colony stimulating factor）等。

1972 年，Yarrow 发现一个新的酵母亚属——解脂耶氏酵母（*Yarrowia lipolytica*）（Yarrow，1972），该菌株具有分解脂类和分泌蛋白的能力。解脂耶氏酵母属于半子囊菌纲，也被称为假丝酵母、拟内孢霉属或解脂复膜孢酵母（Barth and Gaillardin，1996；Barth and Gaillardin，1997）。20 世纪 80 年代，解脂耶氏酵母以正烷烃为碳源第一次应用于单细胞蛋白质生产，由于其较高的蛋白质分泌能力，引起了广大研究者的兴趣，并对其分泌蛋白质的功能进行研究，为工业化高效生产外源蛋白提供了优良宿主（Beckerich et al.，1998）。

在自然界中，解脂耶氏酵母菌株通常可从奶酪、酸奶和香肠等乳制品中分离出来，在富含脂质的培养基、海洋或高盐环境中也可分离出来。美国 FDA 已经批准了多个基于解脂耶氏酵母的安全生产工艺。解脂耶氏酵母作为分泌型重组蛋白的表达宿主越来越受到重视，已被用来生产各种酶类，如蛋白酶、脂肪酶、磷酸酶、RNase 和酯酶等工业及食品用酶。

二、酵母表达系统组成

酵母表达系统有酿酒酵母表达系统、甲醇酵母表达系统和其他酵母表达系统等。

（一）酿酒酵母表达系统

酿酒酵母是第一个完全测序的真核生物，也是人们了解最多、最常见的遗传模型之一，是进化遗传学和基因组学研究的重要模型。用于重组蛋白表达的酿酒酵母菌株包括野生型和突变型。野生型菌株包括布拉氏酵母菌（*Saccharomyces boulardii*）和葡萄汁酵母（*Saccharomyces uvarum*）。布拉氏酵母菌是一种用于治疗细菌性腹泻的益生菌。表 3.1 为科研和工业化生产常用的酿酒酵母菌株。

S288c 于 1950 年通过遗传杂交分离而来，酿酒酵母的大部分遗传信息均来自 S288c 菌株（Mortimer and Johnston，1986）。与 W303 相比，S288c 的产孢率较低，在缺氮培养基上无法进行丝状生长，也不能在麦芽糖上生长。A634A 菌株源于 S288c 与未知菌株的杂交，常用于细胞周期调控研究。BJ5464 菌株由于 *PEP4* 和 *PRB1* 基因缺失，缺乏液泡降解能力，因此主要用于外源蛋白的重组表达。BY4716

表 3.1　常用酿酒酵母菌株

菌株	特点或用途
S288c	产孢率低，无法在缺氮培养基和麦芽糖上生长
A634A	常用于细胞周期的调控研究
BJ5464	*PEP4* 和 *PRB1* 基因缺失，缺乏液泡降解能力
BY4716	常用作参考菌株或对照菌株
BY4742	常用于评价蛋白质功能和研究内源细胞过程
CEN.PK	厌氧条件下可使用各种碳源作为能源
∑1278b	对温度变化特别敏感
SK1	产孢率高，常用于减数分裂研究
W303	常用于酵母细胞的生化和遗传学研究

菌株与 S288c 遗传背景和生长特性非常相似，故常用作对照菌株。BY4742 菌株常用于评价蛋白质功能和研究内源细胞过程（Schacherer et al.，2007）。CEN.PK 与 S288c 一起作为二级参照株进行基因组测序，厌氧条件下，该菌株可在不同的碳源上实现良好生长（Van Dijken et al.，2000），常用于与细胞生长速率和产物形成相关的研究。∑1278b 菌株对温度变化特别敏感，在氮代谢方面有独特的遗传特征，可据此对其进行辨别（Nomura et al.，2003）。SK1 菌株产孢率高，常用于减数分裂研究。W303 菌株由 S288c 与未知菌株杂交而来，与 S288c 亲缘关系近，常用于酵母细胞的生化和遗传学研究。

（二）甲醇酵母表达系统

酿酒酵母表达重组蛋白时，常遇到质粒不稳定、工业规模生产外源蛋白的产量偏低和非天然糖型（如蛋白质的异常高糖基化、α-1,3 甘露糖终止的 *N*-糖基化修饰等）等问题。为克服酿酒酵母的这些局限，Wegner 等建立以甲醇营养型酵母为代表的第二代酵母表达系统，即甲醇酵母表达系统，其中以巴斯德毕赤酵母为宿主的外源基因表达系统发展尤为迅速，应用也最广泛（Wegner，1983；Tschopp et al.，1987）。除巴斯德毕赤酵母（*Pichia pastoris*）和多形汉逊酵母（*Hansenula polymorpha*）外，微小毕赤酵母（*Pichia minuta*）和博伊丁假丝酵母（*Candida boidinii*）亦属于甲醇营养型酵母（图 3.1）。

1. 巴斯德毕赤酵母表达系统

巴斯德毕赤酵母是工业用酶和蛋白药物等异源蛋白的优良表达宿主。巴斯德毕赤酵母是一种甲醇酵母，由于其细胞内的过氧化物酶体中含有甲醇代谢途径的必需酶类，如乙醇氧化酶（alcohol oxidase）、二羟丙酮合成酶（dihydroxyacetone synthetase）和过氧化氢酶（catalase）等，因此可以在以甲醇为唯一碳源和能源

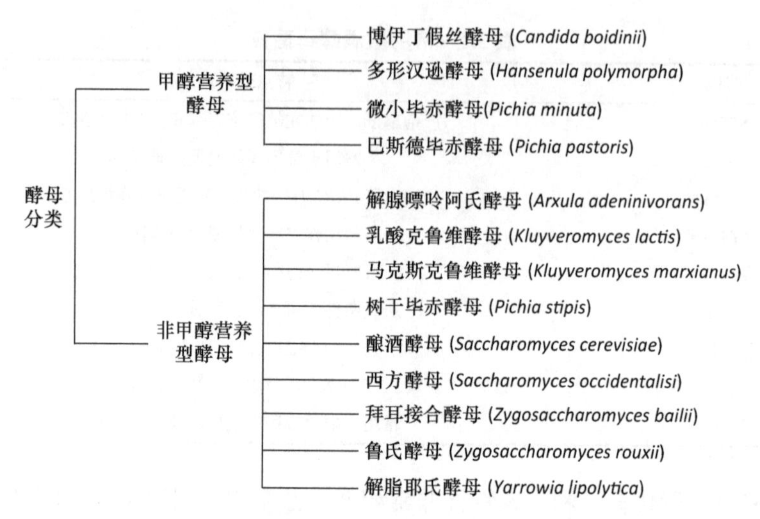

图 3.1 常见甲醇营养型酵母和非甲醇营养型酵母（Baghban et al.，2019）

的培养基中生长。作为一种新兴的真核细胞表达系统，巴斯德毕赤酵母具有表达水平高、产物活性好、培养成本低、产物分泌效率高及易扩大为工业化生产等诸多优点，因此越来越受到人们的重视。迄今，该酵母表达系统已成功应用于促红细胞生成素（erythropoietin）、磷脂酶 C（phospholipase C）、植酸酶、超氧化物歧化酶（superoxide dismutase）、胰蛋白酶、HSA、胶原蛋白和人单克隆抗体等多种重组蛋白的表达。随着毕赤酵母的广泛应用，新型改良菌株不断出现，提升了对该酵母培养和生产流程的标准。与其他类型的酵母相比，毕赤酵母在生产分泌性重组蛋白方面优势明显，具有强大的甲醇调节性醇氧化酶启动子（alcohol oxidase，AOX）、高效的分泌机制、翻译后修饰能力，以及可在培养基中进行高密度培养的特性。Baghban 等用巴斯德毕赤酵母表达一种针对 E 型肉毒梭菌神经毒素（BoNT/E）的纳米抗体，其产量高达 16 mg/L，高于 *E. coli* 的产率（Baghban et al.，2016）。此外，重组血管生成素在该酵母中的产量高达 30 mg/L，人脂联素的产量为 111 mg/L，木聚糖酶的产量为 8.1 g/L，HIV 抗体的产量为 260 mg/L（Baghban et al.，2019）。

毕赤酵母表达菌株大多数源于 NRRL-Y 11430 株。该品系是一种营养缺陷型突变体，因此便于在转化后进行筛选（Cregg et al.，2000）。*AOX1* 和 *AOX2* 基因编码醇氧化酶，它们是甲醇氧化途径中的关键酶。甲醇的利用率取决于其中一个或两个基因的缺失。毕赤酵母有三种类型，分别为 Mut^+、Mut^s 和 Mut^-。Mut^+表型包括 13 个基因变异，包含 *AOX* 基因的两种功能形式；Mut^-表型包括 *AOX1* 和 *AOX2* 基因同时缺失的突变。另一株商业化菌株 MC100-3（*his4 arg4 aox1Δ：SARG4 aox2Δ：Phis4*）中，*AOX1* 和 *AOX2* 基因均被敲除，但该菌株仍能诱导载体上 AOX1

启动子表达高水平的蛋白质。

存在一种营养缺陷的菌株包括 JC254（*ura3*）、GS115（*his4*）和 GS190（*arg4*），存在两种营养缺陷的菌株包括 Jc227（*ade1 arg4*）和 GS200（*arg4 his4*），存在三种营养缺陷的菌株是 Jc300（*ade1 arg4 his4*），存在四种营养缺陷的菌株是 Jc308（*ade1 arg4 his4 ura3*）（Fickers，2014）。此外，还有缺失蛋白酶的三种菌株，分别是 SMD1163（*his4 pep4 prb1*）、SMD1165（*his4 prb1*）和 SMD1168（*his4 pep4*）。

2. 多形汉逊酵母表达系统

多形汉逊酵母可将甲醇作为唯一的碳源和能量来源，并具有良好的耐热性、氧化应激性和重金属耐受力，是理想的重组蛋白表达宿主。汉逊酵母是迄今为止发现的最耐热的酵母菌株，且发酵产量也是已知酵母类型中最高的。其最适生长温度为 37～43℃（其他甲醇酵母最适生长温度为 30℃）。汉逊酵母的耐热特性允许其在高温下进行乙醇发酵，这是传统酿酒酵母所不具备的优势（苏彩霞等，2009）。在高温（48～50℃）下，多形汉逊酵母可将木糖发酵成乙醇（Ishchuk et al.，2008）。另外，多形汉逊酵母具有其他甲醇营养型酵母不具备的硝酸盐同化途径。由于具备多拷贝整合能力及活性很强的诱导启动子，这种甲醇营养型酵母作为一种新型的外源蛋白表达宿主越来越受到重视。多形汉逊酵母表达糖蛋白时，大多数产物的 *N*-聚糖的超糖基化程度较低，且避免了超免疫原性的末端 α-1,3 链甘露糖残基修饰，因此该菌株非常适合糖蛋白的生产。此外，由于对高温耐受，这种酵母非常适合在高温下生产用于结晶学研究的酶和其他耐高温的蛋白质。

常用的多形汉逊酵母菌株主要有三种，即 CBS4732（CCY38-22-2；ATCC34438，NRRL-Y-5445）、DL-1（NRRL-Y-7560；ATCC26012）和 NCYC495（CBS1976；ATAA14754，NRLLY-1798）。这三种菌株来源彼此独立，相互之间的亲缘关系不详，且特征各异。CBS4732 分离自土壤，NCYC495 源自昆虫的肠道，而 DL-1 则分离自橙汁浓缩液（Stoyanov et al.，2014）。DL-1 菌株多用于过氧化物酶体功能、生物发生、甲醇代谢和高温乙醇生产的代谢工程等方面的研究。多形汉逊酵母可用甘油、葡萄糖、木糖和纤维二糖作为碳源发酵生成乙醇，但使用野生型菌株时，以木糖为碳源发酵的乙醇产量很低。

（三）其他酵母表达系统

1. 解脂耶氏酵母表达系统

解脂耶氏酵母是一种二相型油质酵母，具有显著的脂解和蛋白水解活性。解脂耶氏酵母在自然界广泛存在，可生长于土壤、海水、菌根和各种食物（尤其乳制品、奶酪和肉类）的表面（Nicaud，2012；Blazeck et al.，2014；Madzak，

2015）。由于解脂耶氏酵母特殊的特性，其被广泛应用于工业化生产重组蛋白、赤藓糖醇、柠檬酸和脂类等，也常被用作盐耐受，以及线粒体复合体、过氧化物酶体或脂质积累的基础研究。在分泌的早期，蛋白质可以进入两种不同的分泌途径：共翻译途径和翻译后易位途径。翻译后易位在高等真核生物中很常见，但共翻译途径在解脂耶氏酵母中较为突出，这也为解脂耶氏酵母表达外源蛋白提供了便利。共翻译途径依赖于将分泌蛋白运输到内质网膜附近的信号识别颗粒上；需要指出的是，翻译后途径依赖于分子伴侣——热激蛋白（heat shock protein 70，HSP70），合成后的前体多肽通过胞质 HSP70 家族的分子伴侣进行传递。已证实解脂耶氏酵母是生物安全Ⅰ级微生物，无致病风险（Groenewald et al.，2014）。

目前用于生产重组蛋白的解脂耶氏酵母菌株主要有 E129 和 Pol 系列（如 Pold、Polf、Polg 和 Polh），这些菌株在重组蛋白生产方面均有不错的表现。E129 菌株是由法国野生株 W29 的衍生物和美国 YB423-12 菌株进行多次回交后获得的。Po1 系列菌株只来源于 W29，因此不能耐受 Ylt1 逆转录转座子。Po1d 菌株在表达异源蛋白方面具有独特的优势，如分泌水平高、碱性细胞外蛋白酶缺失、不可逆的亮氨酸缺陷型和生产重组转化酶等。

2. 裂殖酵母表达系统

裂殖酵母是指不能出芽生殖，只能以分裂和产孢子的方式繁殖的一类酵母。它具有与高等真核生物相似的线粒体结构、细胞周期调控、RNA 剪接途径和转录机制，因而逐渐成为一种优良的真核模式生物。裂殖酵母具有比酿酒酵母更接近人类的糖蛋白折叠机制，因此，它是生产哺乳动物蛋白最具潜力的表达系统（田晓娟，2018）。目前，已经有多种蛋白质利用此系统进行了表达，如人蛋白凝血因子Ⅷa、细胞色素 P450、人白细胞介素 6（interleukin-6，IL-6）等。裂殖酵母表达系统可以表达胞内蛋白，也可表达膜蛋白和分泌蛋白。然而，很多分泌蛋白的信号肽不能被裂殖酵母识别，目前尚未用于工业化生产。

3. 解腺嘌呤阿氏酵母表达系统

解腺嘌呤阿氏酵母是一种非传统的酵母菌种，近年来已完成全基因组测序，因其独特的特性，如耐高温、耐渗透、耐干燥和硝态氮同化能力，引起了人们的广泛关注（Malak et al.，2016）。非致病性解腺嘌呤阿氏酵母可在多种复杂底物上高速生长，是编码工业上重要酶类基因的重要来源，特别是用于食品、饲料制造和生物修复领域。目前已有基于解腺嘌呤阿氏酵母的 10 种产品上市，第一个被商业化的是重组鞣酸酶（Böer et al.，2011）。与众不同的是，解腺嘌呤阿氏酵母根据温度变化呈现三种形式：当温度低于 42℃时，酵母以出芽方式繁殖；在 42℃时，产生假菌丝体；当温度高于 42℃时，形成菌丝（Wartmann et al.，2000）。尽管对这种二相型酵母的发生机制还不甚清楚，但是这种可逆的形态改变可以通过改变温度很容易进行控制，进而能够调控菌株的分泌特性。因为菌株的分泌行为与它的形态密切相关。

三、酵母表达系统应用

（一）重组蛋白生产

酿酒酵母作为第一个基因组被完全测序的真核生物，在过去的 40 多年中已被广泛用于生产多种外源蛋白质。市场上来自酿酒酵母的产品有胰岛素、水蛭素、尿酸氧化酶、粒细胞、胰高血糖素、血小板衍生生长因子和巨噬细胞集落刺激因子（表 3.2）。FDA 已经批准了许多基于解脂耶氏酵母菌的生产工艺，这些工艺均被证实是安全的。解脂耶氏酵母是分泌产生多种蛋白质的优良宿主，如蛋白酶、脂肪酶、磷酸酶、RNase 和酯酶。在适当的诱导条件下，这种酵母能够向培养基分泌高水平（2 g/L）的碱性蛋白酶。

迄今为止，已经在巴斯德毕赤酵母中生产了几种包含工业酶和生物药物的重组蛋白，并已获得批准和上市（http://www.pichia.com）。正在开发的产品包括 Novozymes（一种高活性抗菌剂）、弹性蛋白酶抑制剂、抗囊性纤维化弹性蛋白酶抑制剂和 NZ2114 的菌丝霉素肽衍生物（一种抗菌肽）。除了已获批的医药产品外，毕赤酵母还生产胰岛素和一些酶类，包括甘精胰岛素、肌醇六磷酸酶、胰蛋白酶、磷脂酶 C、骨胶原、蛋白激酶 K 等，已被商业化并广泛使用（表 3.2）。多形汉逊酵母是一种较为安全的表达系统，已用于大规模的外源蛋白生产。许多来自多形汉逊酵母的蛋白质，如胰岛素、植酸酶、脂肪酶和三酰甘油酯酶已经上市，其中已糖氧化酶被广泛用于食品行业（表 3.2）。

表 3.2　市场上基于酵母菌株生产的重组蛋白产品

菌株	市场产品	产品用途	文献
毕赤酵母	甘精胰岛素	治疗糖尿病	Kannan et al.，2009
	肌醇六磷酸酶	食品、饲料添加剂	Ahmad et al.，2014
	胰蛋白酶	蛋白酶	Shu et al.，2015
	磷脂酶 C	植物油脱胶	Weninger et al.，2016
	骨胶原	皮肤填充物	Çelik and Çalık，2012
	蛋白酶 K	去除非目的蛋白	Yang et al.，2016
	艾卡拉肽	治疗遗传性血管水肿	Cicardi et al.，2010
酿酒酵母	胰岛素	治疗糖尿病	Çelik and Çalık，2012

续表

菌株	市场产品	产品用途	文献
酿酒酵母	乙型肝炎表面抗原	乙型肝炎疫苗	Demain and Vaishnav，2009
	胰高血糖素	糖尿病的辅助诊断	Demain and Vaishnav，2009
	尿酸氧化酶	治疗高尿酸血症	Çelik and Çalık，2012
	巨噬细胞集落刺激因子	粒细胞和巨噬细胞的增殖及分化	Tran et al.，2017
	水蛭素	抗凝剂	Çelik and Çalık，2012
	血小板衍生生长因子	治疗局部皮肤溃疡	Demain and Vaishnav，2009
多形汉逊酵母	胰岛素样生长因子 1	生长激素	Wagner and Alper，2016
	肌醇六磷酸酶	食品添加剂	Mayer et al.，1999
	己糖氧化酶	食品添加剂	Wagner and Alper，2016
	三酰甘油酯酶	食品添加剂	Wagner and Alper，2016
	干扰素 α-2a	治疗丙型肝炎	Müller et al.，2002
	乙型肝炎表面抗原（HBsAg）	乙型肝炎疫苗	Wagner and Alper，2016
解脂耶氏酵母	柠檬酸	食品添加剂	Çelik and Çalık，2012
	番茄红素	食品添加剂	Matthäus et al.，2014
	脂质（三酰甘油）	可再生化学前体	Blazeck et al.，2014
	酮戊二酸	可再生化学前体	Yovkova et al.，2014
	赤藓糖醇	食品添加剂	Mirończuk et al.，2014
	Ω-3 二十碳五烯酸	保健品、食品添加剂	Xue et al.，2013

（二）疫苗生产

酵母表达系统不仅可以生产各种重组蛋白和酶，还可以大规模生产各种病毒的疫苗。目前上市的乙肝疫苗（HBsAg）主要由酿酒酵母和多形汉逊酵母菌株所生产。此外，多形汉逊酵母还被广泛用于生产类病毒颗粒，这些类病毒颗粒可被用于开发各种疫苗，如乙型肝炎病毒、丙型肝炎病毒、戊型肝炎病毒、人乳头瘤病毒（Human papilloma virus，HPV）、狂犬病病毒和轮状病毒的疫苗。

国内上市的重组乙肝疫苗的生产有两种形式：一种是酿酒酵母和多形汉逊酵母在胞内表达产生的，另一种是中国仓鼠卵巢（Chinese hamster ovary，CHO）细胞分泌表达的。与细胞因子、酶等重组蛋白药物相比，疫苗更适合酵母的胞内表达。这是由于细胞因子多为单体蛋白，相对分子质量小，因此能够在酵母中进行很好的分泌表达。乙肝疫苗和 HPV 疫苗中的抗原由于形成了类病毒颗粒结构，因此可能更适合在酵母系统中进行细胞内表达。

（三）*N*-聚糖工程

由于糖基化对糖蛋白生物学特性具有重要影响，因此在发酵过程中应严格控制糖基化的模式。已经发现人类与酵母的糖基化模式显著不同（图 3. 2）。糖工程酵母能够产生具有类人 *N*-聚糖结构的糖蛋白。通过删除 *ALG3*、*OCH1* 和 *MNN1* 基因创建了三重突变酿酒酵母菌株（He et al.，2014）。*Δalg3*/*Δoch1*/*Δmnn1* 三重突变株产生了人 *N*-糖基化的 Man-5GlcNAc2 中间体，没有任何生长缺陷。这种基于酵母表达系统的改良型菌株可作为第一个用于生产治疗性糖蛋白的菌株（Khan et al.，2017）。通过对解脂耶氏酵母菌株的工程化改造，该菌株可产生均质的人型末端甘露糖糖基化蛋白，即用 Man8GlcNAc2 或 Man5GlcNAc2 糖基化，所得菌株 YlOch1p 和 YlMnn9p 缺少酵母特异性高尔基体 α-1,6-甘露糖基转移酶。此外，引入内质网表达的 α-1,2-甘露糖苷酶，产生一种 Man5GlcNAc2 均质糖基化的菌株（De Pourcq et al.，2012）。

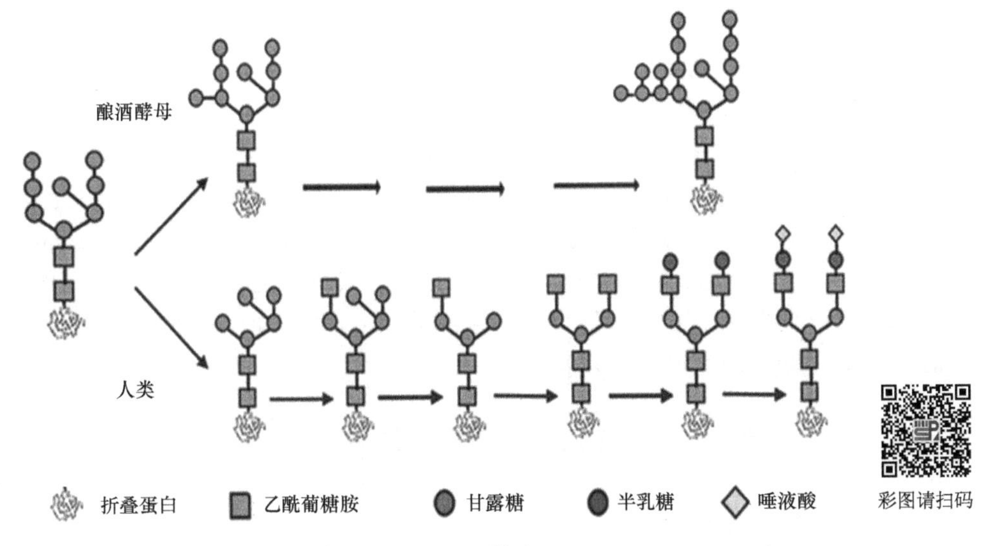

图 3.2　人和酵母 *N*-糖基化模式（Baghban et al.，2019）

Park 等（2011）构建了一个 *Δoch1*/*Δmpo1* 双突变菌株，没有酵母特异性甘露糖基磷酸化和高甘露糖基化。这些新型宿主菌株将促进解脂耶氏酵母能够产生适用于治疗的人源化 *N*-寡糖。为了在毕赤酵母中人源化酵母 *N*-糖基化途径，第一步是删除 *OCH1* 基因，因为它在催化高甘露糖基化的初始反应中起重要作用。巴斯德毕赤酵母 *OCH1* 基因的破坏产生了一种新菌株，用于生产具有同质较短聚糖的外源蛋白质。与野生型菌株相比，工程菌株聚糖中的甘露糖数从 10 减少到 8。此外，去除具有许多修饰的 ALG3 导致类似人的 Man3-GlcNAc2 糖型。与酿酒酵母不同，由于糖基化途径不添加 α-1,3 连接的残基，多形汉逊酵母不易发生过度糖基化（Jacobs et al.，2008）。

（四）环境保护

解脂耶氏酵母可分离自受石油污染的环境和食物，如奶酪、酸奶、酸乳酒、酱油、肉类和家禽产品等，因此，该菌株在净化受烃类污染的水域或土壤方面具有重要的生物学意义和应用价值。

石油污染是造成生态环境破坏的主要原因，解脂耶氏酵母已被用于石油污染土壤的生物修复（Van Hamme et al.，2003）。从高山土壤样本中分离出来一种嗜冷型解脂耶氏菌株，发现该菌株可以生长在0～30℃环境中，并在10天内降解68%的柴油。RM7/11 菌株在 10℃环境下 8 天内可降解 40%的正十六烷和 35%的正十二烷；当培养温度为 15℃时，降解速率分别提高到 50%和 73%，且降解时间缩短为 5 天（Margesin and Schinner，1997）。

随着人们生活生产的需要，一些石油大国频繁地出口石油，油轮在海洋中长期航行和压舱水压载水造成海域的慢性污染；海上石油平台油轮事故造成严重的石油污染。从海洋环境中分离出的解脂耶氏耐盐菌株，在净化石油污染环境的过程中发挥了重要作用（Butinar et al.，2005；Kim et al.，2007；Zinjarde et al.，2008）。在研究降解原油的微生物时，分离出 6 种不同的酵母，其中一株名为 NCIM 3589，其在 30℃的条件下，5 天内可降解 78%的孟买高原油脂肪族组分（Zinjarde and Pant，2002）。除降解脂肪族组分外，NCIM 3589 还可降解纯烷烃，即 24 h 内可降解 60%的正十六烷、50%的正十四烷、45%的正十八烷、40%的正癸烷和 40%的正十二烷（Zinjarde et al.，1998）。

第二节　酵母表达载体结构与功能

一、酵母表达载体分类

酵母表达载体是研究酵母不可缺少的工具。常见的酵母表达载体可分为三大类，即着丝粒型质粒（centromeric plasmid）载体、整合型质粒（integrated plasmid）载体和附着体质粒（episomal plasmid）载体，三者均已广泛用于重组蛋白的生产。

（一）着丝粒型质粒载体

1. 酵母着丝粒型质粒载体的特征

酵母着丝粒型质粒（yeast centromeric plasmid，YCp）载体利用细胞内源性复制和染色体分离机制，在酵母细胞中像微型染色体一样持续存在。因此，YCp 载体具有两个特征序列：自主复制序列（autonomously replicating sequence，ARS）和着丝粒（centromere，CEN）序列（图 3.3）。自主复制序列是指在每个细胞周期的 S 期中，DNA 开始复制的基因组位点；着丝粒序列是着丝粒复合体的附着点，沿着有丝分裂纺锤体直接分离染色体。

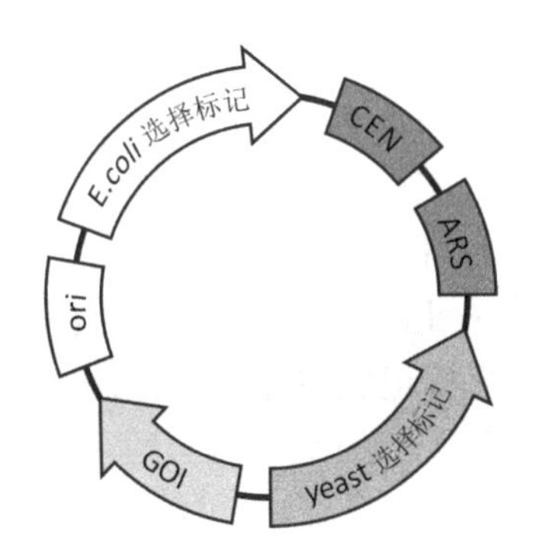

图 3.3　酵母着丝粒型质粒载体结构示意图

2. 酵母着丝粒型质粒载体的分离稳定性和拷贝数

在细胞分裂过程中，为了稳定的质粒结构和正确的质粒分布，必须同时存在自主复制序列和着丝粒序列。YCp 载体在宿主细胞中可维持每个单倍体基因组中大约含有一个拷贝的载体。然而，单个细胞中的质粒拷贝数量是不同的，相当一部分细胞不携带任何质粒，许多细胞携带不止一个质粒。着丝粒序列的存在为有丝分裂提供了高度的分离稳定性，而不对称质粒分离的频率约为每对 10%。另一个不太常见的导致复制数量变化的机制是质粒复制失败，这两种机制的结合导致观察到的拷贝数存在异质性，每细胞分裂产生 3%～5%的无质粒细胞，并且在质粒大小和分离稳定性之间存在相关性。YCp 载体越大，其在细胞分裂过程中的不均匀分布频率越低。通过着丝粒序列进行转录，使着丝点的装配位置被物理阻断，这会大大增加不对称质粒的分离率，导致含有高拷贝质粒的细胞和没有任何质粒的细胞的累积。如果在同一个细胞中存在多个不同的 YCp 载体，它们会降低彼此的分离稳定性并损害宿主细胞的适应性。

（二）整合型质粒载体

1. 酵母整合型质粒载体的特征

酵母整合型质粒（yeast integration plasmid，YIp）载体可插入宿主细胞的基因组，一旦整合，YIp 载体被复制并作为染色体的一部分传递给后代细胞。YIp 载体的特征是靶向与基因组位点同源的序列。根据酵母菌株和整合位点的不同，只需 30 bp 的同源靶向序列就足以产生正确的转化子。然而，目标序列通常由几百个碱基对组成，以实现可靠和高效的整合（Manivasakam et al.，1995）。

2. 酵母整合型质粒载体的分离稳定性和拷贝数

通过双交叉机制整合形成一个 YIp 载体，可以得到一个没有直接重复序列的基因组。因此，这样的 YIp 载体与单个质粒拷贝整合，具有分离稳定性。通过单交叉机制整合形成的 YIp 载体，导致基因组与 YIp 载体两侧的目标位点产生直接重复（图 3.4）。这种构型降低了结构稳定性，因为在直接重复序列之间可能存在重组。每次细胞分裂时，这种 YIp 载体的频率可高达 1%。对质粒标记物的选择并不能保证选择完整的转化子，因为其中的一部分 YIp 载体有可能被环出（looping out），导致序列丢失，而选择标记保留在整合位点。此外，单交叉整合质粒往往会产生携带多串联整合的转化子，但是这些构型在结构上是不稳定的。在长时间的培养过程中，重组事件会减少转化子的初始质粒拷贝数。此外，质粒的拷贝数

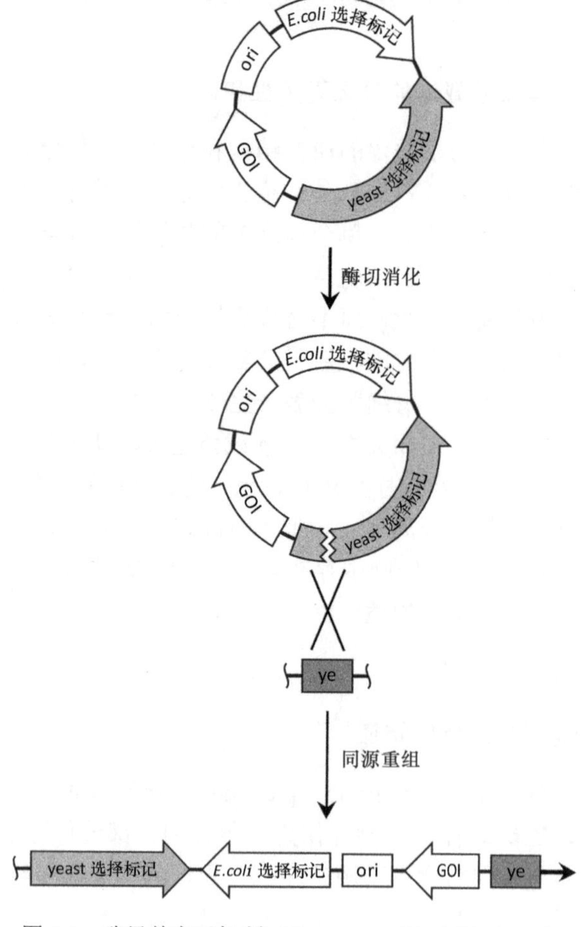

图 3.4　酵母单交叉机制（Gnügge and Rudolf，2017）

也可以通过改变转化质粒的浓度来调整（Plessis and Dujon，1993）。整合型质粒含有整合介导区，目的基因可借此序列整合至酵母染色体的特定区域，随酵母染色体的复制而扩增。整合型质粒的优点是稳定性好（外源基因表达稳定且不易出现丢失），缺点是外源基因的拷贝数低。

YIp 整合型质粒载体不能进行自主复制，如 YIp5（图 3.5），它是通过低频率同源重组方式整合至酵母基因组中的。可以用限制性内切核酸酶切割 YIp 载体中的酵母 DNA 片段（含基因组同源重组位点），使之线性化。用线性化质粒转化酵母菌株，可以实现基因表达盒在酵母基因组上的高效、定向整合。对整合型质粒载体预先进行线性化处理，可使外源基因整合效率提高 10～50 倍。

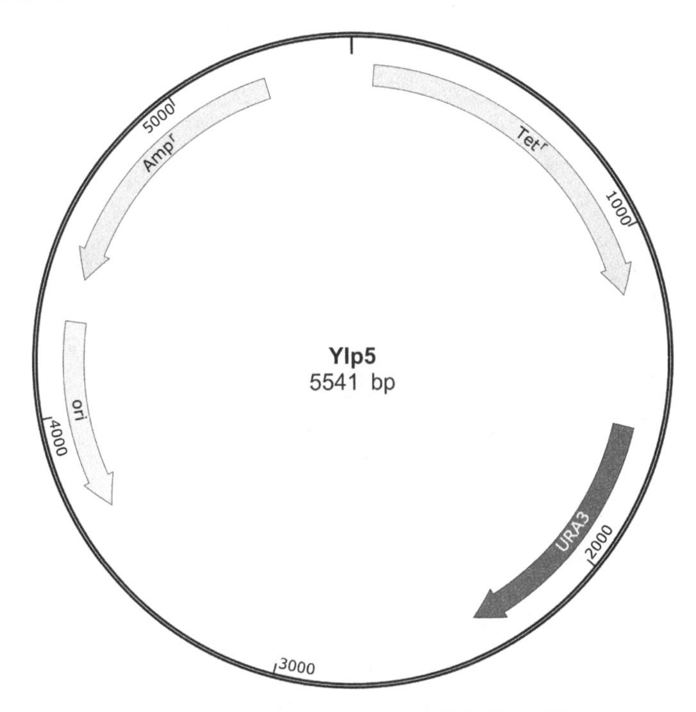

图 3.5　酵母整合型 YIp5 表达载体分子结构

YIp 载体通常以单拷贝整合至酵母基因组，可利用这一特性构建稳定过表达目的基因的工程菌株。YIp 载体的最大优势在于无需选择压力，且转化的重组菌株通常非常稳定。同样，利用串联重复 DNA 方法（如 Ty 元件或 rDNA）获得的同源重组菌株，其质粒丢失（如载体序列环出）的概率也仅为千分之一到万分之一。

（三）附着体质粒（自主型复制）载体

利用酵母附着体质粒（yeast episomal plasmid，YEp）载体的自主复制，可实现外源基因在宿主细胞中的高拷贝扩增。YEp 载体（亦称游离型载体），如 YEp13（图 3.6），通常含有 30 个以上的外源基因拷贝，由于质粒携带来自酵母天然质粒 2 μ 的自主复制序列，因此可不依赖酵母细胞的有丝分裂，进行独立的自我复制。YEp 载体多为穿梭载体，可在细菌宿主 *E. coli* 和酵母宿主之间进行穿梭。当没有选择压力时，YEp 载体在发酵过程中易丢失，不稳定。

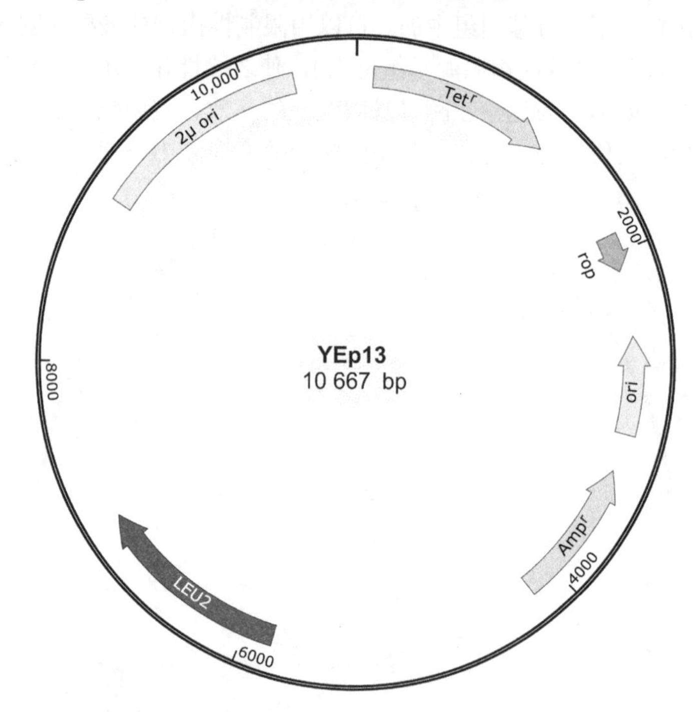

图 3.6 酵母附着体载体 YEp13 质粒分子结构

YEp 载体可自主复制，是因为该质粒含有酵母内源性 2 μ质粒片段，可作为载体的复制起始位点(2 μ ori)。酿酒酵母的内源性 2 μ环状附加体由长度为 6318 bp 的双链 DNA 组成，在大多数酵母中允许每个细胞产生多达 100 个拷贝，因此是 2 μ ori 赋予了 YEp 载体的高拷贝数。有的 YEp 载体包含 2 μ质粒的完整序列，有的载体包含一个 2 μ ori 和 *REP3* 基因的区域。*REP3* 基因与顺式 ori 序列的主要功能是介导 *REP1* 和 *REP2* 基因的反式作用。这些 *REP* 基因编码的产物，负责调节酵母分裂时质粒在子细胞间的合理分配。因此，包含 ori 和 *REP3* 序列的 YEp 载体的宿主细胞（cir^+），还应同时携带天然的 2 μ质粒，否则重组的 YEp 载体不能正常复制。

由于大多数 YEp 载体相对不够稳定，每传一代后，约有 1%以上的重组子会丢失该质粒；即便在选择压力条件下，多次传代后也仅有 60%～95%的细胞保留了 YEp 载体。大多数 YEp 载体的拷贝数范围为 10～40 个/cir^+ 宿主细胞。但是，载体在细胞中的分布并不均匀，因此群体中每个细胞的拷贝数存在较大差异。为此，人们开发了多种系统用于在单个细胞中产生高拷贝数的 YEp 载体，包括使用部分缺陷突变 *LEU2*-D 的 YEp 载体（其 *LEU2* 基因表达水平比野生型低近千倍）。这种 YEp *LEU2*-D 载体的单个细胞的质粒拷贝数高达 200～300 个，即便在没有选择压力的亮氨酸培养基中生长时，高拷贝状态仍可持续多代。因此，YEp *LEU2*-D 载体特别适用于无法进行压力选择时，在完全培养基中进行大规模培养和高效表达重组蛋白。

二、酵母表达载体结构

酵母表达载体通常由以下 DNA 元件组成：同源重组/整合位点、多克隆位点、启动子元件、筛选标记和（或）信号肽等。

（一）启动子

具有转录活性的诱导型或组成型启动子，均可用于外源蛋白的表达。研究表明，在分泌型蛋白的表达中，由于内质网中的蛋白质聚集（新合成的蛋白质来不及正确折叠和糖基化修饰），过表达外源蛋白时常会导致产量下降。因此，一些转录活性可控的启动子，反而更有利于实现重组蛋白的最佳表达效果。寻找具有广谱转录活性的组成型启动子仍是目前人们研究的热点之一。有研究表明，组成型启动子可被成功改造为一组具有转录活性、可精密调控的合成启动子。和组成型启动子相比，诱导型启动子对特定诱导物或阻遏物敏感，借此可定时、定量调控外源基因的表达速度及产量。常用于在酿酒酵母中高水平表达外源基因的强组成型启动子。组成型启动子有烯醇酶（enolase，ENO）启动子、翻译延伸因子（translation elongation factor，TEF）启动子、磷酸丙糖异构酶（triosephosphate isomerase，TPI）启动子、磷酸甘油酸激酶 1（phosphoglyceric kinase 1，PGK1）启动子、磷酸甘油醛脱氢酶（glyceraldehyde phosphate dehydrogenase，GAP）和 α-交配因子 1（α-mating factor 1，MFα1）启动子。诱导型启动子有酸性磷酸酶（acid phosphatase，PHO5）启动子、半乳糖激酶（galactokinase，GAL1-10）启动子、甲基转移酶 17（methyltransferase 17，MET17）启动子和乙醛脱氢酶 2（aldehyde dehydrogenase 2，ADH2）启动子等。

最近在解脂耶氏酵母中开发了两种新型诱导型启动子，分别是赤藓酮糖激酶（erythrulose kinase，EYK1）启动子和赤藓酮糖脱氢酶（erythritol dehydrogenase，EYD1）启动子，在代谢工程和合成生物学中已被推广应用。这些启动子可被赤藓酮糖和（或）赤藓糖醇诱导，并受葡萄糖和甘油等底物阻遏（表 3.3）。

表 3.3 酵母基因表达载体常见启动子（Baghban et al.，2019；Gündüz Ergün et al.，2019）

启动子类型	启动子名称	酵母类型	诱导物
组成型	烯醇酶启动子（ENO）	酿酒酵母	—
	翻译延伸因子启动子（TEF）	酿酒酵母、巴斯德毕赤酵母	—
	磷酸丙糖异构酶启动子（TPI）	酿酒酵母	—
	磷酸甘油酸激酶 1 启动子（PGK1）	酿酒酵母	—
	磷酸甘油醛脱氢酶（GAP）	酿酒酵母	—
	α-交配因子启动子（MFα1）	酿酒酵母	—
	磷酸甘油酸变位酶启动子（GPM1）	巴斯德毕赤酵母	—
	山梨醇脱氢酶启动子（SDH）	巴斯德毕赤酵母	—
	糖基磷脂酰肌醇锚定蛋白启动子（GCW14）	巴斯德毕赤酵母	—
	热激蛋白 82 启动子（HSP82）	巴斯德毕赤酵母	—
	乙酰羟酸还原异构酶启动子（ILV5）	巴斯德毕赤酵母	—
	热激蛋白启动子（SSA4）	巴斯德毕赤酵母	—
	ER 驻留的 hsp70 伴侣蛋白（KAR2）	巴斯德毕赤酵母	—
	果糖-二磷酸醛缩酶 1 启动子（FBA1）	巴斯德毕赤酵母	—
	核糖体蛋白 S7（RPS7）	解脂耶氏酵母	—
	混合 PTEF1 与 UAS1B（UAS1B8/16-TEF）	解脂耶氏酵母	—
	肌动蛋白（ACT）	解脂耶氏酵母	—
	异柠檬酸酶（ALG2）	多形汉逊酵母	—
	质膜 H^+-ATP 酶（PMA1）	多形汉逊酵母	—
	海藻糖 6-磷酸合酶（TPS1）	多形汉逊酵母	—
	酸性磷酸酶（PHO5）	多形汉逊酵母	—
诱导型	半乳糖激酶（GAL1）	酿酒酵母	甘油、乙醇
	同型半胱氨酸合酶（MET17）	酿酒酵母	甲醇
	乙醇脱氢酶（ADH2）	酿酒酵母	甲醇
	乙醇脱氢酶启动子（ADH1）	酿酒酵母	甘油、乙醇
	醇氧化酶（AOX）	巴斯德毕赤酵母	甲醇
	二羟基丙酮合酶启动子（DAS）	巴斯德毕赤酵母	甲醇
	异柠檬酸裂合酶启动子（ICL1）	巴斯德毕赤酵母	乙醇
	醇化酶（ENO1）	巴斯德毕赤酵母	葡萄糖、甘油、乙醇
	葡萄糖转运体启动子（G1）	巴斯德毕赤酵母	葡萄糖限制
	过氧化物酶基质蛋白启动子（PEX8）	巴斯德毕赤酵母	甲醇、油酸
	甲醛脱氢酶启动子（FLD1）	巴斯德毕赤酵母	甲醇、甲胺、胆碱
	甘油-3-磷酸脱氢酶（G3P）	巴斯德毕赤酵母	甘油
	3-氧酰基辅酶 A 硫代酶（POT1）	解脂耶氏酵母	脂肪酸、烷烃
	酰基辅酶 A 氧化酶（POX2）	解脂耶氏酵母	脂肪酸、烷烃
	金属硫蛋白 1 和 2（MTP）	解脂耶氏酵母	金属盐

续表

启动子类型	启动子名称	酵母类型	诱导物
诱导型	碱性细胞外蛋白酶（XPR2）	解脂耶氏酵母	蛋白胨
	赤藓酮糖脱氢酶启动子（EYD1）	解脂耶氏酵母	赤藓酮糖、赤藓糖醇
	赤藓酮糖激酶启动子（EYK1）	解脂耶氏酵母	赤藓酮糖、赤藓糖醇
	β-异丙基苹果酸脱氢酶［LEU2（hp4d）］	解脂耶氏酵母	生长阶段依赖性
	UAS1B 与 PLEU 混合（UAS1Bn-Leum）	解脂耶氏酵母	生长阶段依赖性
	延胡索酸脱氢酶启动子（FMD）	解脂耶氏酵母	甲醇
	甲醇氧化酶启动子（MOX）	多形汉逊酵母	甲醇
	硝酸还原酶（YNR1）	多形汉逊酵母	甲醇
	麦芽糖酶（MAL1）	多形汉逊酵母	甲醇

β-异丙基苹果酸脱氢酶（β-isopropylmalate dehydrogenase，LEU2）启动子是一种重组启动子（称为 *hp4d*），它不受培养条件的影响，包括 pH、碳、氮和蛋白胨来源等因素，可以在各种环境中高效表达外源蛋白。解脂耶氏酵母中使用的另外两种强诱导型启动子包括果糖-二磷酸醛缩酶 1（fructose-bisphosphate aldolase 1，FBA1）启动子和 FBA1IN（FBA1+FBA1 内含子）。表 3.3 中列出了各种酵母宿主菌株生产蛋白质时常见的启动子。最近，通过在内源启动子上游插入不同拷贝数的上游激活序列（upstream activating sequence，UAS），设计出两个具有强转录活性且可调控的重组启动子。已在耶氏酵母中使用的重组启动子包括 UAS1Bn-Leum（XPR2 启动子 UAS1B 元件和 LEU2 启动子组成的嵌合启动子）和 UAS1B8/16-TEF（XPR2 启动子 UAS1B 元件和 TEF1 启动子组成的嵌合启动子）。这些启动子的活性明显高于所有已知的耶氏酵母内源性启动子（Madzak，2015）。

巴斯德毕赤酵母中，GAP 和醇氧化酶 1（alcohol oxidase 1，AOX1）启动子分别是最常用的组成型和甲醇依赖性诱导型启动子。除了 GAP 和 AOX1 启动子之外，还有其他几种启动子已被用于毕赤酵母。组成型启动子包括 PGK1、磷酸甘油酸变位酶 1（phosphoglycerate mutase 1，GPM1）启动子、山梨醇脱氢酶（sorbitol dehydrogenase，SDH）启动子、TEF1、糖基磷脂酰肌醇锚定蛋白 14（glycosyl phosphatidylinositol anchor protein 14，GCW14）启动子、热激蛋白 82（heat shock protein 82，HSP82）启动子、乙酰羟酸还原异构酶 5（acetylhydroxyl acid reductisomerase 5，ILV5）启动子和热激蛋白（heat shock protein 4，SSA4）启动子 4 等。诱导型启动子包括乙醇脱氢酶 1（ethanol dehydrogenase 1，ADH1）启动子、高亲和力葡萄糖转运体 1（glucose transporter 1，G1）启动子、烯醇酶（enolase，ENO1）启动子、甲醛脱氢酶 1（formaldehyde dehydrogenase，FLD1）启动子、过氧化物酶基质蛋白 8（peroxidase matrix protein 8，PEX8）启动子、异柠檬酸裂合酶 1（isocitrate lyase 1，ICL1）启动子、二羟基丙酮合成酶（dihydroxyacetone synthase，

DAS）启动子。甲醇诱导型的启动子存在一些缺点，例如，在扩大生产时，甲醇的储存经常会引发发酵中的严重事故。因此，毕赤酵母启动子的改进方向是如何减少发酵所需的甲醇量或者避免使用甲醇。最近报道了一种合成的AOX1启动子，基于抑制/去抑制原理，通过使用葡萄糖或甘油作为唯一底物来调控蛋白质的表达水平。Wang等（2017）建立了一个不含甲醇的AOX1启动子表达系统，作为一种新型的葡萄糖-甘油转移诱导的AOX1启动子，用于生产胰岛素前体，在5 L发酵罐中的产量高达2.46 g/L。与使用甲醇诱导相比，新型突变菌株在含甘油的培养基中产生了77%绿色荧光蛋白（green fluorescent protein，GFP）阳性的野生型菌株。基于AOX1和GAP启动子的双启动子系统的开发也是提高外源蛋白表达极具前景的方法。这些启动子系统被定义为控制同一基因转录的两个启动子的组合使用。与基于单启动子的表达系统相比，双启动子系统使毕赤酵母中的蛋白质表达水平提高了7倍。

多形汉逊酵母中外源基因通常在具有高转录活性的启动子的调控下进行表达，如甲醇氧化酶（methanol oxidase，MOX）启动子或延胡索酸脱氢酶（fumaric dehydrogenase，FMD）启动子。多形汉逊酵母MOX启动子可在低浓度葡萄糖、缺乏葡萄糖或甘油作为唯一碳源的情况下被诱导转录。这种特性在甲醇营养型酵母中是独一无二的。其他调控型和不常用的诱导型启动子来自编码硝酸盐途径的基因，包括硝酸盐转运子（nitrate transporter，*YNT1*）基因、亚硝酸还原酶（nitrite reductase，*YNI1*）基因和硝酸还原酶（nitrate reductase，*YNR1*）基因，它们可被硝酸盐诱导并被铵盐抑制（Silvestrini et al.，2015）。多形汉逊酵母的组成型启动子有过氧化物酶体生物发生因子14（peroxisomal biogenesis factor 14，PEX14）、质膜H^+-ATP酶（plasma membrane H^+-ATPase，PMA1）、过氧化物酶体生物发生因子11（peroxisomal biogenesis factor 11，PEX11）和TEF1。研究表明，组成型PMA1启动子能够调节HSA和葡萄糖氧化酶的表达。使用PMA1启动子，HSA和葡萄糖氧化酶的表达水平在高细胞密度分批补料培养中分别达到460 mg/L和185 mg/L（Cox et al.，2000）。相比之下，使用MOX启动子实现了280 mg/L HSA和500 mg/L葡萄糖氧化酶的高产（Cox et al.，2000）。这些结果表明PMA1启动子利用外源蛋白的组成型表达，避免了甲醇的使用。

（二）选择标记

选择标记是载体转化酵母时选择转化子所必须的元件，用于重组子的选择和鉴定。常用的选择标记有两类，一类是显性选择标记，如G418、潮霉素（hygromycin）、博莱霉素（zeocin）等。另一类是营养缺陷选择标记，它与宿主的基因型有关，宿主为营养缺陷型，表达载体提高其代谢途径所必需的相关基因产物。常见的营养缺陷型选择标记，如ADE2、HIS4、LEU2、LYS2和URA3。为了构建酵母载体方便，常用的酵母载体为穿梭载体，能够在两种不同的宿主物种中增殖。酵母载体是细菌和酵母衍生序列的杂交体，一方面携带质粒增殖所必需的细菌元件，例如 ori 和选择标记，另外酵母衍生片段包含用于选择酵母转化体的选择标记。表 3.4 列出了各种酵母表达系统中最常用的选择标记。

表 3.4 酵母表达载体和选择标记（Baghban et al.，2019）

菌株	质粒	酵母中的选择标记
巴斯德毕赤酵母	DNA2.0	博莱霉素，G418
	PichiaPink	ADE2
	pPICZα-EEcho	博莱霉素
	BioGrammatics GlycoSwitch	博莱霉素，G418，潮霉素，HIS4，诺尔丝菌素
多形汉逊酵母	pIHpH18IHp	潮霉素
	pHIPX4	Sc-LEU2
	pGLG61	LEU2
	pFPMT121-MFα1	URA3 和 HARS1
	pTPSMT-MFα1	URA3
	pHFMDG-A	G418
酿酒酵母	pXP700-800	LEU2 或 URA3
	pSF011	URA3
	pCEV	G418
	pSP-G1	URA3
	pYES2	URA3
	pRS415	LEU2
解脂耶氏酵母	JMP3	URA3
	pINA1065	URA3
	pINA1313	URA3
	pYEG1	URA3
	p64IP	URA3（ura3d1）
	p67IP	URA3（ura3d1）

1. 酿酒酵母选择标记

最早用于酵母转化的标记基因是内源性营养缺陷基因，后来发展为显性标记。酿酒酵母中常见的营养缺陷型标记等位基因与腺嘌呤、尿嘧啶、组氨酸、亮氨酸、甲硫氨酸、赖氨酸和色氨酸的代谢相关。早期酿酒酵母中的营养缺陷选择标记利用了 5 个基因突变，即 *HIS3*、*LEU2*、*URA3*、*LYS2* 和 *MET17*。此后，酿酒酵母的相应标记包括 *ADE1*、*ADE2*、*ADE8*、*ECM31*、HIS2、*LYS5*、*TRP1*。

2. 巴斯德毕赤酵母选择标记

和酿酒酵母选择标记类似，巴斯德毕赤酵母的选择标记也包括营养缺陷型选择标记和抗生素选择标记，营养缺陷型选择标记主要有 *HIS4*、*ARG4*、*ADE*、*MET* 等。目前，巴斯德毕赤酵母中常用的显性选择标记有博莱霉素、新霉素、杀稻瘟菌素、潮霉素、诺尔丝菌素和砷盐。

3. 多形汉逊酵母选择标记

多形汉逊酵母中常用的营养缺陷型选择标记基因有野生型 *LEU2*、*URA3*、*TRP3* 和 *ADE11* 基因，也有酿酒酵母衍生的 *LEU2* 基因和 *URA3* 基因，以及白色念珠菌衍生的甲醛脱氢酶基因等。除了营养缺陷型标记外，还成功利用了一系列显性选择标记，如腐草霉素抗性、潮霉素 B、博莱霉素和 G418 抗性，并可以通过增加抗生素浓度选择获得多拷贝菌株。

4. 解脂耶氏酵母选择标记

解脂耶氏酵母可以用显性基因或者营养缺陷型标记来选择。虽然该酵母对大多数抗生素具有天然耐药性，但对潮霉素 B 和博莱霉素/腐草霉素敏感，它们通常用作解脂耶氏酵母的显性选择标记。营养缺陷型标记是解脂耶氏酵母主要采用的选择策略。其中，最常用的是 *URA3* 和 *LEU2* 营养缺陷型菌株。为了增加外源蛋白的产量，设计 *LEU2* 标记基因缺陷的启动子变体。例如，携带 *ura3d4* 等位基因的载体在单拷贝时无法纠正 *ura3* 缺陷导致的增殖迟缓，但在经过扩增过程导致多次整合后，可以在选择性培养基上恢复生长。

（三）信号肽

1. 酿酒酵母常用信号肽

为了高效地表达分泌重组蛋白，信号肽需具备与外源基因序列和酵母分泌途径兼容的特性。酿酒酵母中用于重组蛋白的信号肽分为内源信号肽和外源信号肽两种。人源 IFN-α1、IFN-α2 和 IFN-γ 信号肽序列是酿酒酵母中最早采用的外源信号肽序列。此后，酿酒酵母蛋白的内源信号肽序列，如 α-交配因子（α-mating factor，MFα1）、转化酶（invertase）和酸性磷酸酶（acid phosphatase），被广泛使用。其中，MFα1 的原前体引导序列（pre-pro-leader）区域，因其分泌效率高而成为应用最广泛的信号肽序列。此外，还有多种来自其他酵母的外源信号肽序列，如来源于马克斯克鲁维酵母的菊粉蔗糖酶（inulosucrase，INU）、卡尔斯伯酵母的 α-半乳糖苷酶（α-galactosidase）和乳酸克鲁维酵母的杀伤蛋白。需要指出的是，由于目的蛋白的分泌效率依赖于信号肽，因此研究者可通过优化信号肽和前导肽的序列来提高蛋白表达的产量。

2. 毕赤酵母常用信号肽

能够向细胞外培养基分泌大量有活性的重组蛋白和少量内源蛋白是毕赤酵母表达系统最突出的优势之一（Mattanovich et al.，2009）。为此，各种内源和外源信号肽被广泛用于重组蛋白的表达（表 3.5）。其中，最常用、最成功的是来自酿酒酵母的 MFα1 原前体引导序列。然而，由于在毕赤酵母中 *Ste13* 的加工有限，在分泌的重组蛋白 N 端残留的两个谷氨酸-丙氨酸（Glu-Ala，EA）重复是以 MFα1 为信号肽遇到的常见问题。为了消除这个问题，没有谷氨酸-丙氨酸重复的前导序列也可以用于细胞外蛋白质的生产。

尽管与 MFα1 相比，毕赤酵母内源信号肽序列酸性磷酸酶（PHO1）分泌水平较低，但已成功用于表达小鼠 5-HT5A 血清素受体（Weiss et al.，1995）、汉坦病毒 G2 蛋白（Ha et al.，2001）、左旋蔗糖酶（Trujillo et al.，2001）、猪胃蛋白酶原和人中期因子（midkine）。此外，源自酿酒酵母转化酶基因的信号肽序列已被用于分泌转化酶（Tschopp et al.，1987）、耐热 α-淀粉酶（Paifer et al.，1994）和毕赤酵母中的人抗凝血酶（Kuwae et al.，2005）。

由于信号肽的性能通常取决于重组蛋白，并且选择是随机的，因此为宿主细胞表达外源蛋白建立信号肽序列库非常重要。鉴定蛋白表达相关的高分泌活性的内源信号肽引起了研究者的关注。使用巴斯德毕赤酵母的分泌组数据，通过计算机分析鉴定到新的内源信号肽（Massahi and Calik，2015），其中，蛋白质二硫键异构酶的前导序列是一种驻留在内质网腔中的多功能蛋白质，其分泌效率为 70%～80%，长度比 MFα1 短 73 个氨基酸。此外，对巴斯德毕赤酵母内源信号肽（Scw、Dse 和 Exg）的分泌能力也进行了测试，这三种都显示出比 MFα1 更强的增强型绿色荧光蛋白（enhanced green fluorescent protein，EGFP）的分泌能力；甚至 Exg 在南极假丝酵母脂肪酶 B 的表达也优于 MFα1（Liang et al.，2013）。毕赤酵母 Pir1（具有内部重复的蛋白质）前导信号方面的表现优于 MFα1，用于分泌 EGFP 和人 α1-抗胰蛋白酶（Khasa et al.，2011）。此外，毕赤酵母利用 DDDK 蛋白的前导序列分泌得到的猪羧肽酶 B 和刺桐胰蛋白酶抑制剂，与 MFα1 具有相当的水平（Govindappa et al.，2014）。毕赤酵母分泌组数据显示，细胞外蛋白 X（extracellular protein X，Epx1）是分泌组中含量最丰富的分泌蛋白，且 Epx1 信号肽序列变异体比毕赤酵母中常用的信号肽表现出更高的分泌水平（Heiss et al.，2015）。此外，许多外源分泌前导序列已在毕赤酵母中使用在大多数情况下，不会达到与 MFα1 相当的分泌水平。然而，在特定情况下，如通过鼠 IgG1 前导序列表达抗 HIV 的 VRC01 抗体时，使用外源信号肽可获得更高的表达水平。

3. 多形汉逊酵母常用信号肽

多形汉逊酵母常用的内源信号肽有过氧化物酶体基质蛋白 1（peroxisomal matrix protein 1，PTS1）和过氧化物酶体基质蛋白 2（peroxisomal matrix protein 2，PTS2）的靶向信号（Van Dijken et al.，2000）以及酸性磷酸酶 PHO1 的信号肽（Phongdara et al.，1998）。除了以上内源信号肽，人类来源的 HSA、西方酵母来源的 GAM1、耶氏酵母衍生的 YlLip11 和酿酒酵母来源的 MFα1 信号肽也已被用于细胞外蛋白质的高效生产。随着多形汉逊酵母细胞表面展示系统的发展，利用源自糖基磷脂酰肌醇锚定基序的细胞表面蛋白如 Sed1、Gas1、Tip1、Cwp1、Yps1 和 Yps7，将重组葡萄糖氧化酶作为这些锚定基序的融合蛋白进行表达，可在细胞表面检测到大部分酶活性（Kim et al.，2002）。

4. 解脂耶氏酵母常用信号肽

解脂耶氏酵母分泌系统主要通过共翻译途径发挥作用(Boisrame et al.,1998)。最常用的内源信号肽来源于解脂耶氏酵母 XPR2 和 LIP2（胞外分泌脂肪酶）的基因，但也有少数来自于植物和真菌的外源信号肽序列（表 3.5）。

表 3.5　毕赤酵母和解脂耶氏酵母中常用信号肽

来源	酵母类型	信号肽	表达蛋白
内源			
	毕赤酵母	DddK	DddK 蛋白
	毕赤酵母	DSE	与葡聚糖酶相似的子细胞特异性分泌蛋白，内切-1,3-葡聚糖酶
	毕赤酵母	Epx1	细胞外蛋白质 X
	毕赤酵母	EXG	细胞壁主要成分 1,3-葡聚糖酶
	毕赤酵母	Frp2	一种预测存在但缺乏实验证实的蛋白
	毕赤酵母	FDI1	蛋白质二硫键异构酶
	毕赤酵母	PHO1	酸性磷酸酶
	毕赤酵母	PIR1	具有内部重复的蛋白质
	毕赤酵母	SCW	与葡聚糖酶相似的细胞壁蛋白质
	毕赤酵母	Ssp120	功能未知的蛋白质
	毕赤酵母	Utr2	在几丁质向 β（1-6）-葡聚糖转移过程中起作用的细胞壁蛋白
外源			
	毕赤酵母	α-Amy	α-淀粉酶
	毕赤酵母	MFα1	α-交配因子
	毕赤酵母	CLY 和 CLYL8	溶菌酶和亮氨酸的人工肽
	毕赤酵母	csn2	酪蛋白
	毕赤酵母	Gla	葡糖淀粉酶

续表

来源	酵母类型	信号肽	表达蛋白
外源	毕赤酵母	HBFI 和 HBF Ⅱ	疏水蛋白
	毕赤酵母	HSA	血清白蛋白
	毕赤酵母	IgG1	免疫球蛋白 G1
	毕赤酵母	K28 pptox	K28 pre-pro-toxin
	毕赤酵母	pGKL	杀伤毒素
	毕赤酵母	PHA-E	植物凝集素
	毕赤酵母	SED1	糖磷脂酰激酶蛋白
	毕赤酵母	Suc2	转化酶
	解脂耶氏酵母	XPR2	碱性胞外蛋白酶
	解脂耶氏酵母	XPR2 pre	碱性胞外蛋白酶
	解脂耶氏酵母	XPR2 pre +二肽	碱性胞外蛋白酶
	解脂耶氏酵母	LIP2 pre-pro	脂肪酶
	解脂耶氏酵母	LIP2 pre +二肽	脂肪酶
	解脂耶氏酵母	A-Amy	α-淀粉酶
	解脂耶氏酵母	Lac1	虫漆酶 Ⅰ
	解脂耶氏酵母	LACⅢb	虫漆酶Ⅲb
	解脂耶氏酵母	EG1	内切葡聚糖酶
	解脂耶氏酵母	Suc2	转化酶
	解脂耶氏酵母	MAN1	内切 β-1,4-甘露聚糖酶
	解脂耶氏酵母	roL	脂肪酶
	解脂耶氏酵母	ROL-XPR2	脂肪酶

碱性细胞外蛋白酶是一种具有 13 个氨基酸长度的前导序列，其次是一个二肽区和 120 个氨基酸长度的前导区。XPR2 前导区包含一个糖基化位点，并作为内部伴侣发挥作用。LIP2 信号序列与 XPR2 信号序列相似，具有 13 个氨基酸长度的前导序列，接着是 4 个二肽和 10 个氨基酸长度的前导区。

三、常用酵母表达载体

（一）巴斯德毕赤酵母表达载体

为在巴斯德毕赤酵母中表达外源蛋白而设计的载体具有几个共同特征。外源基因表达盒是其中之一，它由含巴斯德毕赤酵母 AOX1 启动子的 DNA 序列、多克隆位点、筛选标记、非编码区、复制起始位点以及 AOX1 的转录终止子组成，一些载体还包含 *AOX1* 基因 3′端附近的序列，该序列源自巴斯德毕赤酵母基因组的一个区域，该区域紧邻 *AOX1* 基因的 3′端，可通过基因替换，引导含有外源基因表达盒的片段整合到 *AOX1* 基因座上（或从 3′端插入 *AOX1* 基因）。对于分泌性外源蛋白，还需要构建包含紧邻在 AOX1 启动子之后编码分泌信号的序列，其中最常用的是酿酒酵母 MFα1 前导肽序列。除此之外，也可以使用含有源自毕赤酵母 PHO1 的信号肽编码序列。目前常用的巴斯德毕赤酵母表达载体分为两类。第一类是胞内表达载体，如 pHIL-D2、pAO815、pPIC3K、PICZ、pHWO10、pGAPZ。第二类是分泌表达载体，如 HIL-S1、pPIC9K、pPICZα、pGAPZα。其中，pPIC9K（图 3.7）具有显性耐药标记（卡那霉素），这些标记有利于转化过程中富集获得多拷贝外源基因的菌株。

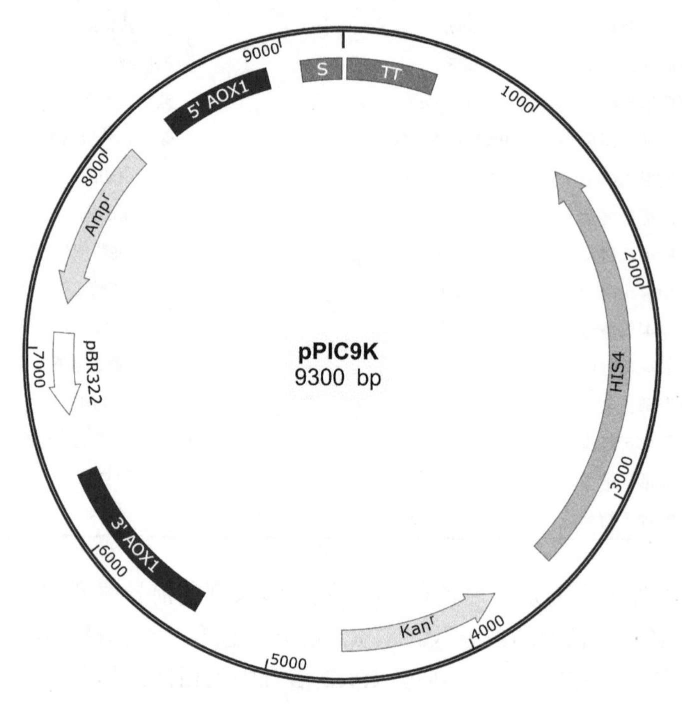

图 3.7　毕赤酵母表达载体 pPIC9K 质粒分子结构

（二）多形汉逊酵母表达载体

目前已有多种用于多形汉逊酵母的表达载体（表 3.6）。质粒 pHIPX4 和 pHIPM4 是基于低拷贝载体 pOK12（Vieira and Messing，1991）并包含有 *E. coli* 筛选基因卡那霉素。其他所有的质粒均是基于高拷贝质粒 pBluescript 的骨架并携带有 *E. coli* 筛选基因氨苄青霉素。

多形汉逊酵母表达载体含有高活性且可调节的 AOX1 启动子、胺氧化酶（amine oxidase，AMO）基因的终止子、*E. coli* 筛选标记、多形汉逊酵母筛选标记及多克隆位点。这种启动子被葡萄糖抑制，在甘油上生长时去抑制，当细胞在以

表 3.6　多形汉逊酵母常用表达载体（Saraya et al.，2012）

载体名称	选择标记	选择标记类型	*E. coli* 选择标记	*E. coli* 起始点
pHIPX4	Sc-LEU2	亮氨酸营养缺陷型	Kan^r	pOK12
pHIPM4	Hp-MET6	蛋氨酸营养缺陷型	Kan^r	pOK12
pHIPA4	Hp-ADE11	腺嘌呤营养缺陷型	Amp^r	ColE1
pHIPZ4	Sh-ble	博莱霉素	Amp^r	ColE1
pHIPN4	Sn-nat1	诺尔丝菌素	Amp^r	ColE1
pHIPH4	Kp-hph	潮霉素 B	Amp^r	ColE1

注释：Hp：汉森氏菌多态性；Kp：肺炎克雷伯菌；Sc：酿酒酵母；Sh：印度斯坦链球菌；Sn：营养链霉菌

甲醇为唯一碳源和能量来源的培养基中生长时被强烈诱导。可以通过替换 AOX 启动子构建一系列载体。例如，pHIPZ15 携带一个来自汉逊酵母的具有高活性、甲醇诱导型的二羟丙酮合成酶（dihydroxyacetone synthase，DHAS）基因启动子（Kiel et al.，2005）。与 AOX 启动子相似，DHAS 启动子可被葡萄糖抑制。其他含有多形汉逊酵母 AMO 启动子的载体有 pHIPX5、pHIPZ5 和 pHIPN5。这个启动子比 AOX 启动子或 DHAS 启动子稍弱些。含有 AMO 启动子的多形汉逊酵母可在含有伯胺作为唯一氮源（甲胺、乙胺）的培养基生长，并被硫酸铵完全抑制。pHIPX7/pHIPZ7 均含有多形汉逊酵母的组成型启动子 TEF1（Kurbatova et al.，2009）

由于多形汉逊酵母没有稳定的染色体外复制质粒，表达载体通常整合到宿主基因组中。对于含有 AOX，AMO 或者 TEF1 启动子的载体来说，通过线性化质粒载体的启动子区，完成外源基因的定向整合。

（三）酿酒酵母表达载体 pYES2

酿酒酵母表达载体系统是基于广泛使用的 pYES2 载体（图 3.8）而构建的，它是一个可用于在酵母中表达重组蛋白，或者通过在酵母中进行过表达以研究基因功能的强大而有效的系统。目的基因可以克隆在该载体上，通过选择合适的启动子来介导表达。http://en.Vectorbuilder.com/上有几种可供选择的标准启动子，其中之一是来自酵母半乳糖激酶 1（galactokinase1，GAL1）基因的强诱导型启动子，它是酵母重组蛋白表达系统中最常用的启动子。表 3.8 列出了酿酒酵母表达载体 pYES2 的 DNA 元件来源及作用。

在典型的酵母实验菌株（如 INVSc1）中，GAL1 启动子的转录活性与培养基中的碳源有一定的关系。在葡萄糖存在的情况下，GAL1 启动子的转录受到抑制，半乳糖则会激活该启动子。因此，通过简单地去除葡萄糖培养基，并用含有半乳糖的培养基替代，可以实现目的基因的诱导表达。

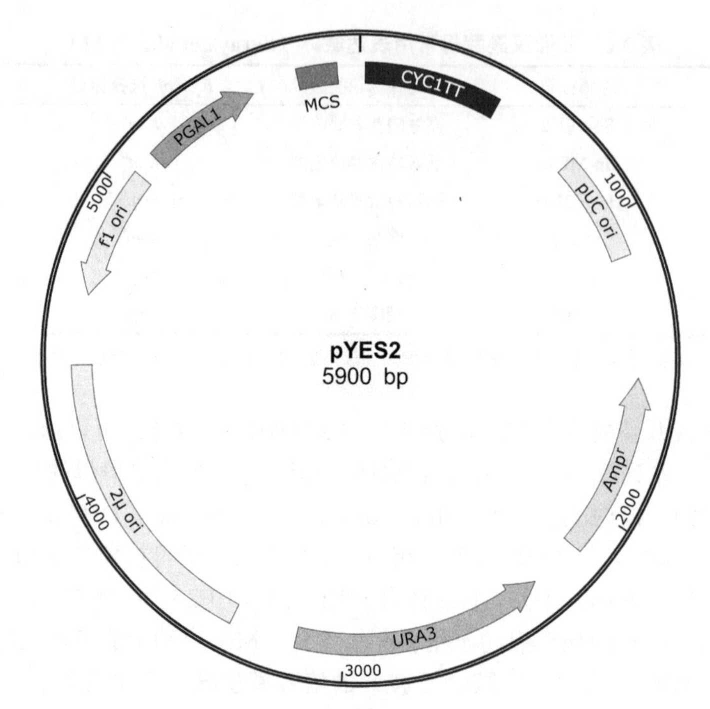

图 3.8　酿酒酵母表达载体 pYES2 分子结构

此外，也可以用棉子糖作为碳源。棉子糖既不抑制也不诱导 GAL1 启动子的转录，在棉子糖存在情况下，加入半乳糖也足以激活 GAL1 启动子。与使用葡萄糖作为碳源培养的细胞相比，半乳糖对使用棉子糖培养基培养的细胞诱导更快。通常情况下，利用葡萄糖维持培养的细胞经半乳糖诱导后约 4 h 可检测到重组蛋白的表达，而用棉子糖培养的细胞仅需约 2 h。一般情况下，建议设置一个时间梯度来优化重组蛋白的表达。

一种常用的筛选标记是 URA3 基因，它允许在尿嘧啶或尿苷缺乏的培养基中选择酵母转化体。此外，如果将 5-氟乳清酸（5- fluorowhey acid，5-FOA）添加到培养基中，*URA3* 基因产物会将 5-FOA 转化为 5-氟尿嘧啶，这是一种会导致细胞死亡的毒素，从而允许针对携带质粒的酵母进行选择。

第三节　酵母表达载体优化

一、载体骨架结构优化

（一）启动子优化

为提高外源蛋白在酵母中的表达量，首先应对载体中目的蛋白的启动子进行改造。酿酒酵母中最常用的高效启动子主要有 TEF1 启动子和 GAP 启动子。通过随机合成寡核苷酸技术（Jeppsson et al.，2003）和错配 PCR 技术（Alper et al.，2005）对启动子进行随机突变，以筛选得到表达活性更高的启动子。酿酒酵母中诱导型启动子半乳糖激酶 1（galactokinase 1，GAL1）和半乳糖激酶 10（galactokinase 10，GAL10）的诱导物为半乳糖，半乳糖又可以作为酵母的碳源，因此使该酵母中基因的表达调控变得复杂；此外，半乳糖价格高，这些缺点阻碍了启动子 GAL1 和 GAL10 在工业生产中的应用。2014 年，McIsaac 等（2014）将 6 个 Zif268 结合位点与 1 个经过改造的 GAL1 启动子联合使用，结果在 Z_3EV 转录因子存在时的 GAL1 启动子表达更可控。大多数酿酒酵母表达载体只允许表达单个基因，但某些情况下，（如要研究某个代谢途径时），同时表达多个外源基因又是必需的。Partow 等（2010）构建了两个新的表达载体，其中包含两个方向相反的启动子，即 PGK1 启动子和 TEF1。借助这种新的载体，可以让一个载体在酿酒酵母中同时表达两个不同的基因。与单个启动子载体相比，PGK1 和 TEF1 的转录活性并无显著降低。双启动子系统有望用来改善酿酒酵母中重组蛋白的表达。Vickers 等（2013）报道了通过组合诱导型 HXT7 或 GAL10 启动子构建双向启动子以表达外源基因。他们发现启动子 TEF1、己糖转运蛋白（hexose transporter，HXT7）启动子和 GAL10 在含半乳糖的培养基中均呈现高水平表达，且 TEF1 和 HXT7 在连续发酵时效果更佳。

毕赤酵母中外源蛋白的产生通常是基于乙醇氧化酶启动子（AOX1 和 AOX2），这些启动子由甲醇诱导，并可被其他碳源（如葡萄糖和甘油）强烈抑制（Türkanoğlu Özçelik et al.，2019）。甲醇调控的 AOX1 启动子在基因过表达方面具有优势，但由于甲醇使用的安全性问题和甲醇诱导过程的控制性问题，经常会产生毒蛋白，特别是在大规模发酵过程中。因此，为避免甲醇启动子带来的危害，研究者们着手研究启动子的解抑制方法，以及改良现有的甲醇启动子，或者开发依赖于其他碳源的新型启动子系统来调控外源基因的表达。有报道称，合成的 AOX1 启动子剪接体通过将葡萄糖或甘油作为唯一底物，并基于抑制/去抑制的原理来调节蛋白质表达水平。利用三个转录抑制因子的缺失以及一个转录激活因子的过表达，开发出一个非甲醇依赖的 AOX1 宿主菌株。与甲醇诱导相比，在含甘油的培养基中新的突变菌株，GFP 的表达量为野生型的 77%。随后，该菌株在无甲醇诱导下表达出胰岛素前体，该突变株为传统的甲醇诱导/甘油抑制的 AOX1 启动子系统提供了一种有效的替代方案（Wang et al.，2017）。Somogyi 等（2019）开发出通用型表达载体 pONE，在以 *E. coli*、酵母、昆虫或哺乳动物细胞为宿主时，均可表达外源蛋白。该载体的表达框架包含多克隆位点、亲和纯化标签、蛋白酶切割连接序列，以及一个优化的分泌信号肽（图 3.9）。该载体可以通过限制性酶切位点快速筛选适合宿主和亲和标签的蛋白表达。利用 pONE 载体在毕赤酵母中表达的

Rho 相关蛋白激酶 2（Rho-associated protein kinase 2，ROCK2）活性与昆虫细胞产生的相当（Somogyi et al.，2019）。

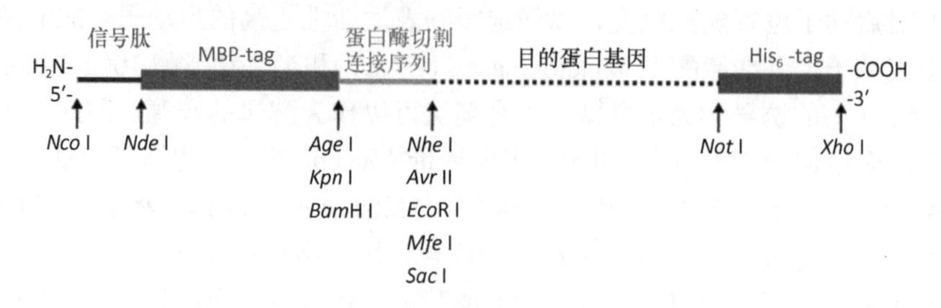

图 3.9　pONE 载体示意图（Somogyi et al.，2019）

合成启动子，尤其是长度最短的启动子，是推进真菌合成生物学的关键。真菌启动子通常跨越数百个碱基对，几乎是细菌对应碱基对数量的 10 倍。这种情况限制了酵母中大规模的合成生物学工作。Redden 等通过构建一系列基于文库的合成、分析和稳定性实验，开发出一些非同源、合成的酵母最小启动子（Redden and Alper，2015）。这些启动子由通用的、可操作的短核心元件和 10 bp 的 UAS 元件组成，具有强大的活性。通过这种方法，得到较短的酵母启动子，该启动子比原有启动子短 80%并可实现高水平的诱导表达和组成表达。

未折叠蛋白反应（unfolded protein response，UPR）是真核细胞中对抗内质网应激的一种高度保守的细胞反应，通常由未折叠蛋白质的积累触发。为解决诱导 UPR 对真核细胞中的重组蛋白生产的显著影响，Peng 等（2021）通过优化载体的启动子序列（98 bp），即 1 个拷贝的 UPRE1 序列（GGA CAG CGT GTC）和最小的酵母启动子（CTT AAG ATC TTG TAA TAT TCT AAT CAA GCT TAT AAA AGA GCA CTG TTG GGC GTG AGT GGA GGC GCC GGA ATA AAC CAT GCA ATG AA），构建了能够区分天然蛋白和异常折叠蛋白的表达载体 G-1×UPRE1-SM。该启动子与酵母的同源性低，并表现出较好的表达特性。为评估该载体在不同菌株中潜在 UPR 诱导能力，Peng 等证实 G-1×UPRE1-SM 在不同菌株中以低拷贝或高拷贝存在时，表达纤维二糖水解酶和承担生产负荷的能力均有所提高。

（二）5′-和 3′-UTR 优化

在酵母表达体系中，除了可优化启动子因素外，密码子的偏好性也是影响外源蛋白表达的重要因素。优化目的基因的密码子使其更适应酵母的密码子偏好性，并改变 A/U 和 C/G 的比例，均可有效提高外源蛋白的表达产量。5′-UTR 区过长不利于蛋白质的高效生产，AOX1 的 mRNA 引导序列为 114 个碱基，并且是 A+U 富集区。为了使外源蛋白的表达条件最理想，5′-UTR 区应尽可能靠近 *AOX1* 基因的 mRNA，并保持一致。利用该方法，HSA 在毕赤酵母中的表达产量提高了 50

倍（Sreekrishna et al.，1997）。

（三）起始密码子 AUG 前后序列优化

为使外源基因的 mRNA 从实际的起始密码子位点开始高效的翻译，5′-UTR 区应尽量避免出现 AUG 序列（Sreekrishna et al.，1997）。围绕起始密码子 AUG 的 mRNA 二级结构应是可调节的，这样才可以使 AUG 的二级结构像 RNA-折叠分析的那样，具有一定的自由度。研究者可对 mRNA 起始部分的序列进行优化以达到这个目的。

（四）信号肽优化

信号肽加工不完全，或者蛋白质分泌水平低甚至不能分泌时，对信号肽序列进行突变或人工合成信号肽，可实现信号肽的正确加工并提高分泌水平（熊爱生和彭日荷，2003）。有研究者利用菊粉酶的信号肽序列 ISP 来构建巴斯德毕赤酵母分泌载体并表达了 β-葡聚糖酶，结果表明 ISP 信号肽序列分泌效率高于利用 A 因子信号肽的表达载体 pPIC9K。Singh 等构建了由 960 bp 酵母 MFα1 前体序列基因的 5′-UTR 序列、257 bp 编码 MFα1 的序列和人 *IFN-α1* 基因组成的嵌合基因载体（Singh et al.，1984）。含有嵌合基因的 MATα 细胞合成并分泌活性 IFN-α1 到培养基中。分泌的干扰素分子含有 α-因子前体序列的最后 4 个氨基酸和由在 IFN-α1 基因起始引入的 DNA 修饰编码的氨基酸。通过寡核苷酸定向体外诱变去除这些氨基酸的 DNA 序列，最终合成并分泌具有天然 N 端的人 IFN-α1。MFα1 前导肽序列的植入，有助于提高酵母中外源蛋白的产量。Aza 等（2021）利用 MFα1 前导肽与酶定向进化相结合，得到含有 4 种突变（Aα9D、Aα20T、Lα42S、Dα83E）的 MFα1 前导肽，显著提高了几种真菌氧化还原酶和水解酶的分泌。Mori 等（2015）开发了一种新的信号肽优化工具（signal peptide optimization tool，SPOT），用于生成和快速筛选信号肽-靶基因融合构建文库，以确定最优信号肽，使靶蛋白的分泌最大化。与文库不同，SPOT 融合构建不添加与限制性内切核酸酶消化位点相关的序列。因此，靶蛋白的 N 端没有影响其功能或构象的氨基酸插入。从酿酒酵母分泌蛋白中筛选出 60 个信号肽并构建成信号肽文库，虽然许多信号肽-β-半乳糖苷酶的融合不分泌，但与野生型序列相比，信号肽 AGA2、 CRH1、 PLB1 和 MFα1 可以增强 β-半乳糖苷酶的分泌（Mori et al.，2015）。

二、其他优化策略

有时候单拷贝的表达盒也可得到最理想的外源蛋白表达产量，增加基因的拷贝数对于提高蛋白的产量没有显著的影响。然而在其他情况下，外源基因在酵母细胞中的拷贝数增加对于外源蛋白的表达量有着重要的影响，这时可通过多位点的整合获得多拷贝数。AOX1 和 HIS4 具有强启动子活性，因此常被用来作为外源基因的整合位点。例如，人 TNF、鼠表皮生长因子和破伤风毒素片段 C 等在增加外源基因拷贝数后，蛋白产物得到了显著提高。

对酵母细胞蛋白分泌途径有调控作用的蛋白酶的表达，会导致外源蛋白在折叠、糖基化等过程中被错误剪切，从而导致外源蛋白表达量的下降或产生低活性的蛋白质。对酵母宿主菌中蛋白酶基因进行突变，可有效降低错误剪切的概率，进而提高外源蛋白的表达产量。Cho 等（2010）对天冬氨酸蛋白酶 YPS1、YPS2、YPS3、YPS6 和 YPS7 进行多点突变，在酿酒酵母中获得的甲状旁腺激素蛋白表达量有所上升。在其他酵母菌株中突变天冬氨酸蛋白酶基因，也获得较高蛋白表达量，这证实定位在细胞表面的天冬氨酸蛋白酶是外源蛋白被错误剪切的主要原因。

酿酒酵母表达药物蛋白的主要缺点是，长期给药后，药物蛋白的高糖基化会诱发人体对药物自身产生不必要的免疫反应（如免疫排斥）。此外，高糖基化导致药物蛋白的血清半衰期及治疗效率降低。针对此问题，Glycode 公司开发了一种称为 Glydexpress 的新技术，该技术通过选择性修饰酿酒酵母的糖基化来降低异源糖蛋白的产量（Arico et al.，2013）。利用该技术，酿酒酵母宿主的甘露糖转移酶 1（mannose transferase 1，MNN1）和糖基转移酶基因均被敲除，获得的聚糖结构的同质性可超过 90%。Piirainen 等（2016）使用双重策略，在敲除酿酒酵母 *MNN1* 基因的同时，还引入了乳酸克鲁维酵母的 UDP-N-乙酰氨基葡萄糖转运蛋白基因（提高糖蛋白进入高尔基体的转运效率），来增强糖蛋白工程化酿酒酵母的 N-聚糖的同质性。除此之外，CRISPR /Cas9 也被广泛用于酿酒酵母基因组工程，为酵母菌株的位点特异性突变提供了一种有效的方法。

目前，CRISPR/Cas9 技术通过多重基因缺失、同源 DNA 盒的靶向整合被广泛应用于巴斯德毕赤酵母的基因组靶向修饰。为此，Weninger 等（2016）利用优化的 CRISPR/ Cas9 系统，对巴斯德毕赤酵母基因组进行编辑，用来提高重组质粒的靶向性。

除了 CRISPR 系统外，还有其他一些系统也被用于基因组工程，例如，Gibson 组装是一种快速克隆系统，利用无限制性位点克隆（restriction site-free cloning）技术实现基因的无缝克隆。在这方面，Vogl 等（2015）最初使用这种模块化方法，结合多种纯化标签如 Myc、FLAG、His 及 Strep，使培养上清中辣根过氧化物酶的产量提高了 31 倍。此外，一种商业化的高效、灵活的克隆系统 GoldenPiCS 已被引入到利用多基因构建的载体。该系统能够在一个质粒中整合多达 8 个表达盒，包括整合位点、适当的启动子和终止子。GoldenPiCS 系统可以通过改变基因结构中的启动子和分泌信号来优化重组蛋白的表达及分泌。

总结与展望

优良的发酵特性、增殖速度快，且具有真核生物蛋白质折叠、组装和翻译后修饰等特点，使酵母成为外源基因表达的优良宿主之一。常用的酵母表达系统有酿酒酵母表达系统和甲醇酵母表达系统。酵母表达系统可用于重组蛋白的表达、疫苗生产、N-聚糖工程和环境保护。酵母表达载体主要分为着丝粒型载体、整合型载体和附着体载体三大类。为提高重组蛋白的表达产量，可选择强活性启动子、优化密码子、减少 5′-和 3′-UTR 区冗余序列、调整 A/U 和 C/G 的比例、调整起始密码 AUG 前后序列、选择合适的信号肽等对酵母载体骨架进行优化。虽然酿酒酵母表达系统在重组蛋白的生产方面表现出极高的潜力，但是次级代谢产物较多、信号肽加工不完全、胞内降解、高糖基化以及产品易滞留在胞浆间隙等缺点限制了酿酒酵母在生产上的应用。随着现代分子生物学技术的发展，人们对于酵母的基因表达调控机制和对翻译后蛋白的加工及修饰机制将更加清楚，从而进一步优化各类酵母表达系统的强启动子元件、分泌信号肽和 mRNA 序列，高效生产出符合生物领域、医疗领域标准的重组蛋白产品。

参 考 文 献

祁浩，刘新利. 2016. 表达系统和酵母表达系统的研究进展. 安徽农业科学, 44: 4-6.

苏彩霞，张萍，顾美荣，等. 2009. 重组 HBsAg 在汉逊酵母中的分泌表达. 中国生物制品学杂志, 22: 4.

田晓娟. 2018. 酵母表达系统研究概述. 陇东学院学报, 29: 1674-1730.

熊爱生，彭日荷. 2003. 信号肽序列对毕赤酵母表达外源蛋白质的影响. 生物化学与生物物理学报, 35: 154-160.

Ahmad M, Hirz M, Pichler H, et al. 2014. Protein expression in *Pichia pastoris*: Recent achievements and perspectives for heterologous protein production. Appl Microbiol Biotechnol, 98, 5301-5317.

Alper H, Fischer C, Nevoigt E, et al. 2005. Tuning genetic control through promoter engineering. Proc Natl Acad Sci USA, 102(36): 12678-12683.

Arico C, Bonnet C, Javaud C. 2013. N-glycosylation humanization for production of therapeutic recombinant glycoproteins in *Saccharomyces cerevisiae*. Methods Mol Biol, 988: 45-57.

Aza P, Molpeceres G, de Salas F, et al. 2021. Design of an improved universal signal peptide based on the α-factor mating secretion signal for enzyme production in yeast. Cell Mol Life Sci, 78(7): 3691-3707.

Baghban R, Farajnia S, Rajabibazl M, et al. 2019. Yeast expression systems: overview and recent advances. Mol Biotechnol, 61: 365-384.

Baghban R, Gargari S L, Rajabibazl M, et al. 2016. Camelid-derived heavy-chain nanobody against Clostridium botulinum neurotoxin E in *Pichia pastoris*. Biotechnol Appl Biochem, 63: 200-205.

Barth G, Gaillardin C. 1996. *Yarrowia lipolytica*. Wolf K: Nonconventional Yeasts in Biotechnology. Berlin, Heidelberg, New York: Springer-Verlag: 313-388.

Barth G, Gaillardin C. 1997. Physiology and genetics of the dimorphic fungus *Yarrowia lipolytica*. FEMS Microbiol Rev, 19: 219-237.

Bathurst I C. 1994. Protein expression in yeast as an approach to production of recombinant malaria antigens. Am J Trop Med Hyg, 50: 20-26.

Beckerich J M, Boisrame-Baudevin A, Gaillardin C. 1998. *Yarrowia lipolytica*: a model organism for protein secretion studies. Int Microbiol, 1: 123-130.

Blazeck J, Hill A, Liu L, et al. 2014. Harnessing *Yarrowia lipolytica* lipogenesis to create a platform for lipid and biofuel production. Nat Commun, 5: 3131.

Böer E, Breuer F S, Weniger M, et al. 2011. Large-scale production of tannase using the yeast *Arxula adeninivorans*. Appl Microbiol Biotechnol, 92: 105-114.

BoisraméA, Kabani M, Beckerich J M, et al. 1998. Interaction of Kar2p and Sls1p is required for efficient co-translational translocation of secreted proteins in the yeast *Yarrowia lipolytica*. J Biol Chem, 273: 30903-30908.

Butinar S S, Spencer-Martins I, Oren A, et al. 2005. Yeast diversity in hypersaline habitats. FEMS Microbiol Lett, 244: 229-234.

Çelik E, Çalık P. 2012. Production of recombinant proteins by yeast cells. Biotechnol Adv, 30: 1108-1118.

Cho E Y, Cheon S A, Kim H, et al. 2010. Multiple-yapsindeficient mutant strains for high-level production of intact recombinant proteins in *Saccharomyces cerevisiae*. J Biotechnol, 149: 1-7.

Cicardi M, Levy R J, McNeil D L, et al. 2010. Ecallantide for the treatment of acute attacks in hereditary angioedema. N Engl J Med, 363, 523-531.

Cox H, Mead D, Sudbery P, et al. 2000. Constitutive expression of recombinant proteins in the methylotrophic yeast *Hansenula polymorpha* using the PMA1 promoter. Yeast, 16: 1191-1203.

Cregg J M, Cereghino J L, Shi J, et al. 2000. Recombinant protein expression in *Pichia pastoris*. Mol Biotechnol, 16: 23-52.

De Pourcq K, Vervecken W, Dewerte I, et al. 2012. Engineering the yeast *Yarrowia lipolytica* for the production of therapeutic proteins homogeneously glycosylated with $Man_8GlcNAc_2$ and $Man_5GlcNAc_2$. Microb Cell Fact, 11: 53.

Demain A L, Vaishnav P. 2009. Production of recombinant proteins by microbes and higher organisms. Biotechnol Adv, 27: 297-306.

Domínguez Á, Fermiñán E, Sánchez M, et al. 2010. Non-conventional yeasts as hosts for heterologous protein production. Int Microbiol, 1: 131-142.

Fickers P. 2014. *Pichia pastoris*: A workhorse for recombinant protein production. Current Research in Microbiology and Biotechnology, 2: 354-363.

Gellissen G, Kunze G, Gaillardin C, et al. 2005. New yeast expression platforms based on methylotrophic *Hansenula polymorpha* and *Pichia pastoris* and on dimorphic *Arxula adeninivorans* and *Yarrowia lipolytica* - a comparison. FEMS Yeast Res, 5: 1079-1096.

Gnügge R, Rudolf F. 2017. *Saccharomyces cerevisiae* shuttle vectors. Yeast, 34 (5): 205-221.

Goffeau A, Barrell B G, Bussey H, et al. 1996. Life with 6000 genes. Science, 274: 546, 563-567.

Govindappa N, Hanumanthappa M, Venkatarangaiah K, et al. 2014. A new signal sequence for recombinant protein secretion in *Pichia pastoris*. J Microbiol Biotechnol, 24: 337-345.

Groenewald M, Boekhout T, Neuvéglise C, et al. 2014. *Yarrowia lipolytica*: safety assessment of an oleaginous yeast with a great industrial potential. Crit Rev Microbiol, 40: 187-206.

Gündüz Ergün B, Hüccetoğulları D, Öztürk S, et al. 2019. Established and upcoming yeast expression systems. Methods Mol Biol, 1923: 1-74.

Ha S H, Park J J, Kim J W, et al. 2001. Molecular cloning and high-level expression of G2 protein of hantaan (HTN) virus 76-118 strain in the yeast *Pichia pastoris* KM71. Virus Genes, 22: 167-173.

He T, Xu S, Zhang G, et al. 2014. Reconstruction of N-lycosylation pathway for producing human glycoproteins in *Saccharomyces cerevisiae*. Wei Sheng Wu Xue Bao, 54: 509-516.

Heiss S, Puxbaum V, Gruber C, et al. 2015. Multistep processing of the secretion leader of the extracellular protein Epx1 in *Pichia pastoris* and implications for protein localization. Microbiology 161: 1356-1368.

Hilleman M R. 1987. Yeast recombinant hepatitis B vaccine. Infection, 15: 3-7.

Hitzeman R A, Hagie F E, Levine H L, et al. 1981. Expression of a human gene for interferon in yeast. Nature, 293: 717-722.

Ishchuk O P, Voronovsky A Y, Stasyk O V, et al. 2008. Overexpression of pyruvate decarboxylase in the yeast *Hansenula polymorpha* results in increased ethanol yield in high-temperature fermentation of xylose. FEMS Yeast Res, 8: 1164-1174.

Jacobs P P, Geysens S, Vervecken W, et al. 2008. Engineering complex-type N-glycosylation in *Pichia pastoris* using GlycoSwitch technology. Nat Protoc, 4: 58-70.

Jeppsson M, Johansson B, Jensen P R, et al. 2003. The level of glucose-6-phosphate dehydrogenase activity strongly influences xylose fermentation and inhibitor sensitivity in recombinant *Saccharomyces cerevisiae* strains. Yeast, 20: 1263-1272.

Jordá T, Puig S. 2020. Regulation of ergosterol biosynthesis in *Saccharomyces cerevisiae*. Genes (Basel), 11: 795.

Kannan V, Narayanaswamy P, Gadamsetty D, et al. 2009. A tandem mass spectrometric approach to the identification of O-glycosylated glargine glycoforms in active pharmaceutical ingredient expressed in *Pichia pastoris*. Rapid Commun Mass Spectrom, 23: 1035-1042.

Karbalaei M, Rezaee S A, Farsiani H. 2020. *Pichia pastoris*: A highly successful expression system for optimal synthesis of heterologous proteins. J Cell Physiol, 235: 5867-5881.

Khan A H, Bayat H, Rajabibazl M, et al. 2017. Humanizing glycosylation pathways in eukaryotic expression systems. World J Microbiol Biotechnol, 33: 4.

Khasa Y P, Conrad S, Sengul M, et al. 2011. Isolation of *Pichia pastoris* PIR genes and their utilization for cell surface display and recombinant protein secretion. Yeast, 28: 213-226.

Kiel J A, Otzen M, Veenhuis M, et al. 2005. Obstruction of polyubiquitination affects PTS1 peroxisomal matrix protein import. Biochim Biophys Acta, 1745: 176-186.

Kim J T, Kang S G, Woo J H, et al. 2007. Screening and its potential application of lipolytic activity from a marine environment: characterization of a novel esterase from *Yarrowia lipolytica* CL180. Appl Microbiol Biotechnol, 74: 820-828.

Kim S Y, Sohn J H, Pyun Y R, et al. 2002. A cell surface display system using novel GPI-anchored proteins in *Hansenula polymorpha*. Yeast, 19: 1153-1163.

Kumar R, Kumar P. 2019. Yeast-based vaccines: New perspective in vaccine development and application. FEMS Yeast Res, 19: foz007.

Kurbatova E, Otzen M, van der Klei I J. 2009. p24 proteins play a role in peroxisome proliferation in yeast. FEBS Lett, 583: 3175-3180.

Kuwae S, Ohyama M, Ohya T, et al. 2005. Production of recombinant human antithrombin by *Pichia pastoris*. J Biosci Bioeng, 99: 264-271.

Liang S, Li C, Ye Y, et al. 2013. Endogenous signal peptides efficiently mediate the secretion of recombinant proteins in *Pichia pastoris*. Biotechnol Lett, 35: 97-105.

Madzak C. 2015. *Yarrowia lipolytica*: recent achievements in heterologous protein expression and pathway engineering. Appl Microbiol Biotechnol, 99: 4559-4577.

Malak A, Baronian K, Kunze G. 2016. Blastobotrys (Arxula) adeninivorans: a promising alternative yeast for biotechnology and basic research. Yeast, 33: 535-547.

Manivasakam P, Weber S C, McElver J, et al. 1995. Micro-homology mediated PCR targeting in *Saccharomyces cerevisiae*. Nucleic Acids Res, 23: 2799-2800.

Margesin R, Schinner F. 1997. Bioremediation of diesel-oilcontaminated alpine soils at low temperatures. Appl Microbiol Biotechnol, 47: 462-468.

Massahi A, Calik P. 2015. In-silico determination of *Pichia pastoris* signal peptides for extracellular recombinant protein production. J Theor Biol, 364: 179-188.

Matheson K, Parsons L, Gammie A. 2017. Wholegenome sequence and variant analysis of W303, a widely-used strain of *Saccharomyces cerevisiae*. G3 Genes Genomes Genetics, 7: 2219-2226.

Mattanovich D, Graf A, Stadlmann J, et al. 2009. Genome, secretome and glucose transport highlight unique features of the protein production host *Pichia pastoris*. Microb Cell Factories, 8: 29.

Matthäus F, Ketelhot M, Gatter M, et al. 2014. Production of lycopene in the non-carotenoid-producing yeast *Yarrowia lipolytica*. Appl Environ Microbiol, 80: 1660-1669.

Mayer A, Hellmuth K, Schlieker H, et al. 1999. An expression system matures: A highly efficient and cost-effective process for phytase production by recombinant strains of *Hansenula polymorpha*. Biotechnol Bioeng, 63: 373-381.

McIsaac R S, Gibney P A, Chandran S S, et al. 2014. Synthetic biology tools for programming gene expression without nutritional perturbations in *Saccharomyces cerevisiae*. Nucleic Acids Res, 42: e48.

Mirończuk A M, Furgała J, Rakicka M, et al. 2014. Enhanced production of erythritol by *Yarrowia lipolytica* on glycerol in repeated batch cultures. J Ind Microbiol Biotechnol, 41: 57-64.

Mori A, Hara S, Sugahara T, et al. 2015. Signal peptide optimization tool for the secretion of recombinant protein from *Saccharomyces cerevisiae*. J Biosci Bioeng, 120(5): 518-525.

Mortimer R K, Johnston J R. 1986. Genealogy of principal strains of the yeast genetic stock center. Genetics, 113: 35-43.

Müller I I, Tieke F, Waschk A, et al. 2002. Production of IFNα-2 in *Hansenula polymorpha*. Process Biochem, 38: 15-25.

Nicaud J M. 2012. *Yarrowia lipolytica*. Yeast, 29: 409-418.

Nomura M, Nakamori S, Takagi H. 2003. Characterization of novel acetyltransferases found in budding and fission yeasts that detoxify a proline analogue, azetidine-2-carboxylic acid. J Biochem, 133: 67-74.

Paifer E, Margolles E, Cremata J et al. 1994. Efficient expression and secretion of recombinant alpha amylase in *Pichia pastoris* using two different signal sequences. Yeast, 10: 1415-1419.

Park J N, Song Y, Cheon S A, et al. 2011. Essential role of YlMPO1, a novel *Yarrowia lipolytica* homologue of *Saccharomyces cerevisiae* MNN4, in mannosylphosphorylation of N- and O-linked glycans. Appl Environ Microbiol, 77: 1187-1195.

Partow S, Siewers V, Bjørn S, et al. 2010. Characterization of different promoters for designing a new expression vector in *Saccharomyces cerevisiae*. Yeast, 27: 955-964.

Peng K, Kroukamp H, Pretorius I S, et al. 2021. Yeast synthetic minimal biosensors for evaluating protein production. ACS Synth Biol, 10(7): 1640-1650.

Phongdara A, Merckelbach A, Keup P et al. 1998. Cloning and characterization of the gene encoding a repressible acid phosphatase (PHO1) from the methylotrophic yeast *Hansenula polymorpha*. Appl Microbiol Biotechnol, 50: 77-84.

Piirainen M A, Boer H, de Ruijter J C, et al. 2016. A dual approach for improving homogeneity of a human-type N-glycan structure in *Saccharomyces cerevisiae*. Glycoconj J, 33: 189-199.

Plessis A, Dujon B. 1993. Multiple tandem integrations of transforming DNA sequences in yeast chromosomes suggest a mechanism for integrative transformation by homologous recombination. Gene, 134: 41-50.

Redden H, Alper H S. 2015. The development and characterization of synthetic minimal yeast promoters. Nat Commun, 6: 7810.

Schacherer J, Ruderfer D M, Gresham D, et al. 2007. Genome-wide analysis of nucleotide-level variation in commonly used *Saccharomyces cerevisiae* strains. PLoS One, 2: e322.

Shu M, Shen W, Wang X, et al. 2015. Expression, activation and characterization of porcine trypsin in *Pichia pastoris* GS115. Protein Expr Purif, 114: 149-155.

Silvestrini L, Rossi B, Gallmetzer A, et al. 2015. Interaction of Yna1 and Yna2 is required for nuclear accumulation and transcriptional activation of the nitrate assimilation pathway in the yeast *Hansenula polymorpha*. PLoS One, 10: 1-25.

Singh A, Lugovoy J M, Kohr W J, et al. 1984. Synthesis, secretion and processing of alpha-factor-interferon fusion proteins in yeast. Nucleic Acids Res, 12(23): 8927-8938.

Somogyi M, Szimler T, Baksa A, et al. 2019. A versatile modular vector set for optimizing protein expression among bacterial, yeast, insect and mammalian hosts. PLoS One, 14(12): e0227110.

Sreekrishna K, Brankamp R G, Kropp K E, et al. 1997. Strategies for optimal synthesis and secretion of heterologous proteins in the methylotrophic yeast *Pichia pastoris*. Gene, 190(1): 55-62.

Stoyanov A, Petrova P, Lyutskanova D, et al. 2014. Structural and functional analysis of PUR2, 5 gene encoding bifunctional enzyme of de novo purine biosynthesis in Ogataea (Hansenula) polymorpha CBS 4732 T. Microbiol Res, 169: 378-387.

Tran A M, Nguyen T T, Nguyen C T, 2017. *Pichia pastoris* versus *Saccharomyces cerevisiae*: A case study on the recombinant production of human granulocyte-macrophage colony-stimulating factor. BMC Res Notes, 10: 148.

Trujillo L E, Arrieta J G, Dafhnis F, et al. 2001. Fructo-oligosaccharides production by the *Gluconacetobacter diazotrophicus* levansucrase expressed in the methylotrophic yeast *Pichia pastoris*. Enzym Microb Technol, 28: 139-144.

Tschopp J F, Sverlow G, Kosson R, et al. 1987. High-level secretion of glycosylated invertase in the methylotrophic yeast, *Pichia pastoris*. Nat Biotechnol, 5: 1305-1308.

Türkanoğlu Özçelik A, Yılmaz S, Inan M. 2019. *Pichia pastoris* promoters. Methods Mol Biol, 1923: 97-112.

van Dijk R, Faber K N, Kiel J A K W, et al. 2000. The methylotrophic yeast *Hansenula polymorpha*: a versatile cell factory. Enzym Microb Technol, 26: 793-800.

van Dijken J, Bauer J, Brambilla L, et al. 2000. An interlaboratory comparison of physiological and genetic properties of four *Saccharomyces cerevisiae* strains. Enzyme Microb Technol, 26: 706-714.

Van Hamme J D, Singh A, Ward O P. 2003. Recent advances in petroleum microbiology. Microbiol Mol Biol Rec, 67: 503-549.

Vickers C E, Bydder S F, Zhou Y, et al. 2013. Dual gene expression cassette vectors with antibiotic selection markers for engineering in *Saccharomyces cerevisiae*. Microb Cell Fact, 12, 1-11.

Vieira J, Messing J. 1991. New pUC-derived cloning vectors with different selectable markers and DNA replication origins. Gene, 100: 189-194.

Vogl T, Ahmad M, Krainer F W, et al. 2015. Restriction site free cloning (RSFC) plasmid family for seamless, sequence independent cloning in *Pichia pastoris*. Microb Cell Fact, 14: 1-15.

Wagner J M, Alper H S. 2016. Synthetic biology and molecular genetics in non-conventional yeasts: Current tools and future advances. Fungal Genet Biol, 89: 126-136.

Wang J, Wang X, Shi L, et al. 2017. Methanol-independent protein expression by AOX1 promoter with trans-acting elements engineering and glucose-glycerol-shift induction in *Pichia pastoris*. Sci Rep, 7: 41850.

Wartmann T, Erdmann J, Kunze I, et al. 2000. Morphology-related effects on gene expression and protein accumulation of the yeast *Arxula adeninivorans* LS3. Arch Microbiol, 173: 253-261.

Wegner G H. 1983. Biochemical conversions by yeast fermentation at high cell densities. US Patent 4414329.

Weiss H M, Haase W, Michel H, et al. 1995. Expression of functional mouse 5-HT5A serotonin receptor in the methylotrophic yeast *Pichia pastoris*: pharmacological characterization and localization. FEBS Lett, 377: 451-456.

Weninger A, Hatzl A M, Schmid C, et al. 2016. Combinatorial optimization of CRISPR/Cas9 expression enables precision genome engineering in the methylotrophic yeast *Pichia pastoris*. J Biotechnol, 235: 139-149.

Xue Z, Sharpe P L, Hong S P, et al. 2013. Production of omega-3 eicosapentaenoic acid by metabolic engineering of *Yarrowia lipolytica*. Nat Biotechnol, 31: 734-740.

Yang H, Zhai C, Yu X, et al. 2016. High-level expression of proteinase K from tritirachium album limber in *Pichia pastoris* using multi-copy expression strains. Protein Expr Purif, 122: 38-44.

Yarrow D. 1972. Four new combinations in yeasts. Antonie Van Leeuwenhoek, 38: 357-360.

Young C L, Raden D L, Robinson A S. 2013. Analysis of ER resident proteins in *Saccharomyces cerevisiae*: Implementation of H/KDEL retrieval sequences. Traffic, 14: 365-381.

Yovkova V, Otto C, Aurich A, et al. 2014. Engineering the α-ketoglutarate overproduction from raw glycerol by overexpression of the genes encoding $NADP^+$-dependent isocitrate dehydrogenase and pyruvate carboxylase in *Yarrowia lipolytica*. Appl Microbiol Biotechnol, 98: 2003-2013.

Zinjarde S S, Deshpande M V, Pant A. 1998. Dimorphic transition in *Yarrowia lipolytica* isolated from oil-polluted seawater. Mycol Res, 102: 553-558.

Zinjarde S S, Pant A. 2002. Emulsifier from a tropical marine yeast, *Yarrowia lipolytica* NCIM 3589. J Basic Microbiol, 42: 67-73.

Zinjarde S, Kale B V, Vishwasrao P V, et al. 2008. Morphogenetic behavior of tropical marine yeast *Yarrowia lipolytica* in response to hydrophobic substrates. J Microbiol Biotechnol, 18: 1522-1528.

（马双平　倪天军）

第四章　昆虫表达载体

来源于昆虫的细胞系，在蛋白质翻译后修饰，如糖基化、磷酸化等方面近似于哺乳动物细胞，被广泛应用于生物医药生产和基础研究等诸多方面。自从利用重组杆状病毒（Baculovirus）感染昆虫细胞，成功表达人 β-干扰素以来，因具有克隆容量大、蛋白表达量高、便于筛选、有完备的翻译后加工修饰系统（PTM）且生物安全性高等优点，昆虫-杆状病毒表达载体系统（Baculovirus expression vector system，BEVS）的应用日益广泛，现已成为四大真核表达系统之一。利用该表达系统获得的重组蛋白可用于药物开发、疫苗生产、生物杀虫剂等多个领域。据不完全统计，已有 1000 余种外源基因在昆虫系统中成功表达，其中约有 95%的外源重组蛋白能够被正确地翻译后加工修饰，具有与天然蛋白相近的生物活性。目前，BEVS 已成为一个成熟的生产重组蛋白的平台（de Malmanche et al.，2022）。

第一节　昆虫表达系统概述

一、昆虫表达系统历史

昆虫表达系统（昆虫-杆状病毒表达载体系统）是以杆状病毒为表达载体，利用杆状病毒结构基因中的核多角体蛋白强启动子启动外源基因表达，通过侵染昆虫细胞，有效表达目的重组蛋白。目前，苜蓿银纹夜蛾核型多角体病毒（Autographa californica nucleopolyhedrovirus，AcMNPV）和家蚕核多角体病毒（Bombyx mori nuclear polyhedrosis virus，BmNPV）常被用作表达外源基因。

杆状病毒，也称为核多角体病毒（Nuclearpolyhedrosis virus，NPV），它们在受感染的细胞核内形成典型的包涵体，是最重要的昆虫病毒之一。到目前为止，已有 600 种杆状病毒被报道感染不同的昆虫，主要感染鳞翅目昆虫。BEVS 是在 20 世纪 80 年代早期由 Summer 和 Miller 博士建立的。最初，重组病毒的获得是通过置换多角体素基因，经过在草地贪夜蛾 Sf21 细胞中共转染 AcMNPV 的 DNA 和转移载体的混合物，然后从细胞中分离重组杆状病毒斑块。但是该方法因共转染，导致存在重组效率低和高空斑化等问题。Kitts 和 Possee（1993）在病毒基因组中插入位点并将其线性化，使得重组杆状病毒的比例提高了 30%。随后，研究人员构建了一个缺失必需基因 *orf1629* 和非必需基因 *orf603* 的线性化载体，使得病毒的重组率接近 100%。

Luckow 等（1993）第一个开发了 bacmid，是昆虫表达系统发展的重要突破。bacmid 是一种包含 AcMNPV 全基因组的载体，可以在 *E. coli* 中繁殖，该系统随后被商业化为杆状病毒穿梭载体系统 Bac-to-Bac™。该系统是将 mini-F（复制子）、抗生素标记基因和一个 Tn7 转位位点插入杆状病毒基因组，使病毒 DNA 在细菌中低拷贝扩增。辅助载体具有编码 Tn7 转座酶的功能，介导含有目的基因的穿梭载体整合到杆状病毒基因组中。Bac-to-Bac™系统简化了重组 bacmid 的产生、选择和分离，并用于转染昆虫细胞，可获得 100%的重组杆状病毒，因此被广泛采用。

Possee 等（2008）将 bacmid 技术与昆虫细胞中的同源重组相结合，开发了 flashBAC™系统，从而快速生成重组杆状病毒。而 Gibson 等（2009）利用 Gbison 组装法，通过组装几个线性 DNA 片段实现了重组杆状病毒的生成。随后，Thimiri 等（2014）在 flashBAC™系统基础上设计并开发了 OmniBac 表达系统，该系统既采用 bacmid 技术，又采用同源重组，可用于生成重组杆状病毒。Mehalko 和 Esposito（2016）优化的第二代以 Tn7 为基础的系统被命名为 Bac-2-the-Future，与 Bac-to-Bac™系统相比，该系统能以更少的时间和劳动力生成重组杆状病毒。

Sari 等（2016）在 Bac-to-Bac™系统的基础上，开发出 MultiBac 系统，可接受多个外源基因进入基因组，同时表达不同的重组蛋白，有效解决了 Bac-to-Bac™系统在表达多亚基蛋白时存在侵染效率低、不能保证所有病毒载体同时侵染并进入同一个细胞等弊端。

自昆虫表达系统诞生以来，围绕改进重组病毒的产生和筛选方法，提高重组病毒的滴度、目的蛋白的产量和质量做了大量研究。BacMam 表达系统是对传统昆虫表达系统的进一步改良，研究者将哺乳动物细胞表达框插入昆虫细胞表达载体后，可将包装好的病毒转导哺乳动物细胞，实现基因的导入与表达。之后，该方法对于不同类型的蛋白质，均显示出研究实用性。该方法具备简便快捷的特点，不仅适合细胞毒性蛋白的表达，同时还利于获得稳定表达的细胞系。

随着生物工程技术的不断发展，昆虫表达系统也在不断地更替。目前，多数制药公司仍将研究集中在表达载体优化上，实现表达载体的不断更新换代，获得新型高效表达载体，达到提高生产重组蛋白的产量和质量的目的。

二、昆虫表达系统组成

（一）昆虫表达载体

昆虫表达系统的表达载体主要有病毒和非病毒表达载体。常用的杆状病毒表达载体是一类环状闭合的双链 DNA 病毒，其形态一般为棍棒状，长度为 200～400 nm，宽度为 40～110 nm。在表达重组蛋白时，将外源基因插入启动子下游并与杆状病毒重组，通过转染，在昆虫细胞中包装，随后感染昆虫细胞或虫体，达到表达目的蛋白的目的。到目前为止，已有 600 种杆状病毒载体被报道，其中有 1/10 的杆状病毒已完成全基因组测序。杆状病毒属于同一个科，即 Baculoviridae，包括 4 个属，即甲型、乙型、丙型和丁型杆状病毒属。根据对侵染宿主的形式，可分为核型多角体病毒和颗粒体病毒两种。此外，根据含有包埋型病毒个数的多少，又可以分为非包埋型病毒载体（不含有）、核型多角体病毒载体（含有较多个）和颗粒型病毒载体（含有一个）。其中，核型多角体病毒是从苜蓿环纹夜蛾中分离出的，也是目前研究最为广泛的杆状病毒之一，其基因组可以编码 150 多个基因，大小为 130 kb。杆状病毒在侵染细胞的过程中，会存在两种病毒形式，即包埋型病毒和芽生型病毒，分别介导病毒在不同宿主之间的传播，以及病毒在同一宿主中不同部位的扩散。

根据杆状病毒的基因表达进程，可以将所有基因分为极早期、早期、晚期和极晚期共四类，而核多角体蛋白（polyhedrin，ph）和 p10（纤维网络相关）蛋白主要在极晚期大量表达。由于 ph 和 p10 蛋白对于病毒扩增是非必要组分，但都带有强启动子，因此常将目的外源片段替换 ph 和 p10 蛋白，并置于强启动子下游，诱导目的蛋白的大量表达。此外，囊膜糖蛋白 GP64 在病毒感染的早期和晚期均有表达，早期定位于细胞质，随后迁移至质膜。当缺失此蛋白时，病毒将无法在细胞间感染。糖蛋白 GP64 通常与外源蛋白，尤其是难分泌蛋白进行融合表达，应用于表面展示技术，为增强蛋白分泌、进行结构解析提供了有力支撑（王妍等，2020）。

（二）昆虫宿主细胞

昆虫虫体/细胞是杆状病毒的宿主，主要包括鳞翅目、鞘翅目、毛翅目等 600 多种昆虫，以鳞翅目昆虫细胞系为主。不同细胞系之间有很大的差异，重组蛋白表达时应该根据蛋白质的类型和用途加以考虑。昆虫细胞对病毒感染非常敏感，适宜生长温度为（27±1）℃，无 CO_2，添加完全培养基单层贴壁生长或利用无血清培养基悬浮培养。此外，这些细胞还利于达到高细胞密度以提高产量和病毒滴度。

目前，已经建立了 800 多株昆虫细胞系，其中常用于 BEVS 的细胞系有两类：IPLB-SF21-AE（Sf21）及其亚克隆细胞系 Sf9、ExpiSf9、ExpreSF；BT1-Tn5B1-4（High Five™，High Five）细胞系。

Sf21 和 Sf9 在特性上相近，且均来自草地贪夜蛾（*Spodoptera frugiperda*）的蛹卵巢组织，可贴壁也可以悬浮培养。与 Sf21 相比，Sf9 细胞系具有更高的细胞密度和生长速率（Ejiofor，2016），并且对渗透压、pH、剪切力比 Sf21 细胞更耐受。现阶段对 Sf9 细胞系进行糖基化修饰遗传改造，使其具备完善的糖蛋白唾液酸化修饰。新的转基因昆虫细胞系 SfSWT-5，具有可诱导的哺乳动物蛋白 *N*-糖基化途径。该细胞系转染了编码人 β-1、2-*N*-乙酰氨基葡萄糖转移酶Ⅱ、牛 β-1，4-半乳糖转移酶、大鼠 α-2，6-唾液酸转移酶、小鼠 α-2，3-唾液酸转移酶Ⅲ、小鼠唾液酸合酶和小鼠胞嘧啶-5′-单磷酸唾液酸合成酶的基因。细胞系 MimicSf9 由 Thermo Fisher Scientific 公司研发，是在 SfSWT 细胞中再次转基因，加强糖基化复杂程度改造的新型细胞系。

此外，通过在无血清培养基中添加人源胰岛素进行驯化，获得 Sf9 细胞衍生的细胞系，并以 Express SF 细胞系命名和出售，该细胞系可用于优化 BEVS 中的蛋白质生产。目前，猪圆环病毒 2 型疫苗和流感疫苗在这些细胞中生产。

High Five 细胞是来源于粉纹夜蛾（*Trichoplusia ni*）的胚胎细胞系，也可以在 27℃、无 CO_2 条件下作为单分子层贴壁和悬浮培养。一般情况下，High Five 细胞体积较大，与 Sf9 和 Sf21 相比，具备更好的重组蛋白表达水平。然而，High Five 细胞在表达过程中释放的蛋白酶是 Sf21 和 Sf9 细胞的 3 倍，可能导致靶蛋白降解。研究人员已经采取了不同的策略来克服该细胞系的局限性，并提高它们在病毒表达系统中的性能。

来自 High Five 细胞的其他亚细胞类群，如 Tn-H5CL-B 和 Tn-H5CL-F，对营养压力表现出更强的抗性，且 β-半乳糖苷酶和分泌碱性磷酸酶的表达也更高。其他可供选择的常见细胞系中，可与 BmNPV 联合使用的是 Bm5 和 BmN4，它们来源于家蚕幼虫的卵巢组织。在这些细胞系中，病毒的产生和重组蛋白的表达似乎不如 Sf9 和 Sf21 高效；而从家蚕胚胎中提取的具有更好性能的替代细胞系，如 Bme21 已经开发出来，尽管它们的使用不如传统的 Bm5 和 BmN4 细胞广泛。其他非传统鳞翅目的细胞系，如 A7S 细胞系和 DpN1 细胞系，已分别从帝王蝶等幼虫中获得，尽管蛋白质表达水平低于 High Five 细胞系，但这些细胞系能够产生具有复杂 *N*-糖基化位点的重组蛋白（Martinez-Solis et al.，2019）。到目前为止，已经成功利用鳞翅目物种细胞生产重组蛋白，包括家蚕、烟草天蛾、甜菜夜蛾、美洲棉铃虫等细胞系（Targovnik et al.，2016）。

果蝇 S2 细胞（*Drosophila* Schneider 2，S2）用于在 *DrosophilaM* 表达系统（DES®）中进行异源蛋白表达。S2 细胞来源于黑腹果蝇胚胎晚期（24 h 内），具备巨噬细胞样谱系。通常在室温下、环境中添加 CO_2 时，S2 细胞在组织培养瓶中生长为松散的半贴壁单层细胞，然后在旋转器和摇瓶中悬浮培养。果蝇 S2 细胞表达系统具备可瞬时或通过生成稳定细胞系表达蛋白质、便于质量和性能检测的特点。

（三）昆虫细胞无血清培养基

细胞培养基须尽量接近体内生存微环境，满足昆虫细胞体外高效的生长和增殖。细胞培养基的营养成分主要包括必需氨基酸、无机盐、维生素、碳水化合物等。其中，氨基酸是细胞蛋白质合成过程中不可缺少的，主要因为昆虫细胞无法自身合成，必须从外界摄取；昆虫细胞对培养基中无机盐的需求通常较高，可能与昆虫细胞的高渗透压有关。微量元素等物质能够提高昆虫细胞的生长速率、促进细胞的贴壁生长。当细胞悬浮培养时，为降低剪切力和聚团，需要添加保护试剂，如 Pluronic F-68、甲基纤维素等。

无血清培养基技术的迅速发展，使得昆虫表达系统能够大规模生产和纯化目的蛋白。根据细胞培养的个性化要求，一些国际知名公司已经开发出商业化的昆虫细胞无血清培养基，如 Lonza 公司研发的 Insect-XPRESS 培养基、Thermo Fisher Scientific 公司推出的 Sf-900 系列培养基以及 Sigma-Aldrich 公司研发的 EX-CELL 420 等，均可支持 Sf9 和 Sf21 细胞高密度生长和蛋白质表达，而 EX-CELL^{TM} 405（Sigma-Aldrich）和 SFX-Insect（Hyclone）更适合于 High Five 细胞系的培养。但是，细胞在无血清培养过程中常会出现老化、衰退和死亡等现象，因此每种昆虫细胞无血清培养基还需进一步优化。

三、昆虫表达系统应用

昆虫表达系统具备表达水平高、产物存在翻译后加工等特点，并可通过感染幼虫或转染昆虫细胞而实现低成本、大规模生产。该系统的建立和发展，在 20 世纪 80 年代填补了真核表达研究领域的空白，是该领域的巨大发展。近几十年来，表达载体工程技术的不断发展推动了该系统的进一步优化，同时因其操作简单、安全性高、适宜于大规模生产等特点，在疫苗、药物、膜蛋白生产及未知功能蛋白表达等领域得到广泛应用。

（一）“困难”重组蛋白表达

由于昆虫表达系统具有很好的可塑性和多启动子的表达特性，能高效表达目的蛋白；同时，通过表达载体系统的优化，如信号肽、筛选标记基因及启动子等元件的更换使用，可提高目的蛋白的生产和分泌，因此该系统适合于多种“困难”重组蛋白的表达，如结构复杂的抗原疫苗及多亚基复合物。迄今为止，利用昆虫表达系统生产的疫苗已成功上市（表 4.1）。

1. 病毒样颗粒生产

病毒样颗粒（virus-like particle，VLP）是一类蛋白多聚物，通常不具备感染能力。然而，该类病毒样颗粒与真病毒颗粒的构象及组成成分高度相似，可将抗原表位最大限度地展示在其表面。因此，VLP 的安全性远远高于灭活或减毒疫苗，其在疫苗研究中具有独特优势，在疫苗生产中具有重要应用前景。

表 4.1 应用昆虫表达系统生产的上市疫苗

疾病	疫苗名称	制造商	抗原
人用疫苗			
流感病毒	FluBlok®	Protein Sciences Corporation	HA
人乳头状瘤病毒	Cervarix®	GSK	HPV16/18 L1 蛋白
动物疫苗			
猪瘟蛋白	Porcilis® Pesti	MSD Animal Health	E2 蛋白
	BAYOVAC CSF E2®	Bayer AG/Pfizer Animal Health	E2 蛋白
猪冠状病毒 2	CircoFLEX®	B. Ingelheim	PCV2 ORF2 蛋白
	Cirumvent® PCV	Merck Animal Health	PCV2a Cap 蛋白
	Porcilis® PCV	MSD Animal Health	PCV2 ORF2 蛋白

草鱼出血病毒是一种双链 RNA 病毒，基因组包括 11 个片段，其中片段 S3 编码的解旋酶 VP3，参与 RNA 病毒的转录和帽化；由片段 S6 编码的主要外衣壳蛋白 VP4，参与病毒感染和复制；而 S10 编码的结构蛋白 VP38，参与产生中和抗体。此外，这些蛋白质已被研究作为潜在的草鱼出血病毒疫苗。该病毒能够引起草鱼出血性疾病（Su and Su，2018），这是一种严重的传染病，主要发生在幼鱼的饲养中。根据流行病学调查显示，在我国分离的毒株多为草鱼出血病毒Ⅱ型，其毒性较强，死亡率达到 80%。目前，针对草鱼出血性疾病，唯一有效的保护策略是疫苗接种。控制草鱼出血性疾病的疫苗有灭活疫苗、减毒疫苗、亚单位疫苗和 DNA 疫苗。减毒疫苗是目前市场上唯一获得许可的草鱼出血病毒疫苗，它是通过在细胞培养中连续传代的减毒-892 毒株开发的（Han et al.，2020）。然而，减毒疫苗的缺点是有逆转毒性；灭活疫苗的主要缺点是免疫保护的持续时间有限。此外，亚单位疫苗和 DNA 疫苗价格昂贵，需要很长时间才能生产，而且 DNA 疫苗的安全性也有待进一步评估。

Gao 等（2021）利用 Bac-to-Bac™昆虫表达系统开发了一个草鱼出血病毒-VLP，获得重组杆状病毒 PFBH-VP3、PFBH-VP4 和 PFBH-VP38。重组杆状病毒共同感染 Sf9 细胞产生草鱼出血病毒-VLP。通过透射电镜检测，发现草鱼出血病毒-VLP 在形态上与本地病毒相似，说明病毒颗粒构建成功。免疫后诱导的抗体效价，与 PBS 组相比，草鱼出血病毒-VLP 组、草鱼出血病毒-VLP+佐剂组免疫后 3 周明显增强。

2. 多亚基复合物表达

多基因表达系统 MultiBac 是一种利用基因工程技术来实现多个蛋白亚基在同一宿主细胞内共表达，并装配成复合体，从而大量获得多蛋白复合物的有效手段。自 2004 年首次推出，MultiBac 多基因表达系统就能够在短时间内大量生产出蛋白复合物，在基础和临床研究中得到越来越广泛的应用。不断优化的 MultiBac

系统，提供定制试剂和标准操作协议，方便更多非专业人士使用，如在生产人源糖蛋白、高价值的药物靶点（包括激酶、病毒聚合酶和 VLP）方面都有希望作为疫苗候选。通过改变杆状病毒粒子的寄主性，创建了 MultiBacMam（Berger et al.，2019），这是一种靶向哺乳动物细胞、组织和生物体的异体 DNA 传递工具。而且，CRISPR/Cas 技术的成功引入，为高容量 DNA 传递工具进行大规模基因组工程应用奠定了基础。

3. 多聚物分泌表达

新型冠状病毒感染是一种高致病的传染性疾病，因没有有效的疫苗和治疗策略，使得新冠疫情在全球多个地区暴发。对常用的抗原靶蛋白 spike 的研究显示，其包含四种存在形式：受体结合结构域 RBD、S1 亚基、野生型 S 外域 S-WT 和预融合三聚体稳定形式 S-2P。前期蛋白表达集中于哺乳动物细胞，如人胚胎肾 293（human embryonic kidney 293，HEK293）细胞，但低温电子显微镜分析表明，S-2P 存在一个与类似的 S 蛋白相同的三聚体，能够在哺乳动物细胞中表达，但糖基化程度降低（Li et al.，2020）。

利用昆虫表达系统，将严重急性呼吸系统综合征冠状病毒（SARS-CoV-2）的 S 基因合成并克隆到杆状病毒穿梭表达载体 pAcgp67B 中，置于 GP67 分泌信号序列下游，同时，在序列的 C 端添加凝血酶裂解位点、一个 T4 三聚体折叠基序和一个用于纯化的 6×His 标签；而片段 S1（aa 15～680）和 RBD（aa 319～541）的克隆方式与 S 蛋白类似，添加促分泌的 GP67 信号肽和用于纯化的标签来促进细胞外的分泌及亲和层析，从而便于提纯；此外，在目的基因序列设计方面，三聚体稳定的 S-2P 与 S-WT 具有相同的构型，但第 986 和第 987 两个位点上有脯氨酸替换，且在弗林蛋白酶酶切位点（残基 682～685）处包含一个“AGAG”序列。

利用这些包装好的病毒来感染 Hive Five 昆虫细胞产生重组蛋白，使用抗 His 抗体检测，结果发现重组蛋白大部分为可溶性蛋白，在培养基中表达和分泌。将细胞培养上清离心，采用镍离子金属螯合亲和层析介质（NiNTA）进行亲和层析。四种类型的蛋白质在 250 mmol/L 咪唑浓度下洗脱，检测显示，RBD 以单体形式出现，而 S1、S-WT 和 S-2P 则以同聚体形式出现，且蛋白质的糖基化修饰程度高，能够在小鼠中诱导高中和滴度抗体产生。此外，S-2P 可引起非人类灵长类动物的高中和滴度，超过平均滴度测量的 40 倍。昆虫表达载体的优化，是表达 SARS-CoV-2 蛋白的理想手段，且预融合的三聚体稳定蛋白是一种潜在的新型冠状病毒疾病重组候选疫苗。

（二）膜蛋白重组表达

完整膜蛋白具有重要的功能，它们是主要的药物靶点，因此受到广泛关注。

膜蛋白，如 G 蛋白偶联受体（G protein-coupled receptor，GPCR）、离子通道、转运体和核激素受体等在生理过程中起着重要的作用。

GPCR 是一大类膜蛋白受体的统称。据统计，在针对人体靶点的治疗药物中，GPCR 药物占到总数的 25%。在全球热门药物靶点排名前 10 的药物中有 6 种、排名前 200 的药物中有 60 种调节 GPCR，估计年销售额达数十亿美元。然而，与可溶性蛋白相比，基于合理结构的 GPCR 药物表达方法仍然非常有限，主要问题在于膜蛋白结构复杂、其配体与其他蛋白相互作用等因素。然而，随着技术革新，GPCR 蛋白表达得到很好的发展，尤其是利用昆虫表达系统。

昆虫细胞膜与人细胞膜在组成上近似，适合哺乳动物膜蛋白的折叠构象（王炜等，2021）。Boivineau 等利用 flashBAC 载体进行了 IMP/GPCR 靶点的表达（Boivineau et al.，2020），表达载体优化设计如图 4.1 所示。首先，目的基因（APLNR）的 N 端用血凝素（hemagglutinin，HA）和 FLAG 标记，利于将其定位到质膜上和进行蛋白质的检测；然后，APLNR 的 C 端连接 HRV3C 蛋白酶的切割序列和 10×His 标签（方案 A）。此外，增加 mCherry 荧光蛋白于目的基因下游，有助于快速构建筛选（方案 B）。FlashBAC 载体还配有绿色荧光蛋白 EGFP 标记，构建在 p6.9 启动子下游，作为病毒表达标记。在启动子选择上，备用启动子有 ph、

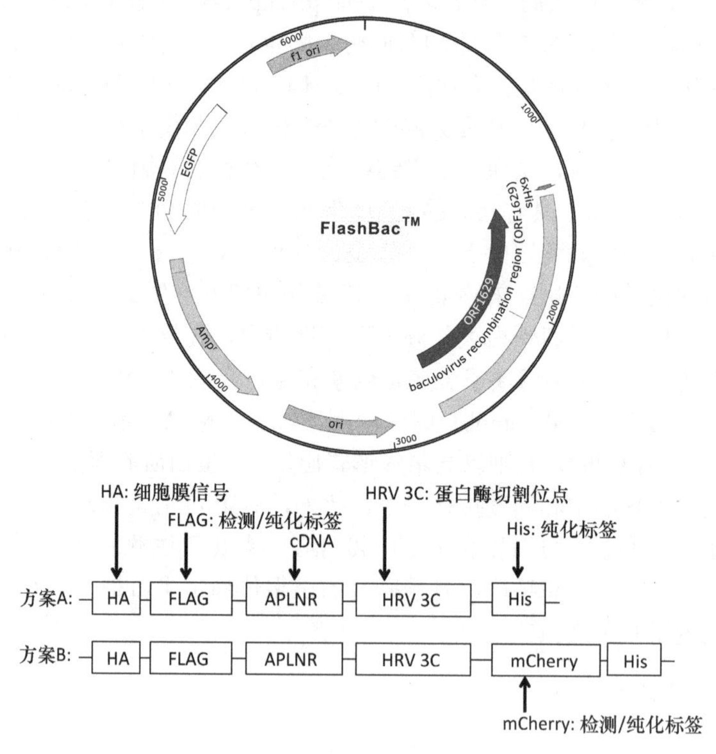

图 4.1　FlashBAC 表达载体分子结构示意图（上）和优化方案（下）

GP64 和 p10。该载体从蛋白质表达、检测、分泌和定位等方面进行优化，能够确保获得最佳配置元件构造。

用构建好的病毒表达载体侵染细胞后，通过荧光显微镜和流式细胞分析仪可明显地检测到 EGFP 的表达。此外，SDS-PAGE 和 F-PAGE 的结果显示，目的蛋白成功表达，且样品表达的丰度高；因载体中融合了 HA、FLAG 等标签，利于纯化。因此，本研究中表达载体构建的优化，很好地解决了膜蛋白的表达和纯化，为后期的应用提供了可能。

装配一个特定的 GPCR-G 蛋白形成复合物，其结构和功能研究仍然具有挑战性，因为其各个亚基之间亲和力低。利用杆状病毒的 MultiBac 系统表达目的蛋白，首先优化了异三聚体 G 蛋白的 Gα 亚基融合结构，并融合了大鼠神经紧张素受体 1，然后与 Gβ 和 Gγ 在体内共表达并完成组装，产生一个功能性的受体-G 蛋白融合复合物，可用配体亲和层析法高效、大剂量地纯化目的蛋白（Kumar et al.，2019）。

第二节　昆虫表达载体结构与功能

一、昆虫表达载体分类

根据表达载体的骨架来源不同，昆虫表达系统主要分为两大类，即病毒表达载体和非病毒表达载体；而根据表达载体的用途不同，可将昆虫表达载体分为表达载体、转移载体和辅助载体。

（一）按照来源分类

1. 杆状病毒表达载体

目前，AcMNPV 是最常用于重组蛋白表达的病毒原型，它有一个约 134 kb（133 894 个核苷酸，NC_001623）的环状基因组，包含多个功能未知的非编码区和 156 个预测开放阅读框（Martinez-Solis et al.，2019）。此外，AcMNPV 基因组中还包含有基因表达调控元件，如增强子、启动子等。研究发现，在病毒基因组的编码和非编码区域中，存在编码的 miRNA 序列，作为宿主与病毒基因相互作用的精细调节剂（Wang et al.，2021）。第一个商业化杆状病毒表达载体是基于一个改良的 AcMNPV 基因组（BacPAK6™，Clontech）。该表达载体通过限制性内切核酸酶 *Bsu*36 I（Bacillus subtilis 36）酶切或“三切”制备，线性化病毒基因组并去除一个 *lacZ* 基因和一个 *orf1629* 基因片段，导致病毒 DNA 无法在昆虫细胞内复制。然后将线性化的病毒 DNA 和转移载体混合，共转染到昆虫细胞中进行同源重组。该重组事件恢复了 *orf1629* 基因功能，并通过等位基因置换使病毒 DNA 循环，恢复侵染能力。最后，基因组复制产生重组芽病毒。

许多文献中也描述了其他 BEV 表达载体，如家蚕 BmNPV 的载体，该载体包含一个 mini-F 复制子，允许其在细菌中维持，但缺乏完整 *orf1629* 阅读框。通过在昆虫细胞中共转染含有完整 *orf1629* 和目的基因的转移质粒，可以恢复病毒的侵染能力。完整的 BmNPV 载体包含多面体蛋白基因，可确保阳性重组病毒的生产，导致在家蚕幼虫口腔感染时能大量产生外源蛋白。

基于 AcMNPV 改造的载体包含一个 F 复制子以及有氯霉素乙酰转移酶的 *orf1629* 阅读框，阻止了病毒在昆虫细胞中的复制。利用氯霉素乙酰转移酶基因内独特的 *Bsu36* I 位点对载体进行线性化处理，以改善重组能力。通过在昆虫细胞中共转染 *orf1629* 全长和包含目的基因的转移载体，可以恢复病毒的传染性。

2. 非病毒表达载体

非病毒类表达载体在进行重组蛋白表达时，可避免杆状病毒表达载体感染危及细胞完整性、产品质量下降（降解）等弊端，且具有耗时短等优点，已被广泛开发和应用，常用的有 pIZ/V5-His 载体、pMIB/V5-His 载体等。

pIZ/V5-His 载体具备在多种昆虫细胞中高水平表达的能力，使用过程中会在 N 端或 C 端插入报告基因 EGFP，其也常用作荧光报告载体。载体长度一般在 3000 bp 以上，具有以下几个特点：可以促进重组蛋白在昆虫细胞中的表达、分析和检测；组成表达的 OpIE2 启动子；Zeocin 抗性基因用于快速选择稳定转染的细胞系；C 端 V5 表位和多组氨酸（6×His）序列用于进行 Anti-V5 抗体检测，以及镍螯合树脂快速纯化。一种 PEI 介导的 Sf9 细胞瞬时基因表达，使用低水解物培养基，以减少实验变异性，并确保该过程的可靠性。最近报道了利用 pIZ/V5-His 载体，在 Sf9 细胞中产生瞬时蛋白的阳性结果（Puente-Massaguer et al.，2020）。此外，该载体也常用于昆虫细胞中基因过表达和分子机制研究（Geng et al.，2021）。

使用 pMIB/V5-His 载体从 Sf9、Sf21 和 High Five 等昆虫细胞中分泌表达蛋白，具有蜂毒素分泌信号，利于蛋白质分泌至无血清培养基中，简化了纯化步骤，便于从培养细胞中收获蛋白质。除此之外，杀稻瘟菌抗性基因用于在两周内快速选择稳定转染的细胞系、C 端 V5 抗原决定簇和聚组氨酸标签，便于进行 V5 抗体检测和镍螯合树脂纯化。因此，pMIB/V5-His 载体有助于在昆虫细胞中表达重组蛋白。

（二）按照用途分类

1. 表达载体

与其他物种表达载体类似，昆虫表达载体主要包括目的基因、启动子、终止子、标记基因等。在蛋白表达载体中，有分泌型和诱导型载体。分泌型表达载体在昆虫重组蛋白研究中应用普遍，该载体通常包含有蛋白质分泌所需的信号肽，如蜜蜂蜂毒肽、GP64 等，实现目的蛋白有效分泌至无血清培养基。有些载体含有诱导型表达的启动子，会在特定诱导剂的存在下启动表达，如四环素（Tet）诱导型启动子。Tet 反式激活子由 p10 或 hsp70 启动子及 pTreCMVmin 驱动，控制昆虫中目的基因表达。

双荧光素酶报告基因表达载体在基因序列研究方面有着深入报道。该系统是以荧光素为底物检测萤火虫荧光素酶活性。双荧光素酶报告基因检测已成为研究转录因子参与基因调控的有效手段，通过对启动子序列分析，验证启动子结合元件的反式激活能力，探讨转录因子调控的分子机制。对于小分子 RNA 的研究，一些过表达类载体也逐渐得到应用，如 miRNA mimics，通过人工合成的 mimics 转染昆虫细胞，能够实现小分子 RNA 的过表达。

2. 转移载体

转移载体作为运载工具，将外源基因转移到宿主细胞中，并且具备在宿主中大量复制的能力，主要分为细菌载体、噬菌体、病毒载体、线粒体或叶绿体 DNA 载体等。通常完整的转移载体主要包括 DNA 复制起始位点（ori）、启动子、抗性基因等序列。图 4.2 所示为 Bac-to-Bac™系统中的转移载体。外源基因不仅可以通过标准的连接方式克隆到质粒中，而且越来越多地采用不依赖于连接反应的克隆

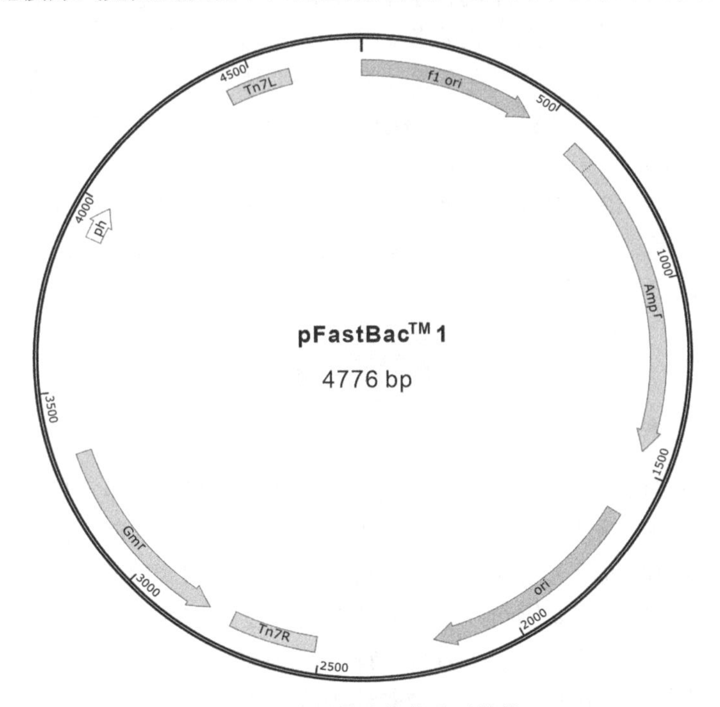

图 4.2　常用转移载体分子结构

P_{ph}，启动子；Tn7L/R 同源臂，f1 ori，质粒的 DNA 单链复制起始位点；Amp^r，氨苄青霉素抗性；Gm^r，庆大霉素抗性

（ligation-independent cloning）。随后，转移载体将重组基因导入杆状病毒载体中（Jia et al.，2019）。

转移载体通常包含非常晚期的TAAG基序，而插入序列包括与晚期的基因表达相关的AT富集区，位于天然编码区ATG的上游。现有的商品化转移载体，根据用途不同，包含不同序列，例如，能有效分泌蛋白质的信号肽（如GP64、几丁质酶、蜜蜂蜂毒肽）、晚期或极晚期表达的启动子（如 p6.9、GP64、p10），以及与纯化相关的标签（如6×His）；在某些情况下，也包含蛋白酶切割位点，用于随后的标签去除。

在flashBAC系统的研究中，许多新序列被引入杆状病毒转移质粒，用以增强蛋白质的表达水平和溶解性。例如，将植物序列融合到重组蛋白上，使其偏离正常的细胞途径，并通过形成蛋白体将其包装在保护膜内。这些蛋白体内包含有被称为玉米醇溶蛋白的多肽，因富含脯氨酸的结构，能够在种子萌发早期作为还原的氮源来使用。在内质网中，玉米醇溶蛋白多肽可以寡聚成更大的复合物，然后作为蛋白体自结合，其质量超过种子蛋白总质量的一半。Vankyins是一种遗迹病毒基因，常被引入转移载体，其具有类似于NF-κB转录因子抑制剂的作用，抑制锚蛋白重复结构域。在被寄生的宿主中，Vankyrin蛋白可能与NF-κB相互作用，介导发育和免疫应答级联过程的活性。此外，Vankyin 蛋白可增强转移载体，如pBASE-VE5 使得外源基因置于多角体启动子控制之下，在杆状病毒基因组中与*Vankyin*基因均可顺式表达。而且，该序列已被证明能增强重组蛋白的产生并延迟细胞死亡和裂解。

在*E. coli*中，SUMO家族泛素样分子能够与多种蛋白质融合并提高目的蛋白的表达和溶解度。商品化的pI-Insect SUMOstar vectors（SUMOstar），因其利用酵母SUMO（smt3）的突变体，可以抵抗酵母和人类deSUMOylases的降解作用，从而被开发用于昆虫细胞。在昆虫表达系统中，通过融合SUMO分子，可以提高一些难以表达的蛋白质（如胰蛋白酶和USP等）的可溶性。

3. 辅助载体

辅助载体（helper vector）既可以是宿主细胞自身携带，也可以从外源获得。在共转染体系中，辅助载体能够参与基因重组、异源蛋白折叠和调控基因的表达等。例如，DH10Bac是昆虫表达系统Bac-to-Bac中常用的同源重组*E. coli*。该菌株除了包含有杆状病毒基因组外，还表达辅助质粒pMON7124，该载体可编码转座所需的转座蛋白Tn7（TnsA～D）。当转移载体转化进入DH10Bac细菌后，在转座蛋白的作用下，转移载体上携带的外源序列通过同源重组整合进入病毒基因组的特异位点形成Bacmid，用于后续细胞的侵染和蛋白表达。

二、昆虫表达载体结构

与在原核细胞、哺乳动物细胞中的表达载体相似，昆虫表达载体含有表达调控必需的元件，如增强子、启动子、终止子、筛选标记等。

（一）病毒表达载体基因组

昆虫病毒表达载体（常用的 AcMNPV）属于双链 DNA 病毒，其环状基因组大小为 80～180 kb，包含多个功能未知的非编码区和已预测的开放阅读框。对甜菜夜蛾（*Spodoptera exigua*）幼虫中纯化的杆状病毒的基因组进行测序，结果显示 AcMNPV 中存在 1141 个基因结构变异，包括 464 个缺失、443 个倒置、160 个重复和 74 个插入。最后，在 AcMNPV 基因组序列中，共识别出 1757 个转座因子的插入，其中 895 个被截断，显示了病毒基因组结构的复杂性（Loiseau et al.，2020）。许多病毒基因组序列，能有效地参与目的基因的复制、转录和病毒粒子组装，如 NPV *polh* 5′ UTR 可以提高蛋白质合成的效率，比经典的 Kozak 序列高 1.5 倍。在没有病毒感染的情况下，病毒基因编码的蛋白质包含预测的经典核定位信号。而在病毒感染后，原定位于细胞质或同时定位于细胞质和细胞核的蛋白质被完全易位到细胞核中，包括 P143、P33、AC73 和 AC114，从而影响重组蛋白表达（He et al.，2021）。

（二）启动子

启动子能启动基因的转录，对于基因表达而言是不可缺少的。多数情况下，昆虫表达载体中启动子具有物种特异性，即仅在昆虫细胞或者组织中表达，如在 BEVS 中的 p10 或 ph 启动子。ph 启动子识别保守的 TAAG 基序，并显示出对 TAAG 基序周围残基的要求，即 TAAG 之前通常是 A，很少出现 C 或 T。大多数杆状病毒的基因组都有同源重复序列（homologous repetitive sequence，HRS），HRS 仅在杆状病毒早期启动子中发现，主要作为早期启动子如 39k、p35 和 ie-N 的串联增强子。最近的研究中，HRS 可以刺激其他一些杆状病毒启动子，如包膜糖蛋白基因 *GP64* 和解旋酶基因。这些增强子分布在基因组中 ph 启动子的远端或近端，可能有特殊的增强启动子的机制，例如，转录激活因子与增强子结合，导致 DNA 折叠，使增强子更接近转录起始位点，从而调控基因表达。

杆状病毒可转导多种哺乳动物细胞，然而效率较低，限制了其实际应用。研究者用人巨细胞病毒（CMV）启动子替换原有的 p10 或 ph 启动子，提高侵染效率和蛋白表达能力，并开发了杆状病毒介导的哺乳动物细胞转导（Baculovirus-mediated transduction of mammalian cell，BacMam）系统。果蝇 S2 细胞是常用的重组蛋白表达宿主，常用的启动子有 Ac5 和 MT 启动子等。pMIB/V5-His 表达载体具有 OpIE2 强启动子，能有效启动目的基因转录，有助于稳定表达细胞株的筛选。

（三）筛选标记

昆虫细胞对博莱霉素、嘌呤霉素、潮霉素 B 和杀稻瘟菌素等药物敏感，可根据抗性标记进行药物抑制筛选，获得稳定表达的细胞株。通常情况下，抗性基因的组合使用能增加筛选效率。Matinyan 等（2021）成功开发了一个基于 G418 硫酸酯、嘌呤霉素、杀稻瘟菌素 S 和潮霉素 B 四种药物的选择标记平台。

（四）分泌信号

为了提高昆虫细胞中蛋白质的分泌表达，从而适应大规模生产的需要，现有的商品化表达载体中通常会插入一些信号肽，如 pMIB/V5-His 表达载体具有蜂毒素信号（图 4.3）。在其他的一些载体中，存在结构糖蛋白 GP64、蜕皮类固醇 UDP-糖基转移酶、人肽基甘氨酸 α 酰胺化单加氧酶和人蓝曲霉素等信号肽。

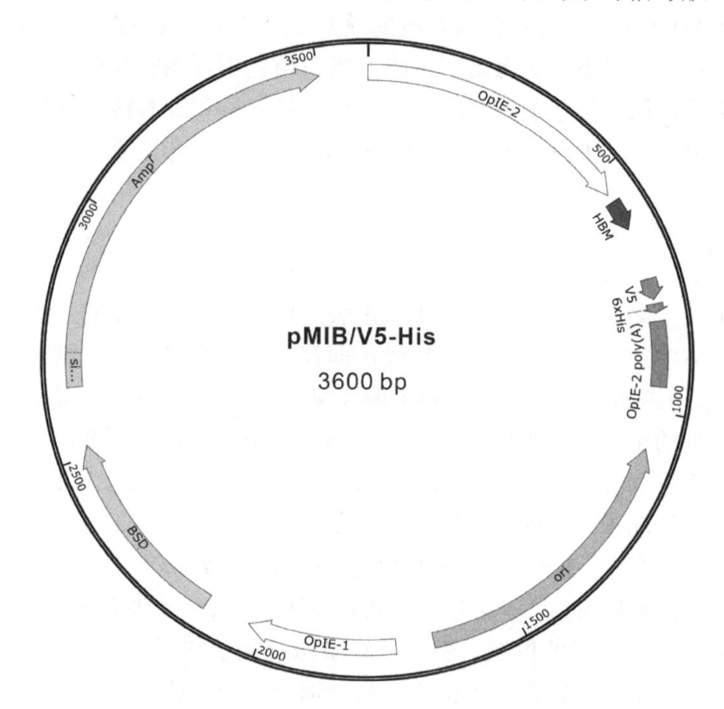

图 4.3　pMIB/V5-His 表达载体分子结构

三、常用昆虫表达载体

最初，重组病毒是替换 AcMNPV 的多角体蛋白基因后，通过病毒基因组与供体质粒共同转染昆虫细胞获得的。此后，对该方法进行了不同的改进，首次成功构建了包含整个 AcMNPV 基因组的杆粒，可在 *E. coli* 细胞中繁殖。该系统被称为细菌人工染色体，能够将外源基因从穿梭载体通过转座引入 bacmid，产生 100%重组子代。目前已有很多商品化的杆状病毒表达载体应用于重组蛋白研究（表 4.2）。

表 4.2　常用商品化昆虫表达载体

名称	制造商	杆状病毒	重组方法	优/缺点
Bac-to-Bac^{TM}	Invitrogen	环形，含有 *lac*Z 基因	体外转座重组	快速分离，长时间、高强度筛选重组杆状病毒
BacMagic	Merck Millipore	环形，删除 *v-cath/chiA*（*chitinase* gene，*chiA*）基因	体内同源重组	无需烦琐的空斑纯化，杆状病毒生产快速，最大限度地表达分泌蛋白
BacMam	Thermo Fisher Scientific	环形，包含通道技术	体外 LR 重组反应	适用于多种表达系统，重组杆状病毒不稳定
BestBac	Expression System	线形，删除 *v-cath/chiA* 基因	体内同源重组	分泌蛋白产量高，假阳性干扰
*flash*BAC	Oxford Expression Technologies Ltd	环形，删除 *v-cath/chiA/p26/p10/p74* 基因	体内同源重组	无需烦琐的空斑纯化，杆状病毒生产快速，最大限度地表达分泌蛋白
MultiBac	Geneva Biotech	环形，包含多个表达结构	体外转座重组	适用于 VLP 设计，重组杆状病毒不稳定

杆状病毒表达载体常被应用于生产多个重组蛋白，从而形成高度复杂结构，如 VLP。该技术早期应用于蓝舌病毒组装，随后，多基因表达取得了进一步的进展，为提高蛋白表达量和多亚基蛋白复合物的研究提供了更多的可能。已经商品化的表达系统 MultiBac^{TM}和 biGBac^{TM}，基于 Gibson 组装反应，利用基因的串联技术同时表达某一基因的多个亚基蛋白，这为蛋白表达量的提升、解析蛋白质分子结构和生物学功能研究提供了有力的保证（Weissmann et al.，2016；Zhang et al.，2016）。利用该方法将目的基因克隆到初始质粒中，可用于促进复合物/环小体、内聚物和着丝点复合物重组形式的生产和后期表征（Weissmann and Peters，2018）。

随着基因工程技术的不断发展，研究者们根据表达目的蛋白的特异性以及实验技术的特殊需要，已公开多种昆虫表达载体，见 http://www.biofeng.com/zaiti/kunchong/。在杆状病毒系统中，表达载体主要有两大类：一类是用于表达单个外源基因的载体，如 pFastBac^{TM}1、pFastBac-GST-C/N、pBAC-1 及 pIEx/Bac-3 等；另一类是多元表达载体，即用于插入两个或多个外源基因，如 pFastBac Dual、pUCDM 等。常用的非病毒表达载体也可分为两类：一类用于重组蛋白表达，主要包括 pMIB/V5-His A/B/C、pMT/V5-His A/B/C、pMT/V5-His-TOPO 等；另一类在瞬时转染系统中常出现，其作用在于探究基因的功能，如 pIZ/V5-His、pAc5.1B-EGFP，以及在果蝇细胞系中将表达载体共转染，建立稳表达细胞系的 pCoBlast 载体。

第三节 昆虫表达载体优化

目前，不断开发出适用于昆虫细胞的各种新型表达载体。可根据目的蛋白选择合适的表达载体系统，如基于病毒晚期启动子的杆状病毒表达载体系统、基于病毒极早期启动子构建的瞬时表达系统、用于构建稳定细胞系表达的载体系统、应用昆虫内源性启动子的转基因细胞/昆虫的表达载体系统。对于昆虫表达载体骨架的优化，往往是最基础也是最为有效地提高目的蛋白表达的途径，因此，载体骨架优化在重组药物蛋白表达系统中占有重要地位。

昆虫表达载体骨架的优化，主要集中于病毒表达载体。重组 BV 的构建和筛选方法主要有以下几种：一是利用基因工程技术，将病毒基因组线性化；二是利用大肠杆菌-昆虫细胞穿梭载体技术建立 Bac-to-Bac^{TM}系统；三是在这两种技术的基础上建立和优化其他系统，如 flashBAC、基于 Gateway 技术的 BaculoDirect 系统等。本章主要集中于表达载体的优化，用于提高重组蛋白产量、分泌效率和蛋白质量所采用的主要方法及策略。

一、载体骨架结构优化

AcMNPV 基因组庞大，除了报道的部分调控序列和已预测编码蛋白的基因，可能对病毒在细胞培养中繁殖的能力起作用外，许多功能尚不清楚。杆状病毒基因组是载体骨架优化的主要方向，利用基因工程的手段添加有利于目的蛋白表达的调控元件或者敲除某些非必需基因，从而减轻病毒增殖负担并提高外源蛋白表达量。

（一）基因组部分片段的删除和插入

非必需基因的敲除以及有效基因的插入是表达载体骨架优化的常用策略。早期重组是利用转移载体和亲本杆状病毒共感染昆虫细胞，实现基因重组。然而，共转染系统的重组效率极低，不足 1%，是该技术发展的瓶颈。为了提高共转染过程中的重组效率，病毒基因组经历了两种线性化的改进：一是采用 ph 位点的一个独有内切酶位点将 BV 基因组 DNA 线性化；二是在 *p10* 基因位点将 BV 基因组 DNA 线性化（Van Oers et al.，2015）。通过基因工程手段，将多个 *Bsu36* I 酶切位点引入到病毒基因组的 *orf603* 和 *orf1629* 之间，能够去除某些复制必需片段，实现亲本杆状病毒的线性化，使得重组效率提高到 90%以上。在一些商品化表达系统，如 BaKPAK6 的开发过程中，研究者发现，删除片段 *orf1629* 能够明显提高基因重组的效率（Gwak et al.，2019）。

病毒基因组有 50 多个非必需基因，其中部分基因功能已知，如 *PIF*（1、2、3、4）在病毒经口感染昆虫过程中发挥作用，敲除此类基因，能促进病毒的存活和侵染效率；而非必需基因 *Ac18* 的敲除，不影响病毒感染细胞的能力。为了提高杆状病毒的杀虫活性，苏云金芽孢杆菌 *cry1Ab* 基因和来自蝎子毒液的神经毒素基因已经被整合到杆状病毒基因组。此外，将参与抑制蜕皮的 *egt* 基因从病毒基因组上删除后，明显提高了该病毒的杀灭速度。为了提高杆状病毒载体系统异源蛋白的表达水平，还进行了其他不同的尝试。据报道，同时删除多个非必要基因有利于 AcMNPV 的复制，并增强重组蛋白的表达（Martinez-Solis et al.，2019）。

编码小蛋白的基因，如 *p10* 的敲除，有益于重组蛋白生产。*p10* 基因在感染过程中非常晚的时间高表达，被认为与受感染细胞中多面体有关，有助于多面体包膜的形成。然而，p10 蛋白的表达对杆状病毒的感染、复制和传播似乎不是必需的，因为无论是在细胞培养中还是在幼虫宿主中，*p10* 基因的破坏都不会对感染产生有害影响。研究发现，在 AcMNPV 基因组中，启动子 *p10* 在 *ph* 基因表达的前几小时被激活，并已被证明在转录水平上与 *ph* 存在竞争关系（Shrestha et al.，2018）。因此，*p10* 基因启动子的抑制和缺失，能够增加 *ph* 控制的蛋白生产和 *ph* mRNA 水平，使得 ph 启动子的重组基因转录活性增加，从而提高重组蛋白的表达。此外，与野生型病毒相比，使用 *p10* 基因缺失型病毒表达分泌的尿激酶时，侵染细胞的活力得到了提高，可能为改进翻译后修饰提供更长的蛋白质生产窗口。

随后对病毒基因组进行深入分析，发现另外两个对病毒感染性非必需的辅助基因位于 *p10* 旁边，即 *p26* 和 *p74*。*p74* 对于阻断包涵体来源病毒在宿主口腔中的感染至关重要，主要在中肠黏附和融合中发挥作用；而 *p26* 则是一个早期表达基因，编码 240 个氨基酸的功能未知多肽。序列比对发现，*p26* 与 *p10* 基因具有相同的 5′端，删除 *p26* 的 3′端与 *lacZ* 或 *p10* 融合，不影响病毒载体外的复制。基于以上的结果，flashBAC™载体删除了上述三个基因，构建出一种同时缺失 *chiA*、*v-cath*、*p10*、*p26* 和 *p74* 的载体（flashBAC™ ULTRA）。与非缺失载体相比，该载体增加了多种重组蛋白表达量和稳定性。

昆虫细胞中复杂的分泌蛋白和膜锚定蛋白等，会受到病毒基因组编码的蛋白酶作用而水解。众所周知，半胱氨酸和羧基蛋白酶存在于未感染和杆状病毒感染的细胞培养基中。重组蛋白暴露在含有这些蛋白酶的培养基中，可能有一些降解。

几丁质酶（chitinase）和组织蛋白酶（cathepsin）基因位于 AcMNPV 基因组的侧翼位置。在病毒感染的 Sf9 细胞培养基中，病毒编码的半胱氨酸蛋白酶是活性最丰富的蛋白酶。几丁质酶在病毒复制的后期表达，能够与组织蛋白酶结合，在细胞死亡时被蛋白酶裂解激活并降解蛋白质。几丁质酶是一种分泌蛋白，会给宿主的蛋白质转运机制带来巨大的负担，并极有可能与重组表达的分泌蛋白形成激烈的竞争（Possee et al.，1999）。几丁质酶可作为分子伴侣促进组织蛋白酶的正确折叠，从而促进重组蛋白的水解。因此，敲除杆状病毒基因组中的 *chitinase* 和 *v-cathepsin* 基因，显著延长了宿主的存活时间，并抑制蛋白质的降解（Ishimwe et al.，2015）。

Luckow 等（1993）在原始 AcMNPV 基因组上插入复制子 F，使其能够在 *E. coli* 内正常增殖，并将其命名为 Bacmid。随后，*lacZ* 基因和 miniTn7 转座位点替换 Bacmid 上的 *ph* 位点，当转移载体目的基因两侧也含有 Tn7 转座位点时，Bacmid 和转移载体可以通过同源重组的方法将目的基因插入 *lacZ* 基因位点，成功重组后破坏 *lacZ* 基因的功能，从而可进行蓝白斑筛选，如 Thermofisher 公司商品化的 Bac-to-Bac™系统（图 4.4）。为了便于观察重组病毒的感染情况，利用基因编辑技术在 Bac-to-Bac™系统基础上敲入了黄色荧光蛋白（yellow fluorescence protein）；此外，新的表达系统 MultiBac，利用转移载体实现目的基因通过酶切或者 Cre-*loxP* 方式进行多基因插入，用来表达复合蛋白（Rossolillo et al.，2021）。

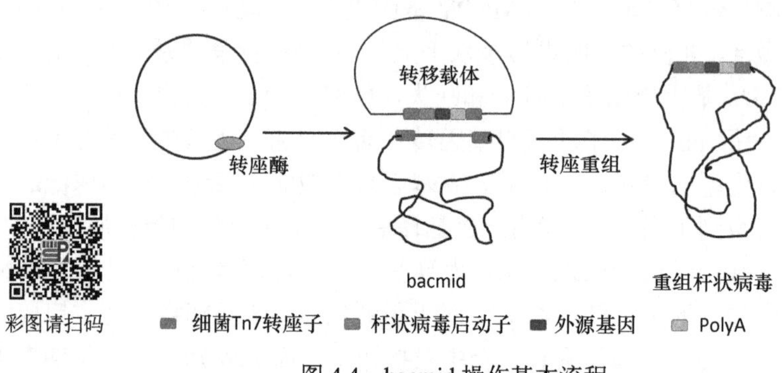

图 4.4　bacmid 操作基本流程

（二）启动子

重组蛋白的表达可以通过位于目的基因邻近区域的 DNA 调控序列（顺式元件）来调控。其中，启动子和增强子是常见调控序列，通过对其优化能够提高重组蛋白的产量和质量。在昆虫表达系统的研究中，利用组织/时期特异性启动子，实现对重组蛋白的表达至关重要。根据杆状病毒的侵染过程，可将侵染分为极早期、延迟早期、晚期和极晚期。如图 4.5 所示，在每个时期都有相应的启动子发挥作用。

1. 早期启动子

早期（即时、延迟）启动子在病毒 DNA 复制之前被激活，其最显著的特征是以保守的基序（如 CAGT 或者 TATA 等）作为转录起始位点，在下游基因调控中起着重要作用。杆状病毒最早期的启动子 ie1 是常用的组成型启动子，也是最

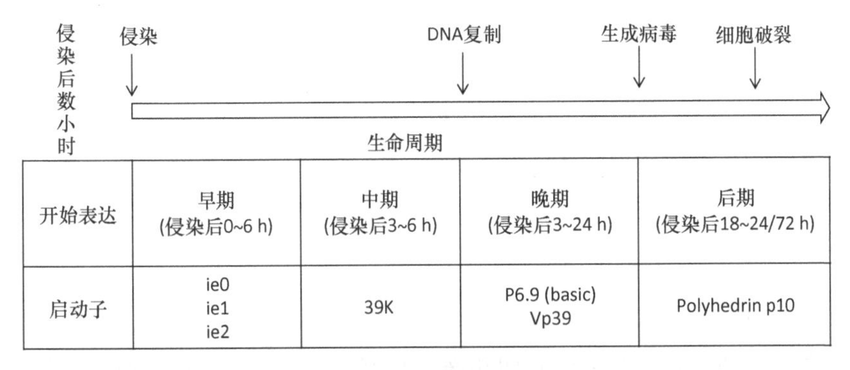

图 4.5　杆状病毒生活史和各阶段启动子

为活跃的，在所有的时间阶段以及未感染的昆虫细胞中发挥作用。因此，它经常用于瞬态表达质粒。而 39K 启动子是一个延迟的早期启动子，能够被 ie1 蛋白反转录激活。因此，在瞬转系统中，39K 启动子可以与 ie1 蛋白共表达。研究显示，将 ie1 和 39K 启动子联用，插入目的基因上游，已证明能够显著提高分泌蛋白的产量（Lin and Jarvis，2013）。

2. 晚期启动子

晚期启动子由病毒 RNA 聚合酶转录识别保守的（A/G/T）TAAG 晚期/极晚期启动子基序，该基序及其内的第二个核苷酸启动子活性的存在对于转录起始是必需的。在昆虫表达载体优化中，包膜糖蛋白 GP64 启动子可以被 IE1 通过识别 CAGT 和 TAAG 基序激活，从而启动异源的融合蛋白 p6.9 和 pCap，常应用于病毒展示技术。早期表达启动子的使用，可提高重组蛋白的质量和 pCap 的产量；而晚期启动子与 hr3 增强子配对使用，可以维持较长时间的中度表达，达到与早期启动子相当的增强效果。

p10 和 ph 属于昆虫晚期启动子，能有效识别启动子片段，尤其是富含 AT 碱基区域。p10 和 ph 对报告基因表达的提升是其他晚期启动子的 2～3 倍，与早期启动子相比，表达量提高 10～20 倍。上述两种启动子也可以与其他元件配对使用，在延长表达时间和提升蛋白产量方面具有优势。如 vp39、pCap 等与启动子 ph 配对使用，能够在晚期促进蛋白质表达。而 p10 与 p6.9 启动子配对，在与 IE1 增强子共转染时，显著提升报告基因表达，是 ph 单独作用的 4.5 倍；并且，多启动子的配对使用，与 IE2 共转染，在 High Five 细胞中能有效提高靶蛋白表达量。

来源于生物或杆状病毒的启动子也被用来增加 AcMNPV 中非常晚期的基因表达。甜菜夜蛾杆状病毒基因 *orf46* 具有较高的转录活性，并且在 AcMNPV 中表现出晚期的高水平表达，当 EGFP 位于多面体启动子下游时，其表达增加 2 倍。

此外，将龙虾原肌球蛋白 cDNA 的前导序列 L21 克隆在该启动子下游，荧光素酶的表达量比单独放置多面体启动子高 7 倍（Martinez-Solis et al.，2016）。

杆状病毒基因 *ubi* 为晚期表达基因，在病毒感染后约 12 h 或更早开始大量表达，并具有多个转录本。研究发现，在 ie1 存在时，通过顺式连接 he65、lef-11、lef-6、p35、gp118-gp119 和 gp104-gp107 片段均能启动 ubi 启动子，并提高转录作用。

3. 诱导型启动子

诱导型启动子对控制表达时间和产量是有帮助的，在优化重组蛋白生产过程中，特别是在共表达对宿主有毒的伴侣蛋白或蛋白质时，其作用尤为明显。四环素诱导型启动子通常用于哺乳动物系统，并已逐渐用于杆状病毒蛋白的表达。四环素反式激活子由 p10 或果蝇 hsp70 启动子及 pTreCMVmin 驱动，控制目的基因表达。

应激诱导启动子诱导杆状病毒表达蛋白质是复杂的，其原因是在侵染压力诱导下，往往会出现漏洞。果蝇 hsp70 启动子可在杆状病毒感染后诱导表达，也可被温度诱导。果蝇黑腹金属硫蛋白基因启动子被证明具有铜或镉诱导性，金属暴露延长病毒表达过程。在诱导性启动参与下，宿主蛋白合成持续时间略长，比经典的 ph 启动子启动的蛋白合成延长 1～2 天（Kust et al.，2014）。

涉及细胞宿主修饰的有效策略也同样涉及诱导型启动子。已经建立了几种昆虫细胞系，表达哺乳动物重组糖基转移酶、唾液酸和 CMP（唾液酸生物合成和转运的酶），目的是生产人源复合物的 *N*-糖蛋白。例如，SfSWT-1 细胞是第一个稳定转化 5 种哺乳动物糖原的 Sf9 细胞。该细胞系以 Mimic™Sf9 昆虫细胞（ThermoFisher）的名称商业化。Palomares 等（2021）通过稳定转化 Sf9 昆虫细胞，利用 39K 诱导启动子，建立了更高效的转基因昆虫细胞系 Sf39KSWT，同时控制 9 种哺乳动物糖基因。这种由病毒感染引起的诱导启动子是一种有效的工具，正如组成型启动子所示，外源基因的表达不影响转基因昆虫细胞系的生长和稳定性。

4. 内源性启动子

早期的病毒启动子确实存在，一些病毒启动子有高转录活性，但许多依赖于病毒机制，即只有在感染周期的后期才可用。克服这些障碍的一种选择是使用昆虫来源的启动子，这些启动子通常在感染周期的早期转录，无论是在重组杆状病毒、瞬时质粒或稳定细胞系中，都可以用于介导外源基因表达。

粉纹夜蛾驱动的保幼激素抑制蛋白 2 启动子比传统的病毒晚期启动子更早活跃，使用 pB2-p10 配对启动子，在感染后 24～48 h，其活性与 ph 和 p10 启动子相比明显提高。果蝇 hsp70 启动子是在所有允许检测的细胞系中，产生了高于常规早期病毒启动子的重组蛋白蛋白产量。研究显示，果蝇 hsp70 启动子用于杆状病毒介导的基因在果蝇 S2 细胞中的表达。另有研究发现，Sf21 细胞衍生的 GAPDH 启动子可提高目的蛋白的表达量，大约是早期病毒 OPie1 启动子和核糖体 L34 启动子表达量的 4 倍（Bleckmann et al.，2015）。因此，宿主本身的启动子对于重组蛋白的表达存在积极作用。

家蚕肌动蛋白 actin3 启动子是家蚕转基因中常用的一个内源性启动子，主要应用于 piggyBac 系统中，促进外源基因和转座酶基因的表达。在瞬转系统中，以 GFP 作为报告基因构建表达载体，对比了 actin3 启动子、ph 启动子和 ie2 启动子在杆状病毒感染 Sf9 细胞中极晚期的活性，发现在病毒感染 48 h，actin3 启动子介导的目的基因表达量是 ie2 启动子的 10 倍。上述结果说明，可根据在昆虫表达系统中基因时序性表达特征，选择合适的启动子，提高重组蛋白表达量（Liu et al.，2012）。

5. 组织特异性启动子

对昆虫各种组织如中肠、脂肪体、精巢、卵巢 、血液、丝腺等特异表达的启动子进行研究，为基因功能研究和组织特异性表达系统的建立提供了极大的支持，也为高效的重组蛋白表达提供了参考。在特定组织中启动基因表达，能够使局部表达量增加，例如，生殖细胞特异表达 *Nanos* 和 *vasa* 基因的启动子，以及家蚕丝腺特异表达 *serl* 基因的启动子。

昆虫启动子常应用到生物反应器中，以提高目的蛋白的表达。将在家蚕中后部丝腺特异表达的丝素蛋白轻链基因启动子克隆入载体，可有效驱动人III型胶原蛋白产生；同样，利用丝素蛋白轻链基因启动子成功表达人成纤维生长因子的融合蛋白。此外，将丝素蛋白轻链基因启动子替换成后部丝腺特异表达的丝素蛋白重链启动子，可诱导表达猫干扰素和丝素融合蛋白，而替换成中部丝腺特异表达的丝胶蛋白 *Ser-1* 基因启动子有利于表达人血清白蛋白（Hino，2006）。

6. 多启动子组合使用

将多启动子与载体序列配合使用，从而开发以提高单个重组蛋白表达为目标的复合表达载体，是 BEVS 最常用的表达载体优化方式之一。利用 ph 或 pB29 启动子生产 AcMNPV 转录激活子 ie1/ie0，并将启动子置于序列重排的载体表达盒之前，构建出一种新的表达载体 Top-Bac®。重组基因在该载体中的表达，是由多个核多角体病毒晚期和极晚期的杂交启动子中的一个驱动的，这些修饰都提高了重组蛋白的产量以及病毒感染细胞的存活率和完整性。对该系统的研究表明，其能够增强猪圆环病毒 2 型和兔出血性杯状病毒 VLP 的表达，且每个目的蛋白产量都提高了 300%（Gomez-Sebastian et al.，2014）。

腺相关病毒基因组大约为 4.7 kb，包含两个主要的开放阅读框，即 *rep* 和 *cap*。在最近的研究中，使用杆状病毒生产腺相关病毒（Adeno-associated virus，AAV）

时，将 *rep78* 和 *rep72* 基因分别置于 AcMNPV IE1 和 ph 启动子的控制下，而 *cap* 位于另一个 ph 启动子下游。最后，该基因与人类细胞中活跃的启动子连接，由 ITR 环绕，并插入第三个杆状病毒载体。由于这种方法使用三种杆状病毒，因此不是最理想的生产 AAV 的方法。杆状病毒-AAV 生产系统的进一步发展使所需载体的数量减少到两个。*rep* 和 *cap* 被合并到一个单一的 ph 或 p10 的控制下，与位于 ITR 侧翼的第二个病毒中的转基因一起使用。所以，昆虫表达平台是生产 AAV 最有前景的一种方法，每个细胞产生的病毒颗粒产量最高。

病毒表达载体是利用晚期基因强启动子，实现在昆虫中表达重组药物蛋白，具有独特的优势，并且应用广泛。但是，重组的杆状病毒首先需要转染细胞，并在细胞内完成包装，形成滴度适宜的病毒（一般 P3 代可达到要求），然后才能实现对细胞的侵染，这一过程所需时间较长；此外，被侵染的宿主细胞容易发生破裂而死亡，导致重组蛋白表达窗口时间缩短，影响蛋白质产量的进一步提高，所以病毒表达载体也被称为裂解型载体。因此，既能表达外源基因，同时不破裂细胞的非破裂型载体的研发，越来越受到人们的重视。

Aflakiyan 等利用杆状病毒早期表达启动子（OpIE1/2 等）的优势，设计出非裂解-昆虫细胞的表达载体 pMIB/V5-His，已实现在表达强度、时间和空间的灵活应用（Aflakiyan et al.，2013）。在该载体的多克隆位点添加蜂毒素信号肽序列，重组蛋白能有效地分泌到细胞培养基。此外，该质粒还携带杀稻瘟菌素 S 基因，通过抗生素筛选，诱导重组质粒元件整合至细胞基因组中，形成稳定的高效表达株。随后，通过表达瑞替普酶（一种改良的非糖基化重组 t-PA，用于溶解冠状动脉内栓塞、溶解急性肺栓塞和处理心肌梗死），来评估 pMIB/V5-His 对外源蛋白的表达能力。Western blot 结果显示，瑞替普酶被成功表达和分泌，浓度达到 29 IU/mL，并且经该系统表达的目的蛋白进行了适当的翻译后修饰，蛋白质结构折叠正确。

（三）增强子

为了进一步提高杆状病毒生产重组蛋白的产量，增强子被添加到启动子中。HRS 是直接重复或回文序列的 AT 富集区域，通常包含一个 *Eco*R I 限制性序列。AcMNPV 基因组包含 9 个同源区域（HR1、HR1a、HR2、HR2a、HR3、HR4a、HR4b、HR4c 和 HR5）。

除了作为增强子，HR 也作为复制的起点。当 HR1 置于果蝇 hsp70 启动子的下游时，HR1 通过形成复合物上调异源基因在宿主中的表达。该复合物位于荧光素酶报告基因的下游，使多面体蛋白的表达增加 11 倍。在 Sf9 细胞中，HR2 常用于提高 rAAV 启动子 RBE 的表达。当与下游 BmNPV 的 HR3 配对使用时，ie1 启动子能够在家蚕幼虫体内中获得高产量；而当 HR3 与 vp39 晚期启动子结合时，不仅产量更高，而且聚集减少。当 ie1 基因过表达时，共同转染 HR5 上游序列，导致启动子 39K 的表达量提高 10 倍。ie1 启动子上游的 HR5 使 CAT 的表达增加了 5 倍（Grose et al.，2021）。非 HR 区域，如 *p143* 基因的一部分，已经被证明在昆虫和哺乳动物细胞中以类似的方式起作用。

对于极晚期启动子 ph，在 BmNPV 感染的细胞中，通过顺式连接增强子 HR3，可使报告基因表达量提高 283 倍，而反式作用的提高效果为 1.8 倍左右；报告质粒与 ie1 共转染时，通过顺式或反式连接增强子 HR3，可分别使 ph 启动子控制的报告基因的表达增强 621 倍和 4.2 倍（林旭瑷，2006）。用报告质粒转染家蚕 5 龄第二天的幼虫，HR3 同样可显著提高 ubi 和 ph 启动子的转录活性。

（四）内部核糖体进入位点

为了避免表达蛋白酶和相关的滞留氨基，研究人员开始使用内部核糖体进入位点（internal ribosome entry site，IRES）产生多种重组蛋白。双荧光素酶的研究结果显示，在引入 IRES 后，蚜虫致命麻痹病毒、黑蜂后细胞病毒、蟋蟀麻痹病毒和果蝇 C 病毒的 IGR 蛋白在 Sf9 和 BmN 细胞中的表达水平均比本底的增加 3～4 倍；然而，开放阅读框位于 IRES 下游时，其表达水平低于第一个转录本。

如果考虑插入序列的大小，小核糖核酸病毒 2A 自加工肽（2A self-processing peptides，2A）的自切割位点比 IRES 小得多，常可用来从一个 mRNA 生成两个蛋白质。核糖体在 2A 位点的 C 端甘氨酸处停顿，然后在脯氨酸翻译。并不是种群中的所有蛋白质都会被裂解，这种策略适合于一些氨基酸残留，但表达的两种目的蛋白质的比例更为相似。已在培养的果蝇细胞和体内检测到四个 2A 多肽［猪特斯琴病毒 2A 肽（porcine teschovirus 2A，P2A）、阿西尼亚扁刺蛾病毒 2A 肽（thosea asigna virus 2A，T2A）、马甲型鼻炎病毒 2A 肽（equine rhinitisvirus 2A，E2A）和口蹄疫病毒 2A 肽（foot and mouth diseasvirus 2A，F2A）］对重组蛋白表达效率具有极大的促进作用。

（五）信号肽

昆虫表达系统是有效的外源蛋白表达工具。然而，受细胞内加工环境的限制，结构复杂的蛋白质或一些膜蛋白等往往分泌受限，外源性分泌途径蛋白的产量很低。最近，一些研究者通过过表达部分因子或更换信号肽，提高昆虫细胞分泌蛋白的潜力。

外源蛋白在昆虫细胞中分泌受限，可能的原因是异源蛋白的信号肽不能被有效识别。因此，内源性信号肽的使用，可能解决蛋白分泌的问题。近期的研究发现，当杆状病毒系统中所表达的一种植物蛋白的信号肽被昆虫来源的信号肽取代时，其分泌会增强。此外，从蜜蜂中提取的信号肽能促进植物源木瓜蛋白酶在昆虫细胞中的分泌。

与细胞内蛋白质合成总量相比，分泌蛋白量往往较少，这是一个长期以来被关注的问题。Lou 等（2018）分析了 5 种选择性信号肽，如蜂毒素、AcMNPV 结构糖蛋白 GP64、蜕皮类固醇 UDP-糖基转移酶、人肽基甘氨酸 α-酰胺化单加氧酶或人蓝曲霉素，在 High Five 细胞中分泌人甲状腺过氧化物酶（hTPO）的作用，最后发现人肽基甘氨酸 α-酰胺化单加氧酶信号肽能够增强 hTPO 蛋白分泌达到 2.5 倍。随后，这种信号肽修饰的 hTPO，在昆虫表达系统中被用于生物反应器，大规模生产活性重组蛋白，从收获的培养基中获得蛋白质的纯度为 95%。通过向靶标蛋白胞外结构域添加信号肽，可提高膜靶向蛋白适应性分泌，并且该机制具有普遍适用性。

Chakraborty 等（2018）证实，可通过向跨膜蛋白的胞外结构域添加信号肽来促进膜靶向蛋白分泌到细胞外。例如，在生产拟南芥分泌型 TDR 和 PRK3 质膜受体时，将 GP64 或抑血细胞聚集素信号肽序列添加到受体的细胞外结构域。这些分泌蛋白随后被成功提纯并用于 X 射线晶体学研究。这种信号肽对重组蛋白的修饰可促进蛋白质分泌，从而应用于动物其他膜蛋白表达。

（六）多蛋白串联表达

目前，主要通过两种方式从昆虫细胞中表达蛋白质：一种是利用多个（通常是单顺反子）杆状病毒共感染；另一种是利用单个多顺反子杆状病毒或单个杆状病毒与多个重组基因表达盒共表达。显然，后者更适合于降低病毒侵染后的毒性，利于提高蛋白质的表达水平。将多个蛋白质的基因插入到单个的杆状病毒中共表达，有助于克服被细胞吸收的病毒分布不均匀等问题。从一种杆状病毒中表达多重重组蛋白，可以确保每个细胞都感染了该病毒将要表达的所有重组蛋白。这样做的缺点是不能严格地调节每种蛋白质的表达比例。

许多共表达系统利用了强的和非常晚的杆状病毒启动子 ph 和 p10，如 pFastBacDual 载体，它包括两个方向相反的启动子。类似的双启动子结构已被构建到杆状病毒中，用以激活两种酶——法尼基转移酶 A 和 B，同时删除几丁质酶和组织蛋白酶，使 ph 启动子位点 attTn7 可用来进行目的基因转座。

（七）BacMam 系统

BacMam 系统具备哺乳动物特异性转录信号如巨细胞病毒早期基因启动子，用来驱动重组蛋白的生产（图 4.6）。杆状病毒粒子进入哺乳动物细胞后，脱壳释放细胞核中的病毒 DNA，具备哺乳动物细胞表达蛋白的糖基化等翻译后修饰，因此，该技术在越来越多的方面得到应用。通过利用 G 蛋白偶联受体、核受体、离子通道和 ATP 结合盒状药物转运体，分析重组蛋白表达，基于细胞功能分析，发现药物（识别和开发新的治疗药物）。然而，杆状病毒是双链 DNA 病毒，可以包装 38 kb 外源基因，在人体细胞内无法正常复制。因此，BacMam 载体系统被认为是一种天然安全的转导哺乳动物（包括人类）细胞的方法（Mansouri and Berger，2018；Shin et al.，2020）。

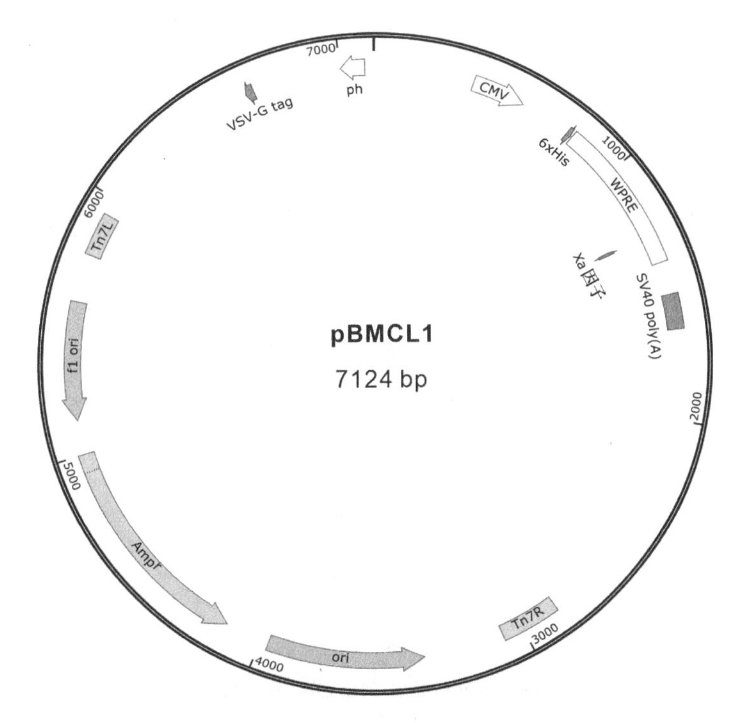

图 4.6　BacMam 载体分子结构

Argilaguet 等（2013）构建了 BacMam 载体，利用 CMV 早期基因启动子从 E75 病毒分离物中表达包含非洲猪瘟病毒（ASFV）P54、P30 和分泌血凝素抗原的融合蛋白。在 6 只免疫猪中有 4 只对亚致死 ASFV 的攻击表现出完全的保护性，存活的猪体内免疫后产生了诱导的、特异性的高 T 细胞应答。Zhang 等构建双表达 BacMam 载体（BV-Dual-S1），通过将表面糖蛋白 GP64 置于 p10 启动子下游，产生了禽传染性支气管炎病毒 S1-糖蛋白。融合蛋白置于 CMV 启动子和 ph 启动子的控制下，导致 S1-GP64 蛋白显示在芽状病毒表面。与鸡的灭活疫苗免疫率（89%）相比，在强毒 IBV 攻击时，BV-Dual-S1 BacMam 疫苗的保护率达 83%（Zhang et al.，2014）。

近期，Bacmam 系统生产的大量蛋白质已用于晶体结构分析。一种用于筛选试验的优化载体 pEG BacMam，便于杆状病毒的高效生产和目的蛋白的稳定表达。该载体以 CMV 启动子驱动转录，人工合成的内含子与 WPRE 元件相连，中间是外源基因插入位点，影响 mRNA 编辑进程。研究还指出，昆虫细胞表达和杆状病毒扩增的重要元素包括启动子 ph 和 p10、终止子 SV40 和 HSVtk、转座子元件 Tn7L 和 Tn7R、氨苄青霉素和庆大霉素等耐药标记基因（图 4.7）。

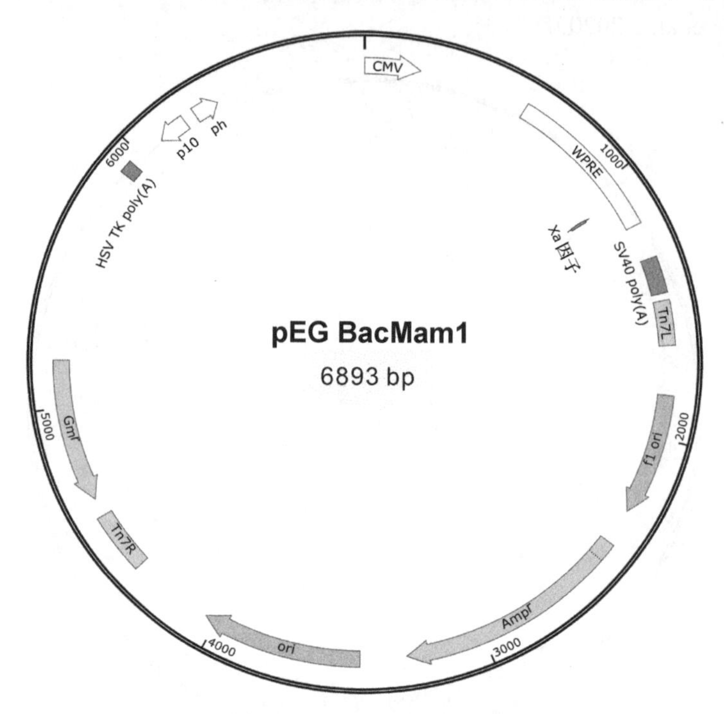

图 4.7　pEG BacMam 载体分子结构

在哺乳动物细胞中表达鸡的酸敏离子通道 1a（cASIC1）和秀丽隐杆线虫谷氨酸门控氯离子通道（GluCl）。通过优化表达，比较 cASIC1 和 GluCl 在哺乳动物细胞及昆虫细胞中的表达情况。结果表明，在哺乳动物细胞中可以获得 5 倍以上的 GluCl 五聚体；对于 cASIC1 表达，在哺乳动物细胞中不仅可以获得 2 倍以上的三聚体，而且与获得 GFP-His 相比，该目的蛋白更多的是单分散，且自发分裂更少。因此，该载体系统在膜蛋白的结构、生物化学和生物物理学研究中显示出巨大的潜力。

BacMam 可在多种细胞中转导，如 CHO、HEK293、HeLa、COS 等哺乳动物细胞，甚至一些原代细胞及干细胞，大大增加了其在生物学研究中的应用。目前，已有许多种类的蛋白质，包括膜蛋白、分泌蛋白、离子通道、核受体、溶酶体蛋白等，利用 BacMam 系统实现了高表达。尤其对于 GPCR 蛋白的表达，已进行了相当多的研究，大大推动了以 GPCR 类蛋白为靶标的新药筛选和全细胞 GPCR 功能研究。此外，BacMam 系统还可以应用于多蛋白亚基共表达、抗体或疫苗的制备、RNA 干扰、系统生物学和功能基因组学等领域，是一种强大的生物学研究工具。

（八）其他

在哺乳动物细胞的研究中发现，目的基因上游添加一个内含子或未翻译的外显子序列能够提高目的蛋白的表达水平（Xu et al.，2018）。同样，在 High Five 中细胞也发现，在 pFastBac™1 或 pFastBac™ Dual 质粒的 ph 启动子上游插入 80 bp 的顺式作用元件，并且用 AcMNPV 的 SV40 聚腺苷酸序列替换 pFastBac™1 原有的 SV40 聚腺苷酸序列，可以提高 Bac-to-Bac™表达系统的蛋白产量，与野生型的 AcMNPV 产量相当（Shang et al.，2017）。利用 BEVS 生产重组人乳头瘤病毒 L1 蛋白形成 VLP。而在 MultiBac 系统的优化中发现，将 L1 编码基因分别组装到同一 BV 的 ph 和 p10 启动子下游，使得 VLP 的产量明显提高近 40 倍。

FlashBAC™系统是一种更简单、更快捷的 BEVS。该系统也是基于 AcMNPV 基因组载体，缺少部分必需 *orf1629* 基因，但是在其基因组 *ph* 基因位点用 BAC 取代了多角体蛋白编码区。该关键基因的删除阻止了病毒在昆虫细胞内的复制，而 BAC 允许病毒 DNA 在细菌细胞内维持和扩增。然后，细菌裂解并分离出病毒 DNA，在氯化铯梯度上纯化，可提供可用于共转染的 flashBAC™ DNA 库存。最后，用 flashBAC DNA 和含有外源基因的转移质粒共转染昆虫细胞，即可产生重组杆状病毒。由于昆虫细胞内的重组恢复了基因的基本功能，允许病毒 DNA 复制并产生 BV，同时插入外源基因并移除 BAC 序列。然后，从转染的昆虫细胞培养基中收获重组 BV，产生重组病毒的种子库。

Gómez-Sebastián 等（2014）报道了一种重新排列的杆状病毒表达载体，使用 ph 或 pB29 启动子过度产生 AcMNPV ie1/ ie0 转录反激活子，所得产物包含来自三毛虫的较低强度启动子。在该载体中，重组基因的表达由多个启动子驱动，其中包括一些晚期启动子和晚期 *AcMNPV* 基因形成的杂交序列。这些修饰既可提高重组蛋白的产量，又能够增加病毒感染细胞的活力和完整性。研究显示，该系统能够提高猪圆环病毒 2 型和兔出血型杯状病毒 VLP 的产量，且每个蛋白质的产量都增加 3 倍（Lopez-Vidal et al.，2015）。该系统在商业上被称为 Top-Bac®。

光诱导技术已经在原核细胞、鱼类细胞和哺乳动物细胞中得到应用，新型基因表达调控技术可实现基因在时间和空间上的双重准确调控。为探究光诱导技术在昆虫细胞表达系统中的应用，在 pMIB/V5-His 的基础上设计出昆虫细胞光诱导表达载体 pMIB-C120-GOI-GFP-EL222 质粒，实现了在昆虫细胞中光诱导的重组蛋白表达（韩增鹏等，2020）。此外，其他一些在昆虫细胞中转染的瞬时表达载体，在外源基因的表达和相关分子机制的研究中也发挥着重要作用。

二、其他优化策略

除了载体骨架优化以外，其他的一些优化形式在提高蛋白质产量、质量和分泌等方面同样发挥着重要作用。

提高重组蛋白分泌的常用方法是共同表达伴侣蛋白。分子伴侣（molecular chaperone），又称为伴侣蛋白，是一类协助细胞内分子组装和蛋白质折叠的蛋白质，主要包括 Hsp60 和 Hsp70 两个家族。研究发现，Hsp70 与免疫球蛋白共沉淀，可形成一种特殊的复合物。Hsp70 的存在改善了免疫球蛋白的分泌，同时也增加了其在细胞内的溶解度，有利于免疫球蛋白与小鼠伴侣免疫球蛋白重链结合蛋白共表达，提高加工后的免疫球蛋白重链和轻链的溶解度。

最近，在昆虫细胞中，通过与伴侣蛋白 calreticulin 或翻译起始因子 eIF4E 的共表达，融合的 EGFP 和碱性磷酸酶的分泌效果得到了改善。另有研究显示，α-核蛋白和β-核蛋白也能促进分泌蛋白的产生。当β-核蛋白+ CALR+ eIF4E 与 SEAP 共同转染细胞时，目的蛋白的产量增加了 1.8 倍。研究者还发现，使用上述分子伴侣和报告蛋白的组合，蛋白质分泌时间会延长，可达 10 天。

糖基化修饰是蛋白质表达最为重要的质量参考指标。糖基化主要是指将复杂低聚糖（也称为聚糖）附着到蛋白质上的酶过程。聚糖是由单糖组成的高度分支的碳水化合物结构，如唾液酸、半乳糖、甘露糖、*N*-乙酰氨基葡萄糖和岩藻糖。这种酶过程发生在内质网和高尔基体。与哺乳动物细胞相比，昆虫 *N*-糖基化修饰简单，缺乏唾液酸化修饰，仅具有部分简单的寡聚糖侧链，以至于在表达哺乳动物蛋白时会出现错误构象。Mabashi-Asazuma 等（2013）将编码哺乳动物唾液酸化蛋白的相关基因导入 Sf9 细胞系，解决了该系统在唾液酸糖基化修饰方面的缺陷。为此，在 Sf9 昆虫细胞中共同转化了 6 个人源的糖基因和 *Vank-1* 基因。通过这种方式可以同时提高蛋白的表达水平和 *N*-糖基化过程，此外还说明 *N*-糖基化途径是在侵染晚期发挥作用。

在某些情况下，即使应用了离子交换层析、超离心法或凝胶过滤等纯化工艺，残留的杆状病毒污染物仍然存在于重组蛋白中。通过设计糖蛋白 GP64 或单链 DNA 结合蛋白的干扰 RNA，能够在重组外源基因过表达过程中有效地抑制杆状病毒复制，但是不影响重组蛋白的表达产量。

在家蚕细胞中，通过 RNAi 降低分子伴侣 *BiP*、*CNX*、*CRT*、*ERp57* 和 *PDI* 的 mRNA 水平，随后用编码人促红细胞生成素（EPO）、猫肝细胞生长因子（HGF）或小鼠无翼肿瘤病毒整合位点家族的 BmNPV 重组病毒感染培养的细胞，发现 BiP 的下调降低了肝细胞生长因子的分泌和 EPO 的不溶性形式；而 CRT RNAi 增加了 EPO 不溶性，降低了 HGF 可溶性和不可溶性水平；此外，PDI 的沉默同样也降低了 EPO 和 HGF 的不溶性水平（Imai et al.，2015）。

昆虫细胞有能力产生具备生物活性和免疫原性的蛋白质，但糖基化模式与在哺乳动物细胞中的不同。昆虫细胞中产生的糖蛋白更均匀、更简单，通常以甘露糖残基终止，而哺乳动物细胞最常以唾液酸终止。因此，昆虫表达系统产生的大部分重组蛋白缺乏甘露糖结构。这些细胞主要是由于糖原的缺失或糖苷酶活性表达不足所致，因此无法像哺乳动物细胞那样添加末端半乳糖和唾液酸残基。

首次尝试改善相关昆虫细胞的 *N*-糖基化谱，是用两种重组杆状病毒联合感染 Sf9 细胞，一种编码人糖基转移酶，另一种编码目的基因。由于共感染的效率降低，Palmberger 等开创了 SweetBac 系统，用单一病毒同时表达两种糖基转移酶和一个靶基因。使用该技术，在 High Five 细胞中共表达目的蛋白和从头合成途径的抑制剂——GDP-L-岩藻糖，获得最低程度的岩藻糖基化。

昆虫细胞系 SfSWT-4 已被修饰，利用 MultiBac 载体将这些酶与目标糖蛋白一起编码，共转染表达在表达哺乳动物 *N*-聚糖加工酶方面已经取得了一些成功。在最新的研究中，Moremen 等描述了一种新型的模块化方法，他们通过创建一个编码所有已知人类糖基转移酶、糖苷水解酶和其他聚糖修饰酶的文库，这些酶在昆虫细胞或者哺乳动物细胞中以分泌的催化域融合蛋白形式与目的蛋白共表达。该文库有利于未来昆虫细胞重要的糖基化重组蛋白的表达。

总结与展望

经过 40 多年的发展，围绕昆虫表达载体进行了大量优化，提高了 BEVS 重组蛋白产量、稳定性和质量等，BEVS 已成为目前生产重组蛋白最常用的表达系统。昆虫表达载体包括病毒表达载体和非病毒表达载体两类，其中 AcMNPV 是最常用的病毒表达载体，包含有基因表达调控元件，如增强子、启动子等。载体骨架是杆状病毒基因组优化的主要策略，可以通过基因组部分片段的删除和插入、启动子及信号肽优化、多蛋白串联表达等实现。

尽管 BEVS 在重组蛋白表达方面取得了巨大的进展，但生产的重组蛋白中糖基化修饰仍然存在缺陷，如缺少甘露糖聚糖结构。由于糖基化影响蛋白质结构和功能，在重组蛋白的药代动力学和功效方面都发挥关键作用，因此，在后续的病毒表达载体或系统优化过程中，将编码哺乳动物相关糖蛋白的基因整合进病毒载体，包括对糖基化和折叠途径的改变，可使昆虫细胞表达的重组蛋白糖基化更类似人源化蛋白，适合治疗应用和功能研究，将会是未来发展的方向。

参 考 文 献

韩增鹏, 蔡泽蕲, 阮士龙, 等. 2020. 光诱导技术在Sf9昆虫细胞基因表达调控中的应用. 动物医学进展, 12: 50-55.
林旭瑷. 2006. 杆状病毒泛素、多角体基因启动子分析及表达系统的应用. 中国农业科学院, 博士论文.
王炜, 陈明心, 陈磊, 等. 2021. 膜蛋白异源表达快速筛选方法建立. 热带医学杂志, 12: 1523-1526, 1532.
王妍, 邓跃, 宋欢欢, 等. 2020. 基于GP64单抗的重组杆状病毒滴度测定方法的建立及应用. 中国兽医学报, 11: 2090-2096.
Aflakiyan S, Sadeghi HM, Shokrgozar M, et al. 2013. Expression of the recombinant plasminogen activator (reteplase) by a non-lytic insect cell expression system. Res Pharm Sci 8(1): 9-15.
Argilaguet JM, Perez-Martin E, Lopez S, et al. 2013. BacMam immunization partially protects pigs against sublethal challenge with African swine fever virus. Antiviral research 98(1): 61-65.
Berger I, Tolzer C, Gupta K. 2019. The MultiBac system: a perspective. Emerg Top Life Sci, 3: 477-482.
Bleckmann M, Fritz M H, Bhuju S, et al. 2015. Genomic analysis and isolation of RNA polymerase II dependent promoters from *Spodoptera frugiperda*. PLoS One, 10: e0132898.
Boivineau J, Haffke M, Jaakola V P. 2020. Membrane protein expression in insect cells using the baculovirus expression vector system. Methods Mol Biol, 2127: 63-80.
Chakraborty S, Trihemasava K, Xu G. 2018. Modifying baculovirus expression vectors to produce secreted plant proteins in insect cells. J Vis Exp, 138: 58283.
de Malmanche H, Marcellin E, Reid S. 2022. Knockout of Sf-Caspase-1 generates apoptosis-resistant Sf9 cell lines: Implications for baculovirus expression. Biotechnol J, 5: e2100532.
Gao T, Gao C, Wu S, et al. 2021. Recombinant baculovirus-produced grass carp reovirus virus-like particles as vaccine candidate that provides protective immunity against GCRV genotype II infection in grass carp. Vaccines, 9: 53.
Geng S L, Zhang X S, Xu W H. 2021. COXIV and SIRT2-mediated G6PD deacetylation modulate ROS homeostasis to extend pupal lifespan. FEBS J, 288: 2436-2453.
Gibson DG, Young L, Chuang R-Y, et al. 2009. Enzymatic assembly of DNA molecules up to several hundred kilobases. Nat Methods, 6: 343-345.
Gómez-Sebástian S, López-Vidal J, Escribano JM. 2014. Significant productivity improvement of the baculovirus expression vector system by engineering a novel expression cassette. PloS One 9(5): e96562.
Grose C, Putman Z, Esposito D. 2021. A review of alternative promoters for optimal recombinant protein expression in baculovirus-infected insect cells. Protein Expr Purif, 186: 105924.
Gwak W S, Lee S N, Choi J B, et al. 2019. Baculovirus entire ORF1629 is not essential for viral replication. PLoS One, 14: e0221594.
Han X, Huang Y, Hou Y, et al. 2020. Recombinant expression and functional analysis of antimicrobial siganus oraminl-amino acid oxidase using the Bac-to-Bac baculovirus expression system. Fish Shellfish Immunol, 98: 962-970.
He L, Shao W, Li J, et al. 2021. Systematic analysis of nuclear localization of autographa californica multiple nucleopolyhedrovirus proteins. J Gen Virol, 102(3). doi: 10.1099/jgv.0.001517.
Hino R, Tomita M, Yoshizato K. 2006. The generation of germline transgenic silkworms for the production of biologically active recombinant fusion proteins of fibroin and human basic fibroblast growth factor. Biomaterials 27(33): 5715-5724.
Imai S, Kusakabe T, Xu J, et al. 2015. Roles of silkworm endoplasmic reticulum chaperones in the secretion of recombinant proteins expressed by baculovirus system. Mol Cell Biochem, 409:

255-262.

Ishimwe E, Hodgson J J, Passarelli A L. 2015. Expression of the cydia pomonella granulovirus matrix metalloprotease enhances autographa californica multiple nucleopolyhedrovirus virulence and can partially substitute for viral cathepsin. Virology, 481: 166-178.

Jia X, Crawford T, Zhang A H, et al. 2019. A new vector coupling ligation-independent cloning with sortase a fusion for efficient cloning and one-step purification of tag-free recombinant proteins. Protein Expr Purif, 161: 1-7.

Kitts P A, Possee R D. 1993. A method for producing recombinant baculovirus expression vectors at high frequency. Biotechniques, 14: 810-817.

Kumar A, Plückthun A, Schreiber G. 2019. In vivo assembly and large-scale purification of a GPCR-Gα fusion with Gβγ, and characterization of the active complex. PLoS One, 14: e0210131.

Kust N, Rybalkina E, Mertsalov I, et al. 2014. Functional analysis of drosophila hsp70 promoter with different HSE numbers in human cells. PLoS One, 9: e101994.

Li T, Zheng Q, Yu H, et al. 2020. SARS-CoV-2 spike produced in insect cells elicits high neutralization titres in non-human primates. Emerg Microbes Infect, 9: 2076-2090.

Lin C H, Jarvis D L. 2013. Utility of temporally distinct baculovirus promoters for constitutive and baculovirus-inducible transgene expression in transformed insect cells. J Biotechnol, 165: 11-17.

Liu D, Yan S, Huang Y, et al. 2012. Genetic transformation mediated by piggyBac in the Asian corn borer, *Ostrinia furnacalis*(Lepidoptera: *Crambidae*). Arch Insect Biochem Physiol, 80: 140-150.

Loiseau V, Herniou E A, Moreau Y, et al. 2020. Wide spectrum and high frequency of genomic structural variation, including transposable elements, in large double-stranded DNA viruses. Virus Evol, 6: vez060.

Lopez-Vidal J, Gomez-Sebastian S, Barcena J, et al. 2015. Improved production efficiency of virus-like particles by the baculovirus expression vector system. PLoS One, 10: e0140039.

Lou Y, Ji G, Liu Q, et al. 2018. Secretory expression and scale-up production of recombinant human thyroid peroxidase via baculovirus/insect cell system in a wave-type bioreactor. Protein Expr Purif, 149: 7-12.

Luckow V A, Lee S C, Barry G F, et al. 1993. Efficient generation of infectious recombinant baculoviruses by site-specific transposon-mediated insertion of foreign genes into a baculovirus genome propagated in *Escherichia coli*. J Virol, 67: 4566-4579.

Mabashi-Asazuma H, Shi X, Geisler C, et al. 2013. Impact of a human CMP-sialic acid transporter on recombinant glycoprotein sialylation in glycoengineered insect cells. Glycobiology, 23: 199-210.

Mansouri M, Berger P. 2018. Baculovirus for gene delivery to mammalian cells: past, present and future. Plasmid, 98: 1-7.

Martinez-Solis M, Gomez-Sebastian S, Escribano J M, et al. 2016. A novel baculovirus-derived promoter with high activity in the baculovirus expression system. PeerJ, 4: e2183.

Martinez-Solis M, Herrero S, Targovnik A M. 2019. Engineering of the baculovirus expression system for optimized protein production. Appl Microbiol Biotechnol, 103: 113-123.

Matinyan N, Karkhanis M S, Gonzalez Y, et al. 2021. Multiplexed drug-based selection and counterselection genetic manipulations in *Drosophila*.Cell Rep, 36: 109700.

Mehalko J L, Esposito D. 2016. Engineering the transposition-based baculovirus expression vector system for higher efficiency protein production from insect cells. J Biotechnol, 238: 1-8.

Palomares L A, Srivastava I K, Ramirez O T, et al. 2021.Glycobiotechnology of the Insect cell-baculovirus expression system technology. Adv Biochem Eng Biotechnol, 175: 71-92.

Possee R D, Thomas C J, King L A. 1999. The use of baculovirus vectors for the production of membrane proteins in insect cells. Biochem Soc Trans, 27: 928-932.

Possee R D, Hitchman R B, Richards K S, et al. 2008. Generation of baculovirus vectors for the high-throughput production of proteins in insect cells. Biotechnol Bioeng, 101: 1115-1122.

Puente-Massaguer E, Godia F, Lecina M. 2020. Development of a non-viral platform for rapid virus-like particle production in Sf9 cells. J Biotechnol, 322: 43-53.

Rossolillo P, Kolesnikova O, Essabri K, et al. 2021. Production of multiprotein complexes using the baculovirus expression system: homology-based and restriction-free cloning strategies for construct design. Methods Mol Biol, 2247: 17-38.

Sari D, Gupta K, Raj DBTG, et al. 2016. The MultiBac baculovirus/insect cell expression vector system for producing complex protein biologics. Adv Exp Med Biol, 896: 199-215.

Shang H, Garretson T A, Kumar C M S, et al. 2017. Improved pFastBac donor plasmid vectors for higher protein production using the Bac-to-Bac(R)baculovirus expression vector system. J Biotechnol, 255: 37-46.

Shin H Y, Choi H, Kim N, et al. 2020. Unraveling the genome-wide impact of recombinant baculovirus infection in mammalian cells for gene delivery. Genes, 11: 1306.

Su H, Su J. 2018. Cyprinid viral diseases and vaccine development. Fish Shellfish Immunol, 83: 84-95.

Thimiri G R D, Vijayachandran L S, Berger I. 2014. OmniBac: universal multigene transfer plasmids for baculovirus expression vector systems. Methods Mol Biol, 1091: 123-130.

Targovnik A M, Arregui M B, Bracco L F, et al. 2016. Insect larvae: a new platform to produce commercial recombinant proteins. Curr Pharm Biotechnol, 17: 431-438.

Van Oers M M, Pijlman G P, Vlak J M. 2015. Thirty years of baculovirus-insect cell protein expression: from dark horse to mainstream technology. J Gen Virol, 96: 6-23.

Wang J, Xing K, Xiong P, et al. 2021. Identification of miRNAs encoded by *Autographa californica* nucleopolyhedrovirus. J Gen Virol, 102(2). doi: 10.1099/jgv.0.001510.

Weissmann F, Peters J M. 2018. Expressing multi-subunit complexes using biGBac. Methods Mol Biol, 1764: 329-343.

Weissmann F, Petzold G, Vander L R, et al. 2016. biGBac enables rapid gene assembly for the expression of large multisubunit protein complexes. Proc Natl Acad Sci U S A, 113: E2564-9.

Xu D H, Wang X Y, Jia Y L, et al. 2018. SV40 intron, a potent strong intron element that effectively increases transgene expression in transfected Chinese hamster ovary cells. J Cell Mol Med, 22: 2231-2239.

Zhang J, Chen X W, Tong T Z, et al. 2014. BacMam virus-based surface display of the infectious bronchitis virus(IBV)S1 glycoprotein confers strong protection against virulent IBV challenge in chickens. Vaccine, 32: 664-670.

Zhang Z, Yang J, Barford D. 2016. Recombinant expression and reconstitution of multiprotein complexes by the USER cloning method in the insect cell-baculovirus expression system. Methods, 95: 13-25.

（耿少雷　张继红）

第五章　哺乳动物表达载体

虽然原核表达系统能够生产重组蛋白，但缺乏对重组蛋白的转录后修饰，如糖基化等。酵母、昆虫和植物等真核细胞虽能进行糖基化，但糖基化方式与人类等哺乳动物细胞不同，从而影响重组蛋白的活性。哺乳动物表达系统具有类似于人源化细胞的翻译后修饰，不但能正确组装成多亚基蛋白，而且与天然蛋白质的结构、糖基化类型和方式几乎一致。因此，与其他系统相比，哺乳动物细胞生产的重组蛋白在分子结构、理化特性和生物学功能方面更接近于天然的人源化蛋白质，具有更高的生物活性。

第一节　哺乳动物表达系统概述

一、哺乳动物表达系统历史

1984 年，美国 Genentech 公司首次成功利用中国仓鼠卵巢（Chinese hamster ovary，CHO）细胞重组表达人组织纤溶酶原激活剂（tissue plasminogen activator，tPA），并于 1987 年获美国 FDA 批准上市，标志着哺乳动物表达系统生产重组蛋白药物的开始，促进了生物制药行业的快速发展。

自首次批准哺乳动物细胞生产重组蛋白药物以来，围绕着该系统做了大量的研究工作。表达载体是决定哺乳动物表达系统高效性和稳定性的重要因素之一。随着基因工程技术的快速发展，在过去的几十年里，人们通过多种策略来克服载体随机整合至宿主基因组从而导致转基因表达效率极低（1/10 000）的问题（Gorman and Bullock，2000）。例如，优化载体骨架结构中的启动子、增强子、内含子、多聚腺苷酸［polyadenylic acid，poly（A）］信号、选择标记和目的基因等元件，插入染色质修饰元件，进行位点特异性整合，以及开发非整合的附着体载体等（Barnes et al.，2003；Romanova and Noll，2018；Wang and Guo，2020）。利用热激蛋白（heat shock protein，HSP）、氧化还原酶类或其他类型的分子伴侣，可以帮助蛋白质正确折叠以防止聚集，提高蛋白质的热稳定性，增加其溶解度，从而提高重组蛋白的生物活性和产量（Kim et al.，2013；Xu et al.，2022）。此外，重组蛋白翻译后加工的相关研究也越来越受到人们的广泛关注。这是由于蛋白质如果要正常表达并行使其生物学功能，必须进行翻译后加工，涉及磷酸化、泛素化、乙酰化、甲基化和糖基化等多种修饰方式。

哺乳动物表达系统最常用的细胞系是 CHO 和 HEK293。CHO 细胞最早于 1957

年来源于 CHO 细胞，后来进行克隆和其他操作，开发了许多不同的细胞系，包括 CHO-Pro⁻、CHO-K1、CHO-DG44、CHO-S、CHO-DUK 和 CHO-DUXB11（Hunter et al.，2019；Wurm and Wurm，2021）。其中，DUXB11 和 DG44 是在纽约哥伦比亚大学 Chasin 实验室分离出来的。这些细胞经历了巨大的突变，产生了缺乏二氢叶酸还原酶（dihydrofolate reductase，DHFR）活性的细胞系，依赖于外源性的核苷酸前体才能生长，因此通常与 DHFR 筛选标记一起使用，以补充这种缺陷。另一种常用的 CHO 表达系统来源于野生型 CHO-K1 细胞系和它的衍生细胞系 CHOK1SV，这些宿主细胞常与谷氨酰胺合成酶（glutamine synthetase，GS）选择系统搭配使用。人胚胎肾（human embryonic kidney，HEK）细胞是最早公布的 Ad5 转化的人类细胞系，来源于人胚胎肾上皮细胞，商业化的 HEK 细胞均来源于 1977 年 Graham 转化的 HEK 细胞。HEK293 细胞系具备在无血清培养基（serum free medium，SFM）中悬浮生产、易转染等生产重组药物蛋白的优点，目前已经成为一个常用的基因工程细胞系。应用于医药工程领域的人源化细胞系还有人纤维肉瘤细胞 HT-1080、人胚胎视网膜细胞 PER.C6、人羊水细胞 CAP 和人肝癌细胞 HuH-7 等。

哺乳动物细胞培养基经历了天然培养基、人工合成培养基、SFM 和化学成分明确的培养基的历程。哺乳动物细胞早期使用的是天然培养基，如淋巴液和血浆等。20 世纪中期，在满足细胞生长的最低营养需求基础上开发出人工合成培养基。后来，为进一步满足不同细胞的营养需求，形成多种经典的合成培养基，如 BME（basal medium eagle）、MEM（minimum essential medium eagle）、DMEM（dulbecco MEM）、F12、RPMI-1640 等。这些合成培养基不含蛋白质、脂类和生长因子，以及某些其他必要的营养成分，需要添加 5%～20%的血清（常用胎牛血清、小牛血清或马血清）。

考虑到血清中含有不确定的成分，增加了重组药物蛋白的污染风险。早在 19 世纪 50 年代，人们开始关注蛋白质制剂的纯度问题及哺乳动物细胞对 SFM 的适应性问题（Rabson et al.，1958）。Gasser 等（1985）在 F12/MEM 培养基的基础上添加了转铁蛋白、胰岛素和硒，成功开发出一种 CHO SFM。CHO 细胞在该培养基中的生长特性接近含血清的标准培养基。20 世纪 90 年代，牛海绵状脑病/传染性海绵状脑病（bovine spongiform encephalopathy/transmissible spongiform encephalopathy）在英国的肉牛中传播，导致 200 多人死亡。因此，美国 FDA 限制从受该传染病影响的国家进口牛血清，这进一步推动了工业上使用成分明确的原料替代血清。迄今为止，哺乳动物细胞 SFM 已发展到无动物源性、无蛋白、化学成分明确的培养基配方，由于该培养基简化了下游蛋白质的纯化过程，被广泛应用于基础研究和大规模重组蛋白生产。灌流和分批补料培养等下游细胞培养工艺的发展，进一步加速了哺乳动物表达系统在生物医药领域的发展。哺乳动物表达系统经过几十年的发展，其产物表达量提高了 100 多倍，可达 10 g/L 左右。大规模细胞培养技术及其生物反应器工程的进一步发展，使得有些重组蛋白表达水平甚至可高达 10～20 g/L。2021 年，由中国科学院等研发的 CHO 细胞重组新型冠状病毒疫苗在国内获得批准，这也是世界上第一个获批临床使用的新冠病毒重组亚单位蛋白疫苗。

哺乳动物表达系统在高效表达载体构建、宿主细胞开发与改造、培养基及培养工艺优化等方面都取得了很大的进步，极大地促进了生物医药产业的发展。目前，该系统已经成为蛋白质药物、重组抗体、疫苗生产的主要表达系统。随着研究的不断进步和发展，该系统有望继续成为生产治疗性蛋白质的核心。

二、哺乳动物表达系统组成

哺乳动物表达系统主要包括表达载体、宿主细胞及培养基等，其中表达载体对哺乳动物表达系统至关重要，决定着重组蛋白的表达。

（一）哺乳动物表达载体

哺乳动物表达载体是实现目的基因导入哺乳动物宿主细胞进行复制和表达的关键。除了具备表达载体的一般特点（如复制能力、MCS 和选择标记）外，哺乳动物表达载体还应具备穿梭载体的特性，即携带目的基因在不同种类宿主中复制，载体转化至 *E.coli* 用于重组质粒的大量扩增，转化至哺乳动物细胞用于基因表达分析；为外源基因在受体细胞内的高效表达提供相应的调控元件和终止序列。

哺乳动物表达载体一般包括：在哺乳动物细胞中进行基因转录的元件，如启动子、增强子、终止子和 poly（A）信号等；用于筛选转化子的选择标记；细菌中进行复制和筛选的元件；基因表达的调控元件（图 5.1）。

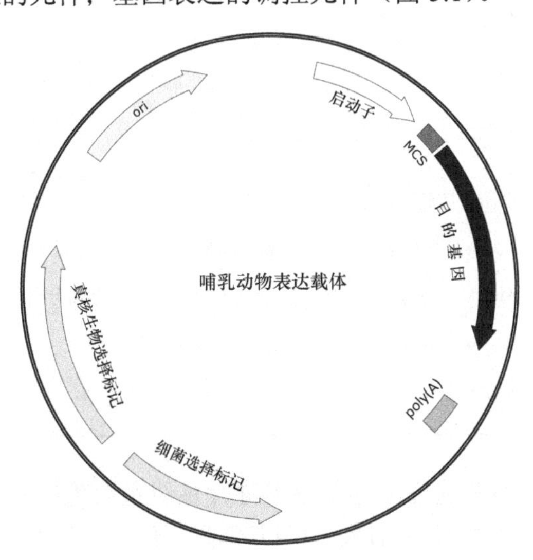

图 5.1　哺乳动物表达载体结构示意图

（二）哺乳动物宿主细胞

随着重组蛋白类药物种类、质量等需求的不断变化及各种生物技术的快速发展，促进了哺乳动物表达系统的不断完善，目前已有数百种细胞系。哺乳动物细胞已成为临床治疗蛋白的主要表达宿主。其中，常用的细胞系有 CHO 细胞、幼仓鼠肾 BHK 细胞、小鼠骨髓瘤细胞 NS0 和 Sp2/0，以及人胚胎肾细胞 HEK293 等。

1. 非人源化细胞系

1）CHO 细胞

CHO 细胞是生产治疗性重组生物制剂最常用的哺乳动物细胞系之一，被美国 FDA 确认为安全的基因工程受体细胞。由于 CHO 宿主细胞系易于转染或病毒侵染并能诱导编码靶蛋白的外源 DNA 表达，在过去的 30 年里广泛应用于重组治疗性蛋白的生产，占已批准治疗蛋白的 70%以上，其中大多数是单克隆抗体（monoclonal antibody，mAb）。其根本原因在于：CHO 细胞不易受人类病毒感染，降低了生物安全风险；对 SFM 系统的适应性；大规模悬浮培养中可快速增殖；高效的基因扩增系统，如 *DHFR* 或 *GS* 基因介导的基因扩增；易于遗传操作；内源蛋白分泌少；类似于人类的糖基化特征等。目前，常用的 CHO 细胞系见表 5.1。

表 5.1　目前常用的 CHO 细胞系

细胞系	构建时间及构建者	特点
CHO-ori	1957 年，Puck 实验室分离	无 Hayflick 界限，细胞近上皮细胞，世界上首次成功分离建立的 CHO 细胞株
CHO-K1	1969 年，Puck 和 Kao 实验室分离	未经改造的野生型 CHO 细胞，最原始的 CHO-K1 细胞贴壁培养，驯化后可悬浮培养
CHO-S	1973 年，Thompson 实验室分离	野生型细胞株，没有基因敲除，不属于任何缺陷型；可悬浮高密度培养
CHO-DXB11	1980 年，哥伦比亚大学的 Urlaub 和 Chasin 构建	*DHFR* 基因缺陷型
CHO-DG44	1983 年，Chasin 实验室构建	双等位 *DHFR* 基因缺陷，完全缺失 *DHFR* 基因的活性
CHO-K1SV	2002 年，Lonza 公司构建	CHO-K1 驯化至悬浮无血清培养
CHO-ZN	2006 年，Merck 公司构建	CHO-K1 驯化至化学成分限定培养基培养
CHO-K1SV GS-KO	2012 年，Lonza 公司构建	*GS* 的双等位基因缺陷
CHO-ZN $GS^{-/-}$	2012 年，Merck 公司构建	*GS* 的双等位基因缺陷

CHO 宿主细胞系的选择部分取决于进行重组蛋白生产的表达质粒选择系统的兼容性。不同的 CHO 宿主细胞系可以表现出不同的生产力，然而，很难在不同的宿主之间进行直接比较，因为细胞系的性能也受工艺条件的强烈影响，包括

培养基和补料成分，可以对其进行优化以提高单个细胞系的性能。此外，CHO 宿主细胞系本身是异质性的细胞，这些细胞在生长、代谢、生物合成能力和执行 PTM 的能力方面表现出差异性。重要的是，通过基因工程技术不仅可以用 CHO 细胞进行治疗蛋白的生产，还可以进一步利用细胞和基因工程来改变细胞系的特征，如生长、代谢以及产品的质量属性。因此，CHO 细胞提供了一个灵活的表达平台，可以根据工艺和产品要求进行设计与改造。

2）BHK 细胞

BHK 细胞于 1961 年从幼仓鼠肾中分离而来。它们常见于对凝血因子Ⅶa、凝血因子Ⅷ和疫苗的生产，表达的重组凝血因子Ⅷ现已获准投放市场。

3）NS0 和 Sp2/0 细胞

它们是来源于肿瘤细胞的小鼠骨髓瘤细胞，已被广泛用于生产商业化的 mAb，如帕利珠单抗和西妥昔单抗。C127 细胞来自 RⅢ小鼠乳腺肿瘤细胞，特别适用于带有牛乳头瘤病毒（bovine papillomavirus，BPV）载体的转染，用该细胞生产的重组人生长激素（human growth hormone，hGH）已获准投放市场，用于治疗生长激素缺乏症。

4）MDCK 细胞

MDCK 细胞于 1958 年从成年雄性的西班牙 Madin-Darby 犬肾中分离获得，是贴壁生长的高分化内皮细胞株，该细胞结合人巨细胞病毒早期启动子可表达分泌蛋白，表达量占细胞分泌蛋白质总量的 15%～20%。

5）COS 细胞

1981 年，Gluzman 用编码野生型 T 抗原但复制起始位点缺失的 SV40，转化 SV40 裂解性生长的非洲绿猴肾 CV-1 细胞，获得了 COS1、COS3 和 COS7 三个细胞系。它们均含有 T 抗原，当表达产生的 T 抗原结合到 SV40 复制起始位点的 DNA 调控区，病毒 DNA 的复制即被启动，使得这三个细胞系保留了允许 SV40 裂解性生长的能力，被广泛应用于瞬时表达系统。

2. 人源化细胞系

1）HEK293 细胞

HEK293 细胞于 1977 年用腺病毒 5 型 DNA 片段转化人类胚胎肾细胞产生，是生物医药领域中最主要的工程细胞系之一。HEK293 细胞及其衍生克隆在病毒载体和疫苗生产中占据主导地位。与仓鼠和小鼠来源的细胞系相比，人源化细胞系 HEK293 不产生免疫原性聚糖，不存在潜在的免疫原性，可表达人类糖型，但易受人类病毒感染。目前已经建立了 HEK293 细胞的多种细胞亚型和衍生株。HEK293、HEK293-T 和 HEK293-F 常用于生物制药的生产。HEK293-T 为 HEK293 细胞系插入 SV40 T 抗原的温度敏感基因后建立的高转染效率衍生株，表达对温度敏感的 SV40 T 抗原突变体，T 抗原的表达允许携带 SV40 复制起始位点和启动子区的质粒在转染至细胞中时进行复制。HEK293-F 细胞是赛默飞公司的商品化细胞，来源于 HEK293 细胞的克隆株，是一种在无动物源悬浮培养基中高密度生长的克隆分离株。其值得关注的、常用于重组蛋白生产的 HEK293 衍生细胞还有 HEK293-E 和 HEK293-6E。HEK293-E 是通过表达爱泼斯坦-巴尔病毒核抗原 1（Epstein-Barr nuclear antigen 1，EBNA1）建立的，该抗原允许质粒的游离复制。类似地，HEK293-6E 细胞系是通过表达缺失 Gly-Gly-Ala 结构域的截短后的 *EBNA-1* 基因而建立的。与 HEK293-E 相比，HEK293-6E 显示出促进瞬时转基因表达和细胞生长的能力（Tan et al.，2021；Abaandou et al.，2021）。HEK293 细胞系复制迅速，可耐受低血清浓度的培养基，适合于多种转染方式且易于转化，用聚乙烯亚胺进行细胞转染，其中 50%～80%的细胞显示绿色荧光蛋白表达。由于 HEK293 细胞对悬浮培养和在 SFM 中生长的适应性，其已广泛用于生产多种来源和用途的蛋白质。

2）PER.C6 细胞

IntroGene 公司开发的 PER.C6 细胞系由 E1 微小基因转染胎儿视网膜细胞产生；DSM 和 Crucell 合资公司在 2008 年宣布使用改良的灌流系统，获得超过 25 g/L 的 mAb 滴度，PER.C6 细胞开始引起了人们的关注。由于这些细胞能够在悬浮培养基中高密度生长并产生高滴度的 IgG，因此，目前已被用于生产疫苗和治疗性蛋白质。该细胞系生产力高，且产生的蛋白质具有类人源化的翻译后修饰。2021 年 2 月，美国 FDA 批准上市的 Janssen 公司的新型冠状病毒疫苗就是由该细胞生产的。

3）HT-1008 细胞

HT-1008 细胞是来源于人的具有上皮样表型的纤维肉瘤细胞，用于生产经 EMA 批准的酶疗法相关酶，如艾杜糖醛酸-2-硫酸酯酶、α-半乳糖苷酶和阿葡糖苷酶 α。该细胞系也是一种常用于蛋白质表达的人类细胞系。

4）CAP 和 CAP-T 细胞

CEVEC 公司的 CAP 细胞系来源于转染了腺病毒 5 型 E1 基因的人羊膜细胞，已被腺病毒基因永生化。该细胞系典型的优点是蛋白质的高产量和类人的糖基化特征。

此外，HuH-7 人肝癌细胞系也能产生类人的糖蛋白，如凝血因子Ⅸ。人类神经细胞系 AGE1.HN 被用于生产具有复杂化特征的蛋白质。具有特定属性的新细胞系也正在不断地被研究和设计，如更高的产量、特定的翻译后修饰，或改善对稳定细胞系的选择压力等。组学数据的可用性极大地提高了对生产细胞系的理解，允许通过细胞系工程而不是随机突变来改进细胞系。CRISPR/Cas9、锌指核酸酶和转座酶系统的发现加速了细胞系工程技术的发展。尽管有多种多样的哺乳动物细胞系可用于蛋白质生产，然而不同宿主细胞生产的重组蛋白的稳定性和糖基化类型不同，所以，应根据要表达的目的蛋白选择最佳的宿主细胞。

（三）细胞培养基

不同种类的哺乳动物细胞甚至于同种细胞的不同亚型对营养的需求存在差异，并且培养基成分也可以通过糖基化或其他方式影响重组蛋白的活性，因此，培养基的特性与细胞生长特性和重组蛋白表达有着直接联系，选择合适的培养基对建立高效的哺乳动物表达系统至关重要。

哺乳动物细胞培养基可分为含血清培养基和 SFM 两大类。血清含有动物细胞生长和发育所需的大量活性物质，可以降低剪切应力，提高培养基的 pH 缓冲能力，改变培养基质，促进细胞增殖。然而，在生物安全方面，血清具有未知的生化成分，不同供应商、不同批次之间存在差异，因此，含血清培养基在标准化的重组药物生产中受到了极大限制。

SFM 可以在无血清条件下促进特殊类型的细胞生长，需要添加生长因子和（或）细胞因子。由于它的成分确定，因此具有性能稳定、结果可靠性高、培养过程可评估、下游产物易纯化和加工等优点（Mark et al.，2022）。

许多特殊类型的新型培养基可从供应商处购买，如 CHO、HEK293、VERO、MDCK 等疫苗生产细胞的 SFM。由于涉及商业秘密，这些培养基价格昂贵，配方的确切成分很少公开。

三、哺乳动物表达系统应用

哺乳动物表达系统具有人源化细胞系的蛋白质翻译后修饰，合成的蛋白质在分子结构和生化特性方面与人类天然蛋白质相似，因此，其在生物医药领域生产重组蛋白和抗体，以及癌症和各种系统疾病的基因治疗中有着重要作用。

（一）重组蛋白生产

目前，哺乳动物表达系统是商业化生产生物重组蛋白（包括 mAb），尤其是治疗性重组蛋白的主要平台。如今，已批准上市的治疗性蛋白大多数是使用哺乳动物细胞生产的，包括干扰素、凝血因子、促红细胞生成素、人生长因子、白细胞介素 2、乙型肝炎表面抗原、CD4 受体等。这些重组蛋白需要进行翻译后修饰，以实现其生物学功能。同样，mAb 的糖基化对于生物学功能活性和药代动力学也很重要，而哺乳动物表达系统是解决这些问题的关键。

2021年，美国FDA批准通过了CHO细胞重组乙型肝炎病毒疫苗。在哺乳动物细胞中生产的第三代HBV疫苗，包含正确折叠的HBV表面抗原和PreS抗原中和表位，诱导更快速的保护作用，克服了酵母细胞生产的第二代疫苗存在的低或无免疫反应问题，更重要的是为HBV阳性母亲的新生儿提供了更好的保护（Battagliotti et al.，2020，2022）。

（二）基因治疗

除了生产治疗性重组蛋白，哺乳动物表达载体在基因治疗方面也发挥着日益重要的作用。近年来，病毒载体应用于大多数临床试验中，最常见的有逆转录病毒、慢病毒、腺病毒载体等，然而病毒载体有使宿主细胞感染病毒和致癌的可能性，因而非病毒质粒载体越来越受到人们的关注。由于溶酶体DNA降解和DNA进入细胞核的效率低下，非病毒载体转染效率明显低于病毒载体，但非病毒载体具有使用简单、毒性小、免疫反应低、易于大规模生产、成本低廉等优点，在癌症及各系统疾病的基因治疗中的应用和研究越来越广泛。此外，非病毒附着体载体因附着而非整合到宿主细胞染色体上，安全性高，先天免疫反应的可能性较小，生产成本低，且具有有丝分裂稳定性，这些特性使附着体载体成为一种有前途的、可用于基因治疗的表达载体（张伟莉等，2021）。

此外，组织/肿瘤特异性表达载体通过利用特异性启动子驱动实现基因治疗的靶向性，可选择性杀死癌细胞而不损害正常细胞。目前，已发现或筛选出一系列组织特异性或肿瘤特异性的启动子，作为治疗工具以特异性杀死癌细胞、阻止血管生成和抑制不同肿瘤生长（Glinka，2012）。

第二节　哺乳动物表达载体结构与功能

一、哺乳动物表达载体分类

哺乳动物表达载体依据DNA/RNA序列的种类和来源可分为病毒载体和质粒（非病毒型）载体。病毒载体转染效率高、靶向性好，但存在携带外源基因大小有限、易引起插入突变、制备过程复杂的缺点；质粒载体大多是以病毒的元件与原核质粒融合而来，是病毒载体的衍生物，其与病毒载体的主要区别在于不能主动感染宿主细胞，必须借助一定的物理或化学手段以转染或其他方式进入细胞。依据载体进入宿主细胞后的存在状态又可将其分为整合载体和附着体载体。整合载体可随机整合至宿主细胞的基因组中，容易引起插入突变或者导致疾病的发生；附着体载体可以消除与宿主基因组的非特异性整合，从而消除潜在的插入突变风险。当然，任何体系都不是完全附着和绝对整合存在的。

（一）质粒载体

质粒是独立于细菌染色体的双链环状 DNA 分子。质粒载体为穿梭载体，带有原核基因序列和真核启动子，具有两种不同复制起始位点和选择标记，保证重组 DNA 分子能够在 *E.coli* 中进行真核 DNA 片段扩增，同时也能在哺乳动物细胞中进行基因表达。载体的 MCS 上游含有针对特定细胞的强启动子，MCS 下游含有强终止子，在真核生物表达载体 MCS 下游还含有增加 mRNA 稳定性的 poly（A）信号，以保证外源基因在特定细胞中高效、稳定表达，也可含有有利于表达产物分泌、分离或纯化的元件。通用型的质粒载体是目前实验室常用的真核基因过表达载体，一般无物种或细胞类型的特异性，可以诱导外源基因在真核细胞内高效表达。例如，真核细胞表达载体 pcDNA3.1、pEGFP-N1 和 pVAX1 系列载体，具有真核细胞表达载体的共同结构特征。

（二）病毒载体

病毒载体可将外源 DNA 插入病毒 DNA 或取代病毒基因某一片段，重组 DNA 随病毒颗粒而复制（大多需辅助病毒或包装细胞的存在）（详见第六章“病毒表达载体”）。

二、哺乳动物表达载体结构

一个有效的哺乳动物表达载体的组成元件包括启动子、增强子、转录终止信号、多聚腺苷酸化信号和选择标记基因等。

（一）启动子

启动子是一种短的调控序列，可招募序列特异性转录因子驱动转录起始，包括转录起始位点及其上游 100～200 bp 序列，一般由核心启动子和上游启动子两部分组成。核心启动子包括转录起始位点及其上游–30～–25 bp 处的 TATA 盒（TATA box 或 hogness box），是保证 RNA 聚合酶Ⅱ转录正常起始所必需的、最少的 DNA 序列。它与 DNA 双链的解链有关，决定转录起始位点的选择并产生基础水平的转录。上游启动子包括 CAAT 盒（CCAAT）和 GC 盒（GGGCGG）等，通常位于上游–70 bp 附近、转录起始位点前 60～200 bp，它们与转录因子和 RNA 聚合酶的结合有关，能通过 TFⅡD 转录复合物调节转录起始的频率。不同基因的启动子元件组成不同，可以与不同的转录因子结合，这些转录因子通过与基础转录复合体作用从而影响转录效率。

目前，哺乳动物表达载体的启动子主要来源于病毒，如 SV40、CMV、劳氏肉瘤病毒（Rous sarcoma virus，RSV）启动子，许多病毒启动子区域包含近端增强子，如 CMV 和 SV40，通常合并到载体盒中，在某些情况下具有细胞特异性。有些启动子来源于真核基因如小鼠磷酸甘油酸激酶 1（phosphoglycerate kinase 1，PGK）、鼠金属硫蛋白基因启动子、人和 CHO 的 EF-1α 启动子等，还有来源于细胞的 HSP 和肌肉肌酸激酶（muscle creatine kinase，MCK）启动子。常用的哺乳动物表达载体启动子见表 5.2。

表 5.2 哺乳动物表达载体启动子（Romanova and Noll，2018）

启动子	来源	载体名称	供应商	注解
hCMV	人巨细胞病毒	pcDNA3.1	Invitrogen	天然的 CMV 启动子/增强子
		pCI	Promega	hCMV 增强子/启动子，β-globin/IgG 嵌合内含子，SV40 pAn
		gWiz phCMV	Genlantis	优化的 hCMV，后接内含子 A
SV40	猿猴病毒 40	pGL2	Promega	仅包含 SV40E 启动子，无增强子
		PSF-SV40	Sigma-Aldrich/Merck	SV40 增强子/启动子和 pAn
PGK	小鼠磷酸甘油酸激酶 1	pDRIVE5-SEAP-mPGK	Invivogen	PGK 启动子和分泌的胚胎碱性磷酸酶（secreted embryonic alkaline phosphatase，SEAP）报告蛋白
hEF-1α	人延伸因子 1α 基因	pDRIVE5-GFP-1	Invivogen	hEF-1α 启动子/增强子序列和 GFP 报告基因
CHEF-1α	CHO 延伸因子 1α 基因	含不同标记基因的载体	CMC biologics	用于 GMP 蛋白生产细胞系研发的 CHEF1α 表达系统平台
		pSF-CHEF1-Fluc	Oxford Genetics	CHEF1α 启动子/增强子和萤光素酶报告基因

（二）增强子

增强子主要存在于真核生物基因组中，是与激活蛋白结合的序列，哺乳动物表达载体的增强子位于转录起始位点上游，邻近或远离受影响的启动子，能使与它连锁的基因转录频率明显增加，其本身不具有启动子的功能，但可以大大增强启动子的转录水平，增加转录速率。增强子具有以下特点：①顺式调节作用，增强效应十分明显，一般能使基因转录频率增加 10～200 倍；②增强效应与其位置和方向无关，可以位于基因的 5′端，也可位于 3′端，有的还可位于基因的内含子中，均表现出增强效应；③大多为重复序列，一般长约 50 bp，适合与某些蛋白因子结合，其内部常含有一个核心序列（G）TGGA/TA/TA/T（G），该序列是产生增强效应时所必需的；④增强效应有严密的组织和细胞特异性，只有与特定的蛋白质（转录因子）相互作用才能发挥其功能；⑤无物种和基因特异性，可以在不同的基因组合上表现增强效应；⑥许多增强子还受外部信号的调控，如金属硫蛋白的基因启动区上游所带的增强子，可以对环境中的锌、镉浓度做出反应。

（三）终止信号和 poly（A）信号

如同启动子启动转录一样，3′-UTR 对于转录终止是必不可少的。它包含一个或多个具有保守的 AATAAA 序列的 poly（A）信号和一个富含 GT 的下游序列元件，会极大地影响 RNA 产物的稳定性，也会促进加工后的 mRNA 从细胞核转移至细胞质，而且在促进翻译方面也可能发挥作用。真核基因表达过程中，RNA 聚合酶Ⅱ转录出的前体 mRNA 经切割后加上 poly（A）形成成熟的 mRNA。聚合酶的转录终止于 poly（A）位点下游的数百个碱基内。转录终止和加 poly（A）信号依赖于 DNA 模板上两种特异的序列：一是 poly（A）位点上游 11～30 个核苷酸的一段高度保守的六核苷酸序列 AAUAAA，二是 poly（A）位点下游的 GU 丰富区或 U 丰富区。它们对 mRNA 3′端的正确加工和 poly（A）的加入至关重要，这部分序列的缺失可以导致基因表达量减少。因此，在构建表达载体时必须加上这两种序列。

常用的哺乳动物终止子有 SV40、hGH、BGH 和 rbGlob poly（A）序列，具有同时提供多聚腺苷酸化和转录终止的作用。mRNA 转录终止和多聚腺苷酸化是一个协同过程。终止子是一种序列元件，确定了转录物的末端，产生一个游离的 3′端并从转录装置中启动 mRNA 的释放。然后，游离的 3′端可用来添加 poly（A）尾。与 CMV 在哺乳动物表达盒中的频繁使用类似，SV40 病毒 poly（A）片段是许多表达系统中常见的 3′-UTR，它是一段长为 237 bp 的 *Bam* HⅠ-*Bcl* Ⅰ限制酶酶切片段，同时含有早期转录和晚期转录单位的切割与添加 poly（A）信号。

（四）选择标记

由于表达载体通常随机整合到宿主细胞基因组染色体中，而大多数整合位点是转录抑制的基因组位点，从而导致许多转基因细胞克隆不表达或表达水平较低、目的基因随机整合，导致重组细胞克隆之间表达水平的异质性和稳定性、蛋白去乙酰化，以及 DNA 启动子甲基化引起相邻基因的转基因沉默。此外，哺乳动物细胞的生产速率比细菌慢得多，获得转化株的时间更长。因此，为了快速、有效地筛选转化细胞，以获得高稳定性表达的单克隆细胞株，必须在构建表达载体时插入动物细胞特异性选择标记基因。

1. 新霉素抗性基因

新霉素的类似物 G418 遗传霉素是稳定转染最常用的抗性筛选试剂。当新霉素抗性基因（neomycin resistance gene，*Neo*^{r}）被整合至真核细胞 DNA 后，能启动该基因编码的序列转录为 mRNA，从而获得抗性产物——氨基糖苷磷酸转移酶的高效表达，使细胞获得抗性并能在含有 G418 的选择性培养基中生长。因而，只有将携带 Neo 的载体转化入细胞，才能够在含有 G418 的培养基中存活，而对宿主细胞无要求，应用更为简便。G418 已在哺乳动物细胞的基因转移、基因敲除、抗性筛选及转基因动物等方面得到广泛应用。

2. 黄嘌呤-鸟嘌呤磷酸核糖转移酶基因

黄嘌呤-鸟嘌呤磷酸核糖转移酶（xanthine-guanine phosphoribosyl transferase，XGPRT）是由大肠杆菌某些基因编码的一种核苷酸代谢酶，哺乳动物细胞缺失此酶，不能利用黄嘌呤形成黄嘌呤核苷酸（XMP），但有鸟嘌呤磷酸核糖转移酶（HGPRT），可以催化黄嘌呤形成次黄嘌呤核苷酸（IMP）。哺乳动物细胞可通过 IMP 生成鸟嘌呤核苷酸（GMP）。当用 IMP 脱氢酶抑制剂霉酚酸抑制了 GMP 的合成，则使细胞失去合成 DNA 能力而死亡。将含 *XGPRT* 基因的重组体转入真核细胞后，在转化细胞中就能表达 XGPRT 酶，并在含有黄嘌呤的培养基中通过 XMP 中间体补救合成 GMP，使 DNA 合成正常进行。加入霉酚酸后，阳性克隆由于不受霉酚酸的抑制而存活，而未转化的细胞则受霉酚酸的抑制而死亡，根据这一原理来筛选阳性细胞。

3. 潮霉素抗性基因

潮霉素 B（hygromycin B）是一种氨基糖苷类抗生素，通过干扰 70S 核糖体易位和诱导对 mRNA 模板的错读而抑制蛋白质合成，从而杀死原核细胞（如细菌）、真核细胞（如酵母菌、真菌）和哺乳动物细胞。潮霉素 B 用来筛选成功转染潮霉素抗性基因的原核或真核细胞并维持培养；另外，由于作用模式的差异，其常与 G418、zeocin 和 blasticidin S 联合使用，进行双抗性阳性细胞株的选择。

4. 抗稻瘟病基因

杀稻瘟菌素 S（blasticidin S）是一种核苷类抗生素，通过干扰核糖体中肽键的形成，特异性地抑制原核和真核生物的蛋白质合成。目前已经克隆和测序的杀稻瘟菌素耐受基因有三种：一种是分离自产生菌 *Streptoverticillum* sp.的乙酰基转移酶基因 *bls*；另外两种是脱氨酶基因，包括从 *Bacillus cereus* 中分离的 *bsr*、从 *Aspergillus terreus* 中分离的 *BSD* 基因。杀稻瘟菌素最重要的应用是用于选择携带 *bsr* 或 *BSD* 抗性基因的转染细胞。

5. 嘌呤霉素 *N*-乙酰转移酶基因

嘌呤霉素（puromycin）是氨酰-tRNA 分子 3′端的类似物，通过抑制蛋白质合成杀死革兰氏阳性菌、各种动物和昆虫细胞。嘌呤霉素产生菌 *Streptomyces alboniger* 内发现的 *pac* 基因编码嘌呤霉素 *N*-乙酰转移酶（puromycin *N*-acetyl-transferase，

PAC），使机体对嘌呤霉素产生抗性，普遍应用于筛选特定的携带 *pac* 基因质粒的哺乳动物稳定转染细胞株。嘌呤霉素在稳定转染细胞株筛选中的普遍应用与慢病毒载体的特性有关，目前商业化的慢病毒载体多数都携带 *pac* 基因。在某些特定情况下，嘌呤霉素也可以用于转化携带 *pac* 基因质粒的大肠杆菌菌株的筛选。

6. 代谢选择标记

缺乏关键生物合成途径细胞株的代谢选择标记通常也用于获得高水平表达系统，如 GS 和 DHFR。大多数生物制药公司使用的细胞系开发技术通常是基于 GS 系统或甲氨蝶呤（methotrexate，MTX）扩增技术。谷氨酰胺是细胞生长所必需的氨基酸，GS 是负责将谷氨酸转化为谷氨酰胺的酶，缺乏 GS 基因的细胞需要外源性谷氨酰胺。内源性 GS 基因敲除或由甲硫氨酸亚砜亚胺（methionine sulfoximine，MSX）抑制内源性 GS 产生的 CHO 谷氨酰胺营养缺陷型细胞系，需要在细胞培养基中添加谷氨酰胺才能使细胞生长。将目的基因转化到表达外源性 GS 的基因盒中，细胞也可以产生足够的谷氨酰胺，在谷氨酰胺缺陷培养基中使转化细胞生存。CHO-DG44 是一种 DHFR 缺陷的细胞系，通过不含胸腺嘧啶、甘氨酸或次黄嘌呤的培养基进行筛选，因为 DHFR 催化二氢叶酸还原成四氢叶酸，后者是一种维生素，是次黄嘌呤和胸苷等基本分子从头合成所需的前体。在缺乏外源性次黄嘌呤或胸腺嘧啶核苷的情况下，CHO-DG44 宿主细胞无法存活。目的基因和编码 DHFR 酶的基因转化细胞可以恢复细胞产生足够四氢叶酸的能力，进而产生次黄嘌呤和胸苷，从而使细胞能够在胸腺嘧啶、甘氨酸或次黄嘌呤缺陷的培养基中生长，然后再与 MTX 药物筛选结合并获得目的基因扩增的克隆。随着生物工程技术的发展，还开发出了一些新的代谢选择标记，例如，Budge 等开发了基于 CHO 细胞产生脯氨酸的代谢需求的选择标记系统，使用吡咯啉-5-羧化酶合成酶（pyrroline-5-carboxylate synthase，P5CS）来补充这种营养缺陷（Budge et al.，2021）。其他代谢筛选途径的研究还有叶酸和嘌呤合成等。

以上通过药物抑制和代谢挽救法筛选产生稳定细胞系的方式可以单独或联合使用。常见的哺乳动物细胞基因转化选择标记及作用机制如表 5.3 所示。

表 5.3　哺乳动物细胞常见的转基因选择标记及作用机制

标记基因	筛选药物	作用机制
TK	氨基蝶呤	TK 合成胸苷酸
DHFR	氨甲蝶呤	DHFR 变体酶抗氨基蝶呤
APH	G418	APH 灭活 G418
HPH	潮霉素 B	HPH 灭活潮霉素 B
XGPRT	霉酚酸	XGPRT 从黄嘌呤合成 GMP

续表

标记基因	筛选药物	作用机制
AS	β-天冬氨酰-异羟肟酸	利用 β-ASH 提供酰胺
ADA	酰嘌呤木酮糖苷	ADA 灭活 Xyl
Bsr 或 BSD	杀稻瘟菌素 S	Bsr 或 BSD 抑制核糖体中肽键形成
PAC	嘌呤霉素	PAC 抑制蛋白质合成
Sh ble	盐酸博莱霉素/腐草霉素	Sh ble 插入 DNA 使其分裂致细胞死亡

三、常用哺乳动物表达载体

质粒载体是应用最广泛的基因工程载体，多种不同功能和结构的质粒载体被设计并构建以适应不同用途。有多家公司加入载体开发研究中，如 Promega、BD、Invitrogen、Novagen、Addgene 和 GE 等，开发出了商业化的多用途质粒载体。由于它们具有优秀的功能性、使用的便利性、设计的严谨性和多样化等优点，已经成为实验室基础研究和应用研究过程中不可缺少的重要工具。

（一）用于研究的质粒表达载体

1. pcDNA3.1（+/–）系列载体

pcDNA3.1（+/–）系列载体是 Invitrogen 公司设计构建的（图 5.2），是实验室中常用的真核细胞表达载体，大小约 5.4 kb，为一种典型的穿梭载体，pUC *ori* 使其可以在大肠杆菌细胞中稳定复制，CMV 增强子/启动子可以引导外源基因在真核细胞中高效表达。该载体含有正向（+）或反向（–）的大分子多克隆位点，牛生长激素（BGH）多聚腺苷酸化信号和转录终止序列用于增强 mRNA 稳定性，SV40 复制起始位点在表达大 T 抗原的细胞系（如 COS-1 和 COS-7）内可增加目的基因的拷贝数，从而增强外源真核基因的表达。在此基础上，通过对选择标记和标记蛋白进行改造开发了一系列载体，如 pcDNA3.1/Zeo（+/–）、pcDNA3.1/Hygro（+）、pcDNA™3.1/myc-HisA、B&C、pcDNA3.2-DEST 和 pcDNA6.2/C-EmGFP-GW/TOPO 等。

2. pEGFP 系列载体

pEGFP 系列载体是 BD 公司设计构建的一个典型的表达载体，常用于分析目的基因的表达产物在细胞内的位置，即亚细胞定位分析。具有特定功能的蛋白质通常含有一段细胞内定位信号肽链，通过特异受体对这段肽链的识别和结合，将其运输到细胞内特定的位置发挥功能，例如，转录因子通常都会带有核定位信号。因此，在研究未知功能的基因时，其表达产物在细胞内的位置可以提供很多基因

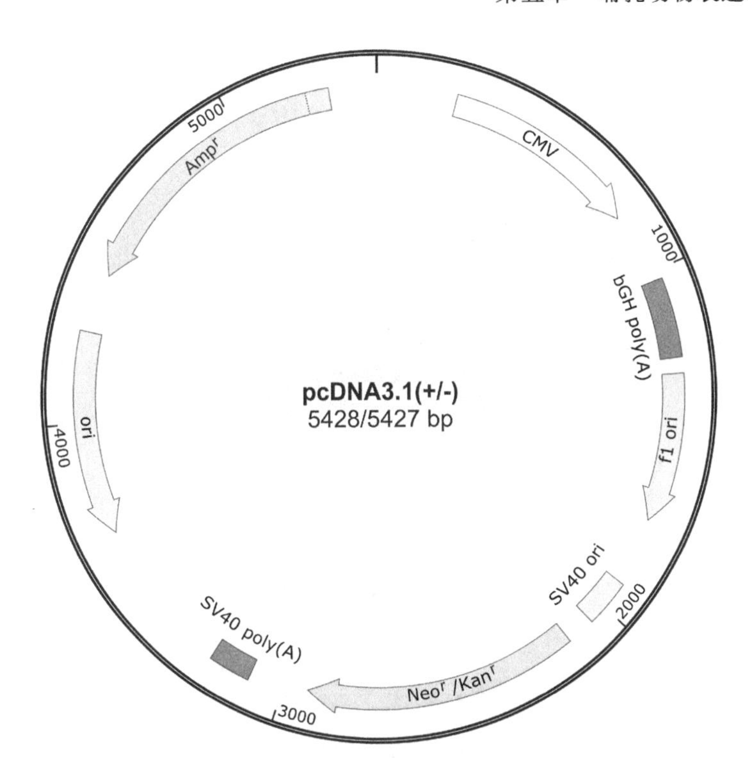

图 5.2　pcDNA3.1（+/–）载体分子结构

功能的线索。虽然利用目的蛋白的抗体进行免疫组织化学分析是一种理想的分析方法，但在通常情况下缺乏未知功能的新基因抗体。因此，利用 pEGFP 系列载体进行亚细胞定位是一种简单、快捷、低成本的解决办法。该系列载体具有 MCS，便于目的基因的插入；具有增强型绿色荧光蛋白（enhanced green fluorescent protein，EGFP）报告基因，产生的荧光比普通 GFP 强 35 倍，大大增强了报告基因的灵敏度；提供了两种 EGFP 融合蛋白表达策略（C 端和 N 端）。pEGFP-N1 载体结构如图 5.3 所示，载体中 hCMV 启动子可以引导融合蛋白在真核细胞中高效和稳定地表达，利用新霉素抗性基因可以进行真核细胞稳定转化子的 G418 筛选。此系列载体属于穿梭载体，pUC ori 和 SV40 ori 保证了载体在大肠杆菌和真核细胞内都可以进行自主复制，利用 *Kan* 可以实现在大肠杆菌中的转化子筛选。

3. pGL 系列载体

pGL3 系列载体是 Promega 公司设计构建的一个探针型载体，大小为 4.8～5.2 kb。它可用于分析目的 DNA 片段在特定遗传背景下对下游基因的调控活性，也可用于分析调控蛋白和目的 DNA 片段相互作用对基因转录活性的影响。pGL3-basic 载体结构如图 5.4 所示，载体 MCS 下游含有萤火虫萤光素酶（luciferase）

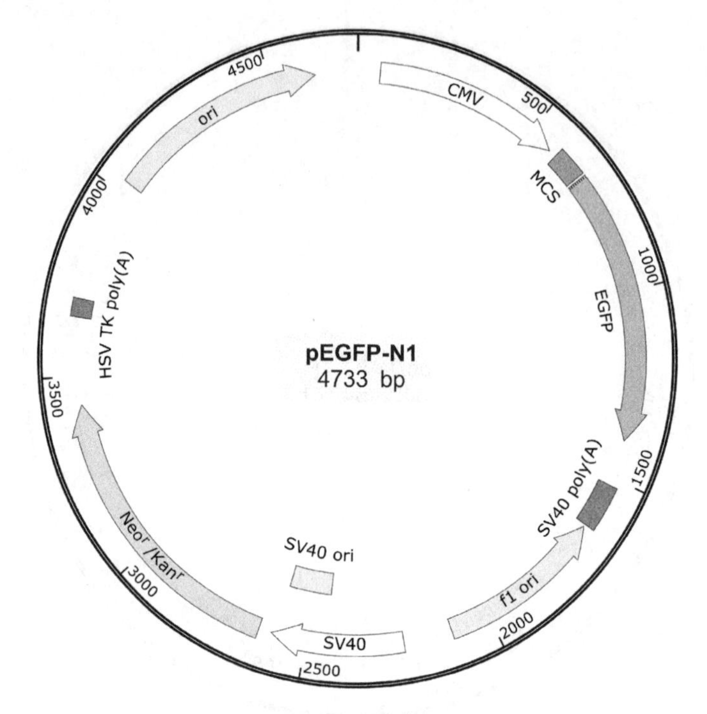

图 5.3　pEGFP-N1 载体分子结构

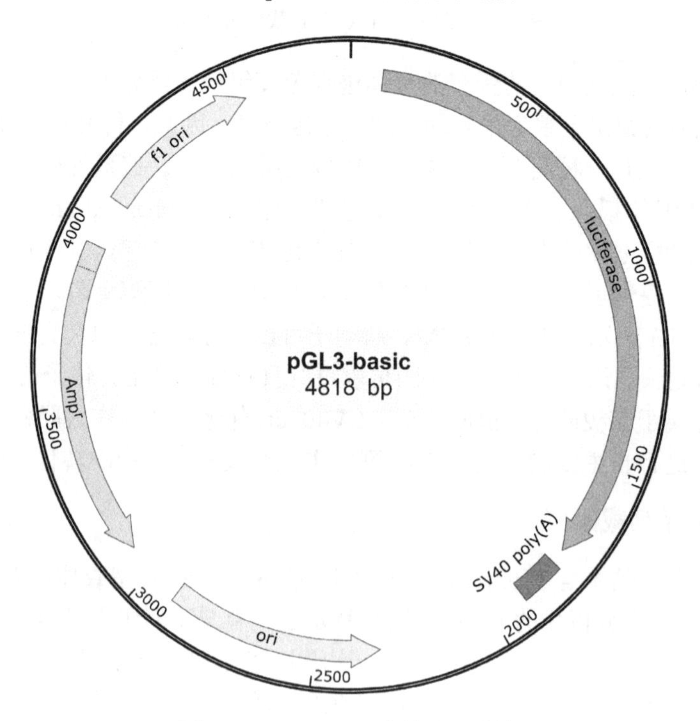

图 5.4　pGL3-basic 载体分子结构

编码基因，且此基因上游不含有启动子结构。在此结构中，萤火虫萤光素酶发挥报告基因的作用，当外源 DNA 片段插入 MSC 区域时，外源 DNA 片段发挥调控序列的启动子功能，引导萤火虫萤光素酶表达，其表达水平直接反映出外源 DNA 调控基因表达的能力。萤火虫萤光素酶的表达量可以通过光度计检测。光度计是测量酶与底物相互作用催化化学发光的监测系统，具有灵敏度高、速度快、可定量操作的优点。pGL3 系列载体含有 *Amp* 抗性基因，便于 *E.coli* 转化子的筛选；在萤火虫萤光素酶基因下游含有 SV40 poly（A）信号序列，可以增加萤火虫萤光素酶在真核细胞中的稳定性。基于这样的特点，pGL3 系列载体已经成为研究 DNA 序列的启动子活性和调控功能的便利工具。pGL4.50/4.51 萤光素酶体内成像载体是新一代报告基因载体，载体优化后更适合在哺乳动物细胞中表达，稳定表达的细胞系可以用在动物模型上来研究体内细胞的生理变化。pGL4.31［luc2P/Gal4UAS/Hygro］载体可用于确定、验证和研究两种蛋白质或结构域间可能的相互作用，也可用于构建稳定的细胞系进行基于细胞的检测。

该公司的 pCI 和 pCI-neo 表达载体的 CMV 增强子/启动子可使其在多种细胞中实现高水平稳定组成型表达，β-globin/IgG 嵌合内含子位于增强子/启动子区域的下游，能够进一步增强表达。同时，与早期 SV40 多聚腺苷酸信号相比，晚期 SV40 多聚腺苷酸信号可使稳态 mRNA 水平增加 5 倍以上。

（二）用于工业生产的质粒表达载体

1. pGP 系列载体

pGP5K 是针对 HEK293-T 或 HEK293-E 悬浮细胞系开发的一种工业级高效瞬时表达载体，该载体表达框带有优化的 5′端非翻译区，可显著提高目的蛋白的表达量，表达水平显著高于 pcDNA 或疫苗/抗体表达载体 pCEP4；单个表达盒适用于表达单亚基蛋白或多肽；各亚基的编码基因分别克隆到该载体上，通过共转染可用于表达多亚基的蛋白质；表达盒有一个优化的多克隆位点，可最大限度地为克隆目的基因提供方便；带有可在细菌中稳定表达的 *Kan* 基因，可用 *E.coli* 菌株进行质粒扩增和大量制备；P1 复制起始位点和 SV40 复制起始位点分别允许在表达 EBNA1 和大 T 抗原的哺乳动物细胞中进行复制，从而可使该质粒在受体细胞中保持一定拷贝数；*Neo* 基因便于转染细胞后稳定细胞株筛选。pGP5K 载体可支持带大 T 抗原或 EBNA1 的细胞，对表达框的 5′端非翻译区进行了优化，表达水平高，可在几天至两三周的时间内快速获得毫克级至百克级产品，满足绝大多数研究的需要，包括重组药物的临床前研究。以 HEK293 受体细胞为基础，可放大至百立升的生产工艺，两周内可生产百克级产品。

2. UCOE 系列载体

遍在染色质开放元件（ubiquitous chromatin opening element，UCOE）系列载体是由 Merck 公司开发的一种可用于悬浮细胞的工业级高效表达载体系统。与传统载体不同，该 UCOE 包含载体能够简化重组蛋白高表达细胞克隆的分选过程，并且通过改变染色质结构促进近端基因的转录活性。UCOE Mu-H 包含强的 hCMV 立即早期启动子元件上游的小鼠 rpS3 UCOE 序列；MCS 包含独特的限制性内切核酸酶位点，可以方便地对目的基因进行亚克隆；SV40 多腺苷酸化位点位于多克隆位点的下游，以提供 mRNA 稳定性；潮霉素基因和 β-内酰胺酶基因分别用于哺乳动物细胞和原核细胞中的选择标记；I-*Sce*I 限制性内切核酸酶位点用于线性化以防止不必要的 DNA 插入（图 5.5）。

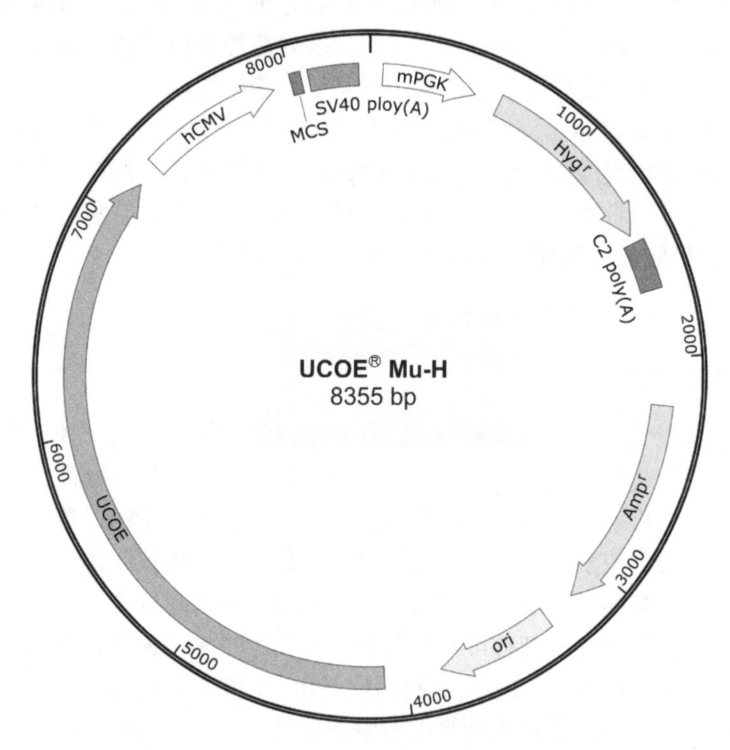

图 5.5　UCOE Mu-H 载体分子结构

3. MAR 系列载体

由普诺易生物公司开发的核基质结合区（matrix attachment region，MAR）pMAR 系列载体，包括 pCUMAR-IRES（图 5.6）、pMAR-IRES、pMAR-IRES 以及 pEGFP-MAR 附着体载体。IRES 介导的 MAR 系列载体是一种双顺反子表达载体，该载体除含有 MAR 顺式调控元件外，还有土拨鼠肝炎病毒转录后调控元件

（WPRE）、稳定抗阻遏元件（stabilizing anti-repressor，STAR）或 UCOE 元件，能够高效表达目的蛋白，并有效克服常规表达载体目的基因表达衰减现象。该表达载体适合哺乳动物细胞稳定表达目的蛋白，可以使用杀稻瘟菌素筛选获得稳定转染的哺乳动物细胞株。

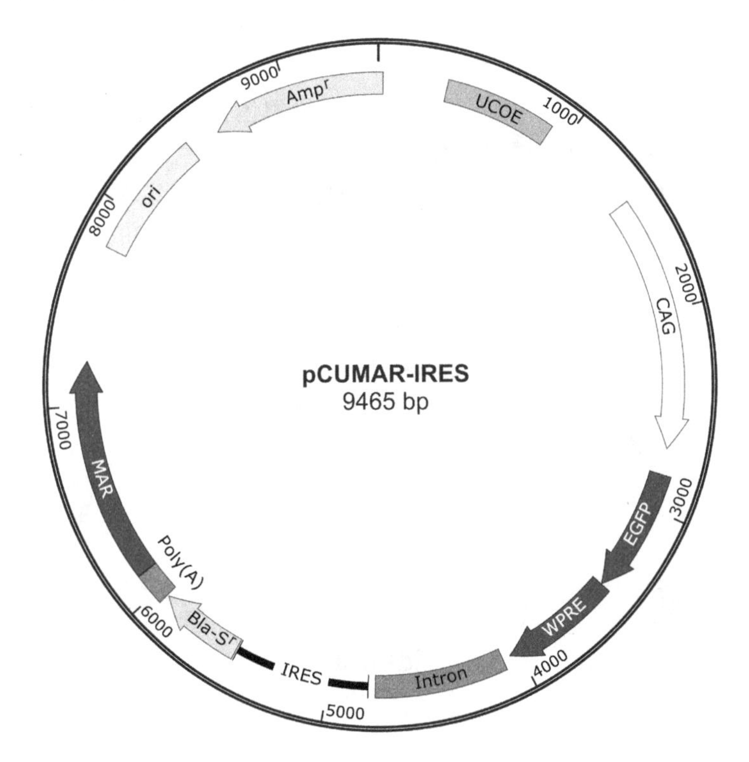

图 5.6　pCUMAR-IRES 载体分子结构

4. 选择标记载体

1）GS 表达载体

一些哺乳动物细胞系，如 NS0 细胞系无法表达 GS，所以在不添加谷氨酰胺的情况下细胞无法生长。对于这些细胞系，在无谷氨酰胺的培养基内，转染的 GS 基因可作为一个选择标记发挥作用。对于能够产生内源性 GS 酶的细胞，在无谷氨酰胺培养基内，在足够抑制 GS 酶合成的高水平 MSX 的作用下，可以为细胞的生长提供一个选择压力。1992 年，Bebbington 等人首次描述了使用 GS 基因表达系统表达重组抗体。GS 系统与 FDA 美国医药产品现行生产质量管理规范兼容，可快速生产高产、稳定的哺乳动物细胞系，已被超过 85 家全球制药公司和生物技术公司成功使用，5 种使用 GS 系统的许可产品已经被批准，包括赛尼哌单抗（Roche 公司）和帕丽珠单抗（Medimmune 公司）。Lonza 公司已经使用该系统创建了超过 250 个细胞株，其中许多已经大规模培养，并生产产品用于临床试验和市场供应，已产生超过 5 g/L 重组抗体的细胞系，每细胞每天可生产 15～65 pg。

pEE 系列载体（pEE6.4、pEE12.4 和 pEE14.4）是 Lonza 公司的哺乳动物细胞 GS 基因表达系统。pEE12.4 载体含有 hCMV-MIE 启动子，利用 GS 选择标记，在宿主细胞内能够高水平地表达目的基因（图 5.7）。该载体分离并设计了一系列 IgG 重链的同种异型体和轻链同型体（κ、λ1、λ2 和 λ3），便于重链和轻链的可变区克隆；定点突变成功地用于产生有用的 IgG 同种异型体和具有稳定铰链结构的 IgG4 突变体；恒定区载体显示可表达重组抗体。因此，pEE 系列载体通过改进和简化 GS 系统中可变区域及整体抗体的克隆，从而使该载体能够用来构建快速、高产量、稳定的 mAb 表达细胞系。还有 pGP 系列的 pGP3、pGP3Due 和 pGP3Con 等载体，也是工业级用于 GS 筛选系统的表达载体。

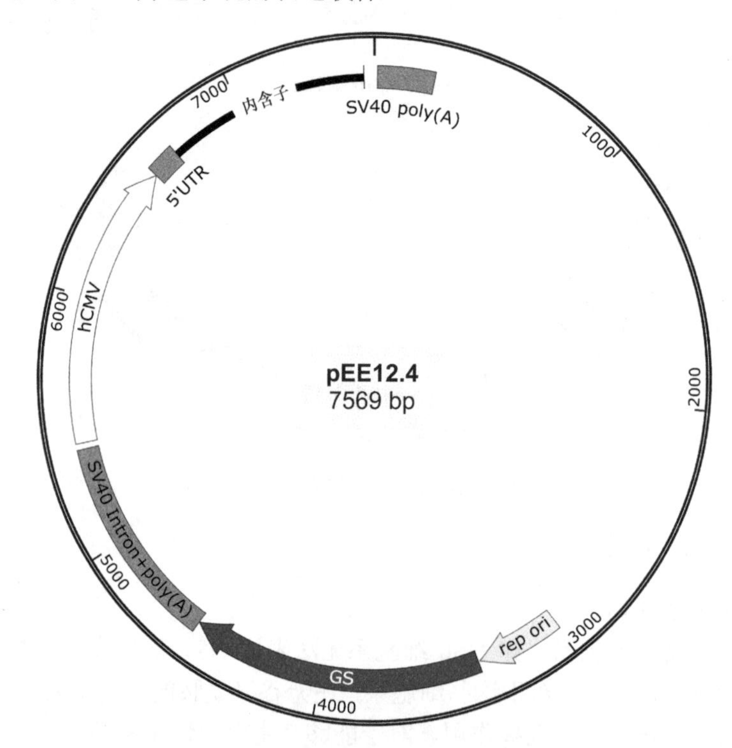

图 5.7　pEE12.4 载体分子结构

2）DHFR 表达载体

pSV2-DHFR 是由 ATCC 公司开发的哺乳动物表达载体，该载体含有小鼠的 *DHFR* 基因，同时是哺乳动物细胞和大肠杆菌的穿梭质粒。在 DHFR 细胞系中，可以通过 MTX 对转染的细胞进行筛选（图 5.8）。此外，还有 pcDNA4-DHFR 和 pGP2 系列载体（pGP2、pGP2Due 和 pGP2Con）等。

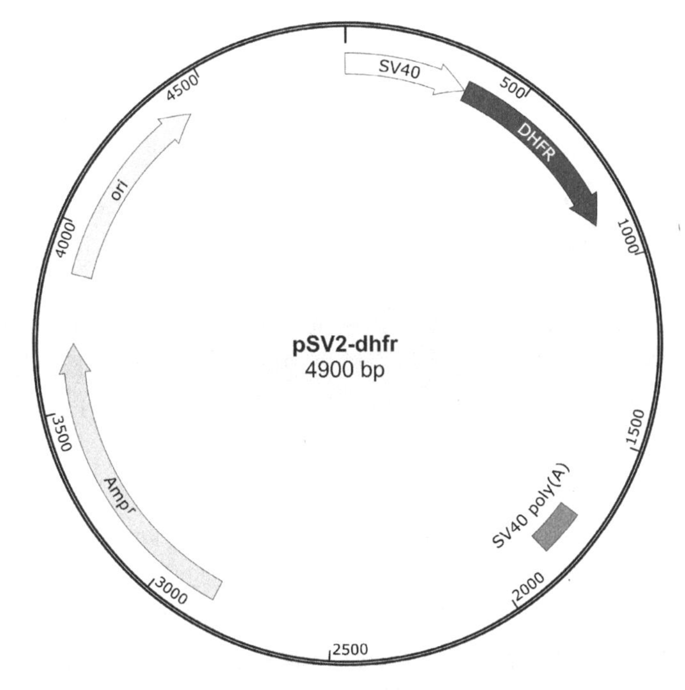

图 5.8　pSV2-DHFR 载体分子结构

第三节　哺乳动物质粒载体优化

质粒载体具有安全性高的优点，但在哺乳动物细胞中，目的蛋白的表达量往往较低，获得稳定转染细胞所需时间较长，大大限制了该类载体的应用。虽然哺乳动物表达系统的治疗性重组抗体的产量已经超过了 10 g/L，然而这种生产能力并不是普遍存在的，只可能在特定的宿主细胞中，或者只适应某些产品。因而，对携带目的基因进入宿主细胞的质粒载体进行优化，对于快速和高效表达是至关重要的。

细胞克隆中重组蛋白的产量和稳定性与质粒载体的组成和载体在染色体中的整合位点有关，成功的蛋白质表达除了目的基因外，还需考虑质粒载体的关键元件，包括启动子的选择、增强子、5′-UTR 中的内含子、信号肽（如果是分泌蛋白）、多聚腺苷酸加尾信号和 3′-UTR 或插入调控元件（如染色质修饰元件等），从而提高哺乳动物细胞中重组蛋白的产量和稳定性。

一、载体骨架结构优化

（一）启动子优化

启动子在整合和处理与转录起始有关的信号中起着关键作用，增强子和启动子用于启动基因的转录并决定转录速率，且大多数情况下转基因表达需要最大化。

1. 病毒启动子

哺乳动物细胞系中用于转基因生产的强启动子主要来源于病毒，由于病毒在转导过程中完全依赖于宿主细胞的转录机制，因此，进化出了高效、简洁的识别元件，可招募细胞内的转录因子进行自身的快速复制。

hCMV 主要即刻早期启动子是一个强启动子，在 HEK293 和 CHO 细胞中均有较好的效果，被广泛应用于高水平重组蛋白的生产（Rita et al.，2010）。然而，CMV 启动子驱动的转基因表达水平会随着细胞培养时间的延长而导致产量的下降（Hsu et al.，2010；Bailey et al.，2012；Dorai et al.，2012；Fann et al.，2000；He et al.，2012）；也有研究显示该启动子驱动的游离载体具有宿主细胞相容性（Wang et al.，2016a），且不同种属来源的 CMV 启动子的强度也不相同，如小鼠的 CMV 启动子强于人的（Rotondaro et al.，1996；Addison et al.，1997）。

SV40 启动子也是哺乳动物细胞生产治疗性蛋白的强启动子。在 CHO 细胞中，SV40 启动子驱动的外源基因的瞬时表达低于 hCMV 启动子（Foecking and Hofstetter，1986），但稳定性高于 EF-1α 和 CMV 启动子（Ho et al.，2015）。SV40 结合核基质附着区已被证实在稳定转染的 CHO 细胞中显示出最强的转录驱动（Wang et al.，2016b）。与其他病毒启动子相比，SV40 显示出对转录沉默的低敏感性（Ho and Yang，2014）。SV40E（SV40 early）序列短，约 200 bp，如果需要以一个较短的启动子/增强子序列得到相对较高的表达水平，SV40E 可能是 hCMV 启动子有价值的替代方案。关于 SV40E 在 CHO 细胞中的活性问题仍存在争议，需要在特定的条件下进行专门研究。

2. 真核生物异源性启动子

小鼠磷酸甘油酸激酶 1（PGK1）也被用来驱动异源基因在不同细胞系中的表达。PGK1 是一个组成型启动子，由于在核心启动子上游的增强子（320 bp）中存在缺氧反应元件，所以其对氧化应激敏感（Doran et al.，2011）。PGK1 在每种细胞中的活性不同，但在小鼠中可驱动高水平的转基因表达（Schorpp et al.，1996），在 CHO 细胞中的活性报道很少。在不同哺乳动物细胞系中进行系统比较，结果表明 PGK1 持续低表达水平，在异源细胞中普遍表现出较低的转录活性（Wang et al.，2016b；Qin et al.，2010）。

人类泛素 C（UBC）编码哺乳动物重要的蛋白质，启动子序列长约 1.2 kb，对于强的本底转录至关重要。在转基因小鼠中，UBC 是一个非常强的转录激活单元，但在 CHO 细胞中却具有较低的活性和克隆稳定性（Wang et al.，2016b）。UBC 也不适合 BacMam 基因表达系统。

3. 内源性启动子

CMV 或 SV40 等强病毒源性启动子被广泛应用于转基因过表达，然而，组成型的强过表达会对细胞造成明显的应激，上调未折叠蛋白反应（UPR），甚至诱导细胞过早凋亡，病毒启动子也易受表观遗传沉默的影响，且缺乏精准的调控，在长期的工业生产中效果不理想。为了解决稳定性问题，在高表达管家基因的侧翼序列中寻找活跃的内源性启动子，如来源于人和 CHO 的 EF-1α 在广泛的细胞类型中具有组成型活性，通常在病毒启动子不能表达下游基因的细胞中、病毒启动子逐渐沉默的细胞中具有活性。在 CHO 细胞中，来源于 CHO 的 EF-1α 启动子比单独使用 hCMV、SV40 或人 EF-1α 启动子更活跃（Wang et al.，2017）。

通过对 CHO 转录组进行分析，发现了一个对温度敏感的启动子元件，可能是一个 1.2 kb 的 *S100a6* 基因及其侧翼区域。该基因在高表达细胞克隆株中表达下调，可刺激细胞生长。与 SV40 相比，S100a6 启动子在瞬时表达检测中水平更高，且可在低温的条件下被激活，当温度由 37℃降至 33℃时，萤光素酶的表达水平增强 2～3 倍，由此该元件在表达毒性蛋白方面具有潜在的意义（Nissom et al.，2006）。

4. 杂合及合成启动子

由于病毒源性启动子易于沉默且具有不稳定性，杂合启动子和合成启动子也被研究以驱动转基因高水平、长期稳定地表达。CAG 启动子是由 CMV 增强子与鸡-肌动蛋白启动子融合而成的杂合结构，驱动外源基因在不同细胞系中表达（Dou et al.，2021；Kang et al.，2022）。

基于启动子的模块化特性，通过将核心启动子上游的内源性增强子替换为由转录因子结合位点组成的不同序列，可以构建新的合成启动子。常用的巨细胞病毒立即早期（CMV IE）启动子已被研究者优化，包括一个 CG 富含区（CpG 岛）以及替代的启动子变体。然而，这些优化并没有去除启动子的病毒性质，因为甲基化在 CpG 和非 CpG 位点存在。非病毒衍生的合成启动子在哺乳动物细胞工程应用中具有很高的实用价值。

重组药物蛋白生产中往往使用较强的病毒启动子来驱动目的基因的转录，但是当转录速率与细胞中多肽生产相关时，病毒启动子缺乏转录水平的调控，例如，mAb 的生产需要在重链和轻链间有特定的表达速率，以达到最佳组装效果。许多研究组已设计定制了精准调节的表达强度和细胞系，并能维持组成型或诱导型转录起始（Romanova and Noll，2018）。

Brown 等（2015）以微阵列表达和 RNA-seq 等高通量分析为指导，创建了一个 CHO 特异性合成启动子库（设计了 140 个合成启动子），专门用于调控 CHO 细胞中重组基因的表达，得到跨越两个数量级的重组转录活性的精确控制。在

CHO-K1、CHO-DG44 和 CHO-S 细胞中，这些合成的最强启动子显示出比 CMV-IE 高 2.2 倍的转录速率。Schlabach 等（2010）采用合成生物学方法产生和筛选人类细胞中具有活性的转录因子结合位点，获得的复合增强子的活性是 CMV 增强子的 2 倍，在多个细胞系中比原合成增强子具有更高的活性。

尽管合成生物学发生了革命性变化，定制 DNA 片段的基因合成和插入目的载体的成本不断下降，但是，由于合成启动子存在转录结合位点的精确重复序列，虽然设计简单，但不能用标准的 Gibson 组装法精确组装合成。Lam 和 Truong（2020）在 CMV 核心启动子的基础上设计了一种合成启动子，在正向方向上消除了所有大于 9 个碱基对的重复序列，而在反向方向上则没有重复序列。由于是通过错开组成型转录因子 CREB、C/EBP 和 TP53 的结合位点，以及结合位点内不同的碱基而构建的，因此，并没有减少重复的转录因子结合位点的数量。基于这些特征，可以更方便地将启动子与下游转基因联合进行从头合成，且整个序列的 GC 含量在 25%～75%的合成范围内，任何基因合成厂商都可以以低成本合成（可能低至 CMV 启动子合成成本的 1/3）。该启动子可替代常用的 CMV 组成型启动子，成功启动 HEK293-T、MEF 和 FL5.12 细胞系的强表达。

5. 新型启动子

虽然对启动子进行了大量研究工作，但目前尚缺乏一种高效的通用启动子，因此，研究者们一直致力于鉴定和设计新型启动子驱动转基因表达。目前在线数据库中有大量的真核生物和病毒来源的启动子被鉴定和分类，如瑞士生物信息学研究所的 EPD 数据库（eukaryotic promoter database）、经 CHIP-seq 实验结果鉴定的 MPromDb 数据库（mammalian promoter database）和 PEDB 数据库（mammalian enhancer/promoter database）等（王天云等，2020）。

一个合适的转录启动子是真核转录单元 RNA 聚合酶Ⅱ的必需元件。由于不同启动子的组成序列不同或载体中其他顺式作用元件的影响，不同启动子的强度和维持持久表达的能力也各不相同（Ho et al.，2015）。有关启动子的研究有许多，但由于不同报道中细胞的培养条件、细胞系不同，很难对启动子进行比较。在相似条件、无选择压力下比较稳定转染同一细胞克隆株的转基因表达水平和稳定性，有助于载体的优化和合适启动子的选择。在载体设计中需要根据实验目的、宿主细胞、基础载体及其顺式作用元件等选择合适的哺乳动物来源的强启动子或合成启动子，以产生高水平、长期稳定表达的转染宿主细胞系。

（二）增强子优化

增强子分为细胞专一性增强子和诱导性增强子两类。许多增强子的增强效应有较强的组织和细胞专一性，只有在特定的转录因子参与下才能发挥其作用。诱导性增强子包含可被激素或激素类化合物（如类固醇）刺激的序列，其活性通常需要特定的启动子参与。常用的激素诱导性增强子是小鼠乳腺肿瘤病毒（Mouse mammary tumor virus，MMTV）长末端重复序列（Vercollone et al.，2015）。其他诱导元素如可被镉或锌等二价金属离子诱导的金属硫蛋白启动子/增强子、糖皮质激素诱导元件等。增强子依赖性诱导可提高转基因表达水平，如金属硫蛋白基因可以在多种组织细胞中转录，受类固醇激素、锌、镉和生长因子等的诱导而提高转录水平。然而，许多化合物对目的基因并不是特异性的。为了克服由此产生的多效性效应，开发了不同的诱导体系，它们依赖于原核调控元件或内源激素调控元件的突变体，包括四环素、FK506/雷帕霉素、RU486/米非司酮和蜕皮素。

在许多哺乳动物的基因中，增强子确保了基因表达调控的精确性和协调性。病毒启动子区域（如 CMV 和 SV40）含有近端增强子元件，利用这种启动子构建的载体常将这些增强子包含在内。此外，还可将不同的增强子与启动子组合构建杂合启动子，在哺乳动物细胞中增强外源目的基因的转录，提高转基因表达水平。hCMV 即刻早期基因增强子与血小板衍生生长因子（platelet-derived growth factor，PDGF）启动子组合，在体外培养的神经元中转基因表达水平增强了约 20 倍，在大鼠的神经元中约为对照组的 10 倍，并至少维持了 12 周（Wang et al.，2005）。同样，有研究证实 hCMV/EF-1α 杂合启动子显著增强了小鼠肝脏的转基因表达和 CHO 细胞中的重组蛋白表达量（Magnusson et al.，2011；Wang et al.，2018）。

（三）poly（A）优化

3′-UTR 对于转录终止是必要的，是基因回路中不可缺少的元件，主要有两种功能——终止基因转录和提高基因转录在翻译过程中的稳定性，从而极大地影响 RNA 产物的稳定性，促进加工后的 mRNA 从细胞核转移至细胞质中，而且在促进翻译方面也能发挥作用。3′-UTR 需要一个或多个具有保守 AATAAA 的 poly(A) 序列和一个富含 GT 的下游序列元件，用于 RNA 转录本的转录终止和多聚腺苷酸化。Wang 等（2022）研究了不同 poly（A）元件对 CHO 细胞转基因表达的影响，结果表明，SV40 和一个合成的 poly（A）序列可增强转基因稳定表达，并减少不同转化细胞株之间的表达异质性。有些 poly（A）区域没有转录增强子或稳定子，而存在不稳定元件。这些元件可以显著地减少新生转录本的半衰期，因此不利于基因的表达。

稳定 mRNA 转录本可提高细胞中基因表达水平。mRNA 水平可以被特定的 3′-UTR 序列元件调节，3′-UTR 包含激素诱导的序列，在某些情况下，还可以调节基因的细胞特异性表达。这些发现表明，真核表达载体的优化需要考虑增强子序列和 UTR，为目的基因提供最佳表达。

（四）内含子优化

内含子（intron）是真核生物细胞 DNA 中的间插序列，被转录在前体 mRNA 中，经过剪接被去除，故成熟 mRNA 分子中不存在内含子编码序列。内含子和外显子的交替排列构成了断裂基因。研究表明，在目的基因起始密码子上游插入一个内含子或一个未翻译的外显子序列，可诱导质粒有更高的蛋白表达水平（Xu et al.，2018）。这些未翻译的外显子包含剪接元件，被认为可以提高 mRNA 从细胞核到细胞质的转运能力，或增强 RNA 的稳定性和（或）半衰期，从而提供了更多的转录本。因此，许多真核表达载体都插入了一个 SV40 的内含子，利用该内含子及其剪接信号构建的载体，外源基因的表达水平比普通的载体要高。内含子 A 与 hCMV IE1 增强子-启动子协同可提高外源基因的 mRNA 水平，从而提高细胞的蛋白生产力。研究发现，无论是瞬时表达还是稳定表达的 CHO 细胞中，内含子均可提高重组蛋白的表达量。但是，由于目前大多数插入的外源基因为 cDNA，即使载体中不含有内含子剪接信号，也不会影响其表达。

剪接位点（splice site）位于外显子和内含子之间，分析剪接供体和受体序列有效剪接的概率，进而在编码序列允许情况下优化序列，这对于重组蛋白的表达是很重要的。内含子上游的剪接位点称为供体剪接位点（5′→3′方向），而内含子下游的剪接位点称为受体剪接位点（3′→5′方向）。供体剪接位点对应于内含子的起始（GT），受体剪接位点对应于内含子的末端（AG）。剪接位点也可以存在于编码序列中，作为可能的供体和受体剪接位点。DNA 序列中的每个 AG 和 GT 都需要分析是真实剪接位点还是假剪接位点，以确保在翻译过程中序列不被破坏。除了紧邻剪接事件的序列之外，远端序列也对剪接的概率有影响。一些网站能够免费进行剪接分析，有助于识别不必要的隐性拼接（表 5.4）。

表 5.4　可用于识别 DNA 序列中潜在剪接位点的软件（Alves and Dobrowsky，2017）

分析软件	网站
Gene splicer	https://ccb.jhu.edu/software/genesplicer/
NetGene2	https://services.healthtech.dtu.dk/services/NetGene2-2.42/
HSPL	https://genomic.sanger.ac.uk/
NNSplice	https://www.fruitfly.org/seq_tools/splice.html

（五）IRES 和 F2A 肽优化

同时表达 mAb 的轻链和重链可以使用两个独立的质粒。然而，这种方法受到转染效率、进入细胞的每个质粒的拷贝数以及稳定细胞系的基因组整合位点的严重影响。重链和轻链在同一个质粒上表达，也可以构建抗体表达质粒。载体可以是两个独立的启动子驱动重链和轻链表达的双顺反子，在这种情况下会发生转录干扰。

转录干扰可以通过使用细胞或病毒来源的 IRES 单顺反子结构来解决。多个基因的表达（如选择标记基因和目的基因、mAb 的轻链和重链）通过在两个基因之间插入一个 IRES 序列分开，可以允许两个基因依赖于同一个启动子转录同一条 mRNA 分子。当上游基因的转录起始为 5′端时，mRNA 上的 IRES 允许 5′端作为下游基因的转录起始。因此，从同一个 mRNA 中可以翻译出两种不同的蛋白质。这个介入的 IRES 序列作为一个核糖体进入位点，用于有效的 cap-非依赖性的内部翻译起始。

通过使用 IRES 系统单一的启动子可以驱动多顺反子 mRNA 的转录，连接的基因能够保持更高的表达一致性，有利于蛋白质异二聚体的成功表达（如表达 mAb 的多肽）。此外，通过 IRES 表达载体对下游的选择标记基因进行设计时，选择标记基因的表达依赖于上游目的基因的成功转录。这样可减少或消除目的基因之外的选择标记基因的发生，在选择标记作用下产生表达目的基因的稳定表达细胞系。

在小核糖核酸病毒中发现的 2A 肽具有“自剪切”功能，也可以用于表达两个多肽。除了于 1991 年首次发现的口蹄疫病毒 2A 肽（Foot-and-mouth disease virus 2A，F2A）外，2A 肽还在多种病毒中出现，如马鼻炎 A 病毒（Equine rhinitis virus 2A，E2A）、猪特斯琴病毒-1（Porcine teschovirus 2A，P2A）和阿西尼亚扁刺蛾病毒（Thosea asigna virus 2A，T2A）等。其中的 F2A 是典型代表，因其具有多种优点，尤其是其较高的自剪切效率、连接的两个基因表达较为平衡并且序列较短，因而逐渐成为重组抗体生产的一个重要策略（Liu et al.，2017）。

研究表明，在 F2A 肽上游插入一段 Furin 蛋白序列可以去除裂解后多余的氨基酸（Ebadat et al.，2017）。F2A 肽比 IRES 小得多，大约 20 个氨基酸，“自剪切”发生在最后两个氨基酸——甘氨酸（G）和脯氨酸（P）之间，在 F2A 肽的 C 端，产生等量的共表达重组抗体。CHO 细胞中分别用 IRES 和 Furin-2A 介导的三顺反子载体来表达重组抗体时，Furin-2A 元件的重组抗体表达量明显高于 IRES 元件，而且重组抗体表达量受重链和轻链的顺反子位置的影响。当轻链和重链分别置于 F2A 上游和下游（LC-F2A-HC）时，mAb 表达量是 IRES 介导 LC-IRES-HC 的 3 倍，即 Furin-2A 介导的表达载体重组抗体表达量高于 IRES 介导的表达载体，并且当轻链表达量高于重链时，更有利于重组抗体的表达（Ho et al.，2013a）。此外，研究还发现将 F2A 序列与 IRES 一起用于构建多顺反子载体，可提高重组 mAb 的表达水平和质量（Ho et al.，2013b）。

（六）选择标记优化

利用各种表达盒稳定转染哺乳动物细胞使外源基因表达已经得到了很好的证实。表达盒中的关键元件，如启动子和增强子已被广泛研究以优化重组蛋白的表达效率。然而，外源基因的随机整合导致的转基因沉默以及不同重组细胞克隆间表达水平的异质性和稳定性，大大影响了重组蛋白的生产效率。转基因质粒整合到宿主细胞基因组后，通过筛选药物来杀死几乎没有转基因表达的细胞，以提高目的蛋白的产量。某些情况下，增加筛选药物的浓度可提高筛选强度，获得整合到基因组转录热点区域的、具有更高重组蛋白表达水平的细胞株，从而获得更高的靶蛋白表达水平。然而，药物浓度过高往往会伴随着细胞生长速率降低，且只能在一定程度上提高蛋白质产量，当筛选药物从系统中去除时，生产率通常会下降。利用选择基因的弱化表达以提高转基因表达水平可有效解决这一问题。

减弱筛选基因的表达有利于其下游目的基因插入宿主基因组，进而增加重组蛋白的表达。Sautter 和 Enenkel（2005）进行新霉素磷酸转移酶（neomycin phosphotransferase，NPT）保守区的单点突变，发现重组蛋白表达水平提高了 1.4～14.6 倍。Lin 等（2019）通过将活性降低的 GS 突变体作为选择标记，显著增加了稳定转染细胞池的抗体生产，筛选的单克隆至少在 60 代内可保持稳定的表达水平，在摇瓶补料分批培养条件下，可达到 2.2 g/L 的抗体产量。

此外，还可以利用弱启动子驱动选择标记基因的转录，从而降低其表达。Noguchi 等（2012）使用 SV40 晚期启动子驱动 *DHFR* 的转录，进行 DHFR 系统、IR/MAR 系统联用研究。Yang 等（2019）从含有野生型 SV40E 的重组质粒中获得了一个缺失增强子元件的 SV40E 突变启动子区（Delta-SV40E），通过该突变的 SV40E 减弱其下游 GS 基因的转录和表达，从而使 GFP 的平均荧光强度和阿达木抗体的表达量均提高了约 2 倍。Ng 等（2012）弱化 IRES 并添加小鼠鸟氨酸脱羧酶（mouse ornithine decarboxylase，MODC）蛋白质降解信号 PEST 序列破坏 DHFR 蛋白的稳态，使 Dectin-1 产量达到 598 mg/L。Westwood 等（2010）对小鼠 *DHFR* 基因进行密码子反优化，使用宿主细胞不常用密码子降低选择标记基因表达，从而增加了选择压力，提高了共转染重组蛋白的产量。除此之外，还可以利用 mRNA 不稳定化元件对选择标记进行弱化，如富 AU 元件（AU-rich element，ARE）（Ng et al.，2007）。在哺乳动物表达系统中使用弱化的筛选基因作为选择标记物，降低了对筛选药物的需求，并能产生具有更高重组蛋白产量的稳定克隆。

（七）翻译与分泌优化

哺乳动物表达载体的优化还包括翻译与分泌的优化。当启动子 5′端非翻译先导序列被包含在启动子时，基因编码区之前的上游序列影响转录和翻译。易于形成二级结构的序列影响翻译速率，延迟核糖体向编码区的移动。MCS 上游序列中的多个回文结构的限制性内切核酸酶序列也可能影响翻译。

1. Kozak 序列

起始密码子的上游序列在翻译起始过程中起着重要作用。几乎所有活跃的 mRNA 在翻译起始位点前（起始 AUG 附近的 6～9 个碱基）都包含一个类似于 5′-GCCACC-3′的序列，称为 Kozak 序列，相当于原核生物的 Shine-Delgarno 序列，被认为可以促进 mRNA 的翻译。如果改变这一序列，会使翻译起始速率大大降低。因此，如果不存在合适的 Kozak 序列或其扩展版 5′-GCCGCCACC-3′，则应在表达载体的起始密码子之前加入 Kozak 序列。一个较好的 Kozak 序列（GCCG/ACCAUGG）中的两个碱基十分重要，–3 位为嘌呤、+4 位为 G 可显著影响翻译效率（Kozak，2005）。

2. 信号肽

哺乳动物细胞生产的重组蛋白大多为分泌型，大量的真核生物分泌蛋白（占小鼠和人类蛋白质组的 20%以上）（Kanapin et al.，2003）在其 N 端携带一个短氨基酸序列，通常是短的（20～30 个）疏水氨基酸螺旋，称为信号肽（signal peptide，SP），也称为前导肽或前导序列，用于靶蛋白进入或穿过细胞膜，是研究最广泛的信号序列。SP 作为一个信号序列可被细胞机制识别，决定了蛋白质的分泌途径和蛋白质定位。信号序列也可能不是从细胞分泌而是嵌入细胞膜的蛋白质上，如整合膜蛋白或细胞表面受体。有研究表明，重组蛋白的产量不仅与 mRNA 水平和翻译速率有关，分泌蛋白易位到内质网腔也是一个限制因素，SP 的分泌途径和易位效率控制蛋白质分泌速率，决定蛋白质折叠状态，影响下游跨膜行为、N 端糖基化和核定位信号等。由于 SP 在原核生物和真核生物中无处不在，近年来，它在重组蛋白生产中的作用受到了广泛的关注。许多研究已经证明，替代信号肽可增加蛋白质分泌（Knappskog et al.，2007；Kober et al.，2013；You et al.，2018）。此外，基因治疗的成功在很大程度上取决于对靶器官的高转染效率，这可以通过选择优化 SP 提高治疗分子的分泌率和血清水平来实现（Owji et al.，2018）。

选择合适的 SP 可促进哺乳动物细胞中重组蛋白的产生，对于建立蛋白质生产工艺、提高重组蛋白的正确加工率和促进分泌至关重要。蛋白质自身 SP 的切割位点精准，可得到天然的 N 端，但其分泌能力可能不是最优的。通过实验测试一组常用的异源 SP 也是可取的（表 5.5），异源信号肽一般选择分泌能力强的序列，如使用广泛的免疫球蛋白信号肽和某些细胞因子（如 IL-2）SP，但是这种设计容易造成分泌后的蛋白质 N 端缺失、增加几个氨基酸或 N 端不齐，用于药物设计时存在潜在的不安全性。人工设计的 SP 含有一段疏水氨基酸作为核心，切割位点前通常有碱性氨基酸。它的分泌效率较高，但也存在切割位点准确性不高的缺陷。因此，可以选择多个 SP 并用软件预测，再选择预测结果最肯定、切割位点最特异的 SP 进行实验验证。一些生物信息学在线分析工具可通过氨基酸序列预测 SP（表 5.6）。

表 5.5 哺乳动物表达载体常用的分泌信号肽

来源	中文名称	英文名称	蛋白质序列
人	抑瘤素 M	oncostatin-M（OSM）	MGVLLTQRTLLSLVLALLFPSMASM
	基膜蛋白 40	basement-membrane protein 40（BM40）	MRAWIFFLLCLAGRALA
	胰凝乳蛋白酶原	chymotrypsinogen（CTR）	MAFLWLLSCWALLGTTFG
	胰蛋白酶原	trypsinogen-2（TRY2）	MNLLLILTFVAAAVA
	白细胞介素-2	interleukin-2（IL-2）	MYRMQLLSCIALSLALVTNS
	血清白蛋白	human serum albumin（HSA）	MKWVTFISLLFLFSSAYS
	胰岛素	insulin（INS）	MALWMRLLPLLALLALWGPDPAAA
	组织型纤溶酶原激活剂	tissue-type plasminogen activator（TPA）	MDAMKRGLCCVLLLCGAVFVSP
鼠	小鼠 Ig kappa 链	Ig kappa chain（IgK）	METDTLLLWVLLLWVPGSTGD
	小鼠 Ig 重链	Ig heavy chain（IgH）	MGWSCIILFLVATATGVHS
	大鼠血清白蛋白	rat serum albumin（RSA）	MKWVTFLLLLFVSGSAFS

表 5.6 信号肽预测的在线分析工具

分析软件	网站
SignalP6.0	https://services.healthtech.dtu.dk/service.php?SignalP
TargetP2.0	https://services.healthtech.dtu.dk/service.php?TargetP-2.0
PrediSi	http://www.predisi.de/
Signal-3L 3.0	http://www.csbio.sjtu.edu.cn/bioinf/Signal-3L/

3. 密码子

当宿主细胞系与基因宿主来源不同或用同义突变来增加目的基因的蛋白质表达时，应考虑对目的基因的密码子进行优化，通常用于重组蛋白生产和体内核酸治疗。用来表达目的蛋白的开放阅读框不仅仅编码氨基酸序列，在天然环境下它可包含二级结构、可能抑制核糖体加工的 mRNA、可选择的剪接位点、mRNA 降解信号的序列元件以及表达宿主中很少使用的密码子。因此，影响目的基因开放阅读框及其在哺乳动物细胞中生产蛋白质能力的变量可能很多。研究人员除了考虑这些变量以及特定限制性位点或基序存在与否外，还要考虑从头 DNA 合成（*de novo* DNA synthesis）生成一个全长基因的能力。从头 DNA 合成可快速高效地构建适合特定应用的基因和设计“最佳”基因，即设计一个 DNA 序列，通过密码子选择优化，提高细胞表达重组蛋白的能力。

密码子优化是翻译延伸和 mRNA 稳定性的关键环节，非最优化的 mRNA 缓慢翻译会被 5′→3′衰减途径装置识别，从而触发快速的脱腺苷化和衰减（Forrest et al.，2020）。因此，基因表达水平与最优密码子的使用有关，不同密码子之间翻译效率的差异是由 tRNA 水平和氨基酸使用之间的不平衡来决定的，最优密码子具有最高的 tRNA 基因拷贝数。

在高表达基因中存在高频率的最佳密码子，因此，增加目的蛋白表达的一个简单策略就是构建具有最佳密码子的目的基因。对 *GFP* 基因进行人密码子优化可以显著提高其在哺乳动物细胞中的表达水平（4～10 倍）。原核生物和真核生物基因都表现出同义密码子的非随机使用，哺乳动物密码子的改变可能增加了 *GFP* mRNA 的稳定性，并提高了异源基因的翻译效率。

另一个优化策略根据密码子使用的偏爱性，在不改变蛋白质编码序列的前提下尽量使用宿主细胞最常用的密码子对基因进行改造。一般来说，高表达基因往往比低表达基因表现出更大程度的密码子偏爱性，同义密码子的使用频率通常反映了同源 tRNA 的丰度，这就意味着一个理想密码子是由它的频率来定义的，频率通常由密码子适应指数（CAI）的得分来评判。这种方法也有很多缺点，包括产生一个高密码子浓度的 tRNA 群体子集、导致 tRNA 库失衡、出现密码子使用偏差和增加翻译错误。Villalobos 等（2006）开发的先进算法不仅考虑到这些问题，而且还可以避免重复元件和 mRNA 结构。此外，该算法为研究人员提供了插入或删除序列元件的可操作性，如限制性位点。

精心设计的基因优化是一个巨大的挑战，已有大量公开可用的密码子优化软件（表 5.7）（Hanson and Coller，2018；Koblan et al.，2018）。优化软件必须考虑跨越整个目的基因的诸多参数，包括短序列基序、剪接位点识别模式、GC 含量和密码子使用。密码子优化后，由于转录或 RNA 稳定性提高，导致 mRNA 和重组蛋白质生产水平升高（Zhou et al.，2016）。

表 5.7　密码子优化网站

优化程序	网站
DNA Works	http://mcl1.ncifcrf.gov/dnaworks/
Codon Optimizer	http://www.cs.ubc.ca/labs/beta/Projects/codon-optimizer/
GenScript	https://www.genscript.com/tools/rare-codon-analysis
Codon OptimWiz	https://www.genewiz.com.cn/Public/Services/Gene-Synthesis/mmz
ExpOptimizer	https://www.novopro.cn/tools/codon-optimization.html
Codon usage database	http://www.kazusa.or.jp/codon/

每一个软件都会有其优点和缺点，最好使用多个软件分别进行优化，然后使用软件计算优化后基因的 CAI。如果可能，在基因序列密码子优化过程中，进一步消除隐性剪接位点和 poly（A），因为它们可以远程影响转录本加工，对基因编码序列的优化可能提高重组蛋白的表达。

4. 融合标签

重组蛋白通常在真核表达系统中表达以确保二硫键形成和正确的糖基化。抗体和抗体样分子是较容易在哺乳动物细胞中生产的蛋白质，并且容易用蛋白 A 或蛋白 G 树脂纯化。然而，一些重组蛋白、亚结构域和突变蛋白体可能会出现错误折叠、聚集或未完全表达。融合标签常用于解决这些问题，并提供了一个方便的一步纯化法。常用的融合伴侣包括 IgG 固定结构域可结晶片段（fragment crystallizable region，Fc）、麦芽糖结合蛋白（MBP）、小泛素样修饰蛋白（SUMO）和 HSA 标签。它们可以提高其融合蛋白的产量、溶解度或两者兼而有之，但是影响程度存在蛋白特异性。Fc 标签会引起融合蛋白的人工二聚体，这可能会引起与某些融合伴侣的聚集。由于这些标签大多都比较大，融合蛋白被纯化后通常需要将它们移除。最常见的解决方案是在可溶性标签和重组蛋白之间设计一个蛋白酶裂解位点。

二、其他优化策略

转录水平的调控主要是通过顺式作用元件与反式作用因子的相互作用实现的，两者分别由表达载体和宿主细胞提供，因此，将一些调控元件如染色质修饰元件加入表达载体中，可以缓解 DNA 免受依赖整合的抑制或“染色质位置效应”的负面作用，是哺乳动物细胞高效表达外源基因的关键因素之一。几种常用的染色质修饰元件，包括 MAR、UCOE、绝缘子、STAR、WPRE 和乙肝病毒转录后调控元件（hpatitis B virus post-transcriptional regulatory element，HPRE）等（表 5.8），可用于提高重组蛋白表达的水平和稳定性。MAR 和绝缘子可以阻止异染色质标记扩展到常染色质区域，形成染色体结构域之间的边界，而 UCOE 和 STAR 可以抑制目标整合基因周围的染色质凝聚，主动使染色质进入转录许可状态，从而抑制转录沉默。WPRE 和 HPRE 可以增强 mRNA 的转录后加工或输出，导致蛋白质产量的增加。这些元件可以克隆至表达载体的不同位点，如表达盒的两端、启动子上游或 poly（A）下游，或者可以插入邻近目的基因的多克隆位点下游，在重组蛋白表达中发挥调控作用（图 5.10）（Guo et al.，2020；王天云等，2020）。

表 5.8　哺乳动物表达载体常用的染色质修饰元件

调控元件	长度（bp）	来源
UCOE	8000、4000、1500、700 等	HNRPA2B1-CBX3 位点的人遍在开放染色质元件
MAR		
Chicken lysozyme	1668	鸡溶菌酶基因
IFN-β MAR	2201	人 β 干扰素基因
β-globin MAR	2159	人 β 珠蛋白基因
MAR 1-68	3614	人基因组中 In silico 鉴定的 MAR
MAR X-29	3354	人基因组中 In silico 鉴定的 MAR
CSP-B SAR	1233	人造血丝氨酸蛋白酶基因
MAR-6	1943	CHO 细胞
DHFR intron SAR	549	CHO 细胞
TOP1 MAR	2970	人拓扑异构酶 I 基因，内含子 13 片段
STAR		
STAR7	2101	人基因组 DNA
STAR40	1031	人基因组 DNA
绝缘子		
cHS4 元件	1200	鸡 β 珠蛋白基因
tDNA	500	小鼠 Gly 和 Glu tRNA 基因

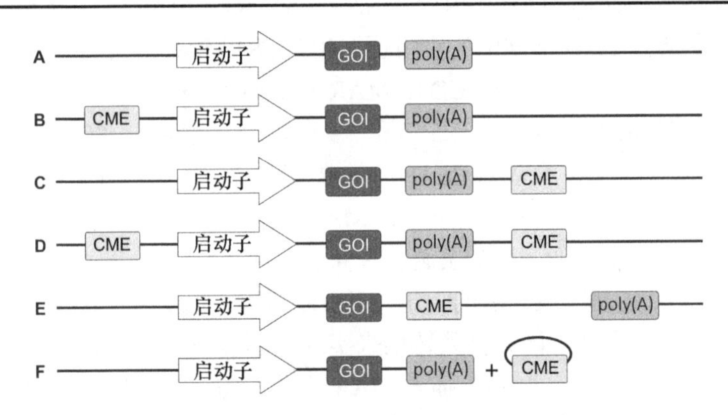

图 5.9　表达载体不同位置的染色质修饰元件模式图

A. 没有染色质修饰元件的表达盒；B. 染色质修饰元件位于启动子上游；C. 染色质修饰元件位于 poly（A）下游；D. 染色质修饰元件位于表达盒两端；E. 染色质修饰元件位于 poly（A）下游邻近 GOI 的位置；F. 染色质修饰元件作为一个独立的表达载体。CME，染色质修饰元件（chromtin modifying element）；GOI：目的基因（gene of interest）；poly（A），聚腺苷酸化信号。

（一）核基质结合区

MAR 是存在于真核细胞染色质中的一段与核基质特异性结合的 DNA 序列，

一般位于 DNA 放射环或活性转录基因的两端。MAR 也被称为核骨架附着区（scaffold attachment region，SAR），可以将染色质锚定到核基质（骨架）上，长度为 100 bp 到几千 bp。MAR 元件常含有一些特征性基序（如 A-box、T-box、酵母自主复制序列 ARS、果蝇拓扑异构酶Ⅱ识别位点）、能形成蛋白质识别位点的松散 DNA（unwinding DNA）、富含 AT 区（几乎所有 MAR 的 AT 含量均超过 65%）及弯曲 DNA（curved DNA）等。虽然 MAR 具有一些特征性序列，但比较不同 MAR 的碱基序列，发现 MAR 在碱基组成上并不具保守性。MAR 可促进染色质形成环状结构，作为 DNA 复制起始位点调控基因转录。

作为染色质结构域（染色体环）之间的边界元件，MAR 一般位于功能转录单元的两侧以增强转基因表达，但也有一些 MAR 位于基因的内含子中。起初，MAR 主要用于增加植物细胞中的转基因表达，如烟草、玉米等。2004 年，Kim 等证明了人珠蛋白-MAR 可以有效地提高转基因阳性克隆的比例且具有生长同质性，同时这些 CHO 克隆株的蛋白产量提高了约 7 倍。鸡溶菌酶 MAR 在顺式和反式作用下也能提高 CHO 细胞表达 GFP 的稳定性和 IgG 的表达量。生物信息学分析预测了人基因组中的 MAR，并进一步发现来自人类基因组 DNA 的 MAR X-29、MAR 1-68 可以提高 CHO 细胞和小鼠中 GFP 及治疗蛋白的表达水平。使用 MAR 1-68 的 mAb 产量最高可达 70 PCD（pg/cell/d），而不使用 MAR 的 mAb 产量仅为 1～4 PCD。随着研究的深入，在哺乳动物细胞中发现了更多的功能性 MAR 元件，小鼠基因组中的 S4 MAR、DHFR 内含子 SAR、MAR1、MAR6，人 CSP-B SAR 也被发现可稳定增强 CHO 细胞中的重组蛋白生产。S4 MAR 最优克隆株的平均产量约为 7.28 PCD（对照组为 2.61 PCD）。MAR 1 和 MAR 6 在 CHO 细胞中的靶蛋白表达量分别为无 MAR 对照组的 2.6 倍和 3.9 倍，分别达到 26 PCD、39 PCD。除了天然的 MAR 元件外，合成的 PSAR2 MAR 和 E77、嵌合的 HS4 和 SM5 可以提高稳定 CHO 细胞系中的转基因产量。将 MAR 元件整合至表达载体中驱动目的基因在真核细胞中的高水平、稳定表达已有商业化应用。

MAR 位于目的基因表达盒的上游、下游或两端，克隆到独立载体与目的基因载体共转染，或克隆至不同载体共转染来实现基因转录的调控。有研究表明，在 CHO 细胞中表达盒下游（3′端）插入 MAR 元件，与上游（5′端）相比能更有效地提高目的蛋白产量。在表达盒的两端插入 MAR，可使基因表达水平增加 10 倍以上，表明 MAR 是一种在基因表达调控中起着积极作用的新型基因调控元件。不同的 MAR 与不同启动子组合在哺乳动物细胞中显示出不同的重组蛋白生产活性，鸡溶菌酶基因和人干扰素 MAR 只有与 SV40 启动子组合才能增加 CHO 细胞中的转基因表达水平。

一般认为，MAR 对转基因表达的增强作用仅在稳定转染时起作用，在瞬时转染时不起作用。其机制可能是由于其边界和（或）绝缘子活性造成一种分割，使每个转录单元保持相对的独立性，从而阻止异染色质的扩散，抑制目的基因的转基因沉默。在瞬时表达的情况下，转基因未整合到基因组 DNA 中，保持游离状态，因此 MAR 不能在瞬时转染中起作用。然而，在某些情况下，MAR 可以提高转染效率和在 CHO 细胞中的瞬时表达水平，如人 CSP-B SAR 和 Top1 MAR。不同的 MAR 在不同的表达载体或细胞系中有些结果是不一致甚至是矛盾的，推测 MAR 的作用可能受到载体组成和细胞系的影响。

虽然 MAR 可以增加和稳定哺乳动物细胞中的转基因表达，用于生物工程的重组蛋白生产和基因治疗，但很少有研究涉及 MAR 的机制和确定其起作用的关键成分，推测 MAR 的功能并不是由 DNA 的一级结构决定的，而是与 DNA 的特定结构构象或组蛋白修饰的调控有关。

（二）遍在染色质开放元件

UCOE是具有组织非特异性显性染色质重塑功能的DNA结构域，可以使DNA不依赖于染色体插入位点，处于转录活性的“开放”状态。UCOE 由未甲基化的 CpG 岛组成，其两侧有双向启动子，控制着管家基因的转录。第一个 UCOE 元件位于 TATA 结合蛋白-蛋白酶体亚基 C5 编码蛋白（TATA-binding protein-proteasomal subunit C5-encoding protein，TBP-PSMB1）基因的染色体位点。随后，在结构相似的区域异质核糖核蛋白 A2/B1-异染色质蛋白 1Hs-γ（heterogeneous nuclear ribonucleoprotein A2/B1-heterochromatin protein 1Hs-gamma，HNRPA2B1-CX3）中发现 A2UCOE，这是一个 2.6 kb 未甲基化的 CpG DNA 片段。

启动子上游的 UCOE 能显著保护启动子免受表观遗传沉默，有效地提高了重组蛋白的表达水平和稳定性。因此，自从 UCOE 发现以来，就被广泛应用于保护启动子活性、实现高表达水平和稳定的重组蛋白生产。与 MAR、STAR 和绝缘子相比，UCOE 能更有效地提高抗体表达水平。将 A2UCOE 克隆到表达载体中转染 CHO-S 细胞，重组抗体的产量可达 200 mg/L。A2UCOE（4 kb）联合 hCMV 启动子可使抗体生产水平提高到 180～230 mg/L，在 CHO-S 细胞中稳定转染的克隆数也显著增加。另一项研究也表明，A2UCOE 能与重组抗 C2 mAb 产生更稳定的克隆，其产量可达 50～110 mg/L。UCOE 元件还可以加速稳定、高表达克隆的筛选。ClonePix FL 分析联合 UCOE 转染后仅 4 周即可获得稳定的克隆，在 CHO 细胞中单位生产率超过 20 PCD。A2UCOE 序列分别克隆于包含人源化 IgG1 mAb HC 和 LC 基因的两个独立表达载体的 CMV 启动子上游，在 CHO 细胞转染池中均具有更高的抗体产量和稳定性，HC 上包含 UCOE 元件的细胞表达水平最优。UCOE-HC-LC 载体转染细胞池的表达量为 6.5 mg/L，约为 HC-UCOE-LC 的 8 倍，且可以持续高水平表达 4 个月以上。由 UCOE-HC-LC 载体产生的所有细胞克隆都能产生抗体，该载体的平均产生水平达到 6.2 mg/L。比较 1.5 kb 核心 A2UCOE 亚片段、MAR X_S29 元件、STAR40 元件和鸡球蛋白 HS4 绝缘子元件对 mAb 的作用，结果表明在稳定转染的 CHO 细胞池中，A2UCOE 元件的增强效果最明显，抗体滴度比其他三种元件的抗体滴度提高了 6 倍。

与 MAR 元件相似，UCOE 在 CHO 细胞中也表现出与启动子和目的基因的适配性。瞬时转染时，EF-1α 启动子和 UCOE 系统产生的 anti-TNFα 抗体水平最高。与此相反，豚鼠 CMV 启动子（guinea pig CMV，gCMV）和两个 UCOE 产生的 anti-CD20$^+$抗体的产量高于其他载体。在两种抗体中，两个 UCOE 的表达量均高于单个和无 UCOE 的表达量。稳定转染时，两个 UCOE 和 gCMV 启动子下细胞产生的 anti-TNFα 抗体浓度最高。相同条件下，hCMV 启动子的抗体水平低于 gCMV 启动子。此外，在 anti-CD20$^+$抗体的稳定表达中，EF-1α 和 hCMV 启动子效果较好。与瞬时表达类似，两个 UCOE 对两种抗体的表达增强作用均强于一个 UCOE 或不含 UCEO 元件。

除抗体外，UCOE 还能显著提高 EPO、EGFP 蛋白的表达水平，促进 CHO 细胞的增殖和存活。在 MTX 介导的基因扩增一个周期后，UCOE 具有高度的细胞特异性并提高 EPO 的体积产量，也为鉴定和培养稳定转染的细胞提供了一种手段。含 UCOE 的 CHO 细胞系，在 MTX 存在的情况下 GFP 表达更稳定，并且在转基因位点上更具同质性。UCOE 可能会影响质粒的整合和 MTX 扩增后染色体数量的一致性。

与无 UCOE 的 CHO 细胞相比，1.5 kb、4.0 kb 和 8.0 kb UCOE 元件在 hCMV 启动子驱动下均增加了 EGFP 和 EPO 表达水平，这种效应与转基因整合位点无关，并且可以维持 199 代的高水平表达。一些含有 8.0 kb A2UCOE 结构的高表达细胞克隆系维持高水平表达的时间甚至更长：在没有药物选择压力的情况下超过 118 代，在药物选择压力下为 213 代，未观察到 EGFP 表达水平下降。用最小的 1.5 kb 核心 UCOE 的亚片段构建的表达载体，足以发挥全长 UCOE 的作用，驱动 CHO 细胞的稳定转基因表达。进一步研究表明，缺失 HNRPA2B1 启动子的最小 0.7 kb UCOE 完全保留了抗沉默特性。此外，研究人员还对不同大小的 A2UCOE（1.5 kb、1.0 kb、0.67 kb、0.63 kb）在 Tet 调控的 all-in-one 逆转录病毒载体上的表达进行了系统分析，发现 0.67 kb 的 UCOE 是防止沉默的最有效元件，并在 Tet 诱导的 all-in-one γ 逆转录病毒载体中获得最强表达。

UCOE 增强重组蛋白在不同细胞系中的生产水平和稳定性，从而加速了 CHO 细胞高产克隆的筛选和获得。UCOE 已被用于构建商业表达载体生产重组蛋白，如 Merck 公司的 UCOE 系列载体。然而，UCOE 与其他组分、天然蛋白质和细胞系的适配性还需要进一步的研究和分析。

（三）绝缘子

绝缘子（insulator）是存在于真核细胞生物的一类 DNA 边界元件，最先被发现的是黑腹果蝇中的 scs 和 scs9 绝缘子元件，后来在酵母和真核生物中也发现了绝缘子。虽然只发现了少量的绝缘子，但是通过生物信息学对全基因组预测表明，绝缘子在各种生物体的基因组中是普遍存在的。绝缘子主要处于染色体结构域的边界或各自调控元件与增强子之间的区域，通过阻止增强子、沉默子与无关启动子之间的相互作用，在将染色体细分为特定结构域的过程中起着关键作用。目前，至少有两种类型的绝缘子：一类是增强子阻遏绝缘子（enhancer-blocker），即当绝缘子位于增强子和启动子之间时，能抑制增强子对启动子的作用，阻止增强子增强基因转录的活性，但不会影响增强子或启动子和其他调控元件的相互作用；另一类是屏障绝缘子，它可以防止邻近异染色质的蔓延，抑制位置效应引起的基因沉默，从而保证受其保护的基因组区域内的基因能够正常表达。绝缘子长度从 250 bp 到 1.0 kb 不等，富含 CpG 的重复序列，包含赋予绝缘子活性的多种蛋白质的识别位点。绝缘子不独立起作用，但与邻近基因组绝缘子的活性有关。鸡超敏感位点 4（chicken hypersensitive site 4，cHS4）是 1.2 kb 鸡 β 珠蛋白基因座的 5′端绝缘子，来源于 β 珠蛋白基因族中基因座控制区的核糖核酸酶超敏感位点 4，是研究得较为清楚的绝缘子。cHS4 具有增强子阻断和屏障活性，但不能有效地重塑周围的染色质。cHS4 绝缘子可增强随机染色体整合的逆转录病毒的表达水平，显著降低长末端重复序列 5′端和 3′端的甲基化水平。

250 bp 的核心 CpG 岛决定了绝缘子的主要活性。cHS4 的功能依赖于细胞系，在鸡红系细胞、人白血病 K562 细胞系和转基因小鼠中均可影响转基因表达，但在 CHO 细胞中对重组蛋白水平没有明显的增强作用。原因可能是由于绝缘子序列的异源性，以及缺乏相应的序列结合因子。

从 CHO 细胞中新发现的内源绝缘子 MIT_LM2 通过长时间培养可以提高目的基因的表达水平。tDNA 基因是散在重复序列，在人类细胞中具有增强子阻断、屏障活性和充当绝缘子的功能。tDNA 绝缘子插入载体结合基因扩增系统，可提高 CHO 细胞的抗体滴度。tDNA 绝缘子可提高稳定转染细胞池和细胞克隆的 EGFP 平均荧光强度。通过加入 tDNA 绝缘子，EGFP 的单细胞克隆效率也提高了 54%。转染 tDNA 绝缘子的 3 个 CHO 细胞池的 mAb 平均滴度和单位生产率比无 tDNA 绝缘子的分别提高 7.9 倍和 3.1 倍。

cHS4、γ-卫星 DNA 和转移 RNA（tDNA）三种染色质绝缘子在 CHO 细胞中的实验开始时（0 周）表现出 EGFP 产量明显高于对照。γ-卫星 DNA 或 tDNA 转染的细胞培养 3 个月时 EGFP 表达强度保持稳定。然而，cHS4 绝缘子的 CHO 转染细胞培养 2 周后，EGFP 的平均荧光强度突然下降。在 HeLa 细胞中，无论是在实验开始时还是在培养 12 周后，包含 3 个绝缘子序列的所有载体 EGFP 表达均明显高于对照。Mao 等（2015）研究了 cHS4 绝缘子和 UCOE 在慢病毒载体转染的 HEK293-T 细胞蛋白生产中的作用。出乎意料的是，它们并没有提高 GFP 的表达水平或稳定性。

虽然一些研究已经证实绝缘子可以提高转基因表达水平和稳定性，然而，该元件的通用性尚存在疑问，目前还没有商业化表达载体使用该元件。

（四）稳定抗阻遏元件

通过对 500 bp 至 2.1 kb 的人类随机基因组片段进行筛选，发现了稳定抗阻遏因子 STAR，并发现 STAR 可以抵消染色质相关阻遏因子的不利影响。10 种 STAR 元件在人细胞和 CHO 细胞中具有相似的抗阻遏活性。STAR7 和 STAR40 序列具有类似的抗阻遏强度，在人和 CHO-K1 细胞中具有活性，可以增加阳性克隆的数量和重组蛋白的表达水平，并表现出拷贝数依赖性。然而，也有研究表明 STAR40 对 CHO 细胞产生重组蛋白和抗体的作用有限。

从人类基因组 DNA 中分离出的两个长约 3500 bp 的 DNA 片段 Rb1E 和 Rb1F 与 STAR7/67/7 元件相比，能产生更多的细胞克隆，且这些克隆表现出较高的蛋白表达水平。RPL32 与 CMV、SV40、EF-1α 和 β-actin 启动子结合，在 CHO-DG44 细胞中诱导产生大量细胞克隆并获得较高的蛋白产量。然而，STAR 元件尚未被报道用于工业生产。

（五）土拨鼠肝炎病毒转录后调节元件

转录增强子常用于增强转基因表达，其中许多是组织特异性的，可以用来驱动肿瘤特异性基因表达。WPRE 翻译后增强子元件可以用来提高转基因 mRNA 的稳定性，从而延长转基因表达的持续时间。该元件可置于编码序列和聚腺苷化序列之间。然而，在应用于基因治疗时也应考虑 WPRE 的潜在致癌性。由于人类和实验啮齿动物肿瘤发生机制的巨大差异，对这种活性的评估也变得较为复杂。

（六）基因座控制区

除了增强子/启动子序列调控基因表达外，基因座控制区（locus control region，LCR）也可以用于调控特定细胞类型的基因表达。LCR 是以组织特异性及拷贝数依赖的方式将相关基因的表达增强到生理学水平的异位染色质位点，其作用是通过改变相邻基因的染色质结构使这些基因转录。LCR 能以远距离方式发挥转录调控的作用，主要是由于 DNA 的 LCR 不同程度地绕到需调控基因表达的区域，使转录结合位点在物理水平上接近启动子，从而将转录因子传递到启动子区域，影响特异性基因的转录。

位于珠蛋白基因位点上游 50 kb 的 LCR，可以有效地调节红系细胞中的基因表达。这个序列似乎控制了染色质结构，并增加了 β 珠蛋白基因的转录活性。而且，不同的基因如 thy-1 和胸苷激酶（TK）-neo 与异源性 LCR 连接后都能在转染的红系细胞中高表达，无论其基因组整合位点如何。与其他组织特异性基因相关的相似 LCR 元件可以提供一种研发与位置无关的组织特异性表达载体的方法。

上述染色质修饰元件对目的基因的表达均有增强作用，将这些元件插入表达载体可以提高哺乳动物细胞系中重组蛋白的产量和稳定性。有效的表达载体不仅依赖于任何一个单独的元件，还依赖于它们的串扰和相互作用。由于它们的细胞特异性和（或）基因特异性，这些元素的使用需要有一定的策略。到目前为止，还没有办法预测哪种宿主细胞系/载体组合对所有蛋白质是最佳的或通用的，需要通过实验来确定。染色质修饰元件的正确组合需要进一步研究不同元件作用背后的机制。高水平重组蛋白生产载体的合理设计需要了解细胞因子和染色质修饰元件如何相互作用。此外，为了解决与哺乳动物细胞低蛋白产量相关的诸多问题，还需要考虑细胞的过程调控、培养基成分和基因修饰。因此，哺乳动物细胞重组蛋白的生产需要综合多种策略，考虑多参数优化和组合。

总结与展望

哺乳动物表达系统是生产重组药物蛋白的主要平台，由表达载体、宿主细胞及培养基组成，其中表达载体对重组蛋白生产有着重要影响。哺乳动物表达载体的骨架结构包括启动子、增强子、终止子、poly（A）信号、多克隆位点、选择标记等。质粒载体是应用最广泛的哺乳动物载体，多种不同功能和结构的质粒载体被设计和构建以适应不同用途。通过载体骨架结构以及染色体调控元件优化等，可以有效提高目的蛋白的表达量和稳定性等。

由于哺乳动物表达载体在宿主细胞中的转录和翻译效率受多种因素的调节，目前仍未能探索出一种通用的优化策略，依旧采用传统的方式将每个元件进行筛选和组合，从中筛选适合特定目的蛋白的表达载体。此外，传统载体的随机整合带来的细胞克隆异质性，都是目前哺乳动物表达载体亟需解决的问题。

随着基因工程技术的发展，将推动哺乳动物载体工程的进一步发展和完善，尤其是新型第三代基因编辑技术如 CRISPR/Cas9，及人工智能的机器学习如神经网络模型等在载体工程领域的应用，有望探索出简便高效的载体优化方法，并能克服传统载体带来的异质性问题，有助于构建高效的哺乳动物表达系统。

参 考 文 献

王天云, 贾岩龙, 王小引. 2020. 哺乳动物细胞重组蛋白工程. 北京: 化学工业出版社.

张伟莉, 杜秋杰, 朱嘉懿, 等. 2021. 用于基因治疗的非病毒附着体载体研究进展. 中国细胞生物学学报, 43(12): 2449-2459.

Abaandou L, Quan D, Shiloach J. 2021. Affecting HEK293 cell growth and production performance by modifying the expression of specific genes. Cells, 10(7): 1667.

Addison C L, Hitt M, Kunsken D, et al. 1997. Comparison of the human versus murine cytomegalovirus immediate early gene promoters for transgene expression by adenoviral vectors. J Gen Virol, 78: 1653-1661.

Alves C S, Dobrowsky M. 2017. Strategies and considerations for improving expression of "difficult to express" proteins in CHO cells. Methods Mol Biol, 1603: 1-23.

Bailey L A, Hatton D, Field R, et al. 2012. Determination of Chinese hamster ovary cell line stability and recombinant antibody expression during long-term culture. Biotechnol Bioeng, 109: 2093-2103.

Barnes L M, Bentley C M, Dickson A J. 2003. Stability of protein production from recombinant mammalian cells. Biotechnol Bioeng, 81(6): 631-639.

Battagliotti J M, Fontana D, Etcheverrigaray M, et al. 2020. Characterization of hepatitis B virus surface antigen particles expressed in stably transformed mammalian cell lines containing the large, middle and small surface protein. Antiviral Res, 183: 104936.

Battagliotti J M, Fontana D, Etcheverrigaray M, et al. 2022. Development, production, and characterization of hepatitis B subviral envelope particles as a third-generation vaccine. Methods Mol Biol, 2410: 273-287.

Brown A J, Sweeney B, Mainwaring D O, et al. 2015. NF-kappaB, CRE and YY1 elements are key functional regulators of CMV promoter-driven transient gene expression in CHO cells. Biotechnol J, 10(7): 1019-1028.

Budge J D, Roobol J, Singh G, et al. 2021. A proline metabolism selection system and its application to the engineering of lipid biosynthesis in Chinese hamster ovary cells. Metab Eng Commun, 13: e00179.

Dorai H, Corisdeo S, Ellis D, et al. 2012. Early prediction of instability of Chinese hamster ovary cell lines expressing recombinant anti-bodies and antibody-fusion proteins. Biotechnol Bioeng, 109: 1016-1030.

Doran D M, Kulkarni-Datar K, Cool D R, et al. 2011. Hypoxia activates constitutive luciferase reporter constructs. Biochimie, 93: 2361-2368.

Dou Y, Lin Y, Wang T Y, et al. 2021. The CAG promoter maintains high-level transgene expression in HEK293 cells. FEBS Open Bio, 11(1): 95-104.

Ebadat S, Ahmadi S, Ahmadi M, et al. 2017. Evaluating the efficiency of CHEF and CMV promoter with IRES and Furin/2A linker sequences for monoclonal antibody expression in CHO cells. PLoS One, 12(10): e0185967.

Fann C H, Guirgis F, Chen G, et al. 2000. Limitations to the amplification and stability of human tissue-type plasminogen activator expression by Chinese hamster ovary cells. Biotechnol Bioeng, 69: 204-212.

Foecking M K, Hofstetter H. 1986. Powerful and versatile enhancer-promoter unit for mammalian expression vectors. Gene, 45: 101-105.

Forrest M E, Pinkard O, Martin S, et al. 2020. Codon and amino acid content are associated with mRNA stability in mammalian cells. PLoS One, 15(2): e0228730.

Gasser F, Mulsant P, Gillois M. 1985. Long-term multiplication of the Chinese hamster ovary(CHO)cell line in a serum-free medium. In Vitro Cell Dev Biol, 21(10): 588-592.

Glinka E M. 2012. Eukaryotic expression vectors bearing genes encoding cytotoxic proteins for cancer gene therapy. Plasmid, 68(2): 69-85.

Gorman C, Bullock C. 2000. Site-specific gene targeting for gene expression in eukaryotes. Curr Opin Biotechnol, 11: 455-460.

Guo X, Wang C, Wang T Y. 2020. Chromatin-modifying elements for recombinant protein production in mammalian cell systems. Crit Rev Biotechnol, 40(7): 1035-1043.

Hanson G, Coller J. 2018. Codon optimality, bias and usage in translation and mRNA decay. Nat Rev Mol Cell Biol, 19(1): 20-30.

He L, Winterrowd C, Kadura I, et al. 2012. Transgene copy number distribution profiles in recombinant CHO cell lines revealed by single cell analyses. Biotechnol Bioeng, 109: 1713-1722.

Ho S C, Bardor M, Li B, et al. 2013b. Comparison of internal ribosome entry site(IRES)and Furin-2A(F2A)for monoclonal antibody expression level and quality in CHO cells. PLoS One, 8(5): e63247.

Ho S C, Mariati Y J H, Fang S G, et al. 2015. Impact of using different promoters and matrix attachment regions on recombinant protein expression level and stability in stably transfected CHO cells. Mol Biotechnol, 57: 138-144.

Ho S C, Tong Y W, Yang Y. 2013a. Generation of monoclonal antibody-producing mammalian cell lines. Pharm Bioprocess, 1: 71-87.

Ho S C, Yang Y. 2014. Identifying and engineering promoters for high level and sustainable therapeutic recombinant protein production in cultured mammalian cells. Biotechnol Lett, 36: 81569-81579.

Hsu C C, Li H P, Hung Y H, et al. 2010. Targeted methylation of CMV and E1A viral promoters. Biochem Biophys Res Commun, 402(2): 228-234.

Hunter M, Yuan P, Vavilala D, et al. 2019. Optimization of protein expression in mammalian cells. Curr Protoc Protein Sci, 95(1): e77.

Kanapin A, Batalov S, Davis M J, et al. 2003. Mouse proteome analysis. Genome Res, 13(6B): 1335-1344.

Kang J, Huang L, Zheng W, et al. 2022. Promoter CAG is more efficient than hepatocyte-targeting TBG for transgene expression via rAAV8 in liver tissues. Mol Med Rep, 25(1): 16.

Kim Y E, Hipp M S, Bracher A, et al. 2013. Molecular chaperone functions in protein folding and proteostasis. Annu Rev Biochem, 82: 323-355.

Knappskog S, Ravneberg H, Gjerdrum C, et al. 2007. The level of synthesis and secretion of Gaussia princeps luciferase in transfected CHO cells is heavily dependent on the choice of signal peptide. J Biotechnol, 128(4): 705-715.

Kober L, Zehe C, Bode J. 2013. Optimized signal peptides for the development of high expressing CHO cell lines. Biotechnol Bioeng, 110(4): 1164-1173.

Koblan L W, Doman J L, Wilson C, et al. 2018. Improving cytidine and adenine base editors by expression optimization and ancestral reconstruction. Nat Biotechnol, 36(9): 843-846.

Kozak M. 2005. Regulation of translation via mRNA structure in prokaryotes and eukaryotes. Gene, 361: 13-37.

Lam C K C, Truong K. 2020. Engineering a synthesis-friendly constitutive promoter for mammalian cell expression. ACS Synth Biol, 9(10): 2625-2631.

Lin P C, Chan K F, Kiess I A, et al. 2019. Attenuated glutamine synthetase as a selection marker in CHO cells to efficiently isolate highly productive stable cells for the production of antibodies and other biologics. MAbs, 11(5): 965-976.

Liu Z, Chen O, Wall J B J, et al. 2017. Systematic comparison of 2A peptides for cloning multi-genes in a polycistronic vector. Sci Rep, 7(1): 21935-21976.

Magnusson T, Haase R, Schleef M, et al. 2011. Sustained, high transgene expression in liver with plasmid vectors using optimized promoter-enhancer combinations. J Gene Med, 13(7-8): 382-391.

Mao Y, Yan R, Li A, et al. 2015. Lentiviral vectors mediate long-term and high efficiency transgene expression in HEK 293T cells. Int J Med Sci, 12(5): 407-415.

Mark J K K, Lim C S Y, Nordin F, et al. 2022. Expression of mammalian proteins for diagnostics and therapeutics: a review. Mol Biol Rep, 49(11): 10593-10608.

Ng S K, Tan T R, Wang Y, et al. 2012. Production of functional soluble Dectin-1 glycoprotein using an IRES-linked destabilized-dihydrofolate reductase expression vector. PLoS One, 7(12): e52785.

Ng S K, Wang D I, Yap M G. 2007. Application of destabilizing sequences on selection marker for improved recombinant protein productivity in CHO-DG44. Metab Eng, 9(3): 304-316.

Nissom P M, Sanny A, Kok Y J, et al. 2006. Transcriptome and proteome profiling to understanding the biology of high productivity CHO cells. Mol Biotechnol, 34: 125-140.

Noguchi C, Araki Y, Miki D, et al. 2012. Fusion of the Dhfr/Mtx and IR/MAR gene amplification methods produces a rapid and efficient method for stable recombinant protein production. PLoS One, 7(12): e52990.

Owji H, Nezafat N, Negahdaripour M, et al. 2018. A comprehensive review of signal peptides: Structure, roles, and applications. Eur J Cell Biol, 97(6): 422-441.

Qin J Y, Zhang L, Clift K L, et al. 2010. Systematic comparison of constitutive promoters and the doxycycline-inducible promoter. PLoS One, 5: 5e10611.

Rabson A S, Legallais F Y, Baron S. 1958. Adaptation to serum-free medium by a phagocytic cell strain derived from a murine lymphoma. Nature, 181(4619): 1343.

Rita C A, Elisa R M, Henriques M, et al. 2010. Guidelines to cell engineering for monoclonal antibody production. Eur J Pharm Biopharm, 74: 127-138.

Romanova N, Noll T. 2018. Engineered and natural promoters and chromatin-modifying elements for recombinant protein expression in CHO cells. Biotechnol J, 13(3): e1700232.

Rotondaro L, Mele A, Rovera G. 1996. Efficiency of different viral promoters in directing gene expression in mammalian cells: effect of 3′-untranslated sequences. Gene, 168(2): 195-198.

Sautter K, Enenkel B. 2005. Selection of high-producing CHO cells using NPT selection marker with reduced enzyme activity. Biotechnol Bioeng, 89(5): 530-538.

Schlabach M R, Hu J K, Li M, et al. 2010. Synthetic design of strong promoters. Proc Natl Acad Sci U S A, 107(6): 2538-2543.

Schorpp M, Jäger R, Schellander K, et al. 1996. The human ubiquitin C promoter directs high ubiquitous expression of transgenes in mice. Nucleic Acids Res, 24(9): 1787-1788.

Tan E, Chin C S H, Lim Z F S, et al. 2021. HEK293 cell line as a platform to produce recombinant proteins and viral vectors. Front Bioeng Biotechnol, 9: 796991.

Vercollone J R, Balzar M, Litvinov S V, et al. 2015. MMTV/LTR promoter-driven transgenic expression of EpCAM leads to the development of large pancreatic islets. J Histochem Cytochem, 63(8): 613-625.

Villalobos A, Ness J E, Gustafsson C, et al. 2006. Gene designer: a synthetic biology tool for

constructing artificial DNA segments. BMC Bioinformatics, 7: 285.
Wang C Y, Guo H Y, Lim T M, et al. 2005. Improved neuronal transgene expression from an AAV-2 vector with a hybrid CMV enhancer/PDGF-beta promoter. J Gene Med, 7(7): 945-955.
Wang T Y, Guo X. 2020. Expression vector cassette engineering for recombinant therapeutic production in mammalian cell systems. Appl Microbiol Biotechnol, 104(13): 5673-5688.
Wang T Y, Wang L, Yang Y X, et al. 2016a. Cell compatibility of an eposimal vector mediated by the characteristic motifs of matrix attachment regions. Curr Gene Ther, 16(4): 271-277.
Wang W, Guo X, Li Y M, et al. 2018. Enhanced transgene expression using cis-acting elements combined with the EF1 promoter in a mammalian expression system. Eur J Pharm Sci, 123: 539-545.
Wang W, Jia Y L, Li Y C, et al. 2017. Impact of different promoters, promoter mutation, and an enhancer on recombinant protein expression in CHO cells. Sci Rep, 7: 110416.
Wang X Y, Du Q J, Zhang W L, et al. 2022. Enhanced transgene expression by optimization of poly A in transfected CHO cells. Front Bioeng Biotechnol, 10: 722722.
Wang X Y, Zhang J H, Zhang X, et al. 2016b. Impact of different promoters on episomal vectors harbouring characteristic motifs of matrix attachment regions. Sci Rep, 6: 26446.
Westwood A D, Rowe D A, Clarke H R. 2010. Improved recombinant protein yield using a codon deoptimized DHFR selectable marker in a CHEF1 expression plasmid. Biotechnol Prog, 26(6): 1558-1566.
Wurm M J, Wurm F M. 2021. Naming CHO cells for bio-manufacturing: genome plasticity and variant phenotypes of cell populations in bioreactors question the relevance of old names. Biotechnol J, 16(7): e2100165.
Xu D H, Wang X Y, Wang T Y, et al. 2018. SV40 intron, a potent strong intron element that effectively increase transgene expression in transfected Chinese hamster ovary cells. J Cell Mol Med, 22: 2231-2238.
Xu T, Zhang J, Wang T, et al. 2022. Recombinant antibodies aggregation and overcoming strategies in CHO cells. Appl Microbiol Biotechnol, 106(11): 3913-3922.
Yang B, Zhou J, Zhao H, et al. 2019. Study of the mechanism for increased protein expression via transcription potency reduction of the selection marker. Bioprocess Biosyst Eng, 42(5): 799-806.
You M, Yang Y, Zhong C, et al. 2018. Efficient mAb production in CHO cells with optimized signal peptide, codon, and UTR. Appl Microbiol Biotechnol, 102(14): 5953-5964.
Zhou Z, Dang Y, Zhou M, et al. 2016. Codon usage is an important determinant of gene expression levels largely through its effects on transcription. Proc Natl Acad Sci U S A, 113(41): E6117-E6125.

（张继红 耿少雷）

第六章 病毒表达载体

病毒（virus）是一类体积微小、结构简单、只含一种类型核酸（DNA 或 RNA）的非细胞型生物，其复制、转录和翻译都是在宿主细胞中进行，以寄生的形式利用宿主细胞的物质和能量完成生命活动（Pellett et al.，2014）。病毒结构相对简单、基因组较小，并具有较强的可塑性，能够被改造成优良的基因工程载体。此外，病毒载体操作简单且易于大量制备，因而在基因治疗和疫苗生产中被广泛应用。重组病毒载体是当今病毒基因工程研究领域的热点之一，为由病毒介导的基因表达提供了更为安全可靠的载体，因此，研制能进行高效基因转移、具有高度组织表达特异性且能精确控制表达的病毒载体意义重大。

第一节 基因治疗表达系统概述

基因治疗是利用正常的外源功能基因代替患者的某些因基因突变导致缺失或突变的致病基因，在靶细胞中纠正或者弥补致病基因产生的缺陷，从而达到治愈疾病的目的（Alhakamy et al.，2021），包括基因置换、基因修正、基因修饰及基因失活等。目前的基因治疗方法一般是先从患者身上取出细胞，然后利用基因转移载体，把正常的基因整合到宿主靶细胞的染色体中，回输到患者体内，以取代患者的异常致病基因。随着人类基因组计划的完成和 DNA 测序技术的发展，基因治疗已成为临床医学中发展最为迅速、最有潜力的分支之一。基因治疗作为一种分子药物治疗形式，为许多遗传性疾病提供了一种全新的治疗方式，治疗范围已从早期单基因遗传病，扩展到当前的多基因疾病，包括遗传病、恶性肿瘤 、代谢性疾病以及感染性疾病等。基因治疗的一个主要问题是将目的基因有效地导入特定靶细胞并使之得到高效表达。病毒载体被认为是最有前途的基因治疗载体之一。

一、基因治疗历史

1953 年，沃森（Watson）和克里克（Crick）提出 DNA 双螺旋结构模型，奠定了现代分子生物学的基础，加速了对基因结构和功能的研究。随着分子生物学的发展，研究人员发现人类某些疾病与基因突变有关，逐渐开始了通过对突变基因进行修复从而治愈疾病的研究。1972 年，弗里德曼（Friedmann）等在 *Science*

杂志上发表了一篇具有划时代意义的文章，提出可以通过给患者提供正常基因对单基因遗传病进行治疗。

随着 DNA 重组技术、测序技术和外源基因转移技术的发展，基因治疗在 20 世纪 80 年代进入了试验阶段。Cline 等将球蛋白基因导入小鼠骨髓细胞并将其移植到小鼠体内，结果球蛋白在细胞和小鼠体内都有表达。之后，Cline 等通过将球蛋白导入患者的骨髓细胞并将表达球蛋白的骨髓细胞输入患者体内，尝试治疗两名地中海贫血症患者，结果由于基因转移技术效率过低而失败，由于该研究并未获得 FDA 的批准，Cline 受到了严厉的制裁（成军，2014）。为了提高基因转移效率，1983 年，Mann 等利用逆转录病毒载体成功将外源基因导入小鼠的骨髓细胞。

1990 年，美国国立卫生研究院的 Blease 等在世界上首次通过基因治疗治愈了患有严重复合型免疫缺陷病（severe combined immunodeficiency disease，SCID）的 4 岁小姑娘，该患者的腺苷酸脱氨酶（adenosine deaminase，ADA）基因发生突变，该基因对维持免疫系统正常功能有重要作用（Kohn and Kohn，2021）。该实验是人类历史上第一个成功的基因治疗案例，开启了基因治疗临床应用的先河。1991 年，国内学者对两例血友病患者开展了我国首次基因治疗临床试验。2003 年，我国批准了世界上第一个商品化的用于临床治疗头颈部肿瘤的基因治疗药物 H101。EMA 于 2012 年批准了欧美首个用于治疗脂蛋白脂酶缺乏症的基因治疗药物 Glybera。2022 年 5 月，FDA 批准了蓝鸟生物公司研发的基因治疗药物 Zynteglo，该药物可为 β-地中海贫血症提供一次性治疗方案。截止到 2022 年 6 月，已结束或正在进行临床研究的基因治疗方法约有 5000 项。

二、基因治疗表达系统组成

基因治疗表达系统由目的基因、基因治疗表达载体及靶细胞组成，通常需要选择合适的基因转移载体将目的基因转入靶细胞中，并使目的基因成功获得表达，选择合适的表达载体和靶细胞是基因治疗成功的关键。

（一）目的基因的选择

基因治疗需要选择合适的目的基因，单基因遗传病的目的基因选择相对简单，选择健康人群的正常基因代替发生突变的致病基因即可。但是某些遗传疾病的致病基因较大，目前常采用的治疗方法是通过 CRISPR/Cas9 基因编辑系统对发生突变的致病基因进行基因编辑，以克服因正常基因过大而不易导入靶细胞的难题。肿瘤基因治疗目的基因的选择相对比较复杂，目前常用的目的基因有：① 抑癌基因，如 *p53*，恢复由于缺失或突变造成的抑癌基因功能缺失，可以有效抑制肿瘤的发生；②细胞因子基因，如 IFN-α 和 TNF-α 等，在肿瘤细胞内表达后可以使肿瘤细胞丧失体内致瘤性；③增强肿瘤细胞中细胞免疫原性基因，如主要组织相容性复合体（major histocompatibility complex）的表达水平，可以激活机体的免疫反应，促进机体对癌细胞的清除；④小分子干扰 RNA，可以在肿瘤细胞内通过与某些癌基因（oncogene）和耐药基因的 mRNA 结合，抑制癌基因的表达，进而阻止肿瘤的发生发展；⑤自杀基因，来自某些病毒或细菌的基因，其在肿瘤细胞内表达后可将某些无毒的化学药物转化为有细胞毒性的物质，从而对肿瘤细胞产生杀伤作用；⑥药物增敏基因，增加肿瘤细胞对化疗药物的敏感性，增强化疗效果。其他一些基因如细胞死亡相关基因及细胞周期相关基因也可作为肿瘤基因治疗的目的基因。

（二）基因治疗表达载体的选择

基因治疗的目的基因和靶细胞的选择取决于具体的病例，但基因治疗所使用的载体具有较强的通用性。由于不同的载体具有不同的优缺点，目前对基因治疗的理想载体还没有达成一个共识，选择最安全和最有效的递送系统需要考虑新的基因治疗方案所针对的具体疾病。

大多数病毒能够产生重组变异体，理论上可以作为基因治疗的载体，但目前能应用到临床研究的病毒载体数量还很有限。当前临床上应用于基因治疗的常用病毒载体主要有腺病毒载体、腺相关病毒载体、逆转录病毒载体和慢病毒载体（Lukashev et al.，2016）（表 6.1）。腺病毒载体容量较大，最高可达 35 kb，但由于其不能整合到宿主染色体，所以其携带目的基因的表达时间较短，用于基因治疗时需要反复给药；同时由于大多数人体中均含有针对人腺病毒的抗体，腺病毒载体介

表 6.1 基因治疗常用的病毒载体

载体来源	基因大小/kb	表达时间	导入方式	免疫原性	安全性	应用领域
腺病毒	30	短	皮下、瘤内、局部	高	低；系统给药可导致全身炎症反应，有致死病例报道	疫苗、溶瘤病毒
腺相关病毒	4	长期	肌肉	低	高	遗传性遗传缺陷的矫正
逆转录病毒	10	长期	干细胞体外转导	低	低；导致肿瘤发生的风险高	
慢病毒	10	长期	干细胞体外转导	低	致命疾病可以接受；有导致肿瘤发生的风险	遗传性基因缺陷治疗、主要用于造血系统疾病治疗
痘病毒	20	短	皮下、局部	高	相对较高，使用非改良痘苗病毒时可能发生严重副作用	疫苗、溶瘤病毒
RNA 病毒	20	短	皮下、瘤内、局部	中	无足够数据	溶瘤病毒

导的基因治疗在给药时可能会引起患者的全身炎症反应，甚至引起患者死亡。相比于腺病毒载体，腺相关病毒载体的包装容量要小得多，仅有4 kb左右，但是其免疫原性较低，载体安全性较好，很少引起毒副作用。逆转录病毒载体和慢病毒载体引起的免疫反应也相对较小。逆转录病毒载体仅可感染处于分裂期的细胞，而慢病毒载体能同时感染处于分裂期和非分裂期的细胞，二者均可整合到宿主细胞的基因组中，使其携带的目的基因在宿主细胞中长期稳定表达，且二者包装外源基因的能力相差不大，均为10 kb左右。

天然病毒改造成病毒载体需具备两个基本条件：一是可以整合外源基因并介导其在宿主细胞内表达；二是对宿主不具有致病性。将天然病毒改造为病毒载体首先要对病毒的基因组结构和功能进行深入研究。病毒的基因组可分为编码区和非编码区。编码区基因主要编码病毒的结构蛋白和非结构蛋白，根据其在病毒复制感染过程中的作用，可以分为必需基因和非必需基因。非编码区主要包含对病毒复制和包装所必需的顺式作用元件。通过去除病毒的非必需基因，同时引入对病毒包装必需的顺式作用元件，可以对病毒载体进行改造优化。根据改造方法不同，可以将病毒载体分为重组型病毒载体和无病毒基因的病毒载体（gutless vector）。无病毒基因的病毒载体在改造优化时，删除了所有病毒的编码区基因，仅保留了对病毒复制和包装所必需的顺式作用元件。重组型病毒载体在改造优化时，选择性去除了病毒基因组的早期基因，仅保留其复制和包装所需的顺式作用元件，由包装细胞反式提供其在改造过程中被选择性删除或抑制的必需基因的功能。

（三）基因治疗靶细胞的选择

基因治疗的过程中需要从患者体内选择合适的靶细胞。根据靶细胞的类型，基因治疗可以分为生殖细胞基因治疗（germline gene therapy）和体细胞基因治疗（somatic cell gene therapy）。由于使用生殖细胞作为靶细胞时，遗传信息的改变会传给后代，因此国际上严禁利用生殖细胞进行基因治疗。选择合适的体细胞作为靶细胞是基因治疗成功的关键，靶细胞的选择一般要考虑以下几个因素：①疾病发生的器官及发病机制；②靶细胞的提取、体外培养及移植回患者体内相对容易；③外源基因容易转入；④靶细胞的寿命。目前临床上常用的靶细胞主要有淋巴细胞、骨髓干细胞、肝细胞、内皮细胞等。

第二节　腺病毒表达载体结构与应用

一、腺病毒表达载体结构

腺病毒（Adenovirus，AV）在自然界中广泛存在，是一类无包膜的线性双链

DNA 病毒，主要包括外部直径约 80 nm 的二十面体型衣壳，以及内部包裹的、由核心蛋白和 DNA 组成的内核，属于哺乳动物腺病毒科腺病毒属。根据腺病毒的凝血特性，其可以被分为 A～G 共 7 个种类。自 1953 年从小儿扁桃体组织中被分离出来，截止到 2022 年 3 月，科学家已分离出 111 种腺病毒（http://hadvwg.gmu.edu/）。

（一）腺病毒基因组结构

腺病毒是目前研究最为深入的病毒。腺病毒的基因组大小为 26～45 kb，在其基因组的两端各有一个反向末端重复区（inverted terminal repeat，ITR）。腺病毒基因组末端有一个 55 kDa 的蛋白质，与线性双链 DNA 中每条单链的 5′端相连。根据表达时间的早晚，腺病毒基因可以分为早期基因和晚期基因（Douglas et al.，2007）。早期基因在病毒感染宿主细胞后 6～8 h 开始表达，主要包括 E1(E1A、E1B)、*E2A*、*E2B*、*E3*、*E4*。晚期基因在病毒 DNA 复制后才开始表达，主要包括 *L1*、*L2*、*L3*、*L4*、*L5*（图 6.1）。腺病毒通过自身的 E4-ORF4 和 L4-33K 蛋白，改造宿主的 RNA 剪切机器，通过转录后不同的剪接，可以产生多种 mRNA 和蛋白质（图 6.1）。

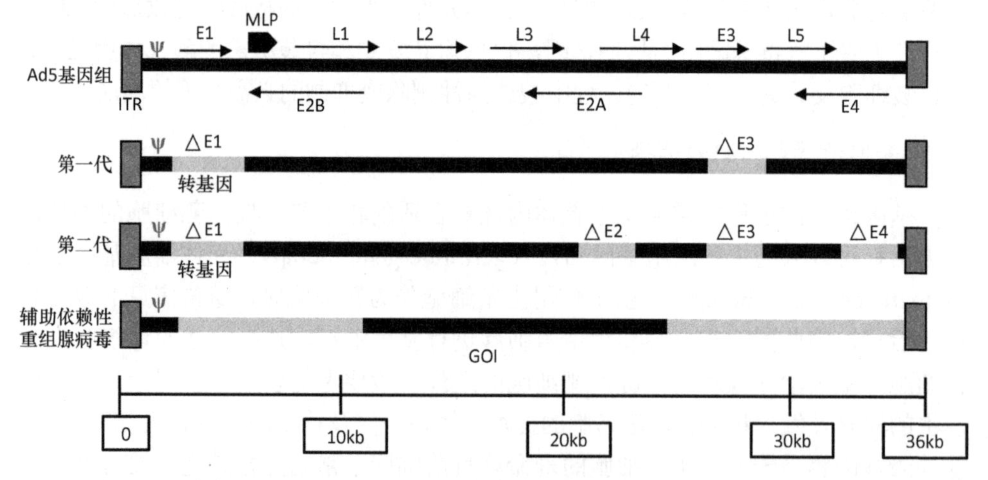

图 6.1　腺病毒基因及腺病毒表达载体结构及优化示意图（Alba et al.，2005）

腺病毒的早期基因主要负责编码非结构性调节蛋白。E1A 是在病毒感染过程中第一个被转录的基因，有 4 个保守结构域（conserved region domain，CR 1～CR 4），在腺病毒感染过程中起着极为重要的作用。E1A 具有转录抑制功能，在病毒感染过程中，可以通过抑制干扰素诱导的基因表达，抑制宿主的免疫反应。E1A 还可以通过与关键细胞因子，如视网膜母细胞瘤蛋白（pRb）等的相互作用，解除宿主对细胞周期的调控。E1A 通过其 CR1 与 pRb 的结合，从而取代 E2F 转录因子，使细胞提前进入 S 期，并激活受转录因子 E2F 调控的基因表达。E1B 主要编码 E1B-55K 和 E1B-19K 两个蛋白质。在病毒感染期间，E1B-55K 可以抑制干扰素通路，并通过与腺病毒 E4 开放阅读框 6（E4orf6）蛋白相互作用，促进抑制病毒复制蛋白的降解，并参与病毒复制晚期基因 mRNA 的核内运输、细胞质内聚集和翻译。E1B 还可以通过与 E1A 协同作用，促进细胞的转化。E2A 编码 72 kDa 的蛋白质，具有单链 DNA 结合活性，所以也被称为腺病毒 DNA 结合蛋白（DNA-binding protein）。E2A 在病毒复制过程中可以调控病毒 DNA 合成的起始和延伸，并影响病毒颗粒的组装。E2A 还可以通过影响 E1B 和 E4 mRNA 在细胞质内的稳定性，负调控 E1B 和 E4 的表达。E2B 主要编码一个 80 kDa 的前末端蛋白（preterminal protein，pTP）和一个 120 kDa 的腺病毒 DNA 聚合酶（adenovirus DNA polymerase）。在腺病毒 DNA 复制起始阶段，pTP 与 Adpol 形成稳定的异二聚体，并与 DNA 复制起始位点结合，pTP 作为蛋白质引物与 dCMP 共价结合后启动 DNA 复制。E3 编码的多个蛋白质在病毒复制过程中是非必需的，其部分甚至全部缺失后，并不影响病毒的复制。E3 在病毒感染过程中可以保护被感染的细胞，从而避免宿主清除被感染的细胞。E4 首先转录成一个 preRNA，然后通过不同的剪切，可以产生 7 种不同的蛋白质（E4orf1、E4orf2、E4orf3、E4orf314、E4orf4、E4orf6、E4orf6/7）。E4 蛋白有多种功能，包括转录调控、促进细胞周期、抵抗宿主的抗病毒机制、信号转导、翻译后修饰等。

晚期基因主要编码腺病毒的结构蛋白及一些调控蛋白，大部分晚期基因的转录受一个共同的主要晚期启动子（major late promoter，MLP）控制，在病毒复制晚期，约有 30%的 RNA 合成是由 MLP 控制的。MLP 控制主要晚期转录单位的转录，产生一个约 28 kb 的 RNA，通过不同的剪切和多聚腺苷化 poly（A），可以产生 5 个家族（L1～L5）、20 多种 mRNA，每个 mRNA 的 5′端都包含一个相同的、由 201 个核苷酸组成的三联体前导序列，且具有相同的 3′端序列。

（二）腺病毒表达载体结构

早期研究发现腺病毒在复制过程中，其基因组中可以插入较小的 SV40 和人类基因组 DNA 片段并可以表达，说明腺病毒具有携带外源基因的能力，拉开了改造腺病毒作为基因载体的序幕。当前临床上使用的腺病毒载体大多来源于研究最为深入的 Ad5 和 Ad2 腺病毒。通过去除腺病毒编码早期蛋白的基因组片段，可以在不同程度上减轻腺病毒的毒性并提高其携载外源 DNA 片段的能力。

根据腺病毒早期基因的去除情况，腺病毒载体一般可以分为三代（Alba et al., 2005）。第一代腺病毒载体仅缺失 E1 或 E1 和 E3。去除 E1 可以使病毒在失去复制能力而降低病毒载体在宿主体内复制及扩散危险的同时，也为外源基因的插入腾出空间，通过去除 E1 和对病毒复制非必需的 E3，第一代腺病毒载体可以在 E1 和 E3 的缺失区插入约 5 kb 的外源 DNA 片段。第一代 Ad5 载体仍然含有 ITR、组装信号、晚期基因等病毒的基本结构，Ad5 载体还在 E1 缺失的区域含有一个典型的基因表达框，包括一个启动子、目的基因和终止信号 poly（A）。第一代 Ad5 载体通常是用表达 E1 的人胚肾成纤维细胞 293 进行包装。第二代腺病毒载体在去除 E1 和 E3 的基础上，又去除了 E2 和 E4，且与第一代相比，有更低的免疫原性和更大的载体容量。第三代腺病毒载体仅保留了两端的 ITR 和包装信号序列，由于删除了腺病毒的所有遗传信息，其携载外源 DNA 的能力获得了极大的提升，可以携载高达 35 kb 的外源基因，因此又被称为"高容量"腺病毒载体（high capacity adenovirus，HCAd）。由于第三代腺病毒载体删除了大部分必需基因，其在包装过程中必需基因的功能由可以表达腺病毒装配所需的基因产物的辅助病毒弥补。辅助病毒自身包装信号序列两侧插入了 loxP 位点，可以在 Cre 重组酶的作用下切除辅助病毒的包装信号，降低辅助病毒的包装效率，从而避免辅助病毒对病毒载体的污染（图 6.1）。

腺病毒载体作为基因治疗载体，具有以下几个特点：①基因组大，可插入较大的外源基因片段（至多可达 35 kb）；②复制过程中不整合至宿主细胞基因组，仅瞬间表达，因而安全性较高；③既可以转染分裂期细胞，也可以转染非分裂期细胞，并可进行原位感染，用于基因治疗时可以经多途径给药；④可引起强烈的免疫反应而使其清除，故目的基因不能在体内长期表达；⑤转染效率高，可高效转导不同类型的人组织细胞。

二、腺病毒表达载体优化

由于腺病毒载体具有较强的免疫原性，被患者免疫系统清除的速度快、半衰期短，限制了腺病毒载体在基因治疗中的应用。为了降低腺病毒载体的免疫原性和细胞毒性，除了删除腺病毒载体的 E2 和 E4，还可以通过以下几种方式对腺病毒载体进行优化（成军，2014）。①利用聚乙二醇（polyethylene glycol，PEG）对腺病毒载体进行化学修饰，PEG 通过与病毒衣壳蛋白共价结合，可以屏蔽衣壳蛋白表面抗原表位，降低病毒载体的免疫原性和毒性；②提高载体趋向性，删除腺病毒载体天然配体，将生物特异性分子作为新配体加入到载体中，可以提高载体的特异性，进而减少载体剂量，降低载体引起的免疫反应；③改造载体启动子，将启动子替换为具有组织表达特异性的启动子，将目的基因的表达限制在特异的组织细胞，可以提高治疗的靶向性，减少副作用；④ 修饰载体衣壳蛋白，常用腺病毒载体 Ad2 和 Ad5 能特异性识别柯萨奇病毒和腺病毒受体（Coxsackievirus and Adenovirus receptor，CAR），通过在腺病毒载体纤突中引入新配体或者用其他亚群的腺病毒纤突取代传统腺病毒载体的纤突，获得的非 CAR 依赖性载的基因靶向转导能力及外源基因表达能力明显升高。

三、腺病毒表达载体应用

腺病毒表达载体的应用主要集中在基因疫苗的研制和肿瘤治疗方面。

（一）基因疫苗中的应用

埃博拉病毒（Ebola virus）由于可引发严重的出血热疾病而具有极高的致死率，疫苗成为防控埃博拉疫情的最有效工具。埃博拉病毒疫苗是第一个利用腺病毒载体将埃博拉病毒膜糖蛋白作为抗原转移到人体细胞的疫苗（Gilbert，2015）。2020 年年初，新冠疫情的暴发，腺病毒载体在新冠疫苗的研制中发挥了巨大作用，以 Ad5 载体研发的表达新冠病毒刺突蛋白的重组新型冠状病毒疫苗已分别于 2021 年 5 月、7 月和 9 月开始进行Ⅰ、Ⅱ、Ⅲ期临床试验。临床试验结果初步证明该疫苗安全有效，单针接种后，可引起受试者包括体液免疫和细胞免疫在内的显著免疫反应（Zhu et al.，2020）。2022 年 3 月，该疫苗成为国内首个获批用于序贯加强免疫接种的腺病毒载体新冠疫苗。2020 年 4 月，由英国和德国团队联合开发的基于黑猩猩腺病毒载体 ChAdOx1 的 SARS-CoV-2 疫苗也进行了Ⅰ期和Ⅱ期临床试验（Mercado et al.，2020）。重组腺病毒载体还可以表达各种肿瘤相关抗原（tumor-associated antigens），研制各类肿瘤疫苗（Roy et al.，2021）。目前常用于研制肿瘤疫苗的抗原包括前列腺特异抗原（prostate specific antigen）、结直肠癌和胰腺癌抗原，以及 HPV 相关肿瘤抗原 HPVE6/E7 等（Bhuckory et al.，2020）。

（二）抗肿瘤治疗中的应用

溶瘤腺病毒介导的基因治疗被认为是肿瘤治疗的一个有效策略。经过基因工程技术改造后，溶瘤腺病毒能特异性地感染肿瘤细胞并在肿瘤细胞内复制，选择性杀伤肿瘤细胞，而对正常细胞无明显毒性作用。ONYX-015 是第一个经基因工程技术改造后能够有效杀死多种人类肿瘤细胞的溶瘤腺病毒。ONYX-015 在其 E1B 区缺失 827 bp，不能产生有功能的 E1B 55K，该蛋白质可以与 p53 结合，抑制 p53 的功能（Crompton et al.，2007）。癌症靶向基因-病毒治疗（cancer targeting gene-viro-therapy）通过将病毒治疗与基因治疗的优势结合起来进行肿瘤治疗。该策略不仅保留了病毒的溶瘤能力，同时随着病毒在肿瘤细胞中复制，抗癌基因在肿瘤细胞中的表达量增加，极大地增强了杀伤肿瘤细胞的效果（刘新垣，2015）。2003 年，中国批准了第一个用于临床的溶瘤腺病毒表达抑癌基因 *p53*，可以用于头颈部肿瘤的局部治疗（许青等，2021）。除了表达抑癌基因 *p53*，腺病毒载体还可以通过表达某些前体药物的转化酶来实现对肿瘤细胞的杀伤作用。

第三节　腺相关病毒表达载体结构与应用

腺相关病毒（Adeno-associated virus，AAV）最早发现于 20 世纪 60 年代，曾被认为是腺病毒培养的污染物，是目前世界上已知最简单的动物病毒。腺相关病毒属于微小病毒科，是一类无囊膜的单链 DNA 缺陷型病毒，它需要依赖于其他辅助病毒如腺病毒、单纯疱疹病毒、痘苗病毒等才能进行复制，产生新的病毒颗粒。当辅助病毒不存在时，腺相关病毒可以稳定整合到人类 19 号染色体上的特定位点（Wang et al.，2019）。来源于非致病性腺相关病毒的载体，在没有辅助病毒的情况下并不发生产毒性感染，可以有效地转染肌肉、肺、肝脏和神经系统等多种组织，具有抗原性及毒性小、可感染处于非分裂期的细胞等优点，在克服了随机插入所导致的染色体缺失和基因重排等潜在风险的同时，可以长期稳定表达外源基因，实现长期治疗的目的，因此在基因治疗领域具有广阔的应用前景。

腺相关病毒根据血清试验结果分为不同的血清型，目前已鉴定出的腺相关病毒可以分为 13 种血清型（AAV1～AAV13），分别靶向不同的受体和组织（Verdera et al.，2020）（表 6.2）。在研制腺相关病毒载体时，可以根据疾病和靶向组织的不同，选择不同的血清型。

表 6.2　不同血清型 AAV 的受体及靶向器官（Issa et al., 2023）

病毒名称	靶向受体	组织亲嗜性
AAV1	唾液酸	骨骼肌、心肌、内皮和血管平滑肌、视网膜（人）；中枢神经胶质细胞和室管膜细胞（小鼠）
AAV2	硫酸乙酰肝素蛋白聚糖	肾组织、肝细胞、视网膜、中枢神经非有丝分裂细胞、骨骼肌（人）
AAV3	硫酸乙酰肝素蛋白聚糖	肝脏肿瘤细胞、人和非人灵长类动物肝细胞（人）；耳蜗内毛细胞（小鼠）
AAV4	唾液酸	哺乳动物中枢神经室管膜细胞、视网膜色素上皮细胞（犬、啮齿类、非人类灵长类）；肾、肺和心脏细胞（小鼠）
AAV5	唾液酸	视网膜细胞、气管上皮细胞、肝细胞、血管内皮细胞、平滑肌细胞，神经元（小鼠、非人类灵长类）
AAV6	唾液酸、乙酰肝素蛋白聚糖	气管上皮细胞和骨骼肌（小鼠、犬）、肝细胞（小鼠）、心肌（猪、犬、绵羊）

续表

病毒名称	靶向受体	组织亲嗜性
AAV7	未知	骨骼肌（小鼠）、肝细胞（小鼠、人）、中枢神经（小鼠、人）、血管上皮、心外膜、感光细胞（小鼠）
AAV8	层粘连蛋白受体	骨骼肌（小鼠、犬科）、心肌、胰腺细胞、视网膜细胞（小鼠）
AAV9	*N*-聚糖末端半乳糖	神经元、非神经元（小鼠、犬科、猫科），视网膜感光细胞、（小鼠、非人灵长类），心肌（小鼠、非人灵长类、猪），肝细胞、骨骼肌、胰细胞、肾小管上皮细胞、肺泡上皮、鼻腔上皮、睾丸间质细胞（小鼠）
AAV10	未知	小肠、肝、淋巴结、视网膜、肾上腺（非人灵长类），小肠、结肠、肾、肝、肺、视网膜、胰腺（小鼠），
AAV11	未知	小肠、肝、淋巴结、视网膜、肾上腺、中枢神经（非人灵长类），投射神经元、神经胶质细胞（小鼠）
AAV12	未知	唾液腺、肌肉、鼻腔上皮（小鼠）
AAV13	硫酸乙酰肝素蛋白聚糖	未知

一、腺相关病毒表达载体结构

（一）腺相关病毒基因组结构

腺相关病毒的基因组大小约 4.7 kb，为线性单链 DNA（翟贯星等，2021）（图 6.2），在基因组两端分别有一条长 145 bp 的 ITR 序列，对病毒基因组高效释放、选择性复制和包装具有决定作用，是重组腺相关病毒（recombinant adeno-associated virus）包装复制所必需的自身结构。ITR 外侧是一个 125 bp 的回文结构，它通过碱基配对方式进行折叠。在两个 ITR 之间是基因组编码区，分别编码 4 种 Rep 蛋白和 3 种 Cap 蛋白。*rep* 基因主要编码参与病毒复制、包装和基因组整合的非结构蛋白，包括 Rep78、Rep68、Rep52 和 Rep40，而 *cap* 基因主要编码衣壳蛋白 VP1、VP2 和 VP3。

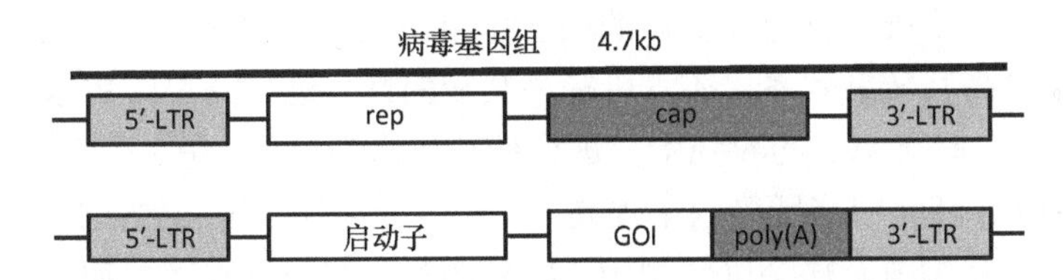

图 6.2　腺相关病毒基因及腺相关病毒表达载体结构示意图（翟贯星等，2021）

（二）腺相关病毒表达载体结构

在设计腺相关病毒载体基因组时，需要将编码区基因序列替换为目的基因和相关功能片段，仅保留两端 ITR。重组腺相关病毒载体包装所需的复制蛋白 Rep 和外壳蛋白 Cap 由辅助质粒携带。当包装重组腺相关病毒载体时，将携带外源基因的载体质粒和辅助质粒共同转染经辅助病毒感染的 HEK293 或 HeLa 细胞。辅助病毒一般是缺失 E1 区的重组 AV5，不具备复制能力。

二、腺相关病毒表达载体优化

目前，腺相关病毒载体在临床治疗中仍存在包装容量较小、感染效率较低、靶向性较差等问题，对腺相关病毒载体进行改造，可以提高腺相关病毒的包装容量、感染效率和靶向性，同时还可以减轻体液免疫和细胞免疫，降低重组蛋白的免疫原性。

腺相关病毒载体可以携带约 4.4 kb 的外源基因，如果外源基因过大，会影响病毒载体的包装。为了提高腺相关病毒载体外源基因的装载量，采用反向剪切、重叠基因和杂交等方法，构建了腺相关病毒双载体系统（Tornabene and Trapani，2020）。在反向剪切双载体系统中，一个质粒携带启动子、外源基因编码区序列（coding sequence，CDS）5′端的一半和剪切供体（splicing donor，SD），另一个质粒携带剪切受体（splicing acceptor，SA）、外源基因 CDS 3′端的一半和 poly（A）序列，当将此双载体转染靶细胞后，由 ITR 介导两个 mRNA 的连环化，通过反向剪切，可以获得完整的 mRNA 序列。重叠基因双载体系统中一个质粒携带启动子和 CDS 5′端的一半，另一个载体携带 CDS 3′端的一半及 poly（A）序列，转染靶细胞后，通过同源重组（homologous recombination），产生完整的 mRNA 序列。杂交双载体系统结合了反向剪切和重叠基因的优点，在 5′端的 SD 序列和 3′端的 SA 序列后面分别加上一段可引起重组的序列，通过连环化或同源重组后的反向剪切，产生完整的 mRNA。除了双载体系统，Dickson 等还开发了三载体系统，将腺相关载体的装载量提高到了 14 kb。

由于腺相关病毒对细胞的靶向性是由受体和衣壳的相互作用介导的，依赖于其衣壳蛋白和细胞表面特异性受体的相互作用，因此对腺相关病毒衣壳蛋白的改造不仅可以提高其转染效率，还可以提高其靶向性。通过 AAV2 的衣壳蛋白进行分子工程设计，对 AAV2 的衣壳蛋白进行糖基化修饰，可以在 3 个细胞系（HeLa、Huh7 和 ARPE-19）中将感染效率提高 1.3～2.5 倍；在未改变宿主免疫反应的情况下，可以在 B 型血友病小鼠模型中，将外源基因的表达水平增加 2 倍（Mary et al.，2019）。通过定点诱变的策略，对 rAAV-DJ 和 rAAVLK03 载体衣壳蛋白表面上暴露的酪氨酸（Y）、丝氨酸（S）、天冬氨酸（D）和色氨酸（W）等残基进行定点诱变，与野生型相比，突变体可以显著增强载体的感染效率（Ran et al.，2020）。将 AAV9 衣壳蛋白的肽库与 Cre 盒相结合，构建了 AAV9 文库，并从中筛选出一种 AAV-F 载体。该载体与亲代 AAV9 载体相比，在星形细胞中可以将转染效率提高 65 倍，在神经元中提高 171 倍（Hanlon et al.，2019）。

腺相关病毒虽然免疫原性低，但仍能引起人体的免疫反应。成人中有很大比例的人群感染过腺相关病毒，因此人体中存在的腺相关病毒中和抗体对腺相关病毒载体的临床应用构成巨大挑战，限制了重组腺相关病毒载体在临床基因治疗中的应用。对腺相关病毒衣壳进行突变或修饰，能够有效避免中和抗体的作用。通过定向进化的方法，分离出具有逃避抗体中和能力的 AAV 突变体 LP2-10，该突变体的衣壳蛋白由来源于不同血清型 AAV 的衣壳蛋白组成，包括 AAV2、AAV6、AAV8 和 AAV9（Pei et al.，2020）。通过结构指导的方法，筛选出具有可变受体和可以逃避抗体中和的 AAV 突变体，该突变体的衣壳蛋白在天然腺相关病毒中不存在，因此无法被已存在的抗体识别（Maheshri et al.，2006）。另外，通过定点诱变筛选出的 AAVrh.10 S671A 突变体，能够有效避免宿主的抗体中和作用（Selot et al.，2017）。开发具有逃避宿主抗体中和能力的腺相关病毒载体系统，可以极大地拓宽基因治疗的应用范围。

三、腺相关病毒表达载体应用

腺相关病毒载体在基因治疗中主要用于介导基因置换、基因编辑和基因沉默等。

（一）基因置换

基因置换是最常见的腺相关病毒介导的基因治疗方法，通过引入基因的功能拷贝来达到治疗单基因疾病的目的。世界上第一个被欧洲药品管理局批准临床使用的基于腺相关病毒的基因治疗药物是 alipogene tiparvovec，商品名为 Glybera，用于治疗脂蛋白脂肪酶缺乏症（lipoprotein lipase deficiency，LPLD）。LPLD 是一种罕见的常染色体隐性遗传疾病，患者由于编码脂蛋白脂肪酶（lipoprotein lipase，LPL）的 *LPL* 基因突变，无法产生具有正常功能的 LPL 分解乳糜颗粒。Glybera 利用腺相关病毒载体，将正常的 *LPL* 基因整合进肌细胞基因组，从而恢复患者产生正常 LPL 的能力（Keeler and Flotte，2019）。基因置换的另一个例子是正在进行的治疗严重血友病 A 的临床试验。血友病 A 是一种隐性的 X 染色体连锁疾病，其主要发病机制是凝血因子Ⅷ（coagulation factor Ⅷ，FⅧ）缺乏，是临床上最常见的血友病类型，约占总患病人数的 80%～85%，FⅧ缺乏会导致出血、致残性关节疾病并增加死亡风险。利用改造的 AAV3 载体将 FⅧ在患者肝脏中持续表达，使患者的出血风险降低了 90%以上（Ozelo et al.，2022）。

（二）基因编辑

随着基因编辑技术的发展，直接修复人体内潜在的疾病基因成为可能。CRISPR/Cas9 是当前发展最为迅速、应用最为广泛的基因编辑系统，能够通过设计特异性向导 RNA（guide RNA，gRNA），实现靶基因特定位点突变的精确编辑。杜氏肌营养不良症（Duchenne muscular dystrophy，DMD）是一种 X 染色体隐性遗传疾病，常见于男孩，会引发儿童的肌肉退化，并由于呼吸和心脏衰竭而引发早亡。大多数患者带有 *DMD* 基因编码的肌营养不良蛋白（Dystrophin）的移码突变，该移码突变会造成外显子删除，进而造成该蛋白质表达缺失。为了找到杜氏肌营养不良的治疗方案，2020 年 1 月，Moretti 等利用 CRISPR/Cas9 基因编辑技术构建了 AAV6-Cas9-gE51 基因编辑载体，并将其导入来源于携带有 *DMD* exon52 缺失突变患者的诱导性多能干细胞，发现其可以恢复功能性肌营养不良蛋白的表达，改善诱导性多能干细胞向骨骼肌和心肌细胞的分化，促进骨骼肌肌管的形成，同时可以减轻心肌细胞钙运作缺陷和心率失常的敏感性，为杜氏肌营养不良患者的治疗提供了新的选择（Moretti et al.，2020）。

（三）基因沉默

渐冻症或肌萎缩侧索硬化（amyotrophic lateral sclerosis，ALS）是一种致死性的进行性神经退行性疾病，患者脑干和脊髓运动神经元发生不可逆丢失。ALS 是由超氧化物歧化酶 1（superoxide dismutase 1，SOD1）的基因突变造成的，降低 ALS 患者体内 SOD1 的水平可以有效缓解 ALS 病情的发展。Mueller 等（2002）构建了可以靶向 SOD1 的 AAV-microRNA 载体并将其注入两名参与研究的患者脊髓液中。当注入脊髓时，腺相关病毒载体能够将靶向 SOD1 的 microRNA 传遍整个脊髓并有效减少脊髓组织中 SOD1 蛋白的产生。该疗法在 2020 年已完成Ⅱ期临床试验。

第四节　逆转录病毒表达载体结构与应用

逆转录病毒（retrovirus，RV）是一类 RNA 病毒，其基因组由两条相同的正义 RNA 组成。当逆转录病毒感染宿主细胞时，病毒 RNA 在自身携带的逆转录酶的作用下反向转录为双链 cDNA，新合成的双链 cDNA 通过核孔进入细胞核后，稳定地整合到宿主细胞基因组中，并进行有效表达，同时还能传递到子代细胞中。根据逆转录病毒的这一特点，人们通过基因工程方法删除病毒的结构基因，仅保留其两侧的 LTR 等一些顺式作用元件，用目的基因取代病毒的结构基因，从而构建成重组逆转录病毒载体（Palù et al.，2000）。当重组逆转录病毒感染宿主细胞时，就能将外源目的基因转移整合到宿主细胞基因组中进行有效表达。

一、逆转录病毒表达载体结构

（一）逆转录病毒基因组结构

逆转录病毒的基因组由两条7～12 kb的正链RNA组成（图6.3），主要编码三个基因：①*gag*（group-specific antigen）基因，主要编码病毒的结构基因；②*pol*（polymerase）基因，主要编码逆转录酶（reverse transcriptase）、DNA整合酶（integrase）；③*env*（envelope）基因，主要编码核衣壳蛋白，包括表面的糖蛋白和跨膜蛋白。在逆转录病毒基因组的两端还有LTR序列，其上均包含U3、R和U5三个部分，包括多种转录调控元件，如启动子、增强子等，与逆转录病毒基因的转录起始和调控相关，且LTR通过转座过程可以插入基因组其他基因的上游，从而调节基因的表达。逆转录病毒通过其表面的糖蛋白与细胞受体结合后，再通过与宿主细胞膜融合进入宿主细胞。在宿主细胞的细胞质内，逆转录病毒的正链RNA在逆转录酶的催化下合成负链DNA，形成正链RNA/负链DNA中间体，去除正链RNA后的负链DNA在DNA聚合酶的催化下合成正链DNA，形成双链DNA，新合成的双链DNA进入宿主细胞核后，可以整合到宿主细胞基因组中，随着宿主基因组的复制而复制（图6.3）。

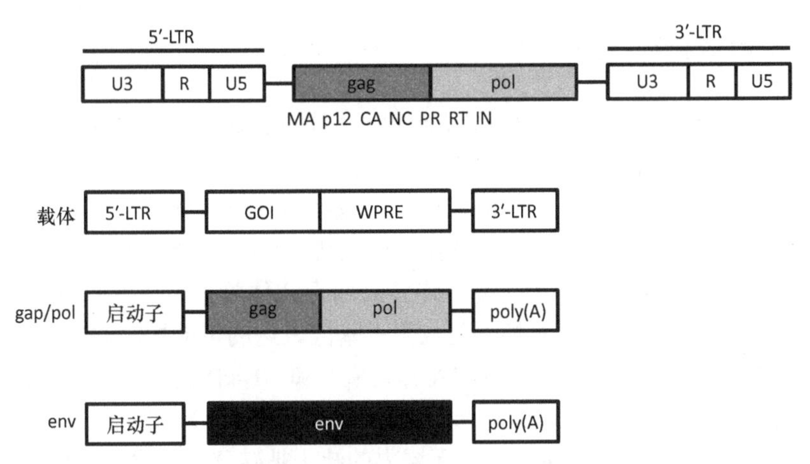

图6.3　逆转录病毒基因及逆转录病毒表达载体结构示意图（Maetzig et al., 2011）

（二）逆转录病毒载体结构

利用逆转录病毒具有将遗传信息转导到多种体细胞（如胚胎干细胞、造血干细胞和神经干细胞）中的潜力，将逆转录病毒改造成载体，通过在逆转录病毒载体中插入目的基因，对某些遗传病进行干预和治疗。当前研究最多的逆转录病毒载体是由γ-逆转录病毒属的小鼠白血病病毒（Murine leukemia virus）改造而来的。为了避免在基因修饰的细胞中产生具有复制能力的逆转录病毒，逆转录病毒载体去除了基因组中编码结构蛋白、酶蛋白及膜蛋白的基因（*Gag*/*Pol*/*Env*），仅保留病毒的包装信号（packaging signal）（ψ）、引物结合位点（primer binding site）和两端的LTR，其原来编码功能基因的基因组被目的基因取代。病毒所需的*Gag*/*Pol*和*Env*基因由其他质粒提供（Maetzig et al.，2011）。

相比于腺病毒载体，逆转录病毒载体能够有效整合到宿主细胞基因组中，使所携带的目的基因稳定、持续地表达。除此之外，逆转录病毒载体还有其他几个特点：①逆转录病毒的 DNA 复制中间体在整合入细胞基因组时为随机整合，目的基因也会随机插入细胞基因组中，遗传稳定性高，但其表达会受插入位点两侧的 DNA 序列影响，并有可能导致插入突变；②感染宿主细胞范围广，并可根据不同种类宿主细胞，通过选择不同的包膜蛋白，快速改变其识别靶细胞的特异性；③可以转染其他常规方法难以转染的细胞，如胚胎干细胞、原代细胞等；④引起的机体免疫反应较低；⑤逆转录病毒只感染处于分裂期的细胞，肿瘤细胞因增殖速度较快而成为其天然的靶细胞，但是也有一些肿瘤细胞因处于静止期（G_0期）而不能被逆转录病毒转染，可通过药物刺激肿瘤细胞进入增殖期而被逆转录病毒感染；⑥逆转录病毒载体携带目的基因的容量较大，最大容量可达 8 kb；⑦逆转录病毒转染效率高，但靶向性差。

二、逆转录病毒表达载体优化

在利用逆转录病毒载体进行基因治疗时，首先需要确保载体对宿主细胞不产生毒性（如逆转录病毒载体插入基因组特定位点后，其LTR上的U3区域会作为启动子和增强子，影响附近基因的表达，导致细胞生长和增值的异常而使宿主发生肿瘤），其次需要产生高滴度的感染性逆转录病毒颗粒，能够进入靶细胞并获得足够高的转基因表达水平。为了降低逆转录病毒载体整合到宿主细胞后，其 U3区域作为启动子和增强子影响插入位点附近基因表达的可能性，通过去除小鼠白血病病毒 3′LTR 的 U3 区域内的 TATA 盒、Sp1 和 NF-κB 转录因子结合位点，构建了逆转录病毒自我失活型载体（self-inactivating vector）（Elsner and Bohne，2017）。在逆转录之后，3′LTR 的 U3 区域内的缺失被转移到原病毒 DNA 的 5′LTR 的 U3 区域，导致 LTR 启动子的转录功能失活，抑制了全长载体 RNA 的表达，从理论上降低了载体整合位点附近基因被激活的风险。为了提高逆转录病毒的滴度，在此基础上，又在逆转录病毒载体骨架上引入了 WPRE、劳氏肉瘤病毒启动子（Rous sarcoma virus promoter）、SV40 启动子等顺式作用元件，大幅度提高了逆转录病毒载体的表达滴度及目的基因在宿主细胞内的表达量（Schambach et al.，2000）。

三、逆转录病毒表达载体应用

目前，逆转录病毒载体被广泛应用于多种单基因遗传疾病及肿瘤等疾病的基因治疗。

（一）单基因遗传疾病治疗

Wiskott-Aldrich 综合征（Wiskott-Aldrich syndrome，WAS）是一种 X-染色体异常隐性遗传疾病，主要由 *WAS* 基因突变引起 WAS 蛋白异常，从而影响 T 细胞及 B 细胞相关功能。其特征是免疫功能缺陷，由于血小板数量和功能不足，导致形成血栓的能力降低。利用基于小鼠白血病病毒开发的逆转录病毒载体对 10 名 WAS 患者进行基因治疗（Morgan et al.，2021）。首先在体外用载有正常 *WAS* 基因的逆转录病毒载体转染患者的 $CD34^+$造血干细胞/祖细胞（hematopoietic stem and progenitor cell），并将其回输到患者体内。基因治疗降低了感染的频率和严重程度，并改善了血小板减少症。然而，在接受治疗的 10 名儿童中，有 1 名患者植入后没有稳定表达 WAS 蛋白，7 名患者发展为急性白血病，6 名患者在治疗后 488～1813 天内出现急性 T 细胞性白血病，1 名患者出现急性髓系白血病。虽然这次临床试验并不成功，但其证明利用逆转录病毒在患者细胞中表达外源基因是可行的，为后续逆转录病毒载体的改进指明了方向。

（二）复发性胶质瘤治疗

胶质瘤是一种常见的成人原发性脑肿瘤，根据恶性程度可以分为 4 级。高级别胶质瘤（high-grade glioma）恶性程度高，生长速度快，手术治疗效果不佳，预后较差。Tocagen 公司基于小鼠白血病病毒，开发了可选择性杀死复发性高级别胶质瘤细胞的 Toca 511 和 Toca FC（Philbrick and Adamson，2019）。Toca 511 是载有酵母胞嘧啶脱氨酶（yeast cytosine deaminase，yCD2）基因的 γ 逆转录病毒复制载体，将其注射入患者体内后，可以选择性感染胶质瘤细胞。Toca FC 是一种研究性的化疗前药 5-氟胞嘧啶（5-fluorocytosine，5-FC）。当注射了 Toca 511 的患者在接受 Toca FC 治疗后，5-FC 在胞嘧啶脱氨酶的催化下，可以转化为有毒性的化疗药物 5-氟尿嘧啶（5-fluorouracil，5-FU），从而杀死肿瘤细胞。Ⅰ期临床研究结果表明，绝大部分的肿瘤样本中都可以检测到整合的 Toca 511，并可以有效延长患者的生存期。

第五节 慢病毒表达载体结构与应用

慢病毒（lentivirus）也是一种逆转录病毒，属于逆转录病毒科的二倍体 RNA 病毒家族。慢病毒感染的主要临床特点是潜伏期较长，发病缓慢，因此被称为慢病毒。慢病毒与一般逆转录病毒不同，一般逆转录病毒不能穿过核膜，仅可感染发生核膜解体的有丝分裂细胞，而慢病毒可以通过核孔进入宿主细胞核内，因此慢病毒能同时转染处于分裂期和非分裂期的细胞，这极大地拓展了其在基因治疗中的应用（Bulcha et al.，2021）。早期慢病毒载体是由人类免疫缺陷病毒（Human immunodeficiency virus，HIV）改造而来的，随后，猫免疫缺陷病毒（Feline immunodeficiency virus）、猿类免疫缺陷病毒（Simian immunodeficiency virus）、牛免疫缺陷病毒（Bovine immunodeficiency virus）、绵羊髓鞘脱落病毒（Maedi-visna virus）等载体相继研发。

一、慢病毒表达载体结构

（一）慢病毒基因组结构

慢病毒基因组结构要比其他逆转录病毒复杂。HIV-1 是最具慢病毒特征的病毒，其基因组结构和其他的逆转录病毒相似，也含有 2 条相同的正义 RNA，除了病毒复制和包装等病毒完成生命周期所需要的信号序列和 3 个主要病毒结构蛋白的基因（*gag*、*pol* 和 *env*）之外，还含有 2 个编码调节蛋白的基因（*tat* 和 *rev*），*rev* 编码调节 gag、pol 和 env 蛋白表达的调节因子，而 *tat* 编码的蛋白质通过与病毒的 LTR 结合，促进病毒所有基因的转录（Segura et al.，2013）。此外，病毒基因组上还有 4 个编码辅助蛋白的基因，即 *vif*、*vpr*、*vpu*、*nef*，其所编码的蛋白质主要作为毒力因子参与宿主细胞的识别和感染（图 6.4）。

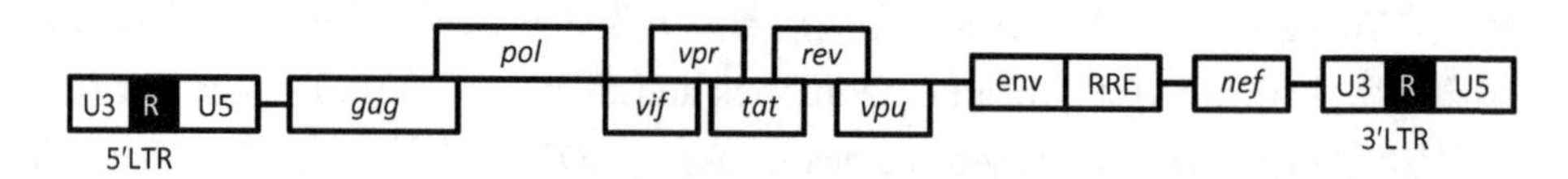

图 6.4 慢病毒基因结构示意图

（二）慢病毒表达载体结构

慢病毒载体是以慢病毒为基础，通过去除与病毒活性相关的序列结构并引入实验所需的目的基因改造而来的，目前研究最多的是 HIV-1 型载体系统（Sakuma et al.，2012）（图 6.5）。1996 年，Naldini 等构建了包含三个质粒的第一代慢病毒载体系统，主要包括载体质粒、包装质粒和包膜表达质粒三部分。载体质粒仅保留有 5′LTR 和 3′LTR、Psi 位点、Rev 反应元件，去除了 *gag*、*pol*、*env* 等结构基因，主要负责装载外源基因。包装质粒包含大部分 HIV 基因组序列，包括 HIV 的 3 个结构基因（*env*、*gag* 和 *pol*）、2 个调控基因（*tat* 和 *rev*）和 4 个辅助基因（*vpr*、*vif*、*vpu* 和 *nef*）。包膜表达质粒表达慢病毒的 *env* 基因。为了提高慢病毒载体的宿主范围，用来自水疱性口炎病毒（Vesicular stomatitis virus，VSV）的包膜蛋白 VSV-G 替代了 HIV 的包膜蛋白，VSV-G 可以识别宿主细胞膜上的低密度脂蛋白受体（low-density lipoprotein receptor），该受体在多种细胞表面表达，从而大大扩展了慢病毒载体的应用范围。同时，VSV-G 的分子结构比较稳定，不容易被超速离心过程中的剪切力所破坏，可通过超速离心浓缩病毒颗粒。第一代慢病毒载体系统是复制缺陷型的，所产生的病毒滴度很低，在转染过程中，包装质粒的 DNA 有可能与载体 DNA 发生重组产生有复制型病毒（replication competent virus，RCV），因此产生有活性的 HIV 病毒的风险很高，有很大的安全隐患。

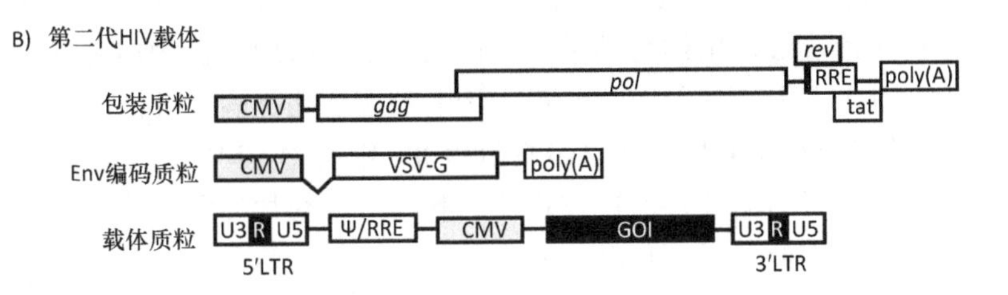

C) 第一代HIV载体

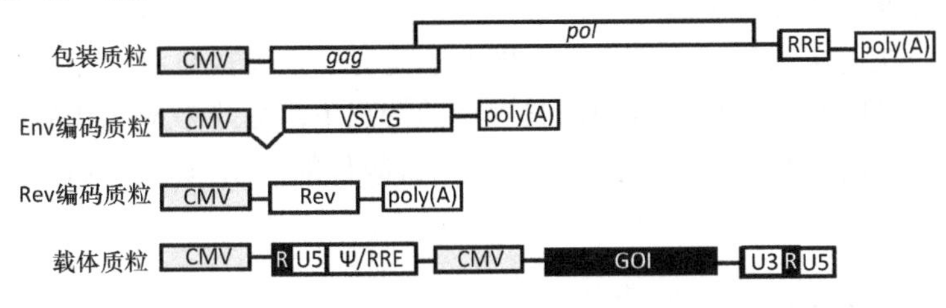

图 6.5　慢病毒载体结构及优化示意图（Sakuma et al.，2012）

1997 年，在第一代慢病毒载体的基础上，为了提高慢病毒载体的安全性，通过去除包装质粒上对载体产生非必需的 HIV 辅助基因（*vif*、*vpr*、*vpu* 和 *nef*），只

保留其调节基因 *tat* 和 *rev*，构建了第二代慢病毒载体系统，以降低产生 RCV 的可能性、细胞毒性和致病性。第三代慢病毒载体系统是目前科研和临床应用最多的载体系统。在这个系统中，包装质粒被一分为二，分别表达 *gag-pol* 和 *rev* 基因，因此第三代慢病毒载体系统包含 4 个质粒。该载体系统还通过用外源的巨细胞病毒（cytomegalovirus）CMV 等启动子替代 5′-LTR 的 U3 启动子，去除了 *tat* 基因。通过采用四质粒代替三质粒系统、除去 *tat* 基因，极大地减少了产生 RCV 的可能性，从而增加了慢病毒载体系统的安全性。

二、慢病毒表达载体优化

由于 HIV 的自然宿主是人类，因此限制慢病毒载体系统应用的主要是其安全性。除此之外，慢病毒载体的包装滴度及表达外源基因的效率，也是限制慢病毒载体应用的主要因素。为了提高慢病毒载体系统的应用性，主要在以下几个方面对其进行改造。①自身失活型慢病毒载体构建。与一般逆转录病毒一样，HIV 的 3′LTR 的 U3 区也具有增强子和启动子的功能，对病毒复制有着非常重要的作用。去除慢病毒载体 3′LTR 的 U3 区后所产生的载体缺乏增强子和启动子序列，不能转录产生 RNA，仅产生一个灭活的前病毒。这种方式还可以降低 3′LTR 启动子的活性，进而降低其对整合位点下游基因组中原癌基因的激活作用（Milone and O’Doherty，2018）。②载体 5′LTR 启动子的替换。从第二代慢病毒载体开始，CMV 启动子成为慢病毒载体系统最常用的启动子。通过比较不同启动子在慢病毒系统中的活性，发现在人造血干细胞中，EF-1α 启动子的效率要高于磷酸甘油酸激酶和 CMV 启动子，而在 293T 细胞和人纤维肉瘤 HT1080 细胞中 CMV 启动子活性高于磷酸甘油酸激酶启动子的活性，但在纹状体细胞中，磷酸甘油酸激酶启动子活性高于 CMV 启动子，因此，不同启动子对于外源基因的表达和慢病毒载体系统的应用范围有重要影响（Ramezani et al.，2000）。③目的基因表达的调控。目前在真核细胞中对外源基因表达进行可调控调节主要用的是 tet-on 和 tet-off 的四环素调控系统，即在慢病毒载体系统中引入四环素诱导表达调控系统，相比于在效应底物四环素或者四环素类似物强力霉素存在的情况下，去除效应底物后外源基因的表达量可以提高 500 倍，极大地扩展了慢病毒载体的应用范围（Kafri et al.，2000）。

三、慢病毒表达载体应用

相较于其他逆转录病毒，慢病毒载体可以有效转染原代细胞、干细胞和不分化的细胞等较难转染的细胞，尤其是其可以转染处于静止期的细胞，且可以通过将目的基因整合到宿主细胞基因组，持续、稳定、高效地表达，提高目的基因的转导效率。同时，慢病毒载体可以兼容多个转录启动子和增强子，并可以转移高达 10 kb 的外源基因，因此在神经系统疾病治疗和蛋白药物高效表达方面发挥着重要作用。

（一）神经系统疾病治疗

神经系统中的神经元和胶质细胞在一般情况下处于静止状态，因此逆转录病毒载体对于神经系统疾病的基因治疗并不适用。由于慢病毒载体能够转染处于非分裂期的细胞，包括神经元，且能够确保目的基因持续稳定地表达，非常适于对神经系统疾病的基因治疗。目前，在帕金森病（Parkingson's disease，PD）、阿尔茨海默病（Alzheimer's disease，AD）等多种神经系统疾病中，应用慢病毒载体表达目的基因进行基因治疗已取得良好的治疗效果。

PD 主要是由中脑黑质多巴胺神经元退行性死亡导致的多巴胺产生减少引起的。Oxford BioMedica 公司开发的 ProSavin 及其改进型 AXO-Lenti-PD，利用慢病毒载体，将多巴胺合成必需的三个酶——酪氨酸羟化酶（tyrosine hydroxylase）、GTP 环化水解酶 1（GTP cyclization hydrolase 1）和芳香族氨基酸脱羧酶（aromatic acid decarboxylase）直接传递到控制运动的大脑纹状体区域，将非多巴胺生成纹状体神经元转变为多巴胺生成工厂，替代帕金森患者脑黑质多巴胺能细胞产生多巴胺（Palfi et al.，2018）。2014 年，ProSavin 完成临床Ⅰ/Ⅱ期实验，证明其可以有效改善 PD 患者的运动能力。

（二）蛋白药物高效表达

慢病毒载体具有较高的基因表达效率，因此也常被用于外源蛋白的高效表达。2011 年，Bandaranayake 利用优化的慢病毒载体和无血清培养的悬浮 293 细胞系，在 100 mL 小规模培养系统中，获得了分子质量达 70 kDa 的正确折叠和翻译后修饰的无内毒素蛋白，而且产量高达 20～100 mg/L（Bandaranayake et al.，2010）。FⅧ的制备原料是血浆，而血浆的缺乏严重影响了 FⅧ的产量。2014 年，Mufarrege 等（2014）通过优化慢病毒载体的启动子和 5′-UTR，将重组 FⅧ的产量提高了 4 倍，达到 800 ng/mL。

总结与展望

基因治疗在多种疾病，尤其是肿瘤和遗传性疾病中显示出了良好的应用前景。目前大约 70%的基因治疗使用病毒载体转移目的基因，包括腺病毒、腺相关病毒、逆转录病毒和慢病毒载体系统等。这些病毒载体有各自的优点，也存在各自的缺点。腺病毒载体相较于其他病毒载体，具有包装容量大、制备方便、宿主范围广、感染效率高等优点，但其外源基因表达时间短、免疫原性较强，具有较高的细胞毒性。腺相关病毒载体免疫原性弱，能够感染处于非分裂期的细胞，被认为是目前最好的基因治疗载体。逆转录病毒能够整合到宿主细胞染色体上，可以介导目的基因的长期稳定表达，但其转染效率较低，目的基因随机插入，有可能导致插入突变。慢病毒载体除了能感染处于分裂期的细胞，还能感染处于非分裂期的细胞，且相比于逆转录病毒载体，具有更高的转导效率。

当前基因治疗领域存在的主要问题是如何实现目的基因简便、安全、高效地转移，并使目的基因在治疗水平上持续表达。目前所用的病毒载体还存在引起并发症的潜在风险，而且很多遗传疾病目前并无合适的病毒载体，因此需要进一步加强疾病的基础研究及病毒学研究，采用多学科交叉技术提高病毒载体安全性，建立高效安全的基因治疗系统。

参 考 文 献

成军. 2014. 现代基因治疗分子生物学. 北京: 科学出版社.

刘新垣. 2015. 一个革命性的抗癌研究策略: 癌症的靶向基因-病毒治疗. 中国肿瘤生物治疗杂志, 22(2): 159-165.

谭靓, 李泰明. 2020. 腺相关病毒载体在基因治疗领域中的应用和挑战. 科技与创新, 13: 157-159.

许青, 陆舜, 朱蕙燕, 等. 2021. 溶瘤病毒治疗恶性肿瘤临床应用上海专家共识(2021 年版). 中国癌症杂志, 31(3): 231-240.

翟贯星, 傅卫辉, 徐建青, 等. 2021. 腺相关病毒载体优化的研究进展. 复旦学报(医学版), 48(6): 827-833.

Alba R, Bosch A, Chillon M. 2005. Gutless adenovirus: last-generation adenovirus for gene therapy. Gene Therapy, 12 Suppl 1: S18-S27.

Alhakamy N A, Curiel D T, Berkland C J. 2021. The era of gene therapy: from preclinical development to clinical application. Drug Discovery Today, 26(7): 1602-1619.

Bandaranayake A D, Correnti C, Ryu B Y, et al. 2010. Daedalus: a robust, turnkey platform for rapid production of decigram quantities of active recombinant proteins in human cell lines using novel lentiviral vectors. Nucleic Acids Research, 39(21): e143.

Bhuckory S, Wegner K D, Qiu X, et al. 2020. Triplexed CEA-NSE-PSA immunoassay using time-gated terbium-to-quantum dot FRET. Molecules, 25(16): 3679.

Bulcha J T, Wang Y, Ma H, et al. 2021. Viral vector platforms within the gene therapy landscape. Signal Transduct Target Ther, 6(1): 53.

Crompton A M, Kirn D H. 2007. From ONYX-015 to armed vaccinia viruses: the education and evolution of oncolytic virus development. Curr Cancer Drug Targets, 7(2): 133-139.

Douglas J T. 2007. Adenoviral vectors for gene therapy. Mol Biotechnol, 36(1): 71-80.

Elsner C, Bohne J. 2017. The retroviral vector family: something for everyone. Virus Genes, 53(5): 714-722.

Gilbert S C. 2015. Adenovirus-vectored Ebola vaccines. Expert Rev Vaccines, 14(10): 1347-1357.

Hanlon K S, Meltzer J C, Buzhdygan T, et al. 2019. Selection of an efficient AAV vector for robust CNS transgene expression. Mol Ther Methods Clin Dev, 15: 320-332.

Henkle T R, Lam B, Kung Y J, et al. 2021. Development of a novel mouse model of spontaneous high-risk HPVE6/E7-expressing carcinoma in the cervicovaginal tract. Cancer Res, 81(17): 4560-4569.

Issa S S, Shaimardanova A A, Solovyeva V V, et al. 2023. Various AAV serotypes and their applications in gene therapy: An Overview. Cells, 12: 785.

Kafri T, van Praag H, Gage F H, et al. 2000. Lentiviral vectors: regulated gene expression. Mol Ther, 1(6): 516-521.

Keeler A M, Flotte T R. 2019. Recombinant adeno-associated virus gene therapy in light of Luxturna(and Zolgensma and Glybera): Where are we, and how did we get here? Annu Rev Virol, 6(1): 601-621.

Kohn L A, Kohn D B. 2021. Gene therapies for primary immune deficiencies. Front Immunol, 12: 648951.

Lukashev A N, Zamyatnin A A Jr. 2016. Viral vectors for gene therapy: Current state and clinical perspectives. Biochemistry (Moscow), 81(7): 700-708.

Maetzig T, Galla M, Bam C, et al. 2011. Gammaretroviral vectors: biology, technology and application. Viruses, 3: 677-713.

Maheshri N, Koerber J T, Kaspar B K, et al. 2006. Directed evolution of adeno-associated virus yields enhanced gene delivery vectors. Nat Biotechnol, 24: 198-204.

Mary B, Maurya S, Kumar M, et al. 2019. Molecular engineering of adeno-associated virus capsid improves its therapeutic gene transfer in murine models of hemophilia and retinal degeneration. Mol Pharmaceutics, 16: 4738-4750.

Mercado N B, Zahn R, Wegmann F, et al. 2020. Single-shot Ad26 vaccine protects against SARS-CoV-2 in rhesus macaques. Nature, 586(7830): 583-588.

Milone M C, O'Doherty U. 2018. Clinical use of lentiviral vector. Leukemia, 32(7): 1529-1541.

Moretti A, Fonteyne L, Giesert F, et al. 2020. Somatic gene editing ameliorates skeletal and cardiac muscle failure in pig and human models of Duchenne muscular dystrophy. Nat Med, 26(2): 207-214.

Morgan M A, Galla M, Grez M, et al. 2021. Retroviral gene therapy in Germany with a view on previous experience and future perspectives. Gene Therapy, 28(9): 494-512.

Mueller C, Berry J D, McKenna-Yasek D M, et al. 2020. *SOD1* suppression with adeno-associated virus and microRNA in familial ALS. N Engl J Med, 383(2): 151-158.

Mufarrege E F, Antuña S, Etcheverrigaray M, et al. 2014. Development of lentiviral vectors for transient and stable protein overexpression in mammalian cells. A new strategy for recombinant human FVIII(rhFVIII)production. Protein Expr Purif, 95: 50-56.

Ozelo M C, Mahlangu J, Pasi K J, et al. 2022. Valoctocogene roxaparvovec gene therapy for hemophilia A. N Engl J Med, 386(11): 1013-1025.

Palfi S, Gurruchaga J M, Lepetit H, et al. 2018. Long-term follow-up of a phase I/II study of proSavin, a lentiviral vector gene therapy for Parkinson's disease. Hum Gene Ther Clin Dev, 29(3): 148-155.

Palù G, Parolin C, Takeuchi Y, et al. 2000. Progress with retroviral gene vectors. Rev Med Virol, 10(3): 185-202.

Pei X, Shao W, Askew C, et al. 2020. Development of AAV variants with human hepatocyte tropism and neutralizing antibody escape capacity. Mol Ther Methods Clin Dev, 18: 259-268.

Pellett P E, Mitra S, Holland T C. 2014. Basics of virology. Handb Clin Neurol, 123: 45-66.

Philbrick B D, Adamson D C. 2019. Early clinical trials of Toca 511 and Toca FC show a promising novel treatment for recurrent malignant glioma. Expert Opin Investig Drugs, 28(3): 207-216.

Ramezani A, Hawley T S, Hawley R G. 2000. Lentiviral vectors for enhanced gene expression in human hematopoietic cells. Mol Ther, 2(5): 458-469.

Ran G, Chen X, Xin Y, et al, 2020. Site-directed mutagenesis improves the transduction efficiency of capsid library-derived recombinant AAV vectors. Mol Ther Methods Clin Dev, 17: 545-555.

Roy D G, Geoffroy K, Marguerie M, et al. 2021. Adjuvant oncolytic virotherapy for personalized anti-cancer vaccination. Nat Commun, 12(1): 2626.

Sakuma T, Barry M A, Ikeda Y. 2012. Lentiviral vectors: basic to translational, Biochem J, 443(3): 603-618.

Schambach A, Wodrich H, Hildinger M, et al. 2000. Context dependence of different modules for posttranscriptional enhancement of gene expression from retroviral vectors. Mol Ther, 2(5): 435-45.

Segura M M, Mangion M, Gaillet B, et al. 2013. New developments in lentiviral vector design, production and purification. Expert Opin Biol Ther, 13(7): 987-1011.

Selot R, Arumugam S, Mary B, et al. 2017. Optimized AAV rh.10 vectors that partially evade neutralizing antibodies during hepatic gene transfer. Front Pharmacol, 8: 441.

Tornabene P, Trapani I. 2020. Can adeno-associated viral vectors deliver effectively large genes? Hum Gene Ther, 31(1-2): 47-56.

Verdera H C, Kuranda K, Mingozzi F. 2020. AAV vector immunogenicity in humans: a long journey to successful gene transfer. Mol Ther, 28(3): 723-746.

Wang D, Tai P W L, Gao G. 2019. Adeno-associated virus vector as a platform for gene therapy delivery. Nature Reviews Drug Discovery, 18(5): 358-378.

Zhu F C, Li Y H, Guan X H, et al. 2020. Safety, tolerability, and immunogenicity of a recombinant adenovirus type-5 vectored COVID-19 vaccine: a dose-escalation, open-label, non-randomised, first-in-human trial. Lancet, 395(10240): 1845-1854.

（王　磊　樊振林）

第七章　植物表达载体

自 1983 年转基因烟草获得成功以来，植物基因工程发展迅速，极大地推动了其在农业、医药、工业等领域的应用，尤其是利用植物表达系统生产重组蛋白已成为近年来研究的热点。植物表达系统包括稳定表达系统和瞬时表达系统。稳定表达系统通过构建农杆菌质粒转化载体或叶绿体转化载体，利用农杆菌介导或基因枪转化等技术将外源基因整合进植物细胞核或叶绿体，获得稳定表达的转基因植物。在瞬时表达系统中，外源基因导入受体后并未整合进植物基因组，仅能在一定时间内获得表达，常通过构建植物病毒载体，利用病毒侵染植物的途径来实现。植物表达系统中，表达载体的构建、受体的选择、组织培养技术、基因转化技术等因素均会影响外源基因的转化效果，其中植物表达载体是决定外源基因能否按照人们的意愿在特定部位和特定时间内高水平、安全表达的关键因素。

第一节　植物表达系统概述

一、植物表达系统历史

自然界中存在农杆菌转化的现象，对其转化机制的研究具有重要意义。早在 1907 年，美国科学家 Braun 就提出农杆菌把“肿瘤诱导物”传递给植物的假说。30 年后假说被证实，Braun 被誉为“根癌病研究之父”。1974 年，比利时科学家 Van Larabeke 等发现农杆菌的肿瘤诱发质粒（tumor-inducing plasmid，Ti 质粒）。1977 年，农杆菌转移 DNA（transferred-DNA，T-DNA）的发现及其转化机制的阐明，对植物基因工程技术的发展具有里程碑式的意义。1983 年，Zambryski 通过农杆菌介导法成功获得转基因烟草，标志着植物基因工程的诞生。1985 年，Horsh 等创立了农杆菌介导的“叶盘法”。1987 年，Sanford 等发明了基因枪转化法，开创了植物转基因技术的新领域。带有不同报告基因的转基因植物陆续被报道，这些技术成果推动植物转基因研究向生产应用，例如，1985 年获得了抗除草剂的转基因番茄；1986 年获得抗烟草花叶病毒（Tobacco mosaic virus，TMV）的转基因烟草；1990 年转苏云金杆菌（*Bacillus thuringiensis*，Bt）基因的抗虫棉问世；1994 年，世界上第一个转基因商品化耐贮藏番茄品种“Flavr Savr”在美国投放市场；随后，抗草甘膦转基因大豆、抗除草剂玉米和油菜等相继被批准进行商业种植（王关林和方宏筠，2009）。

1988 年，Boynton 等利用基因枪轰击法将外源基因导入单细胞藻类的叶绿体，标志着叶绿体基因转化的成功。1990 年，Daniell 等在烟草叶绿体中成功转化氯霉素乙酰转移酶（chloramphenicol acetyltransferase，CAT）基因，标志着高等植物叶绿体基因工程的诞生。1995 年，McBride 等将一种 Bt 抗虫基因转入到烟草叶绿体基因组中，转化植株具有杀虫活力，且 Bt 蛋白表达量远高于细胞核转化水平。1998 年，Daniell 等用通用载体将矮牵牛 5-烯醇式丙酮酰莽草酸-3-磷酸合酶编码基因转入烟草叶绿体基因组，首例抗草甘膦的叶绿体转基因烟草问世，其对草甘膦的耐受性提高了 10 倍。随后，细菌 5-烯醇式丙酮酰莽草酸-3-磷酸合酶编码基因、细菌膦丝菌素乙酰转移酶编码基因、拟南芥乙酰乳酸合成酶编码基因陆续被转入烟草叶绿体基因组，均获得对除草剂具有抗性的转基因烟草植株。叶绿体转化除应用在植物抗除草剂方面外，在植物抗虫（Zhang et al.，2015；Jin et al.，2017）、抗病（Ruhlman et al.，2014）、抗逆（Jin and Daniell，2014）、品质改良（Dunne et al.，2014）、提高光合速率（Whitney et al.，2015）等作物改良方面也取得很大进展。同时，叶绿体作为生物反应器在生物制药上得到越来越多的应用，如生产霍乱毒素、破伤风毒素、动物疫苗、人类生长因子、胰岛素生长因子等药用蛋白（张剑锋等，2017）。虽然叶绿体转化可避免细胞核转化中出现的外源基因表达效率低、位置效应、基因沉默等问题，实现外源基因的定向、高效表达，且利于多基因转化，具有潜在的优越性（周菲等，2015），但由于叶绿体基因组序列信息、组织培养体系、转化植株同质化等的限制，叶绿体转化技术并未得到广泛应用。

自 1892 年发现 TMV 以来，对病毒结构、病毒与宿主之间相互作用的解析推动了利用植物瞬时表达系统生产疫苗、药用蛋白的研究进展。目前，已构建了多个植物病毒载体，其中利用 TMV、豇豆花叶病毒（Cowpea mosaic virus，CPMV）构建的载体较为常见。利用病毒诱导的基因沉默（virus induced gene silencing，VIGS）技术能够进行基因功能的研究。1995 年，Kumagai 等将番茄红素合成的关键酶之一八氢番茄红素脱氢酶的部分编码序列克隆至 TMV，侵染烟草后由于沉默了内源八氢番茄红素脱氢酶基因，导致转化植株呈白化症状。为克服 TMV 载体不稳定、易发生功能下降的缺陷，1998 年 Ruiz 等利用马铃薯 X 病毒（Potato virus X，PVX）构建 VIGS 载体，通过沉默八氢番茄红素脱氢酶基因，转化后再次发生白化症状，以此分析转化基因的功能。Lim 等（2002）将神经肽-鼠痛稳素序列与 TMV 外壳蛋白（coat protein，CP）基因融合，通过 TMV 侵染烟草后，获得重组蛋白。McCormick 等（2008）通过构建 TMV 载体，导入烟草后合成重组单链可变片段抗体，用于生产霍奇金淋巴瘤的治疗疫苗，此研究已进入临床试验评估阶段。除此之外，利用 CPMV 转化烟草，生产的甲型流感病毒 H5N1 亚型疫苗已进入临床试验阶段（D’Aoust et al.，2010）。利用植物病毒载体介导的瞬时转化技术表达外源蛋白具有简单、快速、易于操作、表达量大的优点，因此被广泛应用，已成功表达 HIV 1 型破伤风抗毒素蛋白、HPV 16 型 L1 蛋白、登革热病毒包膜蛋白等多种药用蛋白。由此可见，植物病毒载体的研究对于药用蛋白的生产、基因功能的分析、培育新的种质资源都具有重大意义（Kant and Dasgupta，2019；Kujur et al.，2021）。

二、植物表达系统组成

植物遗传转化主要用于改造生物的遗传特性，生产有价值的目的产品，按其操作过程分为上游技术和下游技术两大部分。上游技术主要是指基因载体系统的构建，包括对基因的供体、受体、载体三要素的选择和操作，以实现目的基因的分离和重组；下游技术主要是指基因产物的获取，包括基因的转化和表达、表达产物的鉴定，以获取转基因产物。其中，目的基因、载体系统、受体系统、遗传转化方法是植物表达系统的重要组成部分。

目的基因的选择和确定，决定了研究方向和研究目的。

植物表达载体是带有外源基因在植物体内转录和翻译的调控单元且能将外源基因导入植物细胞的一类载体，即在外源基因的两端加上植物可识别的启动子和终止子，构成具有特定功能的基因表达盒，再插入到适当的质粒中，最终将目的基因导入植物细胞的载体。目前的植物表达载体主要分为植物病毒载体、农杆菌质粒转化载体、叶绿体转化载体，是实现外源基因转化的关键因素。

植物基因转化受体是指用于转化的外植体，可通过组织或非组织培养途径，高效、稳定地再生无性系，能接受外源 DNA 整合，且对筛选抗生素比较敏感。植物基因转化受体包括原生质体、愈伤组织、悬浮细胞、叶片切块等。其中，叶圆片是农杆菌转化的主要受体。原生质体是除去细胞壁的植物细胞，是单克隆转化的最佳受体。愈伤组织是检测外源基因表达的最好受体。由于植物细胞具有全能性，当导入外源基因后，转化体在适当的培养基、一定的温度和光照条件下，可发育成完整的新植株。受体可通过不定芽（或器官）发生和体细胞胚胎发生途径再生。其中，体细胞胚胎发生途径被认为是单细胞起源，可避免嵌合体产生，因此植物基因转化受体通常不用分生组织存在的材料如茎尖、胚芽、腋芽等。植物基因转化受体也可以是整株植物或种子，通过接种共感染或外源 DNA 直接导入活体材料的方法进行转化。不同基因转化受体的组织培养方法不同，转基因效果不同。

遗传转化方法是通过植物表达载体将外源基因导入受体细胞，经筛选获得转化细胞或植株的途径，包括农杆菌介导的遗传转化法、DNA 直接转化法、种质系统转化法、病毒载体转化法等。农杆菌介导的基因转化法最为常用，通过将原生质体或外植体与农杆菌共培养后，经选择培养筛选获得转基因植株。若外植体为带有创伤的叶片，将其浸入农杆菌菌液，共培养后筛选获得转化植株，即叶盘法，其应用最为普遍。转化过程中，农杆菌菌株的类型、农杆菌的浓度、外植体的类型和生理状态、侵染时间、共培养时间、基因活化物的使用浓度、培养基（预培养、共培养、选择培养、生根培养）的使用等都会影响农杆菌的转化效率。DNA直接转化法是用外源 DNA 直接转化植物，包括叶绿体转化常用的基因枪法，原生质体转化常用的电击转化法、脂质体转化法、聚乙二醇介导转化法。种质系统转化法是借助生物自身的种质细胞来实现转化目的，包括花粉管通道法、胚囊或子房注射法、生殖细胞浸泡法。病毒载体转化法主要是用构建好的植物病毒侵染植物，由于重组病毒在植物体内复制、装配，从而在植物中表达转化基因产物。由于病毒载体转化法不能将外源基因整合到植物细胞染色体中，因而属于瞬时表达。建立一个高效的转化体系，需对目的基因、植物表达载体、受体系统、遗传转化方法等各因素进行优化。

三、植物表达系统应用

植物转基因技术在植物基因工程育种、植物医药基因工程方面得到了广泛应用（Lössl and Waheed，2011；Niazian，2019；Nosaki et al.，2021）。植物基因工程育种一般通过稳定表达系统实现；植物医药基因工程既可通过稳定表达系统，也可通过瞬时表达系统实现。

（一）植物基因工程育种

自从 1983 年首次获得转基因植物至今，利用植物转基因技术改良作物性状，已成为增强作物经济价值和生态价值的必要手段（Lakshman et al.，2013；Pan et al.，2017；Li et al.，2018）。目前，在转基因植物中成功表达的、有实用价值的目的基因主要包括抗虫基因（Din et al.，2021）、抗病毒基因（Prins et al.，2008）、抗真菌病害基因、抗细菌病害基因（Shehryar et al.，2020）、抗除草剂基因、抗逆境胁迫基因（李翠萍等，2013，2015；Wan et al.，2014；Singh et al.，2014；Yang et al.，2017；Li et al.，2019；Dong et al.，2021；Zhang et al.，2021）、创造雄性不育基因（Zhou et al.，2017）、改良品质基因、提高光合速率基因、控制果实成熟基因等，通过转化这些目的基因已培育出多种具有丰产、优质、抗病虫、抗除草剂、抗逆等优良性状的植物新品种（表 7.1）。除此之外，生物固氮基因工程也是植物转基因技术研究的重要内容。

（二）植物医药基因工程

自 20 世纪 90 年代首次报道利用植物作为生物反应器生产蛋白产品以来，植

表 7.1　植物基因工程育种的应用

应用	基因	作用机制
植物抗虫基因工程	*Bt* 基因、蝎毒素基因、蜘蛛毒素基因	苏云金杆菌在芽孢形成中，产生杀虫结晶蛋白，昆虫取食后将结晶蛋白降解成多肽，与细胞膜特异受体结合，导致细胞膜穿孔，昆虫死亡
	蛋白酶抑制剂	蛋白酶抑制剂与昆虫消化道内的蛋白消化酶结合形成复合物，导致昆虫不能消化蛋白质而死亡，或者通过过度分泌消化酶而影响正常发育
	植物凝集素基因	通过和糖蛋白，如昆虫围食膜表面、消化道上皮细胞的糖缀合物结合，影响其对营养物质的吸收，促进消化道中细菌的繁殖，抑制昆虫的生长发育
	植物淀粉酶抑制剂	抑制昆虫消化道α-淀粉酶活性，使淀粉无法被正常消化；与淀粉酶形成复合物，刺激昆虫消化酶的分泌，使昆虫厌食而死
植物抗害基因工程	抗植物病毒基因	可能因为病毒裸露的核酸进入植物细胞后被存在的病毒外壳蛋白包裹，阻止病毒核酸的复制；或者病毒外壳蛋白抑制了病毒脱壳
	抗植物真菌病害基因	降解病原真菌细胞壁的几丁质，使病原菌死亡；产生的次生代谢产物诱导植物作出防御反应，提高抗病性
	抗植物细菌病害基因	杀菌肽依靠其两亲性的螺旋结构，在细胞质膜上形成离子通道，改变内外渗透压，内容物渗出，细胞死亡
植物抗除草剂基因工程	5-烯醇式丙酮酰莽草酸-3-磷酸合酶、草丁膦乙酰转移酶基因	改变除草剂靶酶的水平和敏感性；导入能解除除草剂毒性的酶基因
植物抗逆基因工程	与抗寒、抗旱、耐盐、耐热等逆境抵抗相关基因	通过导入基因提高相关蛋白的表达，提高渗透胁迫耐受性或提高植物抗氧化胁迫防御机制
创造雄性不育工程	花粉或花药特异表达启动子、毒性基因	绒毡层和花药特异表达细胞毒素，阻断花粉发育；利用反义基因技术阻断花粉或花药基因的正常表达；提早降解胼胝质壁而创建雄性不育；基因的共抑制；干扰核基因和线粒体基因之间的通信等
品质改良基因工程	与糖、蛋白质、脂肪酸、维生素、纤维代谢有关的基因，或与果实发育有关基因的反义基因	提高淀粉等多糖含量；提高蛋白质的含量和质量；改变脂肪酸的组成与含量；提高维生素、抗氧化剂、铁和矿物质含量；调节纤维素含量等

物医药工程已迅速发展成为药物研发的热点领域（Anami et al.，2013；Arya et al.，2020；Karki et al.，2021；Wu et al.，2021）。利用植物表达系统已成功生产的重组蛋白药物包括疫苗、抗体等（Takeyama et al.，2018；Khan et al.，2018；关薇薇等，2021）。利用植物表达系统生产重组蛋白药物具有多方面的优势：①相比微生物发酵系统和哺乳动物细胞生产系统，植物表达系统大幅度降低了生产成本；②具有翻译后修饰和加工；③解决了传统药物蛋白生产系统中内毒素、病毒污染的难题；④生产的重组疫苗可直接食用或制成胶囊，易于保存。除此之外，通过转基因技术转化药用植物或通过调控代谢中关键酶活性实现控制次生代谢产物如生物

碱、类黄酮、花青素等的合成，已成为改良药用植物的重要途径。利用植物表达系统已表达了多种抗原、抗体、疫苗等，其中部分药用蛋白已进入临床阶段（杨贺等，2015；Takeyama et al.，2018；蒋铭轩等，2023；邹奇等，2023）（表 7.2）。外源蛋白表达量少和活性差是限制植物表达系统生产重组蛋白药物上市的主要原因，目前只有几种重组蛋白药物如抑肽酶、抗生物素蛋白、β-葡糖醛酸酶、乙肝

表 7.2　植物表达系统生产的医药蛋白（蒋铭轩等，2023）

生物反应器	外源蛋白	载体	表达宿主
烟草叶片生物反应器	乙型肝炎核心抗原	pEAQ-HT	烟草叶片
	人乳头瘤病毒-8 抗原	pEAQ-HT	烟草叶片
	牛乳头瘤病毒-1 抗原	pEAQ-HT-DEST	烟草叶片
	蓝舌病毒-8 抗原	pEAQ-HT	烟草叶片
	诺如病毒 Norwalk 抗原	pBI201	烟草叶片
	诺如病毒 Narita 抗原	pICH10990	烟草叶片
	流感病毒 H1N1 抗原	pCAMBIA2300	烟草叶片
	流感病毒 H5N1 抗原	pCAMBIA2300	烟草叶片
	新型冠状病毒抗原 COVID（商品名 Covifenz®）	未知	烟草叶片
种子生物反应器	HSA	pOsPMP	水稻种子
	人抗胰蛋白酶	pOsPMP	水稻种子
	雪松花粉敏感蛋白 CRYJ1/2	pCSPmALSAg7-GW	水稻种子
	流感病毒 H3N2 抗原	pTF101.1	玉米种子
	TM-1 疫苗	pPZP211	小麦种子
	抗菌肽 LL-37	未知	大麦种子
	HGH	pwrg4803	大豆种子
	单链 Fv 片段抗体	pGEM3zf	豌豆种子
其他生物反应器	HBsAg	pGPTV/KAN/Asc	生菜植株
	猪水肿病疫苗	pBI121	生菜植株
	鼠疫杆菌抗原 F1-V	pBI121	生菜植株
	霍乱毒素 β 亚单位	pCAMBIA3300	生菜植株
	严重急性呼吸综合征冠状病毒疫苗	pCRII	生菜植株
	猪流行性腹泻病毒疫苗	pMYV514	生菜植株
	大豆凝集素	pBI101	马铃薯块茎
	人源酪蛋白	pPCV701	马铃薯块茎
	人干扰素 α-2b	pCBV16	胡萝卜根
	鼠疫杆菌抗原 F1-V	pBI121	胡萝卜根
	HSA	pCAMBIA1300	烟草 BY-2 细胞
	埃博拉病毒抗体	pCAMBIA1300	烟草 BY-2 细胞

抗体、重组人乳铁蛋白上市。通过优化外源基因密码子和表达载体，选择合适的宿主，采取 RNA 干扰甚至基因编辑等措施可有效改善重组蛋白药物表达的问题（Andres et al.，2019；Dubey et al.，2018）。相信随着转基因技术的发展，植物表达系统将会成为药用蛋白主要的生产系统。

第二节　植物表达载体结构与功能

一、植物表达载体分类

根据植物表达系统中载体构建方式的不同，将植物表达载体分为植物病毒载体、农杆菌质粒载体、叶绿体转化载体。

（一）植物病毒载体

植物病毒对植物细胞的侵染过程是一种自发的基因转移过程，因此其本身就是一种基因转化载体。植物病毒载体是利用病毒的基因组序列元件构建的真核基因转录工具，将目的基因克隆到植物病毒载体的启动子下游，通过直接侵染或借助基因枪等方法将目的基因导入植物细胞进行表达的载体。现今已构建成功多个植物病毒表达载体。

根据遗传物质的不同，将植物病毒载体分为双链 DNA 植物病毒载体、单链 DNA 植物病毒载体、单链 RNA 植物病毒载体；根据载体构建策略的不同，将植物病毒载体分为置换型载体、插入型载体、互补型载体；根据外源蛋白表达特征的不同，将植物病毒载体分为抗原展示型载体和融合/释放型载体。

植物病毒载体转化的优点包括：①病毒增殖速度快，外源基因表达水平高，试验周期短；②病毒基因组小，易于遗传操作，适合大规模商业化生产；③病毒可侵染单子叶等农杆菌的非寄主植物，应用较为广泛；④病毒颗粒易于纯化，生产成本低。植物病毒载体转化的缺点主要有：①表达系统为瞬时表达系统，不能把外源基因整合到植物细胞基因组中传递给后代；②感染率高，可诱发植物产生病害，对表型分析产生干扰；③病毒 RNA 复制时变异率较高。因此，构建植物病毒载体时应考虑病毒基因组的结构、启动子、基因插入位置、感染植物后是否症状较轻、宿主范围、蛋白质定位等问题。

（二）农杆菌质粒载体

农杆菌质粒载体是将外源基因插入到农杆菌的质粒上，由农杆菌质粒将外源基因转移并整合到植物细胞基因组中。农杆菌质粒载体系统是目前应用最广泛的植物转化载体系统，其中最常用的是根癌农杆菌 Ti 质粒和发根农杆菌 Ri 质粒

(root inducing plasmid)，两者在结构和功能上有许多相似之处。利用农杆菌转化法将目的基因导入植物细胞通常使用的是根癌农杆菌 Ti 质粒。

在农杆菌质粒载体系统的构建过程中，涉及克隆载体、中间载体、卸甲载体的构建。农杆菌质粒载体系统主要分为一元载体系统和双元载体系统（图 7.1）。

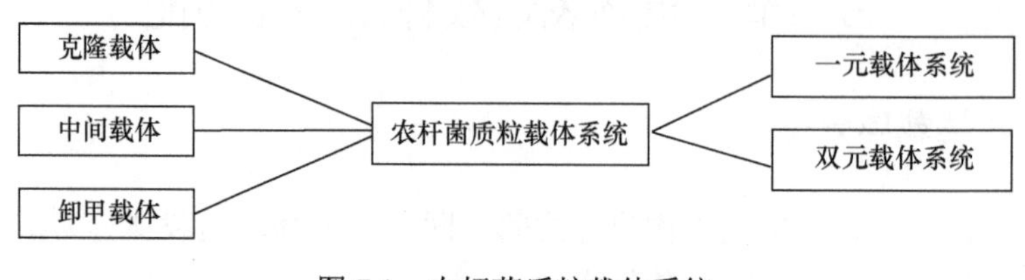

图 7.1 农杆菌质粒载体系统

1. 克隆载体

克隆载体是将分离或改造的目的基因携带到合适的细胞中进行复制以保存和扩增的载体。克隆载体通常为多拷贝的大肠杆菌质粒，能在大肠杆菌中自主复制。

2. 中间载体

中间载体是为解决 Ti 质粒不能直接导入目的基因的问题，在 *E.coli* 克隆载体，如 pBR322 质粒中插入一段 T-DNA 片段构建而成的小型质粒，通常为多拷贝的 *E.coli* 质粒。根据结构特征不同，中间载体分为共整合系统中间载体和双元载体系统中间载体；根据功能不同，中间载体分为克隆载体和表达载体。

共整合系统中间载体的主要结构特征是具有与 Ti 质粒 T-DNA 区同源的序列，引入根癌农杆菌后可与 Ti 质粒 T-DNA 区同源序列发生重组；具有一个或几个细菌选择标记基因，利于筛选共整合质粒；具有接合转移位点，当诱导质粒存在时，利于中间载体在不同细菌内转移；具有植物选择标记基因，利于转化植物的筛选；含有多克隆位点，利于外源基因的插入；无 Ti 质粒的边界序列。

双元载体系统中间载体的主要结构特征是：不具有同源序列；具有左边界（left border，LB）和右边界（right border，RB）序列；具有在农杆菌中自主复制的复制子，无 ColE1 复制点。

中间克隆载体是将 T-DNA 片段、目的基因、标记基因等插入大肠杆菌质粒中构建而成。缺少在植物细胞中驱动外源基因表达的特异启动子，导致外源基因不能表达。

中间表达载体是将植物细胞中驱动基因表达的特异启动子与外源基因拼接，构成嵌合基因，这种中介载体使外源基因在植物细胞中表达并提供可筛选的表型，其构建过程十分复杂。由于中间表达载体是一种细菌质粒，故不能将外源基因转化到植物细胞。

3. 卸甲载体

卸甲载体是全部或部分缺失致瘤基因（oncogene，*onc* 基因）的 Ti 质粒，可作为构建转化载体的受体质粒。

（1）onc^-卸甲载体：将野生型 Ti 质粒 T-DNA 中的 *onc* 基因全部切除，“解除”其“武装”，构成卸甲载体。这种载体 T-DNA 内部 *onc* 基因缺失区被质粒 pBR322 取代，克隆到 pBR322 质粒中的外源 DNA 片段通过与 Ti 质粒 pBR322 DNA 发生同源重组，被整合到 onc^-Ti 质粒载体上。最常用的受体 Ti 质粒卸甲载体有 3 种，分别为 pGV3850 onc^-卸甲载体、pGV2260 onc^-卸甲载体、pTiB6S3-SE onc^-卸甲载体。其中，pGV3850 onc^-卸甲载体最为经典，主要特征为：①含有 Ti 质粒 T-DNA 边界区和 T-DNA 区以外的 DNA 序列；②位于 RB 附近编码胭脂碱合成酶（nopoline synthase，nos）的基因仍保留，可作为鉴别转化细胞的标记；③*onc* 基因已切除，保证转化的植物细胞正常分化；④*onc* 基因缺失区被 pBR322 取代，因此被称为“含 pBR 交换序列的卸甲载体”（图 7.2）。插入 pBR 序列后，卸甲载体与中间载体进行重组交换形成重组体。

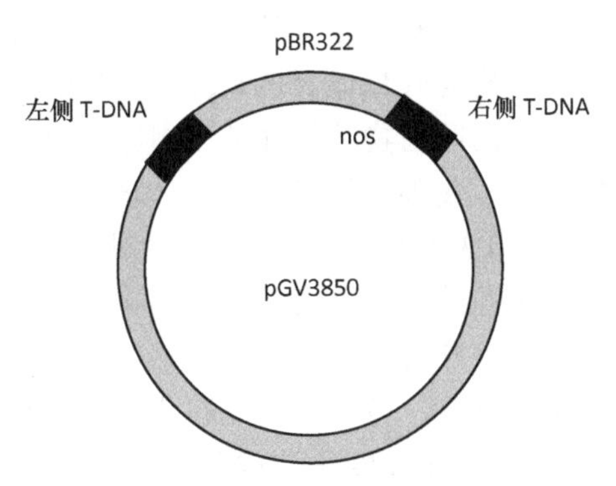

图 7.2　pGV3850 onc^- 卸甲载体结构示意图

（2）onc^+卸甲载体：T-DNA 区段缺失范围小，仅失去部分核心区基因的 Ti 质粒，可用于研究外源基因在冠瘿瘤组织中的表达问题。例如，pGV3851 载体，T-DNA 区段缺失范围比 pGV3850 小，左侧的核心区缺失后被 pBR322 取代，右侧的核心区保留，包含根性肿瘤（rooty tumor）基因 *tmr*。

农杆菌质粒载体是将目的基因导入植物细胞的载体，是目前应用最为成功的植物转化载体。农杆菌质粒载体系统中常用的质粒有 Ti 质粒和 Ri 质粒，实际工作中大多使用 Ti 质粒。根据载体系统的结构特点不同，将农杆菌质粒载体系统分为一元载体系统和双元载体系统。目前农杆菌转化多用双元载体系统，由含T-DNA 的微型 Ti 质粒和含 Vir 区的辅助 Ti 质粒构成。

农杆菌 Ti 质粒转化具有突出的优点：①天然的载体转化系统，成功率高；②机理清楚、方法成熟、应用广泛；③T-DNA 区可以容纳大片段 DNA，从而将长片段外源 DNA 序列导入植物细胞；④T-DNA 上含有 DNA 转移、整合、表达所需调控序列，使插入的外源基因在植物细胞中表达；⑤连接不同的启动子以实现外源基因的特异性表达；⑥转化基因多以单拷贝存在，遗传稳定性好。农杆菌 Ti 质粒的主要缺点是对单子叶植物的侵染能力较差，转化率低，外源基因表达水平不高。

（三）叶绿体转化载体

作为新一代转基因技术，质体转化在改良作物农艺性状、提高作物抗性、生产重组蛋白等方面取得了一定进展，是作物育种的一种新策略。质体指的是植物细胞内半自主的、由双层膜包裹、与碳水化合物的合成和贮藏密切相关的一类细胞器的总称。质体由前质体分化而来，根据所含色素的不同分为叶绿体、有色体和白色体。近年来，叶绿体遗传转化的研究取得了很大进展，具有广阔的应用前景。

叶绿体遗传转化通常选择已知叶绿体基因组序列的高等植物，选择其叶绿体基因组片段作为重组片段，构建叶绿体表达载体，将外源基因定点整合导入植物叶绿体基因组。目前，许多高等植物叶绿体基因组序列已被测定，如烟草、玉米等，为叶绿体遗传转化奠定了基础。在构建叶绿体表达载体时，将叶绿体特异性启动子、终止子及 5′-UTR 和 3′-UTR 作为外源基因调控序列，与外源基因、选择标记基因及叶绿体基因组来源的同源重组片段共同构建成表达载体，通过基因枪法或聚乙二醇法导入叶绿体，利用同源序列与叶绿体基因组片段发生重组，以实现外源基因在叶绿体的定点整合，最终通过筛选获得同质化植株。

叶绿体转化弥补了农杆菌介导转化造成的位置效应和基因沉默现象，具有独特的优越性。①外源基因的高效表达：植物细胞中含有高拷贝叶绿体基因组，插入外源基因后以高拷贝数存在；②表达系统的原核性：对叶绿体基因组序列分析发现，其启动子、密码子、翻译起始序列等与原核生物有很多共同点；因此可直接表达原核生物来源的目的基因；③外源基因的定点整合：利用同源重组系统将外源基因定点整合到叶绿体的间隔区，避免位置效应和基因沉默的现象；④转化系统的安全性：叶绿体遵循细胞质遗传，外源基因不随花粉扩散而造成环境安全性问题；⑤多基因的共转化：叶绿体基因组中许多功能相近的基因往往聚在一起，与一个启动子共同组成操纵子，可实现多基因转化。叶绿体转化的主要缺点包括：①叶绿体转基因植物范围有待扩大；②不同蛋白表达差异较大，具体调控机制有待研究；③去除标记基因的方法有待优化；④不适于表达糖基化蛋白。

二、植物表达载体结构

（一）植物病毒载体结构

病毒侵染植物细胞后能将其DNA或RNA导入宿主细胞，从而进行复制和表达，因此病毒可作为植物基因转化载体。植物病毒的形态结构比较多样，有多面体结构、螺旋结构、棒状结构、线状结构等，大小差异也很大；化学组成主要是核酸和蛋白质，有的还包括糖和脂质等。病毒的结构包括套膜、刺突、衣壳（壳膜、病毒颗粒）、髓核（核酸芯子、病毒颗粒中心）（图7.3）。其中，髓核由核酸组成，是决定病毒生物学活性的重要成分。遗传物质核酸是单链或双链RNA、DNA中的一种。衣壳由蛋白质组成，具有保护核酸免受破坏的作用，外形有螺旋状和多面体。有的病毒衣壳外面有一层由脂质、蛋白质和糖类组成的套膜，是病毒感染时附着在宿主细胞的主要工具。

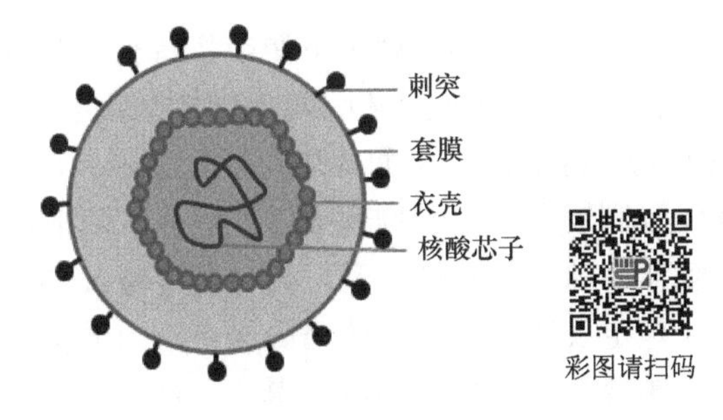

图7.3　植物病毒结构

根据载体构建的策略不同，将病毒载体分为置换型载体、插入型载体、互补型载体；根据外源蛋白的表达特征不同，将病毒载体分为抗原展示型载体和融合/释放型载体（图7.4）（彭燕等，2002）。

1. 置换型载体

用外源基因置换病毒基因组中对病毒增殖、侵染等生命活动非必需的基因如*CP*基因、昆虫传播因子等，侵染植物后获得外源基因高效表达的一类植物病毒载体为置换型载体（replacement vector）。由于外源基因置换了部分病毒基因，因此仅能插入较小的外源基因；当外源基因较大时，易出现重组丢失的现象。置换型载体的构建受置换基因大小的限制。最初用于构建置换型载体的植物病毒是花椰菜花叶病毒（Cauliflower mosaic virus，CaMV），经研究表明，其插入片段

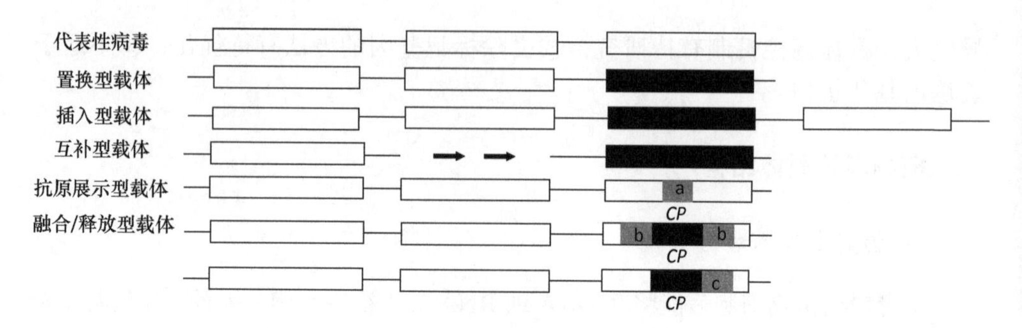

图 7.4 植物病毒载体构建策略

白框为病毒基因；黑框为外源基因；灰框为特殊的外源基因序列；a 为 *CP* 基因内部融合的外源基因序列；b 为病毒自身的蛋白酶识别序列；c 为口蹄疫病毒 FDMV 2A 蛋白酶序列

的上限为 250 bp。此后，利用报告基因替代 TMV、PVX、雀麦花叶病毒（Brome mosaic virus，BMV）等多种病毒的 *CP* 基因，证实外源基因可以表达且包装的外源基因大小有了很大提高，可达到 1800 bp；缺陷是外源基因表达水平不高，可能是替换的 *CP* 基因与病毒的复制、运动、组装、积累等过程有关。

2. 插入型载体

将外源基因插入到病毒启动子下游或将带有外源启动子的目的基因插入到病毒基因组编码区，以实现外源基因随病毒增殖而表达的一类载体为插入型载体（insertion vector）。球面或二十面体病毒受包装限制，不能插入较大的外源片段，而杆状病毒受限制较小，适于构建插入型载体。目前已有多个将外源基因插入不同植物病毒载体启动子下游的研究，其中马铃薯 X 病毒以能侵染多种植物、外源基因高水平且稳定表达、无昆虫传播等优点成为理想的病毒载体。将不同病毒基因片段构建成融合基因转化植物可获得多重抗病性转基因植物。构建插入型载体需考虑外源基因的插入位置、外源基因的大小、外源基因的启动子、外源蛋白的积累和纯化等因素。

病毒诱导的基因沉默（VIGS）是通过携带靶基因序列的重组病毒载体侵染植物，激活植物的免疫系统，造成与靶基因同源的 RNA 被特异性降解、目的基因表达降低甚至功能丧失的现象，经表型鉴定确定靶基因在植物生长发育中的作用，是一种新的、高效快捷的分析基因功能的技术，属于插入型载体的应用之一。VIGS 与传统的基因功能研究方法相比，具有周期短、成本低、高通量等优点，被广泛应用在基因功能的研究中（Senthil-Kumar and Mysore，2011；Lange et al.，2013）。目前，RNA 病毒、DNA 病毒、卫星病毒等病毒载体已经在 VIGS 上成功应用。病毒载体诱导的沉默效率与病毒和宿主的选择有关，其中烟草脆裂病毒载体由于沉默效率高、病毒症状轻，被广泛用于 VIGS 载体的构建，对其改造后可用于基因功能的研究（Liu et al.，2002）。

3. 互补型载体

互补型载体（complementary vector）主要将外源基因插入缺陷型病毒或用外源基因置换病毒的某个基因，利用转基因植株或辅助病毒补充失活基因产物，以实现病毒的复制和扩散，从而克服置换型载体和插入型载体的不稳定性。但该类型载体存在外源基因插入的位置效应，尚需深入研究。

4. 抗原展示型载体

将外源基因选择性地插入病毒 *CP* 基因进行融合表达，使小分子外源肽呈现在病毒粒子表面，通过提纯获得大量的抗原。应用植物抗原展示型载体（epitope presentation vector）系统可增强小分子质量抗原的免疫原性，表达的蛋白质易被哺乳动物免疫系统识别，适用于抗原性差、难以用其他方法纯化的外源肽。由于构建抗原展示型载体需对病毒的基因组和 CP 结构有详细深入的认识，因而这类载体仅见于结构较为清楚的CPMV、TMV、PVX、番茄丛矮病毒（Tomato bushy stunt virus，TBSV）等几种病毒。

5. 融合/释放型载体

融合/释放型载体（fusion/release vector）是插入外源基因的同时在病毒基因组中引入病毒自身蛋白酶的切割加工位点或口蹄疫病毒（Foot and mouth disease virus，FMDV）2A 蛋白酶序列，使外源基因与 CP 的融合表达产物被蛋白酶切割而释放。目前应用该表达系统的病毒有 PVX、李痘病毒（Plum pox virus，PPV）、CPMV、大麦条纹花叶病毒（Barley stripe mosaic virus，BSMV）、小麦条纹花叶病毒（Wheat streak mosaic virus，WSMV）等。

（二）农杆菌质粒载体结构

1. 根癌农杆菌 Ti 质粒的结构

Ti 质粒是根癌农杆菌（*Agrobacterium tumefaciens*）细胞拟核区分离到的一种能自主复制的双链环状 DNA 分子，长度约为 200 kb。根据诱导植物组织产生冠瘿瘤中冠瘿碱的种类，将 Ti 质粒分为章鱼碱型（octopine）、胭脂碱型（nopaline）、农杆碱型（agropine）、农杆菌素碱（agrocinopine）或琥珀碱型（succinamopine）四种。除诱导植物组织产生冠瘿瘤外，Ti 质粒具有赋予根癌农杆菌附着于植物细胞壁并分解冠瘿瘤、决定根癌农杆菌寄主范围、决定诱导冠瘿瘤的形态和合成冠瘿碱的成分、参与宿主细胞合成植物激素的功能。

Ti 质粒的结构可分为 T-DNA 区、Vir 区、Con 区和 Ori 区，其中 T-DNA 区和 Vir 区是主要的功能区（图 7.5）。

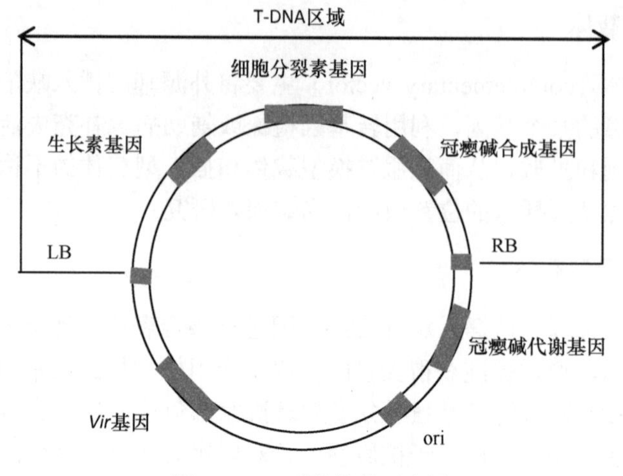

图 7.5　Ti 质粒结构示意图

1）T-DNA 区

转移 DNA 区，是 Ti 质粒上可整合进植物基因组中的 DNA 片段。Ti 质粒类型不同，T-DNA 长度不同，一般为 12～24 kb。其主要结构特点如下。

（1）含有编码章鱼碱合成酶基因 *ocs* 或胭脂碱合成酶基因 *nos*。

（2）含有激发和保持肿瘤所必需的基因，表达产物能引起植物细胞激素紊乱，进而导致肿瘤形成。其中，编码生长素合成酶的基因 *tms1* 和 *tms2* 中任何一个发生突变，都会激发冠瘿瘤出现芽的增生，*tms* 被称为“芽性肿瘤（shooty tumor）基因”；*tmr* 编码细胞分裂素合成酶，突变后诱发冠瘿瘤出现大量根的增生，被称为“根性肿瘤基因”。因此，*tms* 和 *tmr* 基因被称为致瘤基因。

（3）位于胭脂碱型根癌农杆菌 Ti 质粒左右两端边界处 25 bp 的重复序列，分别为其左边界序列（LB 或 TL）、右边界序列（RB 或 TR），其中右边界序列较左边界序列更为保守。边界序列在 T-DNA 转移外源基因整合进植物基因组的过程中发挥重要功能，左边界缺失尚能致瘤，右边界缺失则不再致瘤，说明右边界在 T-DNA 转移中发挥重要作用。在某些章鱼碱型根癌农杆菌 Ti 质粒中，T-DNA 是以两个分开的片段存在，分别称为 T-DNA 左边区段（TL-DNA）、T-DNA 右边区段（TR-DNA）。

（4）T-DNA 上的每个基因都有启动子，由植物细胞 RNA 聚合酶Ⅱ催化完成转录过程；5′端和 3′端有 TATA 盒、CAAT 盒 及 AATAAA 加尾信号等真核表达信号，调节 RNA 合成的起始和终止。

（5）在章鱼碱型 T-DNA 右边界的超驱动序列（overdrive sequence，OD 序列），起增强子作用，可促进 T-DNA 的转移。

Ti 质粒可通过去除致瘤基因等与 T-DNA 转移无关的序列、插入外源基因而作为基因转化的载体。

2）Vir 区

毒性区，又称致瘤区域，位于 T-DNA 区左侧，两者之间的距离因 Ti 质粒类型不同而有所差异。章鱼碱型的间距较大，胭脂碱型的间距很小。章鱼碱型 Ti 质粒的 Vir 区含有 8 个操纵子［VirA（1）、VirB（11）、VirC（2）、VirD（4）、VirE（2）、VirF（1）、VirG（1）、VirH（2）］，共 24 个基因，编码的蛋白质在 T-DNA 转移整合中起辅助作用（表 7.3）。而胭脂碱型 Ti 质粒的 Vir 区有个 7 个操纵子，比章鱼碱型少一个。

表 7.3　章鱼碱型 Ti 质粒 Vir 区操纵子与功能

操纵子	基因数	表达方式	功能
VirA	1	组成型	接受创伤诱导分子，VirA 蛋白磷酸化被激活，活化 VirG 蛋白
VirG	1	组成型	VirA 蛋白与 VirG 蛋白激活 Vir 区其他基因的表达
VirC	2	诱导型	VirC1 与 OD 序列结合，促进 T-DNA 的剪切；VirC2 功能不清
VirD	4	诱导型	VirD1 结合并松弛边界序列，VirD2 在特异位点剪切形成 T 链后介导其转运
VirE	2	诱导型	编码 ssDNA 结合蛋白，包被 T 链，介导其转运
VirB	11	诱导型	编码跨膜蛋白或膜转运蛋白，推测起运输或供应能量的作用
VirF	1	诱导型	与 T-DNA 的运输有关
VirH	2	诱导型	与细胞色素 P450 相似，推测对杀菌起抑制作用

植物细胞受伤后，细胞壁破裂，分泌乙酰丁香酮（acetosyringone，AS）等创伤诱导分子。根癌农杆菌对这些酚类物质具有趋化性，附着于植物细胞后，受创伤诱导分子的刺激，Ti 质粒 Vir 区基因被转录激活，首先激活编码感应蛋白的 *VirA* 基因，当感应蛋白与创伤诱导分子结合后，构象改变，C 端活化，VirA 蛋白胞质区组氨酸残基磷酸化被激活，将其磷酸基转到 VirG 蛋白的天冬氨酸残基上，活化 VirG 蛋白，进而激活 Vir 区其他基因的表达。*VirA* 或 *VirG* 突变后会减弱甚至失去对其他 Vir 位点基因活化的诱导，这种调控作用称为双因子调控体系。*VirD* 编码 VirD1 和 VirD2 两种蛋白质。其中，VirD1 蛋白是一种 DNA 松弛酶，可使 DNA 从超螺旋状态转变为松弛状态；VirD2 蛋白切割松弛状态 T-DNA，使单链 T-DNA 释放，形成 ssDNA，即 T 链。VirD2 蛋白进一步与 T 链结合，保护 T 链的 5′端免受核酸酶的作用，同时因为 C 端特异的氨基酸序列，可引导 T 链进入植物的细胞核。当 VirD1、VirD2 不足时，*VirC* 基因编码的 VirC1 可促进 T-DNA 的加工，编码的 VirC2 蛋白功能尚不清楚。*VirE* 基因编码的 VirE2 蛋白是单链 T-DNA 结合蛋白，可包被 T 链，形成细长的核酸蛋白复合物（T-复合体），保护 T-DNA 不被胞内外核酸酶降解。T-复合物依次穿过根癌农杆菌、植物细胞，最终整合到植物核基因组（表 7.3）（王关林和方宏筠，2009）。T-DNA 的转移依赖 T-DNA 和 Vir 区的共同参与，机理比较复杂。

3）Con 区

又称接合转移编码区（region encoding conjugation），存在与细菌间接合转移有关基因，被冠瘿碱激活后，诱导 Ti 质粒转移。

4）Ori 区

复制起始区，可调控 Ti 质粒的自我复制。

2. 根癌农杆菌 Ti 质粒的改造

野生型 Ti 质粒 T-DNA 可通过植物 RNA 聚合酶 II 被转录，产生典型的植物 mRNA 分子。同时其编码的 *nos*、*ocs* 等基因的 5′端具有真核生物特有的 TATA-box 和 CAAT-box，因此 T-DNA 基因序列能在真核细胞中表达。野生型 Ti 质粒直接作为植物基因工程载体具有一些缺陷。

（1）分子质量过大，存在一些对 T-DNA 转移不起作用的基因，难以操作。

（2）包含各种限制酶的多个酶切位点，缺少单一限制性内切核酸酶位点，不利于重组 DNA 的构建。

（3）Ti 质粒编码的植物激素及冠瘿碱会干扰宿主植物激素的平衡。

（4）Ti 质粒只能在农杆菌中扩增，而农杆菌的结合转化率极低。

因此，需要对野生 Ti 质粒进行改造。由于大肠杆菌能与农杆菌高效地结合转移，将 T-DNA 片段克隆到大肠杆菌的质粒中，插入外源基因后，通过接合转移把外源基因引入到农杆菌的 Ti 质粒上。带有重组 T-DNA 的大肠杆菌质粒衍生载体为中间载体，接受 T-DNA 的 Ti 质粒为受体 Ti 质粒。

3. 根癌农杆菌 Ti 质粒转化载体的构建

根癌农杆菌 Ti 质粒转化载体是两种以上质粒构成的复合型载体，故称之为载体系统，主要包括一元载体系统和双元载体系统。

1）一元载体系统

由中间表达载体与改造后的受体 Ti 质粒组成。在农杆菌内，通过同源重组将外源基因整合到修饰过的 T-DNA 上，形成可穿梭的共整合载体，在 *Vir* 基因产物的作用下完成目的基因向植物细胞的转移和整合。由于 T-DNA 与 Ti 质粒 Vir 区连锁，故称之为顺式载体。一元载体系统主要包括共整合载体和拼接末端载体。由于一元载体构建困难、整合率低且必须用 Southern 杂交或 PCR 检测，故已不再使用，但构建原理具有启示作用。

（1）共整合载体（co-integrated vector）：由中间表达载体与受体 Ti 质粒通过同源序列（pBR322）重组构建而成。典型代表是 pGV3850。pGV3850 是由胭脂碱型 Ti 质粒 pTiC58 衍生而来的。载体构建过程中外源基因先克隆到质粒 pBR322 上，pTiC58 质粒的 T-DNA 区被一段 pBR322 序列取代，但不包括 25 bp 的边界序列。由于两种质粒中均带有 pBR322 同源序列，可发生重组和交换，因此少数中间载体整合到 pGV3850 的 T-DNA 区域，形成一个大的共整合载体。

（2）拼接末端载体（split-end vector，SEV）：即 T-DNA 边界拼接系统，由中间载体与受体 Ti 质粒通过同源重组而成，不同的是，同源序列为左边界内部同源区（left inside homcology，LIH）。SEV 的受体 Ti 质粒一般是 pTiB6S3-SE，其 TL-DNA 上的致瘤基因已缺失，保留了 LIH 部分；TR-DNA 完全缺失。pTiB6S3-SE 还保留了 *Vir*、*npt II* 等功能基因。中间载体是 pMON200 或 pMON120，含 *nos* 基因、*Spe*^{r} 基因、*Str*^{r} 基因、*Kan*^{r} 基因、与受体 Ti 质粒同源的 LIH 序列及 TR。通过三亲杂交将中间载体导入农杆菌后，由于中间载体和受体 Ti 质粒都具有 LIH 同源序列，可发生同源重组，形成 SEV。SEV 包含分别来自两个质粒的左右边界及 *vir* 基因，成为一个完整的非致瘤性 Ti 质粒。

2）双元载体系统

由含 T-DNA 的微型 Ti 质粒、含 Vir 区的辅助 Ti 质粒构成，以反式激活的方式将 T-DNA 转移进植物细胞基因组。微型 Ti 质粒指的是含有 T-DNA、缺失 Vir 区的 Ti 质粒，具有广谱质粒的复制起始位点（ori）及选择标记基因。T-DNA 内至少包含 1 个选择基因和 1 个目的基因，均由植物识别的启动子和终止子控制。辅助 Ti 质粒为去除 T-DNA 上的致瘤基因，甚至完全消除 T-DNA，含 Vir 区段，通过提供 *Vir* 基因功能，激活反式位置上的 T-DNA 发生转移。最常用的辅助 Ti 质粒是根癌农杆菌 LBA4404 所含有的 Ti 质粒 pAL4404。其为章鱼碱型 Ti 质粒 pTiAch5 的衍生质粒，T-DNA 区发生缺失突变，但有完整的 *Vir* 基因。研究表明，野生型 Ti 质粒即使不是卸甲 Ti 质粒，也可作为辅助 Ti 质粒。通过转化含卸甲 Ti 质粒的农杆菌感受态或“三亲杂交法”将微型 Ti 质粒转入含有辅助 Ti 质粒的根癌农杆菌中，获得含有微型 Ti 质粒和辅助 Ti 质粒的双元载体，可直接转化植物细胞。

双元载体系统的主要优点是：①不需要共整合过程，辅助 Ti 质粒和微型 Ti 质粒不必含同源序列，构建简单；②微型 Ti 质粒分子质量小且能在大肠杆菌中复制，使质粒拷贝数增加10～100倍，利于体外遗传操作；③双元载体系统中两个质粒接合的频率比共整合载体至少高4倍，构建效率较高；④感染的寄主范围由根癌农杆菌 *Vir* 基因及染色体上的基因所决定，可根据受体材料的不同选择适宜的辅助质粒；⑤外源 DNA 转入植物细胞后不需同源重组，变异较一元载体系统小。双元载体系统的主要缺点为稳定性差，质粒容易丢失。

4. 发根农杆菌 Ri 质粒的结构

发根农杆菌是农杆菌属的一种革兰氏阴性菌，从植物伤口入侵后，诱发植物细胞产生发状根，主要由发根农杆菌细胞中的 Ri 质粒决定。Ri 质粒含有控制发状根自主性生长及冠瘿碱合成的基因。根据合成冠瘿碱种类的不同，将 Ri 质粒分为甘露碱型、黄瓜碱型和农杆碱型。其中，带农杆碱型 Ri 质粒的农杆菌具有广泛的寄主范围。Ri 质粒同样具有两个与转化有关的重要区域即 T-DNA 区和 Vir 区，此外还有复制起始位点。

1）T-DNA 区

农杆碱型 Ri 质粒的 T-DNA 具有两段不连续的边界序列，即 TL-DNA 和 TR-DNA，可分别插入植物基因组 DNA。TL-DNA 含有与农杆碱合成有关的基因和决定毛状根形态特征的 *rolA*、*B*、*C*、*D* 基因群，尤其是 *rolB* 基因，在 Ri 质粒转化植物细胞产生发状根过程中起着关键作用。TR-DNA 上有生长素合成基因 *tmsl* 和 *tms2*，编码植物激素吲哚乙酸的合成，因此转化产生的毛状根不需要添加外源生长激素。甘露碱型和黄瓜碱型 Ri 质粒只有单一的 T-DNA 区域，没有生长素合成基因，感染时需添加外源生长激素以提高毛状根的转化率。

2）Vir 区

Ri 质粒 Vir 区基因群与 Ti 质粒的同源性很高，功能也相似。Vir 区基因群由 7 个基因组成，除 *VirA* 外的 6 个基因一般处于抑制状态。当感染寄主时，植物细胞合成的小分子酚类化合物与 *VirA* 基因产物结合，激活 Vir 区处于抑制状态的 6 个基因，从而产生 T-DNA 链并进一步引导 T-DNA 整合进植物细胞基因组。

与 Ti 质粒相比，Ri 质粒转化具有以下优点：①转化不需“解除武装”，且产生的发状根能再生植株；②发状根为单细胞克隆产生，避免了嵌合体的产生，遗传稳定性好；③离体培养表现出合成次生代谢产物的能力，适于生产次生代谢物；④由毛状根再生的植株表现出节间短、顶端优势较弱、叶皱等特征，利于植物转化体的筛选。

5. 发根农杆菌 Ri 质粒转化载体的构建

发根农杆菌 Ri 质粒转化载体主要包括共整合载体和双元载体。

Ri 质粒共整合载体的构建中，先将目的基因插入 T-DNA 中，构建中间表达载体，然后通过诱导菌株的辅助质粒如 pRK2013 和野生型的发根农杆菌进行杂交，以同源重组的方式把中间载体整合到 Ri 质粒中，构建带有目的基因的共整合载体。

Ri 质粒双元载体的构建同样根据 *Vir* 基因反式驱动 T-DNA 转移的原理，即 Vir 区基因和 T-DNA 分别在两个 Ri 质粒上同样能执行上述功能。有趣的是，Ti 质粒的 T-DNA 可以在 Ri 质粒 *Vir* 基因的作用下进行转化，Ri 质粒和 Ti 质粒之间具有相容性，能够进行共转化。

（三）叶绿体转化载体结构

构建叶绿体转化载体时，需在外源基因两端插入与转化受体叶绿体 DNA 同源的基因序列，转化叶绿体后，利用筛选标记基因，通过同源重组，将外源基因定点整合到叶绿体基因组。利用突变的目的基因序列替换叶绿体基因组内的原始序列，可进行基因敲除，以此研究叶绿体基因组的功能。在构建叶绿体转化载体时，需考虑插入位点、同源重组片段、叶绿体特异性的启动子、终止子、调控序列、选择标记基因等因素。

1. 插入位点和同源重组片段

在构建叶绿体转化载体时，通常在叶绿体基因组上选择两个相邻基因的间隔区（*rbcL*/*accD*、*trnI*/*trnA*、*trnV*/*rps*7 等）作为外源基因的插入位点，以避免定点插入后破坏叶绿体原有基因的功能。根据转录水平的差异，叶绿体基因之间的间隔区分为转录沉默间隔区和转录活跃间隔区两类。在高等植物叶绿体遗传转化研究中，通常将外源基因插入 *trnI* 与 *trnA* 基因之间的转录活跃间隔区，通过基因间隔区的转录带动外源基因的表达。除此之外，*trnI* 与 *trnA* 区域内含有叶绿体基因组的复制子，增加了转化载体的复制，增大了外源基因的拷贝数，从而增加了定点整合的概率。

叶绿体转化的频率与同源重组片段的长度成正比。一般使用的同源重组片段的长度为 1～2 kb。由于不同物种间叶绿体基因组的高度保守性，如番茄 *trnI* 与 *trnA* 区域序列与烟草的同源性为 94%，进行叶绿体转化时，可选择叶绿体通用转化载体，但转化效率较低。

2. 选择叶绿体特异性启动子和终止子

构建叶绿体转化载体时，常使用叶绿体来源的启动子和终止子。启动子常用 16S rRNA 基因的启动子 Prrn 和光系统 II 中 *psbA* 基因的启动子 PpsbA；终止子常用 *psbA* 基因终止子 TpsbA 和 *rps16* 基因终止子 Trps16。除叶绿体自身启动子外，原核生物的启动子如噬菌体 T7 启动子也能启动外源基因在叶绿体中的表达。

3. 调控序列

5′-UTR 及开放阅读框后第一个密码子的序列会影响目的基因的表达水平。目前，广泛使用的调控序列是噬菌体 T7 基因 10 表达序列 T7g10，以及人工合成的 18 bp、包含核糖体结合位点的 *rbcL* 5′-UTR。同时，为保证 mRNA 的稳定性，避免其被核酸酶降解，叶绿体基因工程中 3′-UTR 常具有稳定的茎环二级结构。研究发现，Prrn 启动子与表达序列 T7g10 的组合能够保证目的基因的高效表达（周菲等，2015）。

4. 选择标记基因

叶绿体转化后，插入外源基因的叶绿体基因组只是少数，形成了叶绿体转化的异质体。为实现叶绿体基因组的同质化，在构建叶绿体转化载体时引入选择标记基因，转化后通过多轮筛选获得同质化植株。常见的选择标记基因包括 16S rRNA 突变型基因、编码氨基糖苷-3′-腺苷转移酶（aminoglycoside-3-adenyltransferase，*addA*）基因、新霉素抗性基因 *neo* 基因、编码甜菜碱醛脱氢酶（betaine aldehyde dehydrogenase，*badh*）基因、编码草丁膦乙酰转移酶（phosphinothricin ace tyltransferase，PAT）的 *bar* 基因等。其中，*aadA* 基因是目前在质体转化中使用范围最广、筛选效率最高的选择标记基因。

为避免抗生素抗性基因的使用带来的潜在风险，目前叶绿体转化中常选择非抗生素标记基因或使用 Cre-*loxp* 等删除系统去除抗生素标记基因。例如，编码甜菜碱醛脱氢酶的 *badh* 基因是一种非抗生素选择标记基因，存在于叶绿体基因组中，其编码的甜菜碱醛脱氢酶具有催化有毒的化合物甜菜碱醛转化成无毒的甘氨酸甜菜碱的作用，而甜菜碱作为一种渗透保护剂，提高了植株的再生率。在烟草叶绿体转化中，使用甜菜碱醛作为筛选剂，其转化效率比使用壮观霉素高很多倍。

三、常用植物表达载体

（一）常用植物病毒载体

CaMV、TMV、PVX 等不同形态的植物病毒都可作为外源基因的表达载体。其中，CaMV 和 TMV 是目前应用较多的植物病毒，利用 TMV 作为载体成功表达的外源基因至少有 150 种。

1. CaMV 载体

CaMV 是直径约 5 nm 的球形颗粒，DNA 分子是双链环状分子，电镜下观察呈扭曲构型，基因组大小约 8 kb。CaMV 的双链 DNA 分子中有若干个断点，断点处被一段额外的 DNA 覆盖，最大长度不超过 40 个核苷酸。CaMV DNA 环状分子上有 6～8 个编码区，分布比较集中，位于病毒 DNA 的正链上。CaMV 的 35S 启动子具有高强度的表达能力，在单子叶植物和双子叶植物转化系统中普遍使用。由此可见，CaMV 是一种潜在的转化载体，但感染范围窄，接受外源 DNA 的容量有限。除此之外，插入外来基因取代可读框，需避免影响病毒基因组的表达或者导致病毒活性丧失的问题。

2. TMV 载体

TMV 属于烟草花叶病毒属，为带有正义单链的 RNA 病毒，基因组长 6395 bp，其 5′端和 3′端都有一段高度结构化的非翻译区，至少编码 4 种多肽，分别是 126 kDa 和 183 kDa 的复制酶、30 kDa 的移动蛋白、17.5 kDa 的外壳蛋白（CP）。其中，CP 能够大量合成，是病毒繁殖的非必要成分，也是插入外源基因的理想位点。因此，根据植物病毒载体构建策略，可构建不同类型的 TMV 载体。其中，抗原展示型载体应用较为广泛。经分析发现外源肽在 TMV CP 羧基端融合表达，不仅不影响病毒包装，且可高效表达外源肽，并可将表达的外源蛋白展示于 TMV 杆状粒子外。根据此策略，已表达多种外源多肽。

（二）常用农杆菌质粒转化载体

1. 共整合载体

共整合载体是 *E.coli* 质粒中间载体与改造后的受体 Ti 质粒（卸甲 Ti 质粒）之间通过同源重组产生的一种复合型载体，由于 T-DNA 与 Ti 质粒 Vir 区连锁，又称为顺式载体。根据中间载体与受体 Ti 质粒重组序列的不同，共整合载体可分为以 pBR322 序列为同源序列的转化载体系统和基于 LIH 的拼接末端载体系统（即 SEV 系统）。共整合载体的形成频率与两个质粒的重组频率有关，构建较困难。

1）基于 pBR322 序列为同源序列的 pGV3850 载体系统

pGV3850 共整合载体构建中，Ti 质粒衍生载体来自胭脂碱型质粒 pTiC58Trac，用一段 pBR322 DNA 取代了 T-DNA 上的致癌基因，保留了 T-DNA 上 25 bp 末端正向重复序列及胭脂碱合成酶基因。带有外源目的基因的 pBR322 衍生质粒为中间载体，含有与卸甲质粒 T-DNA 区同源的序列，可发生同源重组；具有细菌选择标记和植物选择标记基因，便于筛选；有顺式元件 bom 位点，便于结合转移。当中间质粒从大肠杆菌进入带有 pGV3850 的农杆菌后，两种质粒的 pBR322 序列间发生同源重组（不包括 25 bp 左右的边界序列），使外源基因整合到 Ti 质粒上（图 7.6）。构建过程主要包括：①构建含目的基因的中间克隆载体；②中间克隆载体与受体 Ti 质粒（pTiC58Trac）在农杆菌内通过 pBR322 同源序列发生重组；③筛选共整合载体。

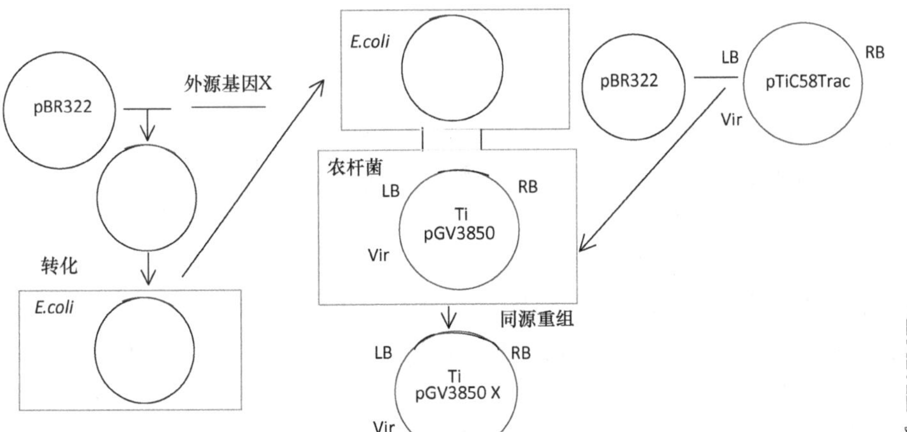

图 7.6　pGV3850 共整合载体系统构建示意图

2）基于 pBR322 序列为同源序列的 pGV2260 载体系统

pGV3850 载体系统中，整合后的 Ti 质粒含重复的 pBR322 序列，在农杆菌转化植物细胞的过程中与目的基因及选择标记基因一起被整合到植物染色体组上，可能会进一步发生重组而影响外源基因的表达，因此，对 pGV3850 载体系统进行改造后获得了 pGV2260 载体系统。在 pGV2260 载体系统中，Ti 质粒来自章鱼碱型 Ti 质粒 pTiB6S3，其 T-DNA 序列连同 25 bp 的末端正向重复序列均被 pBR322 取代。在构建中间载体过程中，外源基因的两侧连上了 25 bp 末端重复序列，共整合发生后，pBR322 重复序列在 25 bp 末端序列以外不会随 T-DNA 一起整合到植物染色体中（图 7.7）。

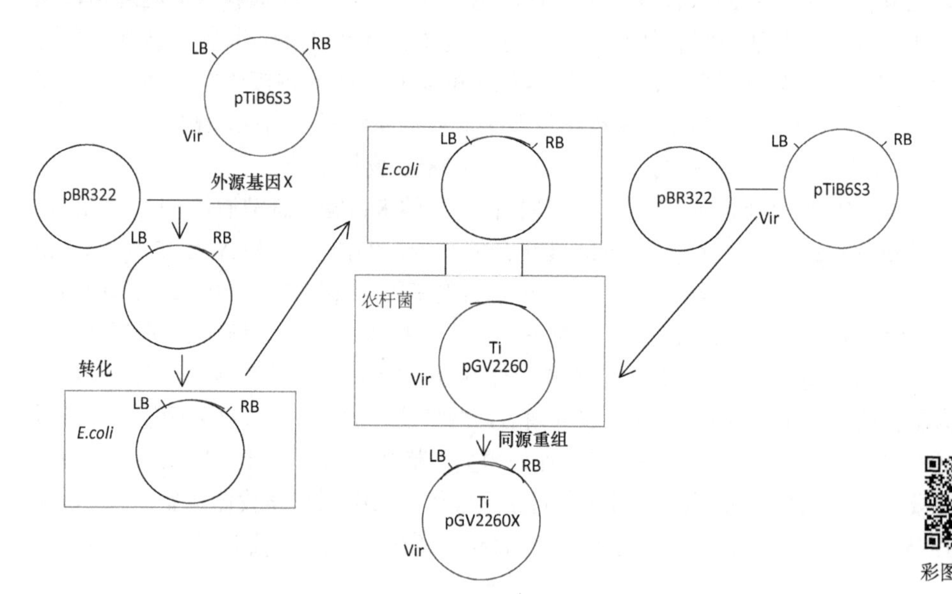

彩图请扫码

图 7.7　pGV2260 共整合载体系统构建示意图

3）基于 LIH 为同源序列的 SEV

SEV 的受体 Ti 质粒是 pTiB6S3-SE，来自野生型质粒 pTiB6S3 的突变体。TL-DNA 上的致瘤基因及 TR 都已经缺失，T-DNA 保留了 LIH。除此之外，受体 Ti 质粒保留了 *Vir* 基因、*Kan*^{r} 基因及其他正常功能基因。SEV 的中间载体是 pMon200 或 pMon120，含有一个 *nos* 基因、*Spe*^{r} 基因、*Str*^{r} 基因和 *npt II* 基因，特别是与受体 Ti 质粒同源的 LIH 序列及 TR。通过三亲杂交法将中间载体 pMon200 导入农杆菌后，由于具有 LIH 同源序列，通过同源重组形成 SEV 共整合载体。SEV 共整合载体包含来自两个质粒的左右边界及 *Vir* 基因，成为一个完整的非致瘤性 Ti 质粒。

2. 双元载体系统

双元载体系统由含 T-DNA 的微型 Ti 质粒和含 Vir 区的辅助质粒构成，通过反式激活将 T-DNA 转移进植物细胞基因组。其中，微型 Ti 质粒又称穿梭质粒，带有 25 bp 的 T-DNA 边界序列，转移 DNA 必须构建在两个边界序列之间。T-DNA 内至少包括目的基因和选择基因，均由植物识别的启动子和终止子控制。T-DNA 外的区域必须含有两个关键组分：一是具有广谱质粒的复制起始位点（ori）；二是带有一个选择标记基因，由细菌启动子控制。辅助质粒又称卸甲质粒，是一类不具有 T-DNA 而带有完整 Vir 区的质粒，如 pAL4404、EHA105，其功能在于促成或辅助双元载体转化。双元载体指的是穿梭质粒和卸甲质粒，但习惯性地把穿梭质粒称为双元载体。

常见的双元载体主要包括 pBI 系列和 pCa 系列（表 7.4）。双元载体在选择时应注意以下问题：①选择基因在 LB 端、目的基因在 RB 端，以保证目的基因在转移中不易丢失；②保证外源基因具有高拷贝数；③减少载体骨架上的非必需序列。因此，通过减小体积、提高拷贝数、除去结合转移位点、引入超驱动序列、移动标记基因至紧邻左边界位置等方式不断对双元载体进行改造，不仅提高了植物转化的效率，而且便于对植物基因进行功能研究。

表 7.4 常用的植物双元载体

载体	启动子	报告基因/标签	原核抗性	选择标记基因
pBI121	CaMV 35S	GUS	Kan^r	*nptII*
pBI121-mcherry	CaMV 35S	mCherry	Kan^r	*nptII*
pBI121-GFP	CaMV 35S	N-10×His， N-EGFP，C-6×His	Kan^r	*nptII*
pBI101	Lac	—	Kan^r	*gus*
pBI1221	CaMV 35S	GUS	Amp^r	/
pBI1221-GFP	CaMV 35S	GFP	Amp^r	/
pROKII	CaMV 35S	—	Kan^r	*nptII*
CAMBIA1300	Lac	—	Kan^r	*hpt*
CAMBIA1301	CaMV 35S， Lac	GUS，6×His	Kan^r	*hpt*
CAMBIA1302	CaMV 35S	mGFP，6×His	Kan^r	*hpt*
CAMBIA1304	CaMV 35S， Lac	mGFP，GUS，6×His	Kan^r	*hpt*
CAMBIA3301	Lac，CaMV 35S	GUS，6×His	Kan^r	*bar*
CAMBIA1303	CaMV 35S， Lac	mGFP，GUS，6×His	Kan^r	*hpt*
CAMBIA1305	CaMV 35S， Lac	GUS	Kan^r	*hpt*
CAMBIA2300	Lac	—	Kan^r	*nptII*
CAMBIA2301	Lac	GUS，6×His	Kan^r	*nptII*
CAMBIA3200	Lac	—	Cml^r	*bar*
CAMBIA3201	Lac	GUS	Cml^r	*bar*
CAMBIA3300	Lac	—	Kan^r	*bar*

（三）常用叶绿体转化载体

目前多种植物叶绿体基因组序列的测定工作已经完成，为叶绿体的遗传转化奠定了基础。常见的的叶绿体转化载体有烟草叶绿体转化载体、油菜叶绿体转化载体、水稻叶绿体转化载体、番茄叶绿体转化载体、小麦叶绿体转化载体等。其中，烟草、水稻、油菜、拟南芥等已建立了遗传转化体系，研究较为成熟，尤其是烟草，利用其作为生物反应器，通过叶绿体遗传转化已表达多种外源蛋白。

利用烟草叶绿体基因 *trnA* 和 *trnI* 作为同源重组片段，构建叶绿体转化通用载体。通用载体的转化效率并不高，但有利于解决没有完成叶绿体基因组测序的植物的叶绿体转化问题。若转化植物叶绿体基因组的测序已完成，一般都会根据研究目的、实验条件，构建物种专一性的叶绿体转化载体。例如，Daniell 等以烟草叶绿体基因组序列为参照，选取核酮糖-1,5-二磷酸羧化/加氧酶（Ribulose-1,5-bisphosphate carboxylase/oxygenase，Rubisco）大亚基基因 *rbcL*、*orf512* 基因间的基因间隔区作为外源基因的整合位点，氨基糖苷-3′-腺苷酸转移酶编码基因 *aadA* 为筛选标记基因，5-烯醇式丙酮酰莽草酸-3-磷酸合酶（*EPSPS*）编码基因为目的基因，将标记基因和目的基因连接在烟草叶绿体 *16S rRNA* 基因的启动子 Prrn 和 *PsbA* 基因的终止子 TPsbA 之间，构建叶绿体转化载体。转化烟草后，获得的 T_1 代烟草叶绿体转化植株对草甘膦具有较高的耐受性，没有“基因逃逸”现象（Daniel et al.，1998）（图 7.8）。

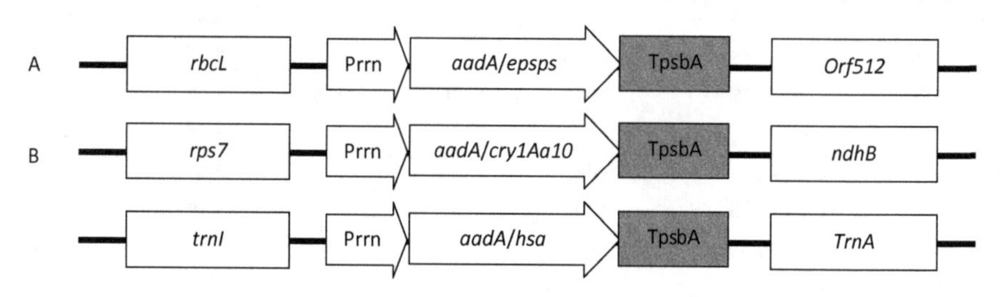

图 7.8 叶绿体转化载体结构示意图

A. 烟草叶绿体转化载体；B. 油菜叶绿体转化载体

侯丙凯等（2000）构建的油菜叶绿体转化载体以油菜叶绿体的核糖体蛋白小亚基基因 *rps7* 和编码 NADH 脱氢酶亚基的 *ndhB* 基因作为同源重组片段，同源重组片段之间插入筛选标记基因 *aadA*、苏云金芽孢杆菌杀虫晶体蛋白基因 *cry1Aa10*，*aadA* 和 *cry1Aa10* 基因由烟草叶绿体特异性启动子 Prrn 和终止子 TpsbA 控制表达（图 7.8）。通过基因枪轰击油菜子叶柄，筛选获得 4 株具有抗虫性的转基因油菜（侯丙凯等，2000）。Cheng 等（2010）构建的油菜叶绿体转化载体以 *trnI* 和 *trnA* 作为同源重组片段，血清白蛋白基因 *hsa* 和筛选标记基因 *aadA* 以多顺反子形式构建在同一个表达框架下。启动子为烟草 *16S rRNA* 基因启动子 Prrn，终止子为 *psbA*

基因的终止子 TpsbA。*hsa* 基因的 5′-UTR 为 T7 噬菌体的 T7g10L，具有促进翻译的作用，在其 N 端融合绿色荧光蛋白前 14 个氨基酸的核苷酸序列。通过对不同的外植体进行转化，获得转基因油菜植株（图 7.8）。

第三节　植物表达载体的优化

理想的转基因植物需要外源基因按照人们的意愿在特定部位及特定时间内高水平表达，产生期望的表型性状。然而，外源基因在受体植物内往往出现表达量低、表达产物不稳定及基因失活或沉默等不良现象，尤其是多基因控制的数量性状，很难明显改善，导致转基因植物无法投入应用。同时，花粉扩散、抗生素筛选标记基因的使用等可能引起的生物安全问题是人们担心的重点。因此，构建植物表达载体时，不仅需考虑表达载体的骨架、目的基因序列，还需对其他调控元件进行优化，以实现目的基因特异性、高效性、安全性表达。

一、载体骨架结构优化

目前植物基因工程主要使用的是农杆菌 Ti 质粒介导的遗传转化，由穿梭质粒和卸甲质粒组成，是一种双元载体系统。质粒载体的不断改进，推动着植物基因工程的发展和完善。对双元载体系统的改进主要通过优化穿梭质粒实现，通过减小体积、提高拷贝数、除去结合转移位点、引入超驱动序列、移动标记基因至紧邻左边界位置，使穿梭载体从 pBIN19 载体发展到 pCAMBIA 载体系列。目前构建的植物表达载体多以 pCAMBIA 载体系列为骨架，根据研究目的，对启动子、终止子、植物选择标记基因、报告基因等进行选择和组合，从而对载体进行优化。

（一）启动子优化

启动子是位于基因的上游，能被 RNA 聚合酶特异性识别、结合，从而起始基因转录的一段 DNA 控制序列，包括核心启动子元件、上游启动子元件。对于植物启动子而言，一般包含多种顺式作用元件，通过与反式作用因子作用，调控下游基因的表达，使植物适应复杂多变的环境。对启动子的研究有利于了解基因转录调控机制，使外源基因在特定时间、特定部位高水平表达（Smirnova et al.，2012；Wang et al.，2015；Agarwal et al.，2017；Kim et al.，2020）。启动子按其表达特征分为组成型启动子、诱导型启动子、组织特异性启动子（表 7.5）。

1. 组成型启动子

组成型启动子在转录起始点上游几百个核苷酸处，存在 TGACTG 序列，是一

表 7.5 高等植物基因工程常用的启动子

启动子	特征性基序	物种来源	类型
P_{SARK}	CAAT-box、GT1-box、MYC	菜豆	干旱诱导型启动子
$OsABA_2$	MYBR、MYCR、ABRE	粳稻	盐、干旱诱导型启动子
Cor15	TATA-box、ABREs、DRE/CRT	拟南芥	低温诱导型启动子
RFP1	TATA-box、CAAT-box、TCA、HSE	中国野生葡萄	高温诱导型启动子
BADH	TATA-box、CAAT-box、CAAAAA	辽宁碱蓬	盐诱导型启动子
Rab16A	ABRE、CE-like	籼稻	盐诱导型启动子
GhCesA4	AuxRE	陆地棉	激素诱导型启动子
PsPR10	TATA-box、CAAT-box、E-box	美国白松	盐、激素诱导型启动子
RD29	DRE、MYB	拟南芥	盐、干旱诱导型启动子
GHSP26	CAAT-box、HSE、CBF、ABRE	酿酒酵母	干旱诱导型启动子
SWPA2	GCN-4、AP-1、HSTF、SP-1、G-box	甘薯	干旱、低温诱导型启动子
CBF	CRT/DRE、MYCR	拟南芥	低温诱导型启动子
RcHSP17.8	TATA-box、HSE、LTR、ERE	月季	高温诱导型启动子
HAHB4	ABRE、W-box	向日葵	盐、干旱诱导型启动子
DREB1B	DRE/C-repeat	水稻	盐、干旱诱导型启动子
RGA1	ABRE	水稻	温度、盐、干旱诱导型启动子
AdGPP	TATA-box、CAAT-box	猕猴桃	非生物胁迫诱导型启动子
TsVP1	G-box、box-III、TC-rich	盐芥	盐诱导型启动子
OsLEA3-1	ABRE	旱稻	盐、干旱诱导型启动子
GSP	GATA-box、I-box、GT-1	水稻	叶特异表达启动子
PNZIP	AT-1-box、G-box、GT-II box	烟草	叶特异表达启动子
ST-LS1	ERE、G-box、GT-1、I-box、ATCT-motif、GARE-motif	马铃薯	光诱导、茎叶特异性表达启动子
TrAP	ABRE、MYCCONSENSUSAT、 GATA-box	绿豆黄花病毒	根特异性启动子
GBSS1	LTR、HSE、MYB、G-box、GT-1、ABRE	木薯	根特异性启动子
PR10g	E-box、pyrimidine boxes、RY element	百合	花药组织特异性启动子
OsLPS3	MYCCONSENSUSAT、ARR1 AT、IBOXCORE	水稻	花粉特异性启动子
NtAP1Lb1	G-box、ACE motif、box4、box1、P-box	烟草	花器官组织特异性启动子
JcMFT1	E-box、G-box、	麻风树	种子特异性启动子
PSP	G-box、GATA-box、I box	大豆	豆荚组织特异性启动子
FaXTH2	P-box、AREF、LREM、TATC-box	草莓	果实特异性启动子
Athspr	WRKY71OS、ACE motif、G-box、I-box、SORLIP2AT	拟南芥	维管组织特异性启动子

种非特异性表达启动子，呈持续性表达特征。组成型启动子在植物表达载体中应用广泛。遗传转化初期，通常采用根癌农杆菌 Ti 质粒 T-DNA 内部的 *nos* 基因启动子等弱启动子检测外源基因的表达情况。后来发现 CaMV 中 35S 启动子即

CaMV 35S 驱动报告基因的表达比 Nos 启动子驱动的强许多倍，在转基因烟草和矮牵牛中证实至少强 30 倍。研究发现 CaMV 35S 可以划分为两个区域：A 区域（–90～+8 bp）和 B 区域（–343～–90 bp）。其中，A 区域驱动基因在胚根、胚乳及根组织表达；B 区域驱动基因在叶组织和维管组织表达。B 区域内包含增强子序列，若删除–343～–208 bp 区域，基因转录强度减少 50%；若两个 B 区域序列拷贝连接，能使 35S 启动子的活性提高 10 倍（Fang et al.，1989；汤婷等，2019）。但 B 区域对某些启动子表达也会起阻遏作用。随着植物转基因工程的发展，陆续克隆了其他病毒启动子，如木薯叶脉花叶病毒启动子、澳大利亚香蕉条纹病毒启动子、奇异花叶病毒启动子等，均能在植物中高效启动基因的转录。

在双子叶植物中，CaMV 35S 启动子能促进外源基因的高效表达，是最常用的组成型启动子，且常用其作为阳性对照，以便对分离鉴定出的启动子进行研究。由于含有 *nos* 基因的农杆菌是双子叶植物的病原菌，而 CaMV 是十字花科植物病毒，转录控制元件在进化中形成偏好性，在单子叶植物中 CaMV 35S 表达很弱。重要的粮食作物基本都为单子叶植物，因而分离单子叶植物的启动子尤为重要，主要集中在玉米、水稻上。玉米泛素基因 *Ubiquitin* 启动子被广泛应用于单子叶植物，启动报告基因的转录效率是 CaMV 35S 的 10 倍；水稻来源的肌动蛋白启动子 Act 1、微管蛋白启动子 TubA1 等在单子叶植物中启动基因的转录活性较高。然而，外源基因在受体植物内持续、高效地表达，不但造成基因产物的积累、植物代谢的紊乱，甚至导致死亡，因此诱导型启动子或组织特异型启动子能更有效地调控基因的表达。

2. 诱导型启动子

诱导型启动子在接受光、温度、干旱、高盐、激素、病害等信号胁迫刺激后，通过特异性序列调控基因的表达。去除诱导信号后，表达减弱或终止，以此提高植物在逆境中的抗性。对诱导型启动子的研究，有利于通过基因工程培育抗逆品种，提高作物产量，具有很好的应用价值。诱导型启动子根据诱导信号不同，分为光诱导型启动子、温度诱导型启动子、干旱诱导型启动子、盐诱导型启动子、激素诱导型启动子、病原物诱导型启动子等。

1）光诱导型启动子

光诱导型启动子调控光诱导基因的表达，这类基因通常与光合作用和光形态发生有关。研究表明，光诱导型启动子通常包括若干光应答元件（light response element），为光诱导后基因转录激活所必需。常见的光诱导型启动子包括植物捕光叶绿素 a/b 结合蛋白（chlorophyll a/b binding protein，cab）基因启动子、核酮糖-1,5-二磷酸羧化/加氧酶（ribulose-1,5-bisphosphate carboxylase/oxygenase，Rubisco）

基因启动子、丙酮酸磷酸双激酶（pyruvate phosphate dikinase，PPDK）基因启动子，同时这些启动子也具有组织特异性。绿色植物利用类囊体膜上与光系统 I 和光系统 II 结合的植物捕光叶绿素 a/b 结合蛋白接收太阳能，进而同化二氧化碳。目前，已从水稻、小麦等多种植物中分离获得 *cab* 基因启动子。研究表明，*cab* 基因启动子同时具有两种特性，即光诱导性及茎叶组织特异性，其调控元件位于基因的 5′-UTR，表达水平与光受体有关（Bassett et al.，2007）。Rubisco 为光合作用中碳同化的关键酶，是由 8 个大亚基（rbcL）和 8 个小亚基（rbcS）构成的异源十六聚体。全酶的组装调节主要依赖 rbcS 的表达调控。目前，已从豌豆、拟南芥、烟草、水稻等植物中克隆了 *rbcS* 基因启动子，并证实光诱导可启动该基因的转录，其表达具有组织特异性，可有效对报告基因进行调控（胥华伟等，2012）。PPDK 催化二氧化碳初级受体——磷酸烯醇式丙酮酸的生成，此反应是 C4 植物光合作用途径中的限速步骤。在玉米中存在 3 个编码 PPDK 的基因，分别为 C_4*PPDKZm1*、C_y*PPDKZm1* 和 C_y*PPDKZm2*，其转录受特殊的双元启动子系统调控。其中，C_4*PPDKZm1* 和 C_y*PPDKZm1* 编码基因定位在 6 号染色体上，它们转录基因的差异在于 5′端不同的剪切方式及转录起始位点。C_4*PPDKZm1* 转录本较长，包含叶绿体信号肽，具有组织特异性表达；C_y*PPDKZm1* 和 C_y*PPDKZm2* 转录本较短，为胞质型，主要在非光合组织中组成型表达（董洋等，2013）。对 C4 植物光合作用关键酶编码基因启动子的研究，有望在 C3 植物中表达 C4 植物光合作用的关键酶，增强其光合效率。

2）温度诱导型启动子

高温胁迫下，植物体内许多热激基因被激活，合成相应的热激蛋白，如 HSP70、HSP90、HSP100 等，从而减轻胁迫引起的伤害。这些热激基因的启动子含有热激元件 CCAAT-box、AT-rich 等，通过与多种转录因子作用而启动热激基因的转录。在冷害或冻害胁迫下，植物体会做出一系列应答反应，如改变相关基因的转录、细胞结构、生理代谢，最终引起体内蛋白质、碳水化合物等组分改变来提高植物对低温的适应性。对基因转录的调控主要通过诱导型启动子的作用来实现。目前，分离和鉴定的低温诱导型启动子较多，拟南芥 rd29A 启动子是低温（干旱）诱导型启动子的典型代表（Behnam et al.，2007；Orbović et al.，2021）。该启动子顺式作用元件中存在保守的脱落酸应答元件（abscisic acid responsive element，ABRE）、ACGT-box 和抗氧化应答元件（antioxidant response element，ARE）等脱落酸（abscisic acid，ABA）响应元件，参与脱落酸响应基因的转录；存在保守的 TACCGACAT 脱水应答元件（dehydration responsive element，DRE），与多种胁迫应答有关；存在 CGTCA-基序，参与茉莉酸调控途径；存在较为保守的 AuxRR-core，参与生长素响应调控途径；存在 MYB 响应元件以及多个启动子核心元件（TATA 盒和 CAAT 盒），因而可在干旱、寒冷、盐碱等非生物逆境胁迫下启动相关基因的转录。利用 rd29A 启动子调控转录因子脱水应答元件结合蛋白（dehydration responsive element binding protein 1，DREB1）、C-重复序列结合因子（C-repeat binding factor 3，CBF3）或抗逆基因的表达，已被应用于多种作物的抗寒研究中。Behnam 等（2007）将拟南芥 *rd29A* :: *DREB1* 导入土豆基因组，通过低温处理实验，证实转基因土豆抗寒性提高。Wan 等（2014）将拟南芥双价耐寒基因 *rd29A* :: *CBF3* 和 *rd29A* :: *COR15A*（cold regulated 15A）通过农杆菌介导转入茄子基因组后，qRT-PCR 分析 *CBF3* 和 *COR15A* 得到高效表达，耐寒性分析及生理指标测定表明，茄子的耐寒性得到显著提高。冷响应基因 *COR15A* 含有顺式作用元件 CRT（C-repeat）和 DRE，在冷胁迫下作为低温诱导启动子启动细胞分裂素合成基因 *ipt* 的表达，从而减少植物损伤。

3）干旱诱导型启动子

干旱诱导型启动子在植物细胞感知水分胁迫后，启动相关抗逆基因的表达。拟南芥中的 rd29A 是干旱诱导型启动子的典型代表，当细胞缺水时，通过脱水应答元件和脱落酸应答元件与相关转录因子相互作用，启动抗逆基因表达。利用 rd29A 启动子调控脱水应答元件结合蛋白 DREB1 转录因子以驱动相关基因的表达已被应用到烟草、马铃薯、花生、大豆、小麦、水稻、菊花等多种作物的抗干旱研究中（Liu et al.，2020；Orbović et al.，2021）。除了 rd29A 外，大部分干旱诱导型启动子均受 ABA 信号诱导，通常含有 1 个或多个脱落酸应答元件、DRE/CRT 元件、MYB 响应元件、MYC 响应元件等。

4）盐诱导型启动子

盐胁迫损害植物细胞膜的正常功能，造成植物气孔关闭、光合速率下降、耗能增加、吸收不平衡，进而影响植物的生长发育。目前，已从多种植物中分离出盐诱导型启动子，通过控制外源基因的表达，包括渗透调节物质、光合作用、钙调蛋白、通道蛋白、胚相关蛋白等，提高植物对盐胁迫的响应。甜菜碱是高等植物重要的渗透调节剂，其合成过程为胆碱在胆碱单加氧酶（choline monooxygenase，CMO）催化下生成甜菜碱醛，进一步在甜菜碱醛脱氢酶（betaine aldehyde dehydrogenase，BADH）的催化下氧化生成甜菜碱。由此可见，CMO、BADH 是合成甜菜碱的关键酶。研究发现，菠菜、甜菜、三色苋等植物 *CMO* 基因、盐生植物辽宁碱蓬 *CMO* 基因和 *BADH* 基因含盐胁迫诱导元件，经 NaCl 处理后，其表达量增加（佟少明等，2016）。此外，拟南芥 *rd29A* 基因启动子、水稻 *Rab16A* 和 *OsDREB1B* 基因启动子、小麦 *Ttd1a* 基因启动子、大麦 *HAV22* 基因的 ABRC1 启动子均在盐胁迫下表达，以便提高植物的耐盐性。

5）激素诱导型启动子

激素诱导型启动子含激素响应元件，对激素的诱导作出应答反应，如生长素、赤霉素、脱落酸、乙烯、水杨酸、甲基茉莉酮酸等。一般与运输系统相关的启动子受激素信号的诱导。例如，麻风树的种子特异性启动子 JcMFT1 受 ABA 诱导；草莓的果实特异性启动子 FaXTH1 受赤霉素 GA 和 ABA 诱导；维管组织特异性启动子 Athspr 受多种激素诱导。棉花是第一大天然纤维作物，在纤维发育的不同阶段有许多特异表达的启动子，如 *E6* 基因启动子、*LTP* 基因启动子，*FbL2A* 基因启动子、*GhCesA4* 基因启动子、*GhManA2* 基因启动子等，均被植物激素诱导表达（吕少溥等，2014）。纤维发育前期，生长素 IAA、赤霉素 GA_3、玉米素 ZR 有利于促进纤维的伸长和分化，ABA 起抑制作用；纤维发育后期，玉米素 ZR 则影响纤维的粗细和成熟度。对启动子的研究有利于通过基因工程改善棉纤维的品质和产量。

6）病原物诱导型启动子

病原物诱导型启动子是一类能对真菌、细菌、病毒等病原物的侵染作出响应的启动子，其活性取决于侵染的时间、位点，具有时空特异性。病原物诱导型启动子通常含有防御相关的启动子元件，如 W-Box、GCC-Box、As-1-Box、G-Box 等。根据致病病原物的种类不同，分为真菌诱导启动子、细菌诱导启动子、线虫诱导启动子、病毒诱导启动子等。例如，拟南芥防御素基因 *PDF1.2* 的启动子受黑斑病菌、灰霉病菌的诱导表达；*AtCMPG1* 和 *AtCMPG2* 启动子则受霜霉菌、黑斑病菌、丁香假单胞菌的诱导表达；天麻抗菌蛋白基因启动子 GAFP-2 可在转基因烟草中受真菌诱导；大麦 β-1,3-葡聚糖酶同工酶基因启动子 PGIII 驱动 *Gus* 基因在水稻中低水平表达，受稻瘟菌诱导后高水平表达。病原物诱导型启动子的应用在植物抗病害基因工程中具有重要意义。植物在生长的各个阶段，会遭受多种病原物的侵染，为克服单一病原物诱导型启动子的限制，常将病原物诱导型启动子串联，以提高植物对多种病害的抵抗能力。

3. 组织特异性启动子

组织特异性启动子驱动基因在植物特定的组织部位进行高效表达，表现出发育调节的特性。根据调节部位不同，可分为茎叶特异性启动子、花特异性启动子、果实特异性启动子、种子特异性启动子、根特异性启动子，每种特异性启动子含有其特殊的基序。

1）茎叶特异性启动子

茎叶是光合作用的主要场所，在植物利用和固定能量方面发挥重要作用，因此对茎叶特异性启动子的研究与植物催化光合作用的酶有关，如 *cab* 基因启动子、*rbcS* 基因启动子、*PPDK* 基因启动子。它们既是茎叶特异性启动子，又是光诱导型启动子，含光反应元件、组织特异性表达元件，同时还可能含增强子元件。除此之外，茎具有输导营养物质、贮藏营养物质的功能，通过对茎叶特异性启动子的研究，有望改变物质的储存特性及对相关病害的抵抗能力。

2）花特异性启动子

研究花特异性启动子对花发育调控的分子机理，可提高花卉的观赏价值，甚至创造雄性不育植株，提高转基因植物的安全性和对逆境的抵抗能力。伸展蛋白EXPANSIN作用于植物细胞壁的纤维素、微纤丝及细胞壁多糖之间，在细胞壁的松弛和伸展中发挥重要作用。现有的EXPANSIN分为四个亚家族，包括EXPA、EXPB、EXLA和EXLB。其中，EXPB主要存在于禾本科植物，在水稻中发现19个*OsEXPB*基因，拟南芥中发现了6个*AtEXPB*基因。在*OsEXPB*基因启动子区域含有多个与花粉特异表达相关的顺式元件 POLLEN1LELAT52和GTGANTG10。研究证实，*OsEXPB* 基因启动子与水稻的花粉发育有关，尤其在花发育晚期，具有很强的活性。

3）果实特异性启动子

对蔬菜和瓜果类而言，食用部位主要为果实。通过研究果实特异性启动子调控外源基因包括色素合成基因、激素应答基因、果实成熟基因等在植物果实中的表达，可以改良果实的品质或生产某些特殊蛋白。大部分果实特异性启动子来源于番茄成熟相关基因。例如，番茄多聚半乳糖醛酸酶（polygalacturonase）基因与细胞壁分解、果实软化有关，在番茄成熟的过程中发挥重要作用，通过该基因启动子控制八氢番茄红素合成酶基因，可提高番茄中类胡萝卜素的含量，改良番茄果实的品质（Bird et al.，1988）。番茄E4/E8启动子5′-UTR的特异序列可对乙烯作出应答反应，利用其驱动的呼吸道合胞病毒F抗原转基因番茄饲喂小鼠后，诱导小鼠产生特异的免疫反应。除此之外，番茄编码富含硫的多肽基因 2A11/2A12的启动子、马铃薯金属羧肽酶基因MCP1的启动子、马铃薯糖蛋白B33基因启动子、苹果1-氨基-环丙烷-1-羧酸氧化酶基因启动子等，也都应用在植物表达系统中。种子特异性启动子主要与蛋白质、淀粉、脂肪的合成有关，受激素的诱导。对种子贮藏蛋白中的醇溶蛋白、谷蛋白基因启动子的研究发现，其包含AACA、GCN4等基序。对种子特异性启动子表达调控的研究证实，导入铁蛋白基因可提高种子中铁含量，导入大豆球蛋白基因可改良水稻的营养品质，导入赖氨酸编码基因可提高玉米赖氨酸的含量，这些研究结果具有重要的应用价值。

4）根特异性启动子

根据根特异性启动子驱动部位的不同，分为根毛特异性启动子、根冠特异性启动子、全根特异性启动子。根特异性启动子的研究对改善植物的根际吸收与分泌、提高渗透胁迫耐受性、修复根部病虫害、改善食根性植物产量等方面具有重要的研究意义。拟南芥棒曲霉素A7基因、棒曲霉素A18基因、纤维素合成酶基因都包含根毛特异性表达元件，属于根毛特异性启动子，在根毛形态发生过程中可以调控根毛突起的形成和尖端的生长。其中，棒曲霉素参与细胞壁的解离，纤维素合成酶参与细胞壁的组装。根冠特异性基因*AtCel5*编码β-1,4-葡聚糖酶，其

启动子控制 *Gus* 基因在根冠特异性表达。烟草液泡胞液蛋白编码基因 *TobRB7*、拟南芥根特异性糖基转移酶基因 *Adg73160* 以及苜蓿、大麦等多种作物中发现的磷酸盐转运蛋白基因，都含有根部特异性启动子，可用于研究植物根部的病害防治、提高对营养物质的吸收和对磷酸盐的应答。拟南芥黑芥子酶由 *Pyk10* 基因编码，在根和下胚轴中特异性表达。分析其启动子，发现存在若干器官特异性表达和植物激素应答元件。研究证实，*Pyk10* 可驱动 *Gus* 基因在番茄根部特定性表达（崔姗姗等，2012），还可以调控植酸酶基因在大豆根中特异性表达，提高大豆根系对周围环境中无机磷的利用率。

天然启动子数量有限，具有一定局限性，易产生同源依赖性的基因沉默现象或生物安全问题。随着植物启动子中顺式作用元件研究的不断深入，可构建人工启动子（artificial promoter）。人工启动子的构建策略主要包括：①将顺式调控元件或上游增强子序列串联后与强启动子融合；②将组成型表达的强启动子融合；③将多个天然启动子的顺式调控元件组合。人工启动子中的核心启动子调节转录起始，常用 mini CaMV 35S 启动子等；上游顺式作用元件的选择、组合及其排列方式，是其设计的关键。例如，构建根特异性启动子时用 portUbi882 作为 mini 启动子，在启动子的 5′和 3′端合成由 7 个顺式元件组成的模块（2×ROOT motif、1×MYB core、1×ELRE core、1×ARFAT、1×LEAFYATAG、1×MAR），每个元件间隔 10 bp，间隔序列为 TCATAACGCT，或用 mini CaMV 35S 与 4 个根特异性顺式元件（OSE1ROOTNODULE、OSE2ROOTNODULE、SP8BFIBSP8AIB、ROOTMOTIFTAPOX1）组合，间隔序列为 2～22 bp，构建的人工合成根特异性启动子均能驱动报告基因在烟草根部的特异表达（Mohan et al.，2017；崔文文等，2020）。除此之外，还应考虑启动子驱动基因的方向，为避免单向启动子重复使用导致基因表达出现“共抑制”现象，可选择双向启动子。双向启动子位于紧密连锁且方向相反的两个基因的上游序列，通过独特的调控机制，同时在两个方向起始转录。双向启动子的结构特点是：大多缺少 TATA 盒，具有较高的 GC 含量和丰富的 CpG 岛。拟南芥叶绿素 a/b 结合蛋白 cab 家族中的 *cab1* 和 *cab2* 之间的序列、农杆菌 Ti 质粒上的甘露碱合成酶 *Mas* 基因 mas1′和 mas2′之间的间隔序列均为双向启动子。利用天然双向启动子进行的研究较少，多数为人工构建的双向启动子。

（二）终止子优化

终止子是基因下游决定转录终止的元件。植物 3′端终止子序列长度一般在 200 nt 以上，在 poly（A）加尾信号下游 10～30 碱基处终止。转录产物进行正确的 3′端剪切和加入 poly（A）尾，有赖于 3′端保守的多聚腺苷酸信号序列（AAUAAA）。除此之外，部分基因还在其上游部位有第二加尾信号，少数基因没有 poly（A）

加尾信号。研究发现，一个基因上会有多个多聚腺苷酸化位点，可以产生多条不同长度 3′-UTR 的 mRNA 或产生不同编码序列的转录本，称为可变多聚腺苷酸化（alternative polyadenylation）。可变多聚腺苷酸化存在于绝大多数基因，影响 mRNA 的稳定性和翻译效率，是重要的转录后修饰和调控方式之一。

另一个影响 RNA 成熟的元件称为下游元件（downstream element，DSE）。加尾信号和 DSE 同时存在时，哺乳动物的 mRNA 才能顺利成熟。mRNA 上 3′端终止子序列与 mRNA 寿命有关。

植物基因工程中常用的终止子为根癌农杆菌胭脂碱合酶 *nos* 基因的终止子 T-nos、章鱼碱合成酶 *ocs* 基因的终止子 T-ocs、CaMV35S 基因的终止子 T-35S 及基因 7 的终止子 T7，多为细菌或病毒来源，可能引起食品安全问题。新发现的植物来源的终止子如豌豆 T-rbc、水稻 T-GluB-4 等可用于植物的遗传转化（王小婷等，2017；李文静等，2018）。水稻 T-GluB-4 在不同的启动子包括胚乳特异性启动子 GluC 和组成型启动子 OsActin 驱动下，GUS 活性分别是 T-nos 作为终止子的 2 倍和 2.2 倍，表明 T-GluB-4 可增强外源基因的表达特性，且不依赖于上游启动子序列（李文静等，2018）。

（三）选择标记基因优化

1. 选择标记基因的利用

选择标记基因是指通过遗传转化，赋予植物细胞一种选择压力，用以区分转化细胞和非转化细胞的标记基因，主要包括正向选择标记基因和负向选择标记基因。

1）正向选择标记基因

正向选择标记基因合成的产物可促进转基因细胞生长，根据来源不同，分为两类：一类是植物本身的选择标记基因，如芹菜编码甘露糖-6-磷酸还原酶的 *M6PR* 基因、拟南芥编码海藻糖-6-磷酸合成酶的 *TPS1* 基因等，能使转基因细胞在特殊的培养条件下正常生长，非转基因细胞由于不能利用这些糖源而发育异常；另一类是非植物本身的选择标记基因，如大肠杆菌编码 6-磷酸甘露糖异构酶的 *pmi* 基因、链霉菌编码戊醛糖异构酶的 *xylA* 基因、酿酒酵母编码 *N*-乙酰转移酶的 *Mpr1* 基因等，均能赋予转基因细胞或组织在特定条件下正常生长的优势。但由于选择效率低下，“正向”选择标记基因在植物表达载体构建中使用较少。

2）负向选择标记基因

负向选择标记基因指的是抑制转基因细胞生长的选择标记基因，根据作用底物的不同，分为两类：一类是抗生素类抗性基因；一类是除草剂类抗性基因。在培养基上添加相应的抗生素或除草剂后，转基因细胞或组织能生长，而非转基因细胞或组织由于不能分解抗生素或除草剂而死亡（表 7.6）。不同的转基因植物在使用抗生素筛选时，筛选浓度差异较大，需提前做好预实验，确定筛选浓度。一般来说，新霉素磷酸转移酶基因对茄科植物，如烟草、番茄等的筛选效果较好；潮霉素磷酸转移酶基因对单子叶植物如小麦、玉米、水稻等的筛选效果较好。

表 7.6　植物遗传转化常用的选择标记基因

基因名称	编码产物	抗代谢物	来源
新霉素磷酸转移酶基因（*nptII* 基因）	新霉素磷酸转移酶 II（NPTII）	卡那霉素、G418、庆大霉素	大肠杆菌转座子 Tn5
潮霉素磷酸转移酶基因（*hpt* 基因）	潮霉素磷酸转移酶（HPT）	潮霉素 b	大肠杆菌 *E.coli*
庆大霉抗性基因（*gent* 基因）	庆大霉素乙酰转移酶（AAC）	庆大霉素	细菌
氯霉素乙酰转移酶基因（*cat* 基因）	氯霉素乙酰转移酶（CAT）	氯霉素	Tn9
链霉素转移酶基因（*spt* 基因）	链霉素转移酶	链霉素	Tn9
细菌二氢叶酸还原酶基因（*dhfr* 基因）	二氢叶酸还原酶（DHFR）	氨甲蝶呤	细菌质粒 pR67
α-微管蛋白基因	α-微管蛋白	二硝基苯胺类除草剂	牛筋草
甘露糖异构酶基因（*manA* 基因）	甘露糖异构酶（PMI）	甘露糖	大肠杆菌
木糖异构酶基因（*xylA* 基因）	木糖异构酶	木糖	细菌
色氨酸合酶基因（*TSB1* 基因）	色氨酸合酶 β 亚基	5-甲基色氨酸、重金属	拟南芥
氨基糖苷腺苷酰转移酶基因（*aadA* 基因）	氨基糖苷腺苷酰转移酶（AAD）	壮观霉素（双子叶植物）链霉素（单子叶植物）	细菌
除草剂草丁膦抗性基因（*bar* 基因）	膦丝菌素乙酰转移酶（PAT）	草丁膦	细菌（链霉素）
epsp 突变基因（*aroA* 基因）	突变型 5-烯醇式丙酮酰莽草酸-3-磷酸合酶（EPSPS）	草甘膦	细菌

2. 选择标记基因带来的生物安全问题

转基因植物使用选择标记基因带来的生物安全性问题已受到公众的普遍关注，主要包括：抗生素抗性标记基因转入病原菌中，使病原菌获得抗性，导致临床使用的抗生素失效；除草剂抗性酶基因发生漂移，转移进杂草后，产生“超级杂草”，影响生物多样性；转基因产生的非预期反应可能对食品安全产生负面影响。

3. 使用生物安全性标记基因

生物安全性标记基因主要是指“正向”选择标记基因，通过使用无毒副作用的选择剂，筛选后有利于转化植株的再生，非转化细胞或组织则受到饥饿而抑制生长。无争议的生物安全标记基因主要包括与糖代谢有关的基因（磷酸甘露糖异构酶基因*pmi*、木糖异构酶基因*xylA*、核糖醇操纵子rtl、阿拉伯糖脱氢酶基因*atlD*）、与氨基酸代谢有关的基因（邻氨基苯甲酸合成酶基因 *ASA1*、苏氨酸脱羧酶基因*ilvA*、乙酰乳酸合成酶基因 *mALS*）、与激素合成相关的基因（异戊烯基转移酶基因 *ipt*、玉米的同框基因 *knI*）、化合物解毒基因（甜菜碱醛脱氢酶基因 *badh*、色氨酸脱羧酶基因 *tdc*、汞离子还原酶基因 *merA*）、抗逆基因（*OsDREB2A*、*SOS1*、耐盐相关基因 *rstB*）、叶绿素合成关键酶基因（谷氨酸-1-半醛转氨酶基因 *hemL*、原卟啉原氧化酶基因 *PPO*）。下面以磷酸甘露糖异构酶基因 *pmi* 为例介绍生物安全标记基因的使用。磷酸甘露糖异构酶催化甘露糖-6-磷酸转化为果糖-6-磷酸。在以甘露糖为主要碳源的培养基上，转 *pmi* 基因的植物细胞或组织可以正常生长，未转化细胞或组织由于缺少该酶，甘露糖转化为甘露糖-6-磷酸后在细胞内积累，抑制了细胞的生长。*pmi* 选择标记基因已成功应用于小麦、油菜等多种作物的转基因筛选，但对于含有内源 *pmi* 基因的植物，如豆科类植物则不适用。目前，PMI筛选系统已应用于转基因植物的商业化生产。

4. 标记基因的删除

目前，已发展了多种标记基因删除技术，主要有共转化、位点特异性重组、转座子、染色体内同源重组等。

1）共转化

将标记基因和目的基因构建在同一载体的不同 T-DNA 区域或不同载体上，然后同时导入受体的方法为共转化法。由于 T-DNA 插入具有随机性，可将标记基因和目的基因同时插入同一细胞染色体的不同位置，通过分离转基因植物的自交后代，获得无标记转基因植株（marker-free transgenic plant，MFTP）（Yau and Stewart，2013）。共转化法主要通过农杆菌转化或基因枪介导，已应用于烟草、拟南芥、油菜、水稻、大麦和玉米的转化研究中。由于共转化法要求转化体系的共转化效率较高、T-DNA 整合到不连锁位点、通过后代的自交或杂交分离目的基因和标记基因，因此不适合无性繁殖的作物。

2）位点特异性重组

位点特异性重组由重组酶和重组酶识别位点组成，是删除选择标记基因的一种有效途径。重组酶识别位点由核心序列和两侧的回文序列组成，在重组酶的结合区和核心序列间会发生重组。当重组酶识别位点方向相同时，通过位点特异性重组可删除位点间的序列，根据此策略可以删除标记基因。目前应用位点特异性重组法删除标记基因的系统主要包括：噬菌体 P1 的 Cre/*loxP* 系统、酿酒酵母的FLP/FRT 系统、鲁氏接合酵母的 R/RS 系统、噬菌体 Mu 改良的 Gin /gix 系统，其中，Cre、FLP、R、Gin 为各系统中的重组酶，loxP、FRT、RS、gix 为各系统中特异性重组位点。目前，Cre/*loxP* 重组系统应用比较广泛，已成功用于土豆、番茄、大豆、水稻等多种作物标记基因的筛除（Cuellar et al.，2006；Li et al.，2009；Zhang et al.，2009；Khattri et al.，2011）。通过将 Cre 重组酶导入含 *loxP* 的植株或将含 Cre 重组酶的转基因植株与含 *loxP* 的转基因植株进行杂交，获得的转化植株中 Cre 重组酶被激活，通过位点特异性重组而删除标记基因。由于需要二次转化或杂交，操作比较烦琐。可通过未整合的 T-DNA 分子瞬时表达重组酶来解决这一问题，即通过含有 Cre 表达载体的农杆菌或病毒去浸染含 *loxP* 元件的转基因植株来删除标记基因。另外，Cre 重组酶的持续表达，会影响植物的形态和产量，可通过利用诱导型启动子等控制重组酶 Cre 的表达，在适当的时候给予诱导（如热激、激素处理）以删除标记基因。Zheng 等（2016）通过人工合成的热激蛋白启动子 HS 驱动 Cre/*loxP* 系统，删除筛选标记基异戊烯基转移酶编码基因 *ipt*，由于影响了细胞分裂素的合成过程，可通过烟草形态的恢复直观判断标记基因删除的发生。

3）转座子

转座子法是指将转座子与目的基因或标记基因相连，通过转座子的移动，分离目的基因和标记基因，筛选获得无标记基因的转基因植株。目前，玉米的 Ac/Ds 转座系统在删除植物标记基因方面应用较多。其构建策略主要为：将标记基因或目的基因置于转座子内，与同一 T-DNA 内的目的基因或标记基因共同转化受体，在转基因植株中，标记基因或目的基因会随转座子发生移动，转位到不连锁位点，标记基因与目的基因分离后，选择获得无标记转化植株。利用 Ac/Ds 转座系统在水稻中删除标记基因已被广泛应用（Li et al.，2021）。

4）染色体内同源重组

染色体同源序列间发生重组会导致同源序列间的片段发生倒置、互换、插入和缺失等现象。根据重组发生在两个同向的同源序列间会导致同源序列间的片段被切除的原理，可将标记基因置于同向重复序列间，通过同源重组实现对标记基因的删除。一般植物细胞核同源重组频率低、叶绿体同源重组频率高，因此叶绿体转化在去除标记基因方面更有优势。

二、其他优化策略

对植物表达载体元件的优化主要从三个方面考虑：一是增强翻译效率，提高外源基因的表达水平；二是消除位置效应，实现外源基因的定点整合；三是多基因转化，增强数量性状的改良效果。

（一）增强翻译效率

1. 基因编码区

由于表达机制的差异，不同生物其偏爱的遗传密码子使用频率不同，因此不同来源的目的基因，在植物体内往往表达水平很低，需要对编码区进行改造。例如，在转基因烟草和番茄植株中，苏云金芽孢杆菌的野生型杀虫蛋白基因表达水平相当低，主要由于原核生物与植物基因表达的差异造成了转录 mRNA 稳定性下降。在不影响蛋白质表达的情况下，通过选用植物偏爱的密码子、去除 mRNA 分子中的不稳定序列、增加 GC 含量的策略予以改造，最终设计合成的 *Bt* 基因中 GC 含量从野生型的 37%提高到 49%，表达水平上调 30～100 倍，获得明显的抗虫效果。

2. 5′非翻译区

1）增强子

增强子是能激活和上调靶基因转录水平的重要调控元件，可位于靶基因上游或者下游，也可位于靶基因内含子中，具有远距离效应、无方向性、组织特异性等特点。增强子作用的灵活性增加了其发现和研究的难度。编码 TMV 的 126 kDa 蛋白基因 5′-UTR 有一段 68 bp 核苷酸组成的Ω元件，能够与真核生物 80S 核糖体结合，促进外源基因的表达。TMV 的Ω翻译增强序列被广泛应用于植物基因工程中。近期发现其可增强 Cas9 蛋白的表达，有利于通过 all-in-one 策略实现基因的精准敲除（Meng et al.，2021）。除此之外，烟草蚀刻病毒 5′-UTR 144 bp 的前导序列也可作为翻译增强子。

真核生物基因在转录过程中将内含子剪切、外显子拼接后形成成熟 mRNA，因此内含子一直被认为是“自私 DNA”。自 1983 年在小鼠免疫球蛋白重链编码基因中发现内含子具有增强子功能以来，内含子型增强子的研究得到了广泛关注。在哺乳动物中，内含子对基因表达调控的研究较多，但在植物中相对较少，许多功能尚不明确。对拟南芥进行全基因组范围内含子增强子预测，在实生苗组织中鉴定到了 941 个候选的内含子增强子，在花组织中鉴定到了 1271 个候选的内含子增强子，进一步对其中 21 个候选内含子增强子进行转基因验证，发现 15 个具有增强子功能；通过 CRISPR/Cas 系统删除了 2 个基因中的 3 个内含子增强子，发现删除并未导致关联基因不表达，但导致基因出现转录水平上不同程度的抑制，且转录抑制发生在特定的发育阶段，影响植株的形态和发育（Peng et al.，2019）。

2）起始密码子周边序列

真核生物起始密码子周边序列为 Kozak 序列（ACCATGG）时转录和翻译效率最高，特别是-3 位的 A 对翻译效率影响很大。将几丁质酶基因的起始密码子周边序列由 UUUAUGG 改造为 ACCAUGG，可提高其在烟草中的表达水平。

3）内含子

部分内含子具有增强外源基因在植物中表达的作用。最初在转基因玉米中发现玉米乙醇脱氢酶基因 *Adh1* 的第一内含子能显著增强外源基因的表达；后来发现玉米果糖合成酶基因的第一内含子、玉米 *Ubiquitin* 基因的第一内含子、水稻 *actin* 基因 5′-UTR 中的内含子都具有促进外源基因表达的功能。

（二）消除位置效应

外源基因导入植物后，插入位点的位置会导致表达水平差异很大。为消除位置效应，载体构建中通常会考虑核基质结合区、蛋白质靶向定位的应用。

1. 核基质结合区

核基质结合区（MAR）是存在于真核细胞染色质中与核基质特异结合的 DNA 序列。在构建植物表达载体时，将 MAR 置于目的基因的两侧构建成包含 MAR-GOI-MAR 结构的表达载体用于遗传转化，由于目的基因通过 MAR 序列定位于核基质上，从而与周围染色质分开，避免了位置效应，减少了基因沉默，因而可实现外源基因稳定、高效表达。

2. 蛋白质靶向定位

蛋白质在核糖体合成后会进入叶绿体、内质网、细胞膜、细胞核等不同部位，需要定点整合技术或特定的信号肽的引导作用来实现。

叶绿体转化主要根据同源重组的机制实现外源基因的定点整合。通过叶绿体转化表达重组蛋白，具有转化效率高、表达量高、定点整合、生物环境安全等特点，可用于生产具有医药价值的蛋白质，包括抗体、生长因子、酶、激素以及疫苗抗原等（Lössl and Waheed.，2011；Dubey et al.，2018）。

内质网是多种生物活性蛋白加工、贮存、分泌的细胞器。构建表达载体时，在外源基因的 C 端加上内质网滞留信号肽如 SEKDEL（Ser-Glu-Lys-Asp-Glu-Leu），将表达产物定位于内质网，避免了目的蛋白的降解和糖基化过程，提高了表达量。除了内质网定位信号，Lys-Lys 或 Arg-Arg 基序是细胞膜定位信号；猿猴病毒 SV40 大 T-抗原的氨基酸序列是细胞核的定位信号；位于重组蛋白 N 端的菜豆核酮糖-1，5-二磷酸羧化/加氧酶小亚基蛋白的信号序列是质体的定位信号；位于植物异柠檬酸裂解酶 C 端 5～34 个氨基酸是微体的定位信号。因此，在进行转基因研究时，可根据研究目的在功能基因上加定位信号。

（三）多基因转化

植物的许多性状往往由多基因控制，通过单基因转化难以实现对数量性状的改良。因此，将多个相关基因通过植物表达载体导入植物，有利于实现多基因控制的数量性状的改良。多基因表达载体的构建主要通过常规酶切连接法、Cre/*loxP* 重组法、Gateway 技术、同源重组等方式实现。

总结与展望

植物基因工程技术能够按照人们的意愿并跨越物种界限来充分和精确地实现基因重组，创造出传统育种方法无法得到的作物新品种或作为生物反应器生产重组蛋白药物、酶等，具有重要的理论意义和应用前景。植物基因转化效果受外源基因、载体、受体、转化方法、植物组织培养等多种因素的影响，具体机制比较复杂。目前，已通过植物转基因技术获得多种具有优良性状的植物新品种，获得多种功能特异的疫苗、抗体、酶等重组蛋白，但在植物表达系统中尚存在外源基因能否转入受体、转化效率低、基因沉默、蛋白质翻译后的折叠与修饰、抗生素使用带来的生物安全问题等多种挑战。基因载体作为目的基因转移和表达调控的关键工具，是植物基因工程技术的核心。在载体构建中，应该从多方面考虑，不断优化，以提高外源基因的表达水平。根据植物表达系统中载体构建方式的不同，植物表达载体分为植物病毒载体、农杆菌质粒转化载体、叶绿体转化载体。在载体构建前，首先根据宿主对密码子的偏好性，对目的基因密码子进行优化；通过选择启动子、终止子、标记基因对载体骨架进行优化；进一步通过增强翻译效率、消除位置效应等实现外源基因的高效、特异表达。为避免筛选标记基因可能导致的生物安全性问题，在植物表达载体构建时使用共转化、转座子系统、位点特异性重组、染色体内同源重组方法剔除标记基因。随着生物技术的发展，转基因植物已成为解决粮食问题、培育优质品种的重要手段，并有望成为疫苗、单克隆抗体、酶、药物、食品的生产工厂。

参 考 文 献

崔姗姗, 乔亚科, 李桂兰, 等. 2012. 黑芥子酶基因 pyk10 根特异启动子在番茄中的验证. 生物技术通报, 11: 73-77.

崔文文, 迟婧, 冯艳芳, 等. 2020. 人工合成根特异启动子 SRSP 的功能分析. 生物工程学报, 36(4): 700-706.

董洋, 沈杰, 王柏臣. 2013. 玉米丙酮酸磷酸双激酶(PPDK)研究进展. 黑龙江大学自然科学学报, 30(5): 642-652.

关薇薇, 顾瑜, 管晓燕, 等. 2021. 表达嵌合蛋白 PAcA/CTB 转基因番茄疫苗可通过胃肠道吸收的方式免疫大鼠. 中国组织工程研究, 25(11): 1712-1716.

侯丙凯, 张中林, 周奕华, 等. 2000. 油菜叶绿体定点转化载体的构建及其杀虫性, 高技术通讯, 7: 5-11.

蒋铭轩, 李康, 罗亮, 等. 2023. 植物表达外源蛋白研究进展及展望. 生物技术通报, 39(11): 110-122.

李翠萍, 董卫华, 张兴国. 2015. 转番茄 *GGPS2* 基因烟草的构建及弱光耐受性分析. 生物工程学报, 5: 692-701.

李翠萍, 潘宇, 白小宁, 等. 2013. 拟南芥 *AtCAO* 和 *AtHEMA1* 基因共表达载体的构建及转烟草研究. 中国生物工程杂志, 4: 54-60.

李文静, 冯雪, 孙艳香. 2018. 水稻 GluB-4 终止子的克隆与功能分析. 植物生理学报, 54(10): 1546-1552.

吕少溥, 王旭静, 唐巧玲, 等. 2014. 棉纤维特异基因及其特异启动子的研究进展. 生物技术进展, 4(1): 1-6.

彭燕, 崔晓峰, 周雪平. 2002. 植物病毒-新型的外源基因表达载体. 浙江大学学报(农业与生命科学版), 28(4): 465-472.

汤婷, 谢实龙, 祝旋, 等. 2019. CaMV 35S 启动子及其在转基因作物中的应用和检测. 浙江农业学报, 31(1): 161-170.

佟少明, 尹辉, 夏冰, 等. 2016. 辽宁碱蓬 SlCMO 基因盐胁迫表达分析及盐诱导启动子鉴定. 中国生物化学与分子生物学报, 32(3): 332-338.

王关林, 方宏筠. 2009. 植物基因工程. 北京: 科学出版社: 152.

王小婷, 黄锁, 徐兆师, 等. 2017. 豌豆终止子 rbc-T 在转基因小麦研究中的应用. 作物学报, 43(8): 1254-1258.

胥华伟, 史国安, 范丙友, 等. 2012. 水稻 Rubisco 小亚基启动子的克隆及光诱导表达载体的构建. 基因组学与应用生物学, 31(5): 455-459.

杨贺, 李晓薇, 陈欢, 等. 2015. 利用植物生物反应器生产药用蛋白的研发现状. 生物产业技术, 1: 32-38 .

张剑锋, 李阳, 金静静, 等. 2017. 烟草叶绿体基因工程研究进展. 烟草科技, 50(6): 88-98.

周菲, 路史展, 高亮, 等. 2015. 植物质体基因工程: 新的优化策略及应用. 遗传, 37(8): 777-792.

邹奇, 潘炜松, 邱健, 等. 2023. 植物生物反应器优化策略与最新应用. 中国生物工程杂志, 43(1): 71-86.

Agarwal P, Kumar R, Pareek A, et al. 2017. Fruit preferential activity of the tomato RIP1 gene promoter in transgenic tomato and arabidopsis. Mol Genet Genomics, 292(1): 145-156.

Anami S, Njuguna E, Coussens G, et al. 2013. Higher plant transformation: principles and molecular tools. Int J Dev Biol, 57: 483-494.

Andres J, Blomeier T, Zurbriggen M D. 2019. Synthetic switches and regulatory circuits in plants. Plant Physiol, 179: 862-884.

Arya S S, Rookes J E, Cahill D M, et al. 2020. Next-generation metabolic engineering approaches towards development of plant cell suspension cultures as specialized metabolite producing biofactories. Biotechnol Adv, 45: 107635.

Bassett C L, Callahan A M, Artlip T S, et al. 2007. A minimal peach type II chlorophyll a/b-binding protein promoter retains tissue-specificity and light regulation in tomato. BMC Biotechnol, 7: 47.

Behnam B, Kikuchi A, Celebi-Toprak F, et al. 2007. *Arabidopsis rd29A: : DREB1A* enhances freezing tolerance in transgenic potato. Plant Cell Rep, 26(8): 1275-1282.

Bird C R, Smith C J, Ray J A, et al. 1988. The tomato polygalacturonase gene and ripening-specific expression in transgenic plants. Plant Mol Biol, 11(5): 651-662.

Cheng L, Li H P, Qu B, et al. 2010. Chloroplast transformation of rapeseed(*Brassica napus*)by particle bombardment of cotyledons. Plant Cell Rep, 29(4): 371-381.

Cuellar W, Gaudin A, Solórzano D, et al. 2006. Self-excision of the anti-biotic resistance gene nptII using a heat inducible Cre-loxP systemfrom transgenic potato. Plant Mol Biol, 62: 71–82.

D'Aoust M A, Couture M M, Charland N, et al. 2010. The production of hemagglutinin-based virus-like particles in plants: a rapid, efficient and safe response to pandemic influenza. Plant Biotechnol J, 8(5): 607-619.

Daniell H, Datta R, Varma S, et al. 1998. Containment of herbicide resistance through genetic engineering of the chloroplast genome. Nat Biotechnol, 16(4): 345-348.

Din S U, Azam S, Rao A Q, et al. 2021. Development of broad-spectrum and sustainable resistance in cotton against major insects through the combination of Bt and plant lectin genes. Plant Cell Rep, 40(4): 707-721.

Dong Z, Wang H, Li X, et al. 2021. Enhancement of plant cold tolerance by soybean RCC1 family gene *GmTCF1a*. BMC Plant Biol, 21(1): 369.

Dubey K K, Luke G A, Knox C, et al. 2018. Vaccine and antibody production in plants: developments and computational tools. Brief Funct Genomics, 17(5): 295-307.

Dunne A, Maple-Grødem J, Gargano D, et al. 2014. Modifying fatty acid profiles through a new cytokinin-based plastid transformation system. Plant J, 80(6): 1131-1138.

Fang R X, Nagy F, Sivasubramaniam S, et al. 1989. Multiple *cis* regulatory elements for maximal expression of the cauliflower mosaic virus 35S promoter in transgenic plants. Plant cell, 1(1): 141–150.

Jin S, Daniell H. 2014. Expression of γ-tocopherol methyltransferase in chloroplasts results in massive proliferation of the inner envelope membrane and decreases susceptibility to salt and metal-induced oxidative stresses by reducing reactive oxygen species. Plant Biotechnol J, 12(9): 1274-1285.

Jin S, Singh N D, Li L, et al. 2017. Engineered chloroplast dsRNA silences cytochrome p450 monooxygenase, V-ATPase and chitin synthase genes in the insect gut and disrupts *Helicoverpa armigera* larval development and pupation. Plant Biotechnol J, 13(3): 435-446.

Kant R, Dasgupta I. 2019. Gene silencing approaches through virus-based vectors: speeding up functional genomics in monocots. Plant Mol Biol, 100(1-2): 3-18.

Karki U, Fang H, Guo W, et al. 2021. Cellular engineering of plant cells for improved therapeutic protein production. Plant Cell Reports, 40(7): 1087-1099.

Khattri A, Nandy S, Srivastava V. 2011. Heat-inducible Cre-lox system for marker excision in transgenic rice. J Biosci, 36(1): 37-42.

Khan M S, Mustafa G, Joyia F A. 2018. Enzymes: Plant-based production and their applications. Protein Pept Lett, 25(2): 136-147.

Kim M, Kim J, Kim S, et al. 2020. Heterologous gene expression system using the cold-inducible CnAFP promoter in *Chlamydomonas reinhardtii*. J Microbiol Biotechnol, 30(11): 1777-1784.

Kujur S, Senthil-Kumar M, Kumar R. 2021. Plant viral vectors: expanding the possibilities of precise gene editing in plant genomes. Plant Cell Rep, 40(6): 931-934.

Lakshman D K, Natarajan S, Mandal S, et al. 2013. Lactoferrin-derived resistance against plant pathogens in transgenic plants. J Agric Food Chem, 61(48): 11730-11735.

Lange M, Yellina A L, Orashakova S, et al. 2013. Virus-induced gene silencing(VIGS)in plants: an overview of target species and the virus-derived vector systems. Methods Mol Bio, 975: 1-14.

Li G L, Yang S H, Li M G, et al. 2009. Functional analysis of an *Aspergillus ficuum* phytase gene in *Saccharomyces cerevisiae* and its root-specific, secretory expression in transgenic soybean plants.

Biotechnol Lett, 31(8): 1297-1303.

Li J, Wang Y, Wei J, et al. 2018. A tomato proline-, lysine-, and glutamic-rich type gene SpPKE1 positively regulates drought stress tolerance. Biochem Biophys Res Commun, 499(4): 777-782.

Li J, Chen C, Wei J, et al. 2019. SpPKE1, a multiple stress-responsive gene confers salt tolerance in tomato and tobacco. Int J Mol Sci, 20(10): 2478.

Li X, Pan L, Bi D, et al. 2021. Generation of marker-free transgenic rice resistant to rice blast disease using Ac/Ds transposon-mediated transgene reintegration system. Front Plant Sci, 12: 644437.

Li Z, Xing A, Moon B P, et al. 2009. Site-specific integra-tion of transgenes in soybean via recombinase-mediated DNA cassette exchange. Plant Physiol, 151: 1087-1095.

Lim A A, Tachibana S, Watanabe Y, et al. 2002. Expression and purification of a neuropeptide nocistatin using two related plant viral vectors. Gene, 289(1-2): 69-79.

Liu W, Sikora E, Park S W. 2020. Plant growth-promoting rhizobacterium, *Paenibacillus polymyxa* CR1, upregulates dehydration-responsive genes, *RD29A* and *RD29B*, during priming drought tolerance in arabidopsis. Plant Physiol Biochem, 156: 146-154.

Liu Y, Schiff M, Dinesh-Kumar S P. 2002. Virus-induced gene silencing in tomato. Plant J, 31(6): 777-786.

Lössl A G, Waheed M T. 2011. Chloroplast-derived vaccines against human diseases: achievements, challenges and scopes. Plant Biotechnol J, 9(5): 527-539.

McCormick A A, Reddy S, Reinl S J, et al. 2008. Plant-produced idiotype vaccines for the treatment of non-Hodgkin's lymphoma: safety and immunogenicity in a phase I clinical study. Proc Natl Acad Sci U S A, 105(29): 10131-10136.

Mohan C, Jayanarayanan A N, Narayanan S. 2017. Construction of a novel synthetic root-specific promoter and its characterization in transgenic tobacco plants. Biotech, 7(4): 234-243.

Meng F L, Zhao H N, Zhu B, et al. 2021. Genomic editing of intronic enhancers unveils their role in fine-tuning tissue-specific gene expression in *Arabidopsis thaliana*. The Plant Cell, 33(6): 1997-2014.

Niazian M. 2019. Application of genetics and biotechnology for improving medicinal plants. Planta, 249(4): 953-973.

Nosaki S, Hoshikawa K, Ezura H, et al. 2021. Transient protein expression systems in plants and their applications. Plant Biotechnol J, 38(3): 297-304.

Orbović V, Ravanfar S A, Acanda Y, et al. 2021 Stress-inducible *Arabidopsis thaliana* RD29A promoter constitutively drives *Citrus sinensis APETALA1* and *LEAFY* expression and precocious flowering in transgenic *Citrus* spp. Transgenic Res, 30(5): 687-699.

Pan Y, Hu X, Li C, et al. 2017. SlbZIP38, a Tomato bZIP family gene downregulated by abscisic acid, is a negative regulator of drought and salt stress tolerance. Genes, 8(12): 402.

Peng F N, Zhang W X, Zeng W J, et al. 2019. Gene targeting in *Arabidopsis* via an all-in-one strategy that uses a translational enhancer to aid Cas9 expression. Plant Biotechnol J, 18(4): 892-894.

Prins M, Laimer M, Noris E, et al. 2008. Strategies for antiviral resistance in transgenic plants. Mol Plant Pathol, 9(1): 73-83.

Ruhlman T A, Rajasekaran K, Cary J W. 2014. Expression of chloroperoxidase from *Pseudomonas pyrrocinia* in tobacco plastids for fungal resistance. Plant Sci, 228: 98-106.

Senthil-Kumar M, Mysore K S. 2011. Virus-induced gene silencing can persist for more than 2 years and also be transmitted to progeny seedlings in *Nicotiana benthamiana* and tomato. Plant Biotechnol J, 9(7): 797-806.

Shehryar K, Khan R S, Iqbal A, et al. 2020. Transgene stacking as effective tool for enhanced disease resistance in plants. Mol Biotechnol, 62(1): 1-7.

Singh A K, Sad K, Singh S K, et al. 2014. Regulation of gene expression at low temperature: role of cold-inducible promoters. Microbiol, 160: 1291-1297.

Smirnova O G, Ibragimova S S, Kochetov A V. 2012. Simple database to select promoters for plant transgenesis. Transgenic Res, 21(2): 429-437.

Soh H S, Chung H Y, Lee H H, et al. 2015. Expression and functional validation of heat-labile enterotoxin B(LTB)and cholera toxin B(CTB) subunits in transgenic rice(*Oryzasativa*). Springerplus, 4(1): 148-162.

Takeyama N, Kiyono H, Yuki Y. 2018. Plant-based vaccines for animals and humans: recent advances in technology and clinical trials. Ther Adv Vaccines, 3(5-6): 139-154.

Wan F, Pan Y, Li J, et al. 2014. Heterologous expression of Arabidopsis C-repeat binding factor 3 (*AtCBF3*) and cold-regulated 15A (*AtCOR15A*) enhanced chilling tolerance in transgenic eggplant (*Solanum melongena* L.). Plant Cell Rep, 33(12): 1951-1961.

Wang Z P, Xing H L, Dong L, et al. 2015. Egg cell-specifific promoter-controlled CRISPR/Cas9 effificiently generates homozygous mutants for multiple target genes in *Arabidopsis* in a single generation. Genome Biol, 16(1): 144-156.

Whitney S M, Birch R, Kelso C, et al. 2015. Improving recombinant Rubisco biogenesis, plant photosynthesis and growth by coexpressing its ancillary RAF1 chaperone. Proc Natl Acad Sci U S A, 112(11): 3564-3569.

Wu T, Kerbler S M, Fernie A R, et al. 2021. Plant cell cultures as heterologous bio-factories for secondary metabolite production. Plant Commun, 2(5): 100235.

Yang D Y, Li M, Ma N N, et al. 2017. Tomato SlGGP-LIKE gene participates in plant responses to chilling stress and pathogenic infection. Plant Physiol Biochem, 112: 218-226.

Yau Y Y, Stewart C N. 2013. Less is more: strategies to remove marker genes from transgenic plants. BMC Biotechnol, 13: 36-59.

Yusibov V, Rabindran S, Commandeur U, et al. 2006. The potential of plant virus vectors for vaccine production. Drugs R D, 7(4): 203-217.

Zhang J, Khan S A, Hasse C, et al. 2015. Full crop protection from an insect pest by expression of long double-stranded RNAs in plastids. Science, 347(6225): 991-994.

Zhang L, Guo X, Zhang Z, et al. 2021. Cold-regulated gene LeCOR413PM2 confers cold stress tolerance in tomato plants. Gene, 764: 145097.

Zhang Y, Liu H, Li B, et al. 2009. Generation of selectable marker-free transgenic tomato resistant to drought, coldand oxidative stress using the Cre/loxP DNA excision system. Transgenic Res, 18(4): 607-619.

Zheng Y, Pan Y, Li J, et al. 2016. Visible marker excision via heat-inducible Cre/loxP system and Ipt selection in tobacco. In Vitro Cell Dev Biol-Plant, 52(5): 492-499.

Zhou Y, Li J, Pan Y, et al. 2017. Establishment of a tetracycline-off and heat-shock-on gene expression system in tobacco. Journal of Integrative Agriculture, 16(5): 1112-1119.

（李翠萍）

第八章　人工染色体载体

人工染色体（artificial chromosome）是由具有天然染色体特性的基本功能单位体外组装而成。人工染色体首先在由酵母着丝粒和酿酒酵母组成的出芽酵母分子质粒中构建，此后应用在酵母遗传学的诸多方面。与其他克隆载体一样，人工染色体含有 DNA 序列元件，这些元件对于 DNA 分子在宿主细胞中的复制和稳定性，以及在细胞分裂时准确地分配给子细胞是必需的。酵母人工染色体（YAC）载体能够携带2000 kb的DNA插入，是第一类人工染色体。细菌人工染色体（BAC）和 P1 衍生人工染色体（PAC）能够克服酵母人工染色体遇到的插入嵌合体和不稳定性问题。哺乳动物人工染色体（MAC）能够控制异位基因的表达，不需要工程改造宿主基因组，是基因治疗有应用前景的载体。

第一节　人工染色体载体概述

一、人工染色体载体历史

1980 年，Clark 和 Carbon 从芽殖酵母中克隆出第一个功能性真核细胞着丝粒 DNA，大小为 125 bp，当被连接到自主复制序列（ARS）质粒时，显示出经典的孟德尔分离，这一发现促成了酵母人工染色体的发展（Clark and Carbon，1980）。1983 年，Murry 等构建了第一条人工染色体载体（Murray and Szostak，1983）；Burke 等在 1987 年通过将大分子 DNA 与载体连接，成功构建了酵母人工染色体，使得克隆远大于 45 kb 的 DNA 片段成为可能，标志着第二代人工染色体载体系统的出现（Burke et al.，1987）。酵母人工染色体的构建不仅需要复制起始位点，还需要着丝粒和端粒，确保真核线性染色体的复制和稳定性。酵母人工染色体容量大，插入的外源 DNA 片段可达 100～2000 kb，已被广泛应用于 DNA 文库构建和基因簇研究；然而酵母人工染色体易发生基因嵌合和重组，稳定性及制备工艺烦琐。1992 年，Shizuya 等基于 *E.coli* 的致育因子（fertility factor）构建出细菌人工染色体（Shizuya et al.，1992）。F 质粒是一种约 100 kb 的环状双链 DNA，在 *E.coli* 细胞中仅存在 1～2 个拷贝。合成的细菌人工染色体载体只有约 7.5 kb 的双链 DNA 环，包含复制起始位点（ori）和 F 质粒的基因 *repE*（replication initiator protein RepE），它们负责细菌人工染色体载体复制的启动和正确定向。该载体容量虽然较酵母人工染色体载体系统小，一般可达到 350 kb，却具有许多酵母人工染色体所不可比拟的优点，在人类基因组、水稻基因组、拟南芥基因组及其他生物基因组的测序计划中发挥了巨大作用。同时发展起来的还有 P1 衍生人工染色体，能容纳只有 100 kb 左右的外源 DNA 片段。Ioannou 等（1994）发展了一种新的人工染色体载体系统，这个系统是将 P1 载体和致育因子系统结合起来，其插入容量为 100～300 kb。Sun 等（1994）构建了人工游离基因染色体载体系统，平均插入片段为 150～200 kb，这一载体能以环形小染色体形式复制，并在有丝分裂过程中保持稳定。

第三代载体系统是为方便研究从各种文库筛选到的一些新基因功能而发展起来的，能够进行直接转化。Hamilton 等（1996）构建了一种双元细菌人工染色体载体系统，该载体含有 *E.coli* 致育因子和发根农杆菌 Ri 质粒的复制子，能在 *E.coli* 和根癌农杆菌中以单拷贝形式复制。利用内源 DNA 分子构建的哺乳动物人工染色体，能够容纳大于 1000 kb 的外源 DNA，可以携带足够长的 DNA 片段，包括编码序列和调控序列，成为体细胞基因治疗的有力工具。

包括人类在内的许多动植物中，着丝粒主要由重复序列组成的 α-卫星 DNA（alphoid DNA）组成。20 世纪末，研究人员成功开发出第一条哺乳动物人工染色体。这被认为是一种很有前途的、将功能基因导入哺乳动物细胞的系统，因为它们在有丝分裂和减数分裂期间作为非必需的附加染色体被有效地遗传（Fachinetti et al.，2020；李林川和韩方普，2011）。哺乳动物人工染色体的大小从 0.5～10 Mb 不等，可以完全工程化，并且克服了基于病毒基因转移系统的许多固有问题，如克隆能力有限、缺乏拷贝数控制，以及由于整合到宿主染色体中而导致的插入突变，这些问题困扰着病毒载体。哺乳动物人工染色体携带调节整个基因组位点的所有元件，允许它们准确地模拟自然基因表达的正常模式。人工染色体被用于各种基础研究，包括染色体不稳定性分析，并在重组和染色体转移技术的发展中发挥重要作用（Talbert and Henikoff，2020）。2019 年，研究人员报道了一种形成着丝粒的新方法，绕过了自然染色体形成所需的生物学要求，简化了人类人工染色体的合成，为组装建立起具有生命尺寸的人工染色体奠定了基础（Logsdon et al.，2019）。

二、人工染色体载体应用

（一）酵母人工染色体的应用

酵母人工染色体被认为是一种功能性人工染色体，是从酵母（酿酒酵母）的 DNA 中获得的基因工程染色体，然后将其连接到细菌质粒中。通过插入 100～1000 kb 的大片段，插入的序列可以通过一种叫作染色体步移的过程进行克隆。这是最初用于人类基因组计划的方法，但是由于稳定性问题，酵母人工染色体的使用被细菌人工染色体替代。从初步研究开始，通过发现必要的ARS，染色体的不稳定性问题得到了解决。酵母细胞的主要成分是酿酒酵母的ARS、着丝粒和端粒（Miga，2020）。此外，选择标记基因，如抗生素抗性基因和蓝白斑筛选标记基因，用于选择转化的酵母细胞。没有这些序列，染色体复制过程就不稳定，导致无法与未转化成功的空白菌落区分开来。

由于与酵母复制机制的兼容性，酵母人工染色体可用于真核DNA的稳定保存。它们可以在细菌中进行大规模质粒扩增，并利用同源重组机制在外源DNA序列中进行精准构建。酵母人工染色体的功能类似于野生的现有染色体，因为它们大小合适，显示出类似的稳定性。经过适当的修饰，酵母人工染色体可以用于许多不同的生物体，进行克隆或基因组分析。染色体转移（由于非同源染色体之间的部分重排而发生的染色体异常）可以通过不包含细胞功能所需遗传信息的酵母人工染色体进行研究。酵母人工染色体载体使复杂基因组的作图和测序变得越来越容易，速度也越来越快。传统的细菌克隆试剂对于短片段克隆仍然很重要，但是对于巨大DNA片段的克隆，酵母人工染色体已经完全取代了以前的细菌系统，以及基于λ噬菌体的黏粒载体。

利用体内同源重组，即一种称为重组介导的基因工程方法，可以在酵母细胞中适当地构建和操纵酵母人工染色体。酵母人工染色体可以用合适的可选择标记进行修饰，并转移到允许生产转基因动物的各种生物体细胞中。最终，酵母人工染色体被用于构建完整的基因组文库，进行作图和功能分析。酵母表达载体，如酵母人工染色体、酵母整合质粒和酵母游离质粒，与细菌人工染色体相比具有优势，因为它们可用于表达需要翻译后修饰的真核蛋白质。通过能够插入大片段的DNA，酵母人工染色体可以用来克隆和组装生物体的整个基因组。随着酵母人工染色体插入酵母细胞，它们可以作为线性人工染色体增殖，在此过程中克隆插入的DNA区域。克隆完成后，可以获得测序的基因组或感兴趣的区域，克隆的DNA序列实际上不对应于单个基因组区域，而是对应多个区域。嵌合可能是由于多个基因组片段共连接成一个酵母人工染色体，或者是在同一宿主酵母细胞中转化的两个或多个酵母人工染色体的重组。嵌合现象的发生率可高达50%。其他人工产物是克隆区域的片段缺失和基因组片段的重排（如倒位）。在所有这些情况下，从酵母人工染色体克隆确定的序列不同于原始的自然序列，如果依赖克隆的信息，会导致不一致的结果。由于这些问题，人类基因组计划最终放弃了酵母人工染色体的使用，转而使用细菌人工染色体。除了稳定性问题，还有相对频繁发生的嵌合事件，当构建覆盖整个人类基因组的最小结构时，酵母人工染色体被证明是低效的，生成克隆库非常耗时。此外，由于在选择合适的克隆时依赖序列标记位点作为参考点，与目标序列存在很大的距离，需要进一步构建文库来跨越，正是这种额外的障碍促使该项目转而使用细菌人工染色体。

酵母表达载体可用于表达需要翻译后修饰的真核蛋白质。酵母人工染色体载体能够插入大片段的脱氧核糖核酸，并可用于克隆和组装生物体的整个基因组，插入的序列可以通过一种叫作染色体步移的过程进行克隆和物理作图，研究整个哺乳动物基因的表达。酵母人工染色体明显不如细菌人工染色体稳定，产生“嵌合效应”，难以从宿主酵母基因组中分离酵母人工染色体，拷贝数低、生长速度慢、转化效率低。

（二）细菌人工染色体的应用

细菌人工染色体是一种工程化的 DNA 分子，是以 *E.coli* 致育因子为基础的合成载体（Zhang and Wu，2001）。致育因子是一种可以从 F^+供体细菌和 F^-受体细菌中动员的质粒。致育因子控制自己的复制。它有两个复制来源：oriV 是双向复制的来源；oriS 是单向复制的来源。致育因子也有调节 DNA 合成的基因，因此其拷贝数保持在低水平；此外，在 *E.coli* 分裂后调节子细胞分裂的基因，用于克隆细菌（如 *E.coli*）中的 DNA 序列。细菌人工染色体经常与 DNA 测序结合使用。生物体的 DNA 片段，从 100 kb 到大约 300 kb，都可以插入细菌人工染色体。细菌细胞吸收插入了核酸的细菌人工染色体，随着细菌细胞的生长和分裂，它们会扩增细菌人工染色体 DNA，将其分离出来并用于 DNA 测序（Martella et al.，2016）。因为细菌人工染色体比内源细菌染色体小得多，所以直接从细菌细胞的其余 DNA 中纯化细菌人工染色体 DNA，从而获得纯化的克隆 DNA。细菌人工染色体的这一强大功能使它们在哺乳动物基因组的定位和测序方面非常有用（刘立涛等，2017）。

1. 基因组测序和文库筛选

细菌人工染色体是人类基因组测序工作的主要推动力。人类 22 号染色体测序的完成得益于 22 号染色体细菌人工染色体子库，文库通过使用 22 号染色体细菌人工染色体子库以及 Cosmid、Fosmid 和 P1 衍生人工染色体库筛选人类细菌人工染色体文库，其中序列标记位点来自 22 号染色体。除了 Cosmid、Fosmid 和 P1 衍生人工染色体文库之外，还使用了 22 号染色体细菌人工染色体子文库，能够覆盖 11 个克隆重叠群的 22 号染色体，跨越近 33.4 Mb 的序列。人类 21 号染色体也已通过细菌人工染色体图谱进行测序。相对较短的 DNA 插入片段（100～300 kb）和结构稳定性使细菌人工染色体成为直接测序的理想工具。此外，基于 pBelo 细菌人工染色体和 pBAC108 载体的引物，可用于快速有效地对细菌人工染色体末端进行测序，极大地促进了测序工作。由于这些原因，细菌人工染色体被用于对人类和小鼠基因组进行测序（张达等，2003；杨洋和樊春海，2021）。

细菌人工染色体文库以其插入量大、稳定性强、操作简便等优点得到了广泛的应用。此外，细菌人工染色体文库与酵母人工染色体文库相比，具有嵌合体形成率低和易于操作的优势。细菌人工染色体文库是定位基因克隆、基因组序列分析、物理作图和比较基因组学的重要资源。几乎所有细菌人工染色体文库应用中的一个常见操作是筛选文库中含有特定核苷酸序列的克隆。基于 PCR 和基于杂交的两种主要方法已被用于细菌人工染色体文库筛选。然而，基于杂交的筛查方法与基于 PCR 的筛查方法相比有一些局限性。标记探针中重复元素的存在通常会混淆杂交结果，而且由于涉及放射性物质，程序更为烦琐。因此，基于 PCR 的大片段插入文库筛选现在已成为基于杂交筛选的替代选择。该方法用于搜索人类外激素受体（pheromone receptor）基因，使用与小鼠外激素受体同源的人类雌激素（estrogen）作为模板源。一旦一个基因被分离到单个细菌人工染色体上，荧光原位杂交或辐照杂交图谱就可以用来绘制细菌人工染色体和基因的细胞遗传学定位图。细菌人工染色体的较小容量和较高纯化效率使其成为此类细胞遗传学分析的理想选择（Chen et al.，2020）。

细菌人工染色体末端测序是一种强大的工具，通过提供可用于理解基因组信息和结构，以及开发遗传标记的部分序列信息，提高了细菌人工染色体文库作为基因组资源的价值。细菌人工染色体末端序列包含极其丰富的基因组信息。细菌人工染色体末端序列的分析允许对基因组的组成和结构进行无偏采样。细菌人工染色体末端序列的生物信息挖掘可以揭示基因组的重复结构和识别多态性微卫星序列。细菌人工染色体末端序列也可用于比较基因组分析，包括对进化上保守的同线性进行表征。此外，细菌人工染色体末端测序是根据物理图谱定位基因的最有效方法之一（Al-Hasani et al.，2003）。

2. 转基因动物

小鼠模型在世界各地被广泛用于研究遗传性疾病，其目的是理解、治疗和治愈这些疾病。动物研究是了解人类相关项目的重要组成部分，细菌人工染色体可以用于创建一种特定的、有价值的动物模型——细菌人工染色体转基因模型。细菌人工染色体可以包含人类基因的整个序列，如与特定遗传疾病相关的基因。这种基因序列可以永久地整合到小鼠的基因组中。使用这些转基因小鼠可以观察基因在体内的功能，并了解其与遗传疾病的关系。

然而，使用细菌人工染色体产生转基因小鼠仍然伴随着几个问题。细菌人工染色体转基因是通过非特异性整合到目标基因组中产生的，因此，可变数量的拷贝可以插入目标生物体基因组中的未知位点。此外，细菌人工染色体转基因的产生效率低于传统转基因。细菌人工染色体虽然插入片段小，但是从构建难易程度、稳定性和操作难度上都优于酵母人工染色体，具体区别见表 8.1。

表 8.1　细菌人工染色体和酵母人工染色体的区别

分类	酵母人工染色体	细菌人工染色体
定义	一种基因工程染色体，使用酵母 DNA 进行克隆	一种利用 *E.coli* DNA 进行克隆的基因工程 DNA 分子
用途	将基因组 DNA 的大片段克隆到酵母中	用于将大的基因组片段克隆到 *E.coli* 中
插入片段大小	可以包含 100～2000 kb 碱基大小的基因组插入片段	可以携带 200～300 kb 或更小的插入片段
构建	很难完整纯化，生成酵母人工染色体载体系统需要高浓度	易于完整纯化，易于构建
嵌合性	通常是嵌合的	很少是嵌合的
稳定性	不稳定	稳定
重组	始终保持活性，可以在酵母人工染色体中产生缺失和其他重排	重组可控，减少了不必要的重排
操作难度	需要转移到 *E.coli* 中进行后续操作，费时费力	不需要进行 DNA 转移，过程简单

（三）P1 衍生人工染色体的应用

P1 衍生人工染色体在克隆有重要医学功能蛋白质的基因序列中应用广泛，这对于许多蛋白质功能研究是必不可少的。它的主要用途之一是对复杂的动植物进行基因组分析和克隆（Huang et al.，1996），这需要分离大片段的 DNA，而不是较小的片段。此外，基于 P1 衍生人工染色体的克隆在研究噬菌体疗法和抗生素如何作用于特定细菌时非常有用。

P1 衍生人工染色体同样可以用于基因组文库制备和筛选。通过筛选 P1 衍生人工染色体克隆的表达序列，结合转座子和 P1 转导技术对 P1 克隆进行改造，随机或利用侧翼序列 *loxP*［locus of X（cross）-over in P1，loxP］定向将 P1 克隆插入宿主基因组并随后生产转基因动物，进一步将 P1 克隆用于构建重叠群和物理图谱；由于体外包装过程中使用了纯化的 P1 包装位点裂解酶（packaging site cleavage enzyme），具有更高的体外克隆效率。总之，P1 噬菌体的克隆正在对当今的研究产生有利的影响，并将继续作为基因组克隆系统填补重要的空白（Shepherd and Smoller，1994）。

（四）哺乳动物人工染色体的应用

哺乳动物人工染色体表现为正常的染色体复制，并在每次细胞分裂时分配给子细胞。因为它们独立于宿主基因组，也可用做基因表达载体。哺乳动物人工染色体保持为单拷贝，理论上可以容纳无限大小的多个基因表达盒（超过 10 Mb 大小的哺乳动物人工染色体已经构建）。

利用哺乳动物人工染色体构建一套完整单核细胞来源抗体，保护患者免受传染病或癌症困扰，通过自体干细胞实现基因治疗（Kouprina et al.，2014）。人工染色体向受体细胞的转移对于稳健的基因治疗应用至关重要。人类人工染色体向诱导多能干细胞的转移对于基因治疗非常有用，母细胞可以首先从患者的成纤维细胞中产生，然后分化为所选择的细胞类型。利用微细胞介导的染色体转移还被用于诱导多能干细胞的构建。Sinenko 等（2018）报道了人类人工染色体向诱导多能干细胞的转移可通过追溯微细胞介导的染色体转移完成，不影响细胞多能性。体细胞核移植到胚胎，可用于克隆转基因动物或将胚胎分化为目标细胞系。这是一种将哺乳动物人工染色体/人类人工染色体传输到多能干细胞类型或胚胎，用于制造嵌合动物的方法。在这个过程，取出供体哺乳动物细胞的细胞核，然后植入目标哺乳动物的去核卵母细胞中。该方法主要是用于克隆哺乳动物。但是在某些情况下，它偶尔被用于种系修饰或人工染色体的转移。然而，这通常是一个低效率的困难技术（5%～15%）。

第二节　人工染色体载体结构与功能

一、人工染色体载体分类

人工染色体载体可以携带比质粒或 λ 噬菌体衍生载体大几个数量级的 DNA 插入片段。像其他载体一样，人工染色体载体包含宿主细胞中分子复制和稳定以及细胞分裂时准确地分配给子细胞所必需的 DNA 序列元件。人工染色体包括酵母人工染色体、细菌人工染色体、P1 衍生人工染色体和哺乳动物人工染色体（表 8.2）。它们被用来包含长度从 100 kb 到 2000 kb 的 DNA。酵母人工染色体能够携带高达 2000 kb 的 DNA 插入片段，是第一代人工染色体，有酵母着丝粒和酵母端粒，在酵母中维持。细菌人工染色体可以在细菌中循环扩增，因此，它们具有细菌来源的复制基因和抗生素抗性基因。细菌人工染色体和 P1 衍生人工染色体是为了克服酵母人工染色体遇到的插入嵌合和不稳定性问题而开发的。哺乳动物人工染色体已经被开发用于哺乳动物细胞，包括人类人工染色体（邢万金，2018）。

表 8.2　人工染色体的种类及特点

名称	结构	功能元件来源	寄主细胞	插入片段
酵母人工染色体	环状 DNA	酵母染色体	酵母细胞	100～2000 kb
细菌人工染色体	环状 DNA	*E.coli* 的致育因子	*E.coli*	200～300 kb
P1 衍生人工染色体	环状 DNA	P1 噬菌体	*E.coli*	100～300 kb
哺乳动物人工染色体	线状 DNA	哺乳动物染色体	哺乳动物细胞	>10 000 kb

二、人工染色体载体结构

（一）酵母人工染色体的结构

酵母人工染色体的结构包括以下基本元件：①端粒（telomere，TEL），位于染色体的每一端，保护线性 DNA 免受核酸酶的降解；②中心粒（centrioles，CEN），是有丝分裂纺锤体的附着点；③复制起始位点 ori，是特定的脱氧核糖核酸序列，允许脱氧核糖核酸复制机制在脱氧核糖核酸上组装并在复制叉上移动；④*URA3*，参与尿嘧啶生物合成；⑤*TRP1*，参与色氨酸生物合成（图 8.1）。

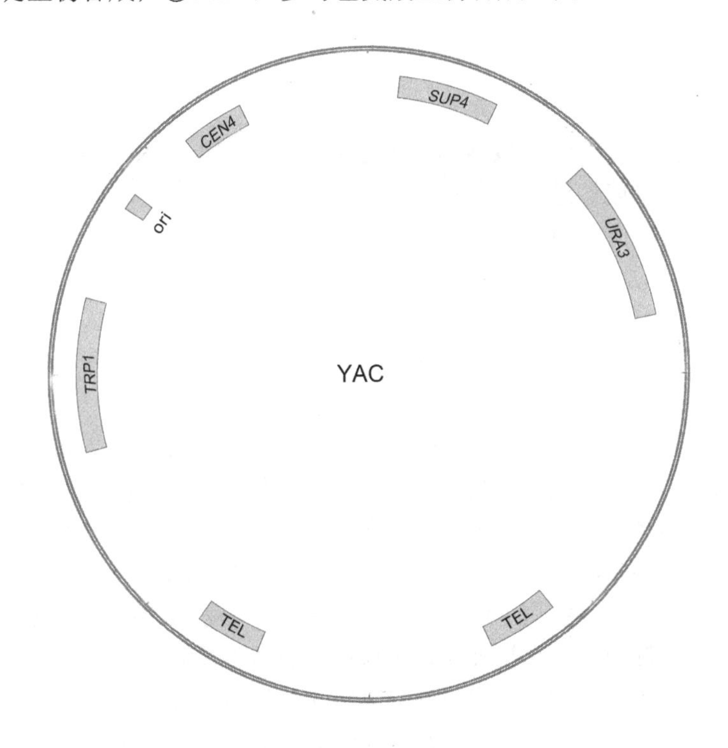

图 8.1　酵母人工染色体的结构示意图

TEL，端粒；*URA3*，筛选标记乳清苷 5-磷酸脱羧酶；*CEN4*，中心粒；*TRP1*，选择标记色氨酸合成基因

酵母人工染色体是用最初的环状 DNA 质粒构建的，通常用限制性内切核酸酶将其切割成线性 DNA 分子；然后使用 DNA 连接酶将目的 DNA 序列或基因连接到线性化的 DNA 中，形成一个大的圆形 DNA 片段。线性酵母人工染色体的构建可分为 6 个主要步骤。

（1）将选择性标记连接到质粒载体：一种抗生素抗性基因允许在 *E.coli* 中通过拯救突变 *E.coli* 在生长培养基中含有必要成分时合成亮氨酸的能力来扩增和选择酵母人工染色体载体。*TRP1* 和 *URA3* 基因是营养缺陷选择标记。外源 DNA 的酵母人工染色体载体克隆位点位于 *SUP4* 基因内。这个基因补偿了酵母宿主细胞中导致红色素积累的突变。宿主细胞通常是红色的，那些仅用酵母人工染色体转化的细胞将形成无色的菌落。将外源 DNA 片段克隆到酵母人工染色体中会导致基因的插入失活，从而恢复红色。因此，含有外源 DNA 片段的菌落是红色的。

（2）有丝分裂稳定性所必需的着丝粒序列的连接。

（3）自主复制序列的连接为有丝分裂复制提供了复制起始位点。

（4）连接人工端粒序列，将环状质粒转化为线性片段。

（5）插入要扩增的 DNA 序列（最高 2000 kb）。

（6）转化酵母菌落。

（二）细菌人工染色体的结构

细菌人工染色体的结构包括：①自我复制所必需的基因；②氯霉素抗性基因，用于非转化细菌的隐性选择；③多个多克隆位点，两侧通用的启动子 T7 和 SP6；④富含 GC 的限制性内切核酸酶位点；⑤黏性末端位点（cohensive-end site，cos）和 loxP 位点（分别由 P1 末端酶和 P1-Cre 重组酶克隆），允许质粒线性化以方便限制性图谱的绘制。

细菌人工染色体是基于 *E.coli* 的 F 质粒构建的（图 8.2），是高通量、低拷贝的质粒载体。每个环状 DNA 分子中携带一个抗生素抗性标记、一个来源于 *E.coli* 致育因子的严谨型控制的复制子（stringent origin of replication，oris）、一个易于 DNA 复制的由 ATP 驱动的解旋酶，以及三个确保低拷贝质粒精确分配至子代细胞的基因座（parA、parB 和 parC）。细菌人工染色体载体的低拷贝性可以避免嵌合体的产生，减小外源基因的表达产物对宿主细胞的毒副作用。第一代细菌人工染色体载体不含那些能够用于区分携带重组子的抗生素抗性细菌菌落与携带空载体的细菌菌落的标记物。新型细菌人工染色体载体可以通过 α-互补原理筛选含有插入片段的重组子，并设计了用于回收克隆 DNA 的 *Not* I 酶切位点和用于克隆 DNA 测序的 Sp6 启动子、T7 启动子。*Not* I 识别序列位点十分稀少，重组子通过 *Not* I 消化后，可以得到完整的插入片段。Sp6、T7 是来源于噬菌体的启动子，用于插入片段末端测序。

细菌人工染色体与酵母人工染色体和 P1 衍生人工染色体相似，没有包装限制，因此可接受的基因组 DNA 大小也没有固定的限制。大多数细菌人工染色体文库中克隆的平均大小约 120 kb，然而个别的细菌人工染色体重组子中含有的基因组 DNA 最大可达 300 kb（Osoegawa and Jong，2004）。

F 质粒能够编码形成性菌毛的蛋白质，通过 *E.coli* 的结合转移可以进行遗传物质的转移，但基因操作时一般不用这种自发的转化方式。细菌人工染色体空载时大小约 7.5 kb，在 *E.coli* 中以质粒的形式复制，具有一个氯霉素抗性基因。外源基因组 DNA 片段可以通过酶切、连接克隆到细菌人工染色体多克隆位点上，通过电穿孔的方法将连接产物导入 *E.coli* 重组缺陷型菌株。装载外源 DNA 后的重组质粒通过氯霉素抗性和 *lacZ* 基因的 α-互补筛选。

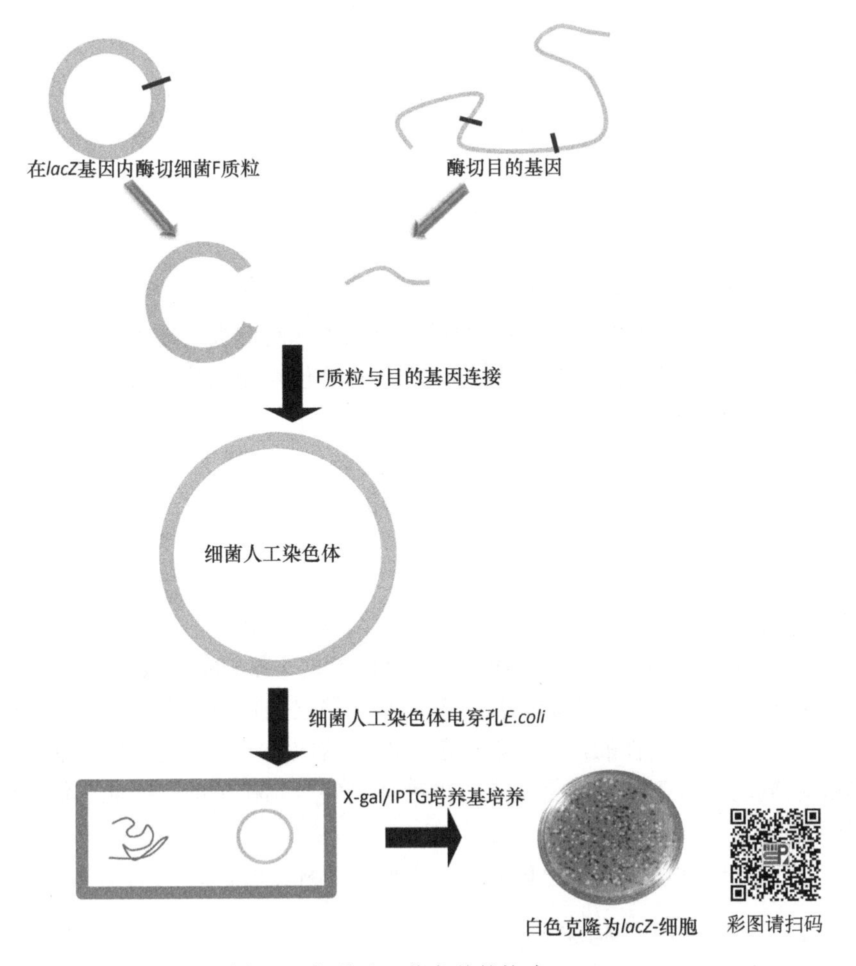

图 8.2 细菌人工染色体的构建

（三）P1 衍生人工染色体的结构

P1 衍生人工染色体是从 P1 噬菌体的 DNA 中衍生出来的 DNA 构建体。它可以携带大量（100～300 kb）外源序列，用于将外源或重组 DNA 导入 *E.coli*。P1 衍生人工染色体以圆形分子形式存在，含有比质粒或黏粒更大的插入物，包括 P1 包装所需的序列，以及其他 P1 所需的元件。

在构建 P1 衍生人工染色体的过程中，含有 P1 噬菌体的细胞将经历一个称为“电穿孔”的过程，这将增加细胞膜的通透性，允许 DNA 物质进入细胞并与现有 DNA 结合，这一过程产生 P1 衍生人工染色体。随后，P1 衍生人工染色体可以通过“溶酶原”在细胞内复制，而不会破坏细胞或并入其他染色体。含有基因组和载体序列的线状重组分子在体外被组装到 P1 噬菌体颗粒中，后者总容量可达

115 kb（包括载体和插入片段）。将重组 DNA 注射到表达 Cre 重组酶的 *E.coli* 中，线状 DNA 分子通过重组于载体的两个 *loxP* 位点之间而发生环化。另外，载体还携带一个通用的选择标记 Kan^r、一个区分携带外源 DNA 克隆的阳性标记 sacB，以及一个能够使每个细胞都含有约一个拷贝环状重组质粒的 P1 质粒复制子。另一个 P1 复制子（P1 裂解性复制子）在可诱导的 Lac 启动子（IPTG 诱导）控制下，用于 DNA 分离前质粒的扩增。

P1 衍生人工染色体结合了 P1 载体和细菌人工染色体载体的最佳特性，包括阳性选择标记 sacB 及噬菌体 P1 的质粒复制子和裂解性复制子。然而，除了将连接产物包装进入噬菌体颗粒，以及在 Cre-loxP 位点使用位点特异性重组产生质粒分子以外，在载体连接过程中产生的环状重组 P1 衍生人工染色体也可能用电穿孔的方法导入 *E.coli* 中，并且以单拷贝质粒状态维持。基于 P1 衍生人工染色体的人类基因组文库插入片段的大小为 100～300 kb。

（四）哺乳动物人工染色体的结构

哺乳动物人工染色体是指从哺乳动物细胞中分离出复制起始区、端粒及着丝粒构建而成的载体。它可以克隆大于 1000 kb 的外源 DNA 片段。单核细胞需要一个功能性着丝粒来维持它们的核位置，并确保它们正确的有丝分裂和减数分裂分离；它们可以是线性的，也可以是圆形的，这取决于生成它们的方法。大多数已知的哺乳动物人工染色体是从人类染色体元件开始构建的，因此它们被命名为人类人工染色体。

目前哺乳动物人工染色体的构建主要有两种策略。

1. “自上而下”构建

“自上而下”的方法从一个自然的人类染色体开始，通过去除原有序列和插入新的片段进行设计。在鸡 DT40 细胞中，染色体通过端粒导向的染色体截短被反复截短成小染色体，所得的人类人工染色体是修饰的天然染色体，而不是完全从头合成的染色体，然后可以通过微细胞融合转移到其他细胞系中。在被称为微细胞介导的染色体转移方法中，供体细胞被诱导多核化，并将它们释放到可以与受体细胞系融合的微细胞中。微染色体已经使用“自上而下”的方法从人类染色体 X 和 Y 中产生。最先进的“自上而下”的人类人工染色体是 21 人类人工染色体。它是从人类 21 号染色体开始产生的，经过几轮端粒定向断裂，去除了几乎所有的着丝粒周围区域。人类人工染色体载体具有物理特征，没有已知的内源基因残留。

2. “自下而上”构建

在“自下而上”的方法中，通过用合成的 α-卫星 DNA 转染真核细胞产生新的人类人工染色体（马毅等，2007）。人类着丝粒 DNA 由 171 bp 富含 AT 的 α-卫星单体组成，排列成跨度为 3～5 Mb 的串联阵列。它富含着丝粒蛋白 B（CENP-B 盒）募集的 17 bp 结合基序，该蛋白质参与动粒组装（Gamba and Fachinetti，2020）。该 α-卫星 DNA 具有在人类人工染色体中重新建立着丝粒的潜力。在用 30～200 kb α-DNA 转染后，细胞将转基因 DNA 识别为着丝粒种子，在外源 DNA 上沉积特定的蛋白质和表观遗传标记。这些修饰将产生完全活性的着丝粒，从而将载体转化为人工染色体。如果将输入的 DNA 克隆到细菌人工染色体中，所得的人类人工染色体具有细菌人工染色体的特征，或者当使用携带端粒序列的酵母人工染色体作为载体在靶细胞中引入着丝粒 DNA 时，所得的人类人工染色体将是线性的。使用基于单纯疱疹病毒 1 型（herpes simplex virus-1）扩增子的方法，可以将 α-卫星 DNA 构建体有效地递送到靶细胞中。这种病毒载体可以容纳和递送高达 152 kb 的外源性 DNA，克服了将大的卫星 DNA 构建体引入细胞的困难。在人纤维肉瘤 HT1080 细胞中开发了第一种产生人类人工染色体的“自下而上”方法。

为从头构建人类人工染色体而开发的连续方法都仅限于细胞系 HT1080，Ohzeki 等确定与 α-卫星 DNA 相关的特定表观遗传标记是限于在 HT1080 细胞中从头构建人类人工染色体的主要因素（Ohzeki et al.，2002，2012），证明了与输入 α-卫星 DNA 相关的染色质状态的修饰是在 HT1080 以外的细胞系中形成稳定着丝粒和人类人工染色体所必需的。现在，包括人类胚胎干细胞在内的多种细胞类型都可以进行新的人类人工染色体生成，在最新构建的人类人工染色体中命名为 AlphoidtetO-人类人工染色体，合成的 α-卫星 DNA 阵列包含四环素调控基因（tetO）序列。AlphoidtetO-人类人工染色体的优点是，通过表达 Tet-阻抑物（tet）融合蛋白，可以很容易地将其从增殖细胞中消除。这些蛋白质与其着丝粒 tetO 序列结合，改变染色质并使染色质环失活，随后丢失人类人工染色体。Kononenko 等（2015）在人类人工染色体中放置了一个 tTA-VP64 的单一拷贝，避免了用潜在诱变的逆转录病毒或表达 TetR 的质粒转染细胞的必要性。tTA-VP64 由人类人工染色体诱导表达，在四环素诱导激活后，它在人类人工染色体动粒中产生与其功能不相容的染色质变化。AlphoidtetO-人类人工染色体具有物理特征，它在宿主细胞中繁殖几个月后保持稳定，没有任何结构重排，也没有整合到宿主染色体中。着丝粒的表观遗传状态在时间上保持不变，即使在从一个细胞系多次转移到另一个细胞系后也是如此。AlphoidtetO-人类人工染色体也可以被递送到小鼠胚胎干细胞中，在那里，它在分化成成年小鼠体细胞类型的整个过程中保持稳定。

尽管取得了一些进展，但哺乳动物人工染色体的工程化仍然相当困难，已经有的几个例子中，“自上而下”的方法只在重组方法成熟的鸡 DT40 细胞中进行，然而 CRISPR-Cas9 系统为尝试在其他类型的细胞中分解内源染色体提供了机会，并可能改善这一过程。来源于人类 21 号染色体的 21 人类人工染色体已被物理鉴定，并证实没有内源性着丝粒周围区域。使用“自上而下”方法产生的其他哺乳动物人工染色体被鉴定含有残留的内源性物质，可能导致基因组失衡，并可能对表型产生影响。

“自下而上”的方法依赖于产生 30～200 kb 重复 α-DNA，将其克隆到细菌人工染色体/酵母人工染色体的过程非常烦琐，在此之后分离载体并将其递送到靶细胞中。然而，细菌人工染色体/酵母人工染色体的处理效率非常低，因为大的圆形 DNA 分子在 DNA 转染过程中倾向于随机断裂和线性化。

使用其他传递方法，如含有酵母人工染色体载体的酵母细胞与哺乳动物靶细胞融合，可以简化此过程。人类人工染色体的形成总是伴随着输入的 α-卫星 DNA 的多聚化。因此，输入的 DNA 的多聚化可能是哺乳动物人工染色体形成中的一个必要步骤。这些重排事件导致了结构上非特征性的人工染色体，并提出了如何避免该问题以便更好地控制哺乳动物人工染色体形成。在极少数情况下，当人类染色体因染色体断裂而失去着丝粒时，在非着丝粒卫星 DNA 上可以产生新的功能着丝粒，称为新着丝粒。目前，新着丝粒产生的过程还不完全清楚。这些事件表明，产生着丝粒不需要任何特定的 DNA 序列。着丝粒基因座是由特定的表观遗传标记定义的，而不是由初级 DNA 序列指定的。因此，着丝粒基因座的形成与表观遗传调控密切相关。更好地理解着丝粒难以捉摸的表观遗传状态可能会提供新的方法，通过更可控的过程将正常染色质转化为着丝粒染色质。

安全、精简和高效的哺乳动物人工染色体转移方法仍然是未来的一项重要挑战。尽管该领域最近的进展已经使得包括成纤维细胞在内的不同细胞类型的靶向成为可能，并且因此可能在体内靶向期望的细胞，但是该方法局限于适于微细胞形成的少数供体细胞。克隆人类人工染色体并通过微细胞介导的染色体转移需要几个月的时间，并且需要较高标准的实验室技术。所有这些挑战都需要跨学科团队共同努力来解决，共同推动这一领域向前发展。

三、常用人工染色体载体

（一）细菌人工染色体

细菌人工染色体是环形的 DNA，含有一个基于致育因子的复制子。细菌人工染色体有 *oriS* 和 *repE*，*repE* 编码 ATP 驱动的解旋酶，以及用于分配的 *parA*、*parB* 和 *parC*。原始细菌人工染色体长度为 7.4 kb，其他载体长度为 8～9 kb。可以在细菌人工染色体中克隆 80～300 kb 的片段。通常，宿主需要缺乏同源重组机制才能使细菌人工染色体稳定（即 *recA*$^-$）。

1. pBAC108L

原始载体之一，没有可插入的筛选系统（图 8.3）。

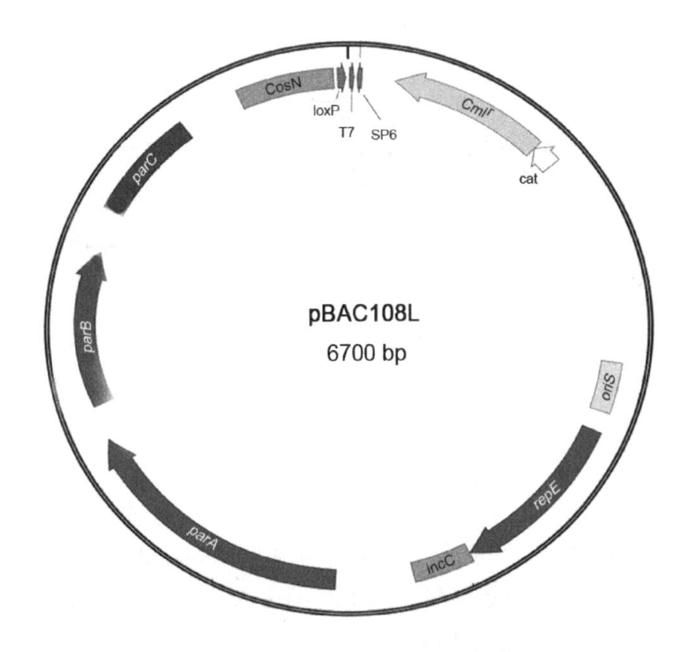

图 8.3　pBAC108L 载体分子结构

2. pBeloBAC11

通过 α-互补筛选插入片段（在 IPTG/X-gal 平板上的蓝白斑筛选），不含转染到哺乳动物细胞中的筛选标记；含有 cos 位点、*loxP* 位点，可插入多达 1 Mb 的片段，在插入位点有 T7 和 SP6 启动子；GenBank 登记号 U51113。

3. pBACe3.6

将 pUC 连接和 *Sac*BII 序列从 P1 衍生人工染色体载体转移到 p BAC 108 L。没有转染到哺乳动物细胞中的选择标记；有 Cre 重组酶蛋白的 *loxP* 位点；11.5 kb，在载体骨架内部有许多 BioBricks；GenBank 登记号 U80929。

4. pFW11 和 F'因子

该克隆在 *lacI* 3'端和 *lacZ* 5'端之间插入 pFW11，通过同源重组转移到 F'附加体上完整的 *lac* 操纵子（lacZYA）。然后，F'通过接合转移到另一个菌株，该菌株通过链霉素抗性与原始菌株相区别。通过标记敏感性区分单重组体（两个附加体）和双重组体。pFW11 终止子上游有一个强大的多接头，可能是一个比我们需要的更复杂的系统。

5. pCC1BAC

pCC1BAC 包含 *E.coli* 致育因子单拷贝复制起始位点和诱导型高拷贝 *oriV* 复制起始位点；以单拷贝数生长，以确保插入稳定性。向培养物中加入拷贝控制诱导溶液后 2 h 内，可以将克隆诱导至每个细胞 10～20 个拷贝，以获得更高产量和更高纯度的脱氧核糖核酸。尽管在高拷贝载体中克隆和维持时，大片段插入克隆不太稳定，但根据对大量约 200 kb 范围内的诱导克隆与未诱导克隆的 *Hin*d III 限制性模式的分析，短时间内可将 pCC1BAC 克隆诱导到高拷贝数并不会降低其稳定性。

6. pSMART VC

该质粒侧翼包含两个转录终止子，在这两个终止子之间克隆了强启动子。不稳定脱氧核糖核酸的转录/非翻译克隆诱导型复制起始位点是通过添加 L-阿拉伯糖以诱导 *oriV* 起点产生的。L-阿拉伯糖诱导 RK2 编码的 TrfA 复制蛋白的表达，*oriV* 的复制依赖于该蛋白质。该蛋白质被诱导后，载体拷贝数增加 20～50 倍。复制子细胞含有条件扩增载体拷贝数所必需的 *trfA* 基因。这些细胞具有由 ParaBAD 启动子控制的复制型 TrfA 突变蛋白。cos 位点用于 Fosmid 包装或 λ 终止酶切割，噬菌体 T7 启动子用于体外转录（仅限 pEZ 细菌人工染色体），*loxP* 位点用于 Cre 重组酶切割，含有氯霉素抗性基因。

（二）酵母人工染色体

1. pYAC4

pYAC4（Burke et al.，1987）（图 8.4）具有用于 ade2 选择的 Sup4、克隆位点（*Eco*R I）、ura3、围绕 *his3* 基因的一对相对端粒（用 *Bam*H I 线性化并切断）、基于 pBR322 的 *E.coli* 复制和 Amp^r、几乎不起作用的 *TRP1* 基因、*ARS1* 和 *CEN4*。GenBank 登记号为 U01086。

2. pJS97/pJS98

pJS97/pJS98 质粒作为双质粒由 ATCC 77191 试剂盒提供。每个质粒提供一个染色体末端。

pJS97 具有 *CEN4* 和 *ARSH4*、*URA3* 基因、用于 ade2 选择的 Sup11 tRNA、一个由 pUC19 衍生的 *E.coli* 复制区（包括 Amp^r）和一个端粒。

pJS98 具有 *ARSH4*、一个功能性 *TRP1* 基因、一个由 pUC19 衍生的 *E.coli* 复制区（包括 Amp^r）和一个端粒。

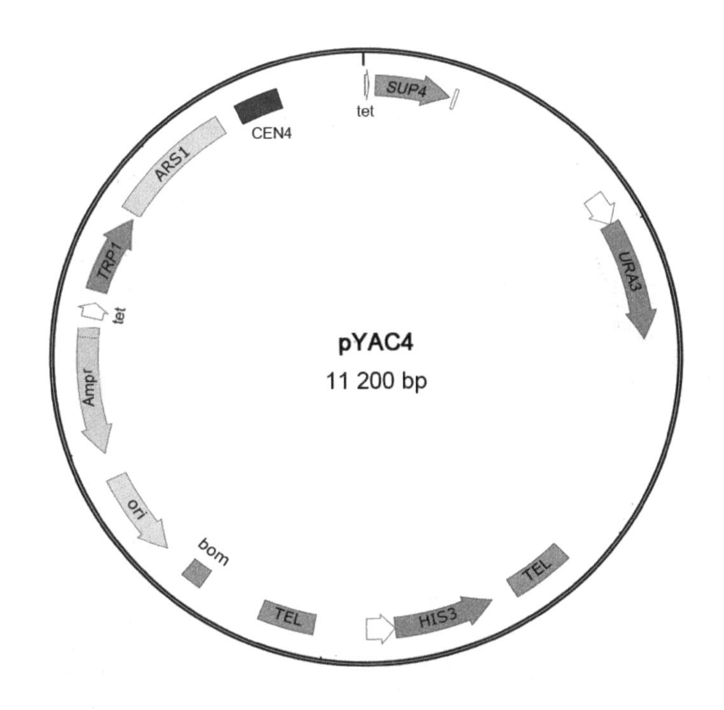

图 8.4　pYAC4 载体分子结构

3. pCGS966

pCGS966（Smith90、Smith92、Moir93）与 pYAC4 不同，它的双臂上都有 ARS1、哺乳动物 *Neo*^{R}和 *Trp* 基因的功能启动子。

4. pRML1/pRML2

pRML1/pRML2（Spencer93）与 pJS97/8（Haldi96）相似。

（三）P1 衍生人工染色体

pCYPAC-2（图 8.5）是常用的 P1 衍生人工染色体，该载体是通过移除 pAd10SacBII 载体中的填充片段构建的，并将 pUC 质粒插入 *Bam*H Ⅰ克隆位点。在克隆过程中，通过使用 *Bam*H Ⅰ和 *Sca* Ⅰ的双消化方案去除 pUC 序列。pUC 质粒不能回到 *Bam*H Ⅰ克隆位点，否则会在文库中产生非重组背景克隆。P1 衍生人工染色体结构组成如下。

（1）P1 Replicon：允许单向复制，每个单元一个拷贝。

（2）*Kan*^{r}：对卡那霉素的耐药性。

（3）Lytic Replicon：允许在细胞中对载体进行多拷贝复制。它由 Lac 启动子控制。通常在进行限制性分析或亚克隆之前，P1 衍生人工染色体保存在表达抑制因子 LacI 的细胞中（只有 P1 复制子起作用），然后添加 IPTG，使 LacI 失活（裂解复制子起作用）。

（4）pUC19Link：被删除，在其位置插入要克隆的片段。

（5）*Bam*H I：克隆位点。

（6）T7 和 SP6：可能的 RNA 探针的侧翼启动子（染色体步移）。

（7）重组子阳性选择系统：当蔗糖存在时对细胞有毒的 *SacB* II 基因（由 *E.coli* 启动子控制）的产物，如果没有插入物，就无法转录。

（8）*loxP*：限制性位点，从噬菌体 P1-CRE 蛋白切下。

（9）*Not* I、*Sal* I、*Sca* I：限制性内切核酸酶识别位点。

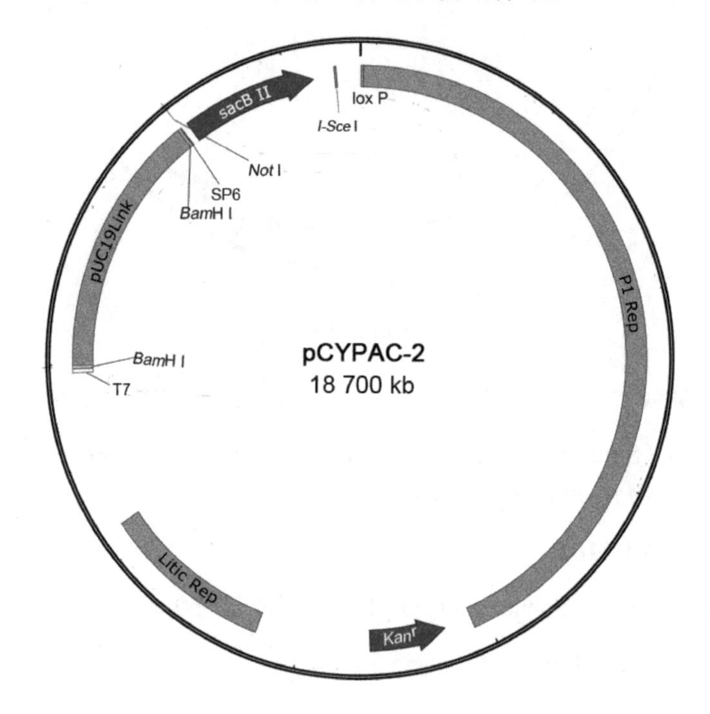

图 8.5　pCYPAC-2 载体分子结构

（四）哺乳动物人工染色体

21 人类人工染色体（图 8.6）是基于人类 21 号染色体，删除了过多的重复序列后构建的 5 Mb 的人工染色体。21 人类人工染色体可以被转入多种动物细胞（小鼠、鸡、人类）。利用 21 人类人工染色体，可以将单纯性疱疹病毒胸腺苷激酶编码基因导入肿瘤细胞。这个“自杀基因”可以被很多抗病毒药物激活。在这一研究中，这类肿瘤细胞成功地被更昔洛韦有选择性地从正常细胞中杀死。

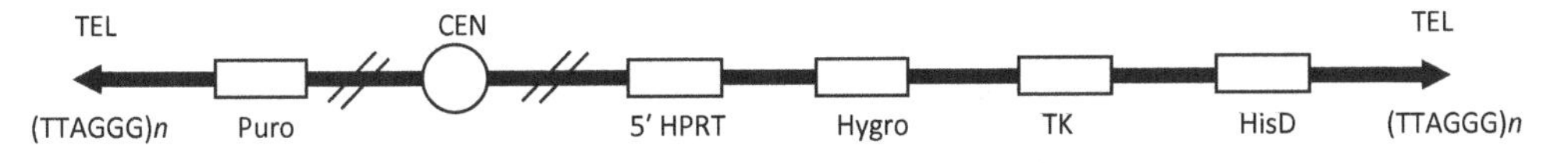

图 8.6 21 人类人工染色体分子结构示意图

第三节 人工染色体载体优化

真核生物的线性染色体需要三种不同的顺式作用元件，分别为着丝粒、复制起始位点和端粒。复制起始位点确保染色体 DNA 能够被复制系统识别并复制；端粒保护线性染色体的长度和完整性，使线性染色体复制后的 5′端缩短而不会对细胞活力产生影响；着丝粒为纺锤丝附着提供位点，确保复制后姐妹染色单体能够有效分离到子代细胞中。对这三个顺式作用元件序列的优化，可有效提高 AC 的稳定性。复制起始位点在原核表达载体优化中已有介绍，本节对端粒序列和着丝粒序列优化进行介绍。

一、载体骨架结构优化

（一）端粒序列优化

在大多数物种中，端粒由少量核苷酸的重复单元组成，在哺乳动物和鸟类中，端粒 DNA 为$(TTAGGG)_n$，已证明将长度约为 1 kb 的数组$(TTAGGG)_n$导入人体细胞，能发挥 70%以上的效率。因此，端粒 DNA 是最容易理解和操作的哺乳动物染色体功能所必需的序列。这些重复单元与二级结构和相关蛋白共同稳定了线性染色体 DNA 分子。染色体在每次细胞复制后会丢失少量的端粒 DNA。研究表明，当端粒缩短到临界长度以下时，DNA 损伤反应途径被激活并诱导细胞周期停滞。

有研究证明，端粒的长度稳态和端粒位置效应对端粒表观遗传标记和基因表达具有影响（An et al.，2012），端粒位置效应取决于遗传背景。作为端粒研究的新工具，线性人类人工染色体得到了快速发展。通过微细胞介导的染色体转移将人类人工染色体重新定位到 4 个端粒酶阳性细胞系，结果表明，亚末端新霉素基因的表达与端粒长度和亚末端甲基化呈负相关关系。因此，端粒长度、亚端粒染色质标记和亚端粒基因的表达与遗传背景有关，在构建人工染色体时需对其长度和位置进行优化。

（二）着丝粒序列优化

着丝粒是精确的染色体分离所需的专门染色体位点，是指负责将细胞分裂时产生的成对“姐妹”染色体连接在一起的重复染色体的紧密区域。在分裂过程中，人工染色体从母细胞遗传给子细胞是关键，这说明着丝粒的重要性。没有着丝粒，整个染色体可能会在细胞分裂过程中丢失。研究染色体结构和功能所必需的DNA元件是成功构建人工染色体的重要步骤。对着丝粒的本质了解甚少，在对人类和果蝇着丝粒有贡献的卫星 DNA 研究方面已经取得了进展，并且大量的 α-卫星DNA已用于构建第一代人类人工染色体。非卫星DNA研究序列在某些情况下也能够形成："新着丝粒"，但是，这着重于研究着丝粒和动粒体装配的序列依赖性。加上有关动粒体蛋白质成分性质的新信息，这些数据支持了一个模型，其中功能性动植物在着丝粒染色质上组装，其能力是表观遗传的。人类人工染色体系统的发展应促进对主动着丝粒组装的DNA和染色质需求的研究。

异染色质在着丝粒染色质周围聚集，形成支持姐妹染色单体凝聚的基础，直到s后期开始复制。着丝粒染色质和异染色质都装配在着丝粒DNA序列上，着丝粒DNA序列是人类中高度重复的序列，称为α-卫星DNA（alphoid DNA）。引入人类培养细胞HT1080中时，脂质DNA可以形成新生中心和随后的人类人工染色体。人类人工染色体作为独立于其他人类染色体的单个染色体稳定维持。对于从头着丝粒组装和人类人工染色体形成，着丝粒蛋白CENP-B及其结合位点CENP-B盒在 alphaid DNA 的重复单元中是必需的。CENP-B 在从头着丝粒染色质组装和稳定以及将脂质体DNA引入细胞后异染色质的形成中具有多种作用（Sullivan and Sullivan，2020；Logsdon et al.，2019）。

在高等动物和植物中，功能着丝粒和动粒结构的形成及维持与着丝粒 DNA不是简单的一一对应关系。表观遗传染色质组装机制极大地影响着功能结构。新中心体现象被认为是进化上的重要现象，通过这种现象，功能性着丝粒/动粒结构被组装并保持在与天然着丝粒 DNA 分离的重排染色体臂区中。此外，即使在人类中，着丝粒重复DNA的功能也尚未完全阐明。

二、其他优化策略

构建具有多整合位点的人类人工染色体，以组装大型全基因组位点，并用一组预定的基因设计合成染色体。使用人类人工染色体载体组装多个基因或将整个基因座转移到所需细胞中的方法，在功能基因组学中有多种应用。使用人工染色体通过多重整合酶系统在同一个人类人工染色体分子上组装大型全基因组位点或多个基因。因此，包含多整合位点的人类人工染色体是人类人工染色体的优化方向。为了达到这个目标，可以设计多重整合系统，它利用三种重组酶：Cre、ΦC31和ΦBT1。这种多重整合系统允许在同一个人类人工染色体-DNA分子上组装功能基因，并且具有几个显著的优势，使其区别于其他人工染色体系统。其中包括组装无限数量的基因组DNA片段，以及移除错误整合的DNA片段。在未来的研究中，多重整合系统可能用于含有多个目的基因的人类人工染色体设计，从而允许研究复杂的生物医学和基因调控途径。

总结与展望

人工染色体主要包括酵母人工染色体、细菌人工染色体、P1衍生人工染色体和哺乳动物人工染色体，各类染色体在构建方法和应用领域有所差异，但是具有相似特征，主要包括复制起始位点、着丝粒、端粒和筛选标记等。酵母人工染色体由于存在重组缺陷，逐渐被细菌人工染色体、P1衍生人工染色体代替，但作为人工染色体有功能的线性整合染色体，为人工合成哺乳动物人工染色体奠定了基础。人工染色体发展至今，哺乳动物人工染色体尤其是人类人工染色体的构建和细胞间转移方法已逐渐成熟，为哺乳动物细胞中基因编辑和细胞改造提供了有效、稳定的工具。随着基因工程技术的进步，以及对天然染色体端粒、中心粒和着丝粒等关键元件序列的研究，人工染色体的构建不断优化，同时多个目的基因同时通过人工染色体定向转移等关键问题被逐步解决，人类人工染色体和P1衍生人工染色体等超大人工染色体将在基因治疗、基因文库的构建中发挥越来越大的作用。随着这个系统的不断发展和完善，对人工染色体必需元件的深入研究促进了人工染色体的优化。未来，一些结构更完善、功能更强大的新人工染色体将会出现，从而促进整个基因组测序、基因定位和克隆、基因功能和人类疾病基因治疗的发展。

参考文献

李林川，韩方普. 2011.人工染色体研究进展. 遗传, 33(4): 293-297.

刘立涛，孙洪磊，刘金华. 2017. 病毒重组细菌人工染色体构建、突变及应用. 生命科学, 29(5): 462-467.

马毅，舒建洪，李向臣，等. 2007. 人类人工染色体研究进展. 西北农林科技大学学报(自然科学版), (9): 39-44.

邢万金. 2018. 基因工程-从基础研究到技术原理. 北京：高等教育出版社.

杨洋，樊春海. 2021. 基于人工染色体的DNA信息存储前沿进展.合成生物学, 2(3): 305-308.

张达，朱厚础，黄留玉. 2003. 细菌人工染色体及其在基因组学研究中的应用. 生物技术通讯, 14(5): 406-409.

Al-Hasani K, Simpfendorfer K, Wardan H, et al. 2003. Development of a novel bacterial artificial chromosome cloning system for functional studies. Plasmid, 49(2): 184-187.

An W, Thierry V, Jelle V, et al. 2012. Telomere length homeostasis and telomere position effect on a linear human artificial chromosome are dictated by the genetic background. Nucleic Acids Res, (22): 11477.

Burke D, Carle G, Olson M. 1987. Cloning of large segments of exogenous DNA into yeast by means of artificial chromosome vectors. Science, 236(4803): 806-812.

Chen W, Han M, Zhou J, et al. 2020. An artificial chromosome for data storage. National Science Review, 8(5): nwab028.

Clark L, Carbon J. 1980. Isolation of a yeast centromere and construction of functional small circular chromosomes. Nature, 287: 504-509.

Fachinetti D, Masumoto H, Kouprina N. 2020. Artificial chromosomes. Exp. Cell Res, 396(1): 112302.

Gamba R, Fachinetti D. 2020. From evolution to function: Two sides of the same CENP-B coin? Exp Cell Res, 390(2): 111959.

Hamilton C M, Frary A, Lewis C, et al. 1996. Stable transfer of intact high molecular weight DNA into plant chromosomes. Proc Natl Acad Sci USA, 93: 9975-9979.

Huang Z, Petty J T, O'Quinn B, et al. 1996. Large DNA fragment sizing by flow cytometry: Application to the characterization of P1 artificial chromosome(PAC)clones. Nucleic Acids Res, 24(21): 4202-4209.

Ioannou P A, Amemiya C T, Garnes J, et al. 1994. A new bacteriophage P1-derived vector for the propagation of large human DNA fragments. Nat Genetb, 6: 84-89.

Kononenko A V, Lee N C O, Liskovykh M, et al. 2015. Generation of a conditionally self-eliminating HAC gene delivery vector through incorporation of a tTAVP64 expression cassette. Nucleic Acids Res, 43(9): e57.

Kouprina N, Tomilin A N, Masumoto H, et al. 2014. Human artificial chromosome-based gene delivery vectors for biomedicine and biotechnology. Expert Opin. Drug Delivery, 11(4): 517-535.

Logsdon G A, Gambogi C W, Liskovykh M A, et al. 2019. Human artificial chromosomes that bypass centromeric DNA. Cell, 178(3): 624-639 e19.

Martella A, Pollard S M, Dai J, et al. 2016. Mammalian synthetic biology: Time for big macs. ACS Synth Biol, 5(10): 1040-1049.

Miga K H. 2020. Centromere studies in the era of 'telomere-to-telomere' genomics. Exp Cell Res, 394(2): 112127.

Murray A W, Szostak J W. 1983. Construction of artificial chromosomes in yeast. Nature, 305: 189-193.

Ohzeki J I, Bergmann J H, Kouprina N, et al. 2012. Breaking the HAC Barrier: histone H3K9 acetyl/methyl balance regulates CENP-A assembly. The EMBO J, 31(10): 2391-2402.

Ohzeki J I, Nakano M, Okada T, et al. 2002. CENP-B box is required for de novo centromere chromatin assembly on human alphoid DNA. Int J Biochem Cell Biol, 159(5): 765-775.

Osoegawa K, Jong P D. 2004. BAC library construction. Methods Mol Biol, 255(255): 1.

Osoegawa K, Tateno M, Peng Y W, et al. 2000. Bacterial artificial chromosome libraries for mouse sequencing and functional analysis. Genome Res, 10(1): 116.

Shepherd N S, Smoller D. 1994. The P1 vector system for the preparation and screening of genomic libraries. Genet Eng, 16(16): 213-228.

Shizuya H, Birren B, Kim U J, et al. 1992. Cloning and stable maintenance of 300-kilobase-pair fragments of human DNA in *Escherichia coli* using an F-factor-based vector. Proc Natl Acad Sci USA, 89, 8794-8797.

Sinenko S A, Skvortsova E V, Liskovykh M A, et al. 2018. Transfer of synthetic human chromosome into human induced pluripotent stem cells for biomedical applications. Cells, 7(12): 261.

Sullivan L L, Sullivan B A. 2020. Genomic and functional variation of human centromeres. Exp Cell Res, 389(2): 111896.

Sun T Q, Fernstermacher D A, Vos J M. 1994. Human artificial episomal chromosomes for cloning large DNA fragments in human cells. Nat Genet, 8: 33-41.
Talbert P B, Henikoff S. 2020. What makes a centromere? Exp Cell Res, 389(2): 111895.
Zhang H B, Wu C. 2001. BAC as tools for genome sequencing. Plant Physiol Biochem, 39(3-4): 195-209.

（樊振林 王 磊）

第九章　基因编辑载体

2020 年，诺贝尔化学奖授予了来自法国的 Charpentier 和来自美国的 Doudna，以表彰她们在基因编辑技术研究和应用领域作出的突出贡献。基因编辑技术是指对基因进行特定位点修饰，包括敲除、插入、替换等，以实现对生物体某一特性或性状的改变，从而获得新的特征或功能的技术。目前，研究和应用最多的基因编辑技术是 2020 年诺贝尔奖获得者所研究的第三代基因编辑系统 CRISPR/Cas 及其相关技术。随着基因编辑技术的成熟和发展，其在医学研究、临床治疗、生物药物、材料与环境等领域被广泛应用，已经成为生命体遗传改造的有力工具。

第一节　基因编辑系统概述

一、基因编辑系统历史

人们对基因编辑技术的探索从 DNA 双螺旋结构模型的提出就已经开始。20 世纪 80 年代，利用基因打靶技术在新霉素抗性缺陷细胞中导入抗药基因，使细胞重新获得抗药性，这是最早报道的基因编辑技术（Thomas et al.，1986）。基因打靶技术开辟了基因编辑技术的历史先河，但其编辑效率非常低。

随后产生的锌指核酸酶（zinc finger nucleases，ZFN）基因编辑技术开辟了精准基因编辑时代，ZFN 与锌指结构的发现有关。研究者在对 RNA 转录因子 TFⅢA 的研究过程中，发现了 TFⅢA 的 DNA 识别模块包括的 30 个氨基酸围绕在锌离子周围形成手指样结构，此结构可以识别一个特定的 DNA 三碱基序列，根据这种结构的特点提出了锌指结构模型；1996 年，研究者对限制性内切核酸酶 *Fok* Ⅰ进行改造并将其与锌指蛋白结合起来，命名为锌指核酸酶。2002 年，将 ZFN 技术用于果蝇胚胎研究，第一次实现了在动物中的基因编辑（Bibikova et al.，2002)；随后，ZFN 技术也应用在植物及人类细胞中，实现了基因的靶向编辑。

2009 年，Bonnas 和 Bogdanove 发现入侵宿主细胞的植物病原菌黄单胞菌（*Xanthomonas*）可以释放一种蛋白质效应因子，特异性地识别宿主细胞的 DNA 序列，进一步激活宿主植物细胞内源基因的表达，提高宿主细胞对入侵病原体的易感性，此效应因子即类转录激活因子效应物（transcription activator-like effector，TALE）。其不仅可以与 DNA 相互作用，且识别的是单个 DNA 碱基。后来研究者用 TALE 代替 ZFN 中的锌指蛋白，通过人工改造将 TALE 和 *Fok* Ⅰ核酸酶融合，产生了类转录激活因子效应物核酸酶（transcription activator-like effector nuclease，TALEN）基因编辑技术，并应用到多个组织细胞中。

目前常用的成簇规律间隔短回文重复序列（clustered regularly interspaced short palindromic repeats，CRISPR）/Cas 系统可以高效地实现对各种细胞类型和各种生物的基因进行编辑。CRISPR/Cas 系统最初是在细菌免疫系统中被发现的，是细菌防止外源 DNA 或病毒再次入侵的一种获得性免疫防御系统，后经人工改造，可对基因组进行特异性编辑。CRISPR 的发现与细菌密切相关，在 *E. coli* 编码碱性磷酸酶同工酶的 *iap* 基因中发现存在特殊的重复间隔序列，在 *iap* 基因编码区下游发现一段约 29 bp 大小的重复片段和 32～33 bp 的非重复序列相互间隔串联排列所组成的特殊结构区域（Ishino et al.，1987），但在当时并未引起足够重视。直到 2000 年，人们又发现一系列规律间隔重复序列在古细菌、细菌和线粒体等基因组中出现。随后将其命名为成簇规律间隔短回文重复序列（CRISPR）（Jansen et al.，2002）。2002 年，研究发现 CRISPR 序列附近总是伴随一系列同源基因，将其命名为 *cas* 基因，其编码的蛋白质为 Cas 蛋白，与 DNA 解螺旋酶和核酸酶高度同源，表明 Cas 蛋白可能具有 DNA 内切酶功能；随后的比较基因组分析表明，CRISPR 和 Cas 蛋白相互合作提供了一种获得性免疫系统，以保护原核细胞免受病毒和质粒等遗传元素的入侵，类似于真核生物的 RNA 干扰系统。2008 年，Broun 报道了 CRISPR 中的间隔序列可以转录为 CRISPR RNA（crRNA），作为单链向导 RNA（single guide RNA，sgRNA）在机体防御过程中起作用；2010 年，发现间隔序列引导的 Cas9 可以切割靶 DNA，产生双链断裂（double-strand break）；2011 年，研究者观察到反式激活 crRNA（*trans*-activating crRNA，tracrRNA）与 crRNA 和 Cas9 形成双链结构，对 Cas9 活性至关重要。2012 年，Jinek 等通过改造和优化细菌的 II 型 CRISPR 系统，在体外成功靶向切割了线性寡聚核苷酸片段和环状质粒 DNA；2013 年，CRISPR/Cas 技术开始正式应用于基因编辑修饰，并首次在真核细胞中建立了基于 Cas9 的基因组编辑；从 2014 年起，CRISPR/Cas9 系统被迅速用作基因组编辑的主要工具。基因编辑技术的发展和应用如图 9.1 所示。

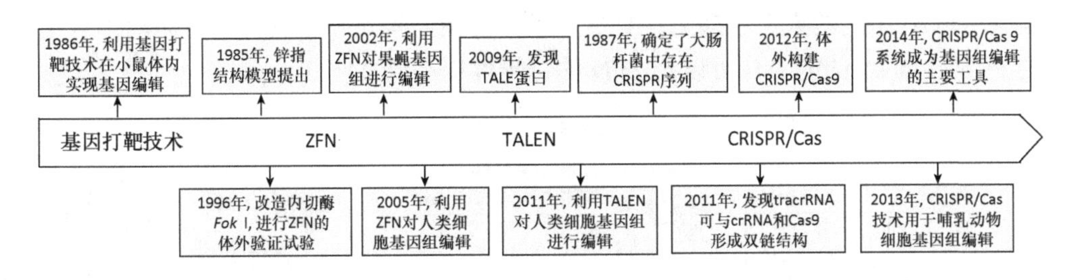

图 9.1　基因编辑技术发展史

二、基因编辑系统组成

目前基于内切核酸酶介导的基因编辑系统主要包括ZFN、TALEN和 CRISPR/Cas 编辑系统。一般称 ZFN 介导的基因编辑为第一代基因编辑技术，TALEN 为第二代基因编辑技术，RNA 引导的 CRISPR/Cas 系统为第三代基因编辑技术。三种基因编辑技术的核酸酶均是在待编辑基因的特定位点使 DNA 双链断裂，进而诱发 DNA 非同源末端连接（non-homologous end joining，NHEJ）或同源重组（homologous recombination，HR）等机制来修复断裂的 DNA 双链，从而实现对靶 DNA 序列的编辑（Oikemus et al.，2021）。

（一）锌指核酸酶编辑系统

ZFN 作为第一代基因组编辑技术，由特异性识别和结合靶 DNA 位点的锌指蛋白结构域及酶切 DNA 双链的限制性内切核酸酶 *Fok* Ⅰ的核酸酶切活性结构域组成（图 9.2）。20 世纪 90 年代发现的 *Fok* Ⅰ酶促进了 ZFN 的出现。*Fok* Ⅰ是一种来源于海床黄杆菌（*Flavobacterium okeanokoites*）的非特异性内切酶，一般 *Fok* Ⅰ核酸酶必须形成二聚体才有活性。*Fok* Ⅰ核酸酶特异识别 5′-CATCC-3′和 5′-GGATG-3′序列，在两个 DNA 结合位点之间的间隔区 5～7 bp 处酶切 DNA 产生双链断裂，也就是 *Fok* Ⅰ核酸酶识别 DNA 的序列位点和对 DNA 进行酶切的部位是完全独立的。根据 *Fok* Ⅰ核酸酶的这一特点将其与锌指蛋白整合在一起，命名为锌指核酸酶。锌指蛋白中的每个锌指模体包含约 30 个氨基酸，构成 1 个 α 螺旋和 2 个反平行的 β 折叠二级结构。模体一般含有 N 端的 1 对半胱氨酸残基和 C 端的 1 对组氨酸残基形成的保守序列，该保守区域恰好可容纳一个 Zn^{2+}。模体中 α 螺旋的 1、3、6 位的氨基酸分别可以特异性地识别并结 DNA 双螺旋中一条单链上的一个核苷酸三联体，使 α 螺旋镶嵌于 DNA 的大沟中。由于不同的锌指模体的 α 螺旋具有不同的 1、3、6 位氨基酸，且一个锌指单元可以识别一个核苷酸三联体，因此可以设计联合不同的锌指单元，识别不同序列的 DNA。一般由 3～6 个锌指模体组成的锌指蛋白与 *Fok* Ⅰ内切核酸酶结构域组成了一种能特异识别并酶切 DNA 序列的人工核酸酶，且成对设计锌指结构域使其具有结合切割位点上游和下游 DNA 的能力，可以使 ZFN 的特异性提高到 24～36 bp。

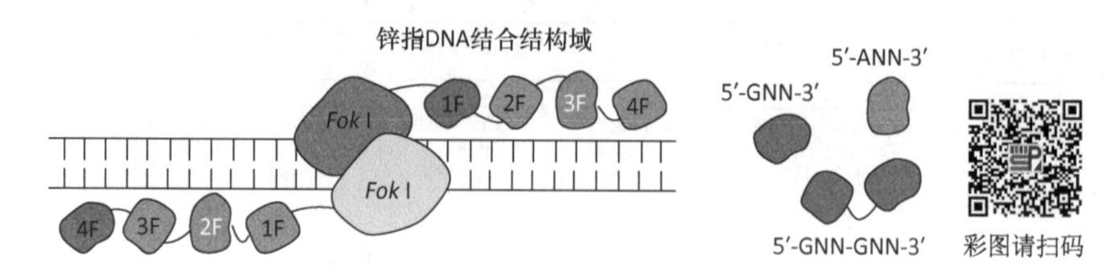

图 9.2　锌指核酸酶编辑技术示意图（Gaj et al.，2016；王天云等，2020）

值得注意的是，*Fok* Ⅰ核酸酶自身形成的二聚化切割 DNA 序列的效率较低，并且很容易产生非特异性的酶切，因此设计 ZFN 时，可以突变 *Fok* Ⅰ核酸酶以防止其同源二聚体的形成，提高 DNA 序列识别的特异性。例如，可以采用 5～7 bp 的间隔子，隔开与不同靶序列结合的两个突变的 *Fok* Ⅰ核酸酶，即可形成异源二聚体的 *Fok* Ⅰ核酸酶。

作为第一代人工基因编辑系统的 ZFN 技术，利用 ZFN 对 DNA 序列的特异性识别功能和二聚化 *Fok* Ⅰ核酸酶对识别 DNA 的切割能力，产生 DNA 双链断裂，再利用机体同源重组的发生来修复断裂的双链 DNA，从而实现对靶 DNA 序列的编辑。虽然 ZFN 编辑技术在多个种属中都成功地进行了基因编辑，但该编辑技术从设计 ZFN 到后期实验操作既耗时又费力，且找到合适的、对应三个碱基的锌指模序也非常困难。

（二）类转录激活因子效应物核酸酶编辑系统

TALEN 作为第二代基因组编辑技术，由识别 DNA 的 TALE 蛋白结构域和酶切 DNA 双链的 *Fok* Ⅰ结构域组成（图 9.3）。在结构上，TALE 蛋白的羧基端具有核定位信号，氨基端是转录激活结构域和转运信号，DNA 结合结构域（DNA- binding domain，DBD）位于肽链中间。TALE 蛋白的 DBD 不同于其他的 DBD，该结构域一般由 14～20 个氨基酸重复单元串联组成，识别 DNA 序列的特异结构，每一个重复单元可以特异识别一个 DNA 碱基对。通常由 33～35 个高度保守的氨基酸组成一个重复单元（一般为 34 个氨基酸重复序列），除了第 12 和 13 位的氨基酸变化较大之外，其他位置的氨基酸高度保守。TALEN 特异性识别靶序列的关键氨基酸是第 12 和 13 位氨基酸，将其称为重复可变双残基氨基酸（repeat variable di-residue amino acid，RVD）。RVD 在 TALE 识别并结合 DNA 碱基中起决定作用，每个重复序列中的双残基氨基酸和识别的核苷酸种类存在特殊的一一对应关系。TALE 通过一种螺旋-转角-螺旋的组合方式结合到 DNA 上，氨基酸重复单元中的第 12 位氨基酸的功能主要是稳定重复可变双残基氨基酸环，第 13 位氨基酸的功能是识别特定 DNA 分子上的碱基。第 12 和 13 位氨基酸的不同组合识别不同的碱基，天冬酰胺-天冬酰胺、天冬酰胺-甘氨酸、组氨酸-天冬氨酸、天冬酰胺-异亮氨酸分别可高效、特异性识别 G、T、C、A 碱基。TALEN 的第二个组成部分是内切核酸酶 *Fok* Ⅰ，与 ZFN 技术相同的内切核酸酶，需形成二聚化 *Fok* Ⅰ才能对 DNA 双链进行切割。TALEN 的结构通常是由若干氨基酸重复单元以尾对尾的方式连接形成 TALE 臂，再与一个核酸酶 *Fok* Ⅰ连接进而形成一条 TALE-*Fok* Ⅰ臂。TALEN 是由两条 TALE-*Fok* Ⅰ臂组成（图 9.3），可以特异性结合靶 DNA 序列。

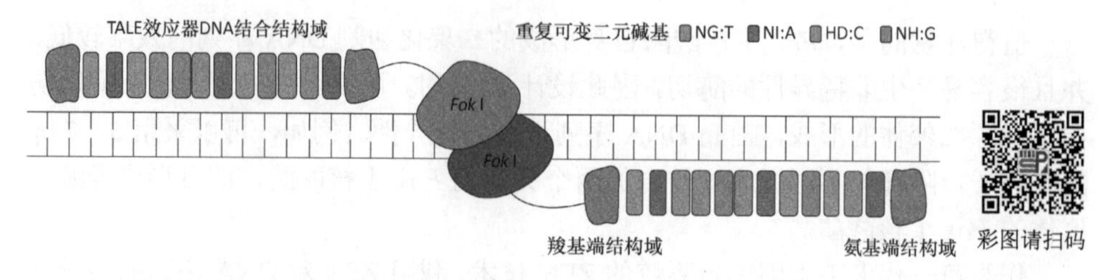

图 9.3　类转录激活因子效应物核酸酶编辑技术示意图（Gaj et al.，2016；王天云等，2020）

TALEN 技术的工作原理与 ZFN 类似，通过 DNA 识别模块将 TALEN 元件靶向结合于特异性的 DNA 位点，在 *Fok* I 核酸酶的作用下完成靶标位点的切割，在细胞内同源定向修复或非同源末端连接修复途径下完成特定序列的插入、删除等。但 ZFN 识别的是三联体碱基，而 TALE 结构域识别的是单个碱基，因此 TALEN 编辑技术比 ZFN 特异性更高、更容易设计。在进行 TALEN 人工核酸酶构建时，只需按照目标序列的顺序，将不同 TALE 识别模块的序列进行连接，随后再融合 *Fok* I 的编码序列即可。从理论上讲，对任何 DNA 序列都可以人工设计并构建一个特定的 TALEN，但设计的每一个 TALE 识别模块都需要与相应靶序列的每个碱基对应，因此 TALEN 的构建也是一项相对繁杂的工作。另外，与 ZFN 相比，TALEN 很难转运到细胞内，这是因为编码 TALEN 的 cDNA 较大的缘故。

（三）CRISPR/Cas 核酸酶编辑系统

目前 CRISPR/Cas 系统应用最多的是来源于产脓链球菌的Ⅱ型 CRISPR/Cas9 系统，该系统通过 CRISPR RNA（crRNA）、tracrRNA 和 Cas9 蛋白组成的复合体来抵御外源性 DNA 的入侵。在进行基因编辑时，CRISPR/Cas9 编辑系统一般由 sgRNA 和 Cas9 组成，sgRNA 是根据 crRNA 和 tracrRNA 形成的结构来设计的。sgRNA 与 Cas9 核酸酶蛋白结合，指导其识别并对靶向序列进行编辑。

尽管 ZFN 和 TALEN 基因编辑技术在靶向基因编辑中发挥了重要作用，然而它们的使用受到某些因素的限制，如操作的复杂性、困难性和昂贵性。CRISPR/Cas 系统因其设计构建简单、基因编辑高效、遗传操作便捷可靠等优点逐渐替代了 ZFN 和 TALEN 等，成为生物学技术领域最重要的基因编辑工具。表 9.1 总结了 ZFN、TALEN 和 CRISPR/Cas 作为基因组编辑工具的主要特性。其中，最早商品化的 CRISPR/Cas 系统已被广泛应用于靶基因的特异性切割，为生物技术领域的发展提供了无限可能。

三、基因编辑系统应用

基因编辑系统对 DNA 分子的靶向切割作用，可被用于定向基因编辑，在

表 9.1　ZFN、TALEN 与 CRISPR/Cas 编辑技术比较（Gupta et al.，2019；Janik et al.，2020）

类别	ZFN	TALEN	CRISPR/Cas9
组成	ZFN-*Fok* I	TALE-*Fok* I	sgRNA-Cas9
内切核酸酶	*Fok* I	*Fok* I	Cas9
靶序列识别位点	锌指蛋白结构域，蛋白质-DNA	RVD 重复序列，蛋白质-DNA	sgRNA，RNA-DNA
靶向位点的长度	18～36 bp	16～62 bp	20～22 bp
靶效率的特异性和高效性	低	中等	高度
成本	非常高	高	低
脱靶突变	不稳定	低	中等
设计参数	蛋白质	蛋白质	RNA
病毒传递	容易	中等	中等

注：RVD，重复可变双残基氨基酸。

生物工程、医学、农业和环境等领域的研究中得到了广泛应用。基因编辑技术主要通过基因的敲除和敲入、单碱基编辑，以及针对组蛋白和 DNA 的表观修饰等功能实现基因的精准编辑。

（一）基因的敲除和敲入

将 ZFN 和 TALEN 直接注射到猪受精卵中，发生了单等位基因、杂合子和纯合子事件，通过筛选，培育出敲除双等位基因的编辑猪（Lillico et al.，2013），说明利用基因组编辑工具可以产生基因敲除的转基因动物。最常用于基因敲除与敲入的 CRISPR/Cas9 系统，对于某些基因位点的敲除效率高达 95%以上。作为 DNA 内切核酸酶的 Cas9 蛋白，在 sgRNA 引导下靶向切割靶标 DNA 序列，产生双链断裂 DNA，然后由细胞内的同源重组或非同源末端重组将双链断裂的 DNA 修复。一般产生缺失和特定位点基因敲除的 DNA 修复途径是非同源端连接。非同源末端重组介导的修复首先在 DNA 双链断裂后，细胞内的 Ku70/80 与 DNA 末端结合，形成一个“桥”状的 Ku 环结构，激活 DNA 依赖蛋白激酶催化亚基，该亚基发生磷酸化并磷酸化其他靶蛋白，包括核酸酶、多核苷酸激酶、聚合酶、磷酸二酯酶等；接下来，这些靶蛋白处理 DNA 末端填补缺口，DNA 连接酶Ⅳ将两个 DNA 断端连接起来。非同源末端重组是哺乳动物细胞中主要的双链断裂修复系统，并在整个细胞周期中保持活跃。修复可以是精确的，使靶部位保持完整，以便由 Cas 核酸酶重新切割。然而，非同源末端重组介导的 DNA 修复容易出错，因为在这个过程中往往会导致部分碱基丢失或引入碱基对的随机插入，从而改变靶基因的开放阅读框，导致移码突变，使终止密码子提前出现。利用这种现象可以在基因编辑中产生靶向基因敲除。例如，在临床治疗上可以敲除促进疾病的致癌基因或通过干扰剪接位点来恢复阅读框（如杜氏肌肉营养不良症）（Amoasii et al.，2018）。

当 sgRNA、Cas9 和含有提前终止密码子的供体修复模板一起引入时，同源重组修复方式也可以产生基因敲除。

如果敲除的是具有开放阅读框的蛋白质编码基因，一般由单个 sgRNA 介导，在靶基因的开放阅读框产生双链断裂位点，继而以非同源末端重组修复方式产生小片段的插入或缺失突变，实现靶基因功能丧失的目的。对于大片段基因的敲除和无开放阅读框的长链非编码基因，一般通过双向 sgRNA 介导而实现基因编辑。例如，针对靶基因 Hprt 的第 1 和 2 外显子设计的 2 个 sgRNA 和合适浓度的 Cas9 mRNA 注射到小鼠受精卵，达到了 10 kb 的大片段删除；另外，由双向 sgRNA 介导的基因编辑在线虫体内实现 23.7 kb 的大片段删除。将 Cas9 mRNA 和靶向白化病相关酪氨酸酶（tyrosinase）基因的 2 个 sgRNA 显微注射到兔受精卵原核时期的胞浆，靶向删除片段可长达 105 kb。另外，Cas9 蛋白与 sgRNA 组成的核糖核蛋白复合物可实现 10 kb、30 kb、95 kb、100 kb 基因片段的删除。

设计两条与目的序列上、下游匹配的 sgRNA 可以达到基因定点敲除的目的。将组织特异性启动子与 Cas9 基因相连，使 Cas9 蛋白组织特异性表达，可实现组织特异性的敲除或敲入。如果 Cas9 在靶标位点产生的 DNA 双链断裂由保真度高的同源重组修复，将产生精准的基因编辑。一般同源重组途径用于实现精确的敲入、基因点突变或者条件敲除，常用于疾病相关基因的碱基修复。同源重组识别断裂的 DNA 双链，并利用同源模板来修复缺陷。在生理条件下，同源的模板是姐妹染色单体。对于精确的基因编辑来说，根据研究目的，引入一个需要敲入或修复的目的基因作为同源重组修复的供体模板，且所需的供体模板有单链和双链之分。在哺乳动物细胞中，通过同源重组介导的基因敲入，单链供体模板的效率显著高于双链供体模板，线性化的双链供体模板敲入效率显著高于超螺旋的质粒。另外，所采用供体模板的形式也与敲入基因的大小有关，双链供体模板一般用于大于 100 bp 片段的基因敲入，单链供体模板用于小于 50 bp 片段的基因敲入。另外，将目的基因与 EGFP 等报告基因融合后同时敲入，可以通过观察荧光信号来评估基因敲入的效率。

同源重组修复方式使用了供体模板，这是一种非常精确的修复途径。然而，同源重组在细胞中活性较低，因此在基因组编辑方面的效率远低于非同源末端重组，限制了其临床应用的潜力。通过使用细胞周期抑制剂，将细胞周期阻滞在同源重组修复发挥作用的 S 期或 G_2 期，或使用一些非同源末端重组修复途径的抑制剂，抑制非同源末端重组修复途径，提高同源重组修复效率，从而提高基因的敲入率。

除了同源重组，还可以通过微同源介导的末端连接（microhomology-mediated end joining，MMEJ）向基因组中插入长的外源片段。目前，MMEJ 途径已被用于将目的基因整合到培养的细胞、斑马鱼、家蚕和青蛙的基因组中，敲入效率是同源重组敲入的 2.5 倍（Nakade et al.，2014），并且在细胞周期的所有阶段都具有活性。该途径为在细胞周期的不同阶段更有效地靶向基因敲入提供了可能性。

另外，通过同源非依赖性靶向结合，非同源末端重组也可以用来进行基因敲入。将含有目的基因且两侧带有 CRISPR 靶位点的供体载体引入细胞后，供体载体和基因组靶标被 Cas9 切割，在基因组靶位点和供体载体上产生黏性末端，这些黏性末端可以诱导非同源末端重组介导的基因编辑，因此供体序列被整合到靶标位置。由于非同源末端重组的活性高于同源重组，这种方法可以更有效地用于非分裂细胞，因为非同源末端重组在细胞周期的所有阶段都保持活性。

（二）碱基编辑

单核苷酸突变会导致遗传疾病的发生，在人类的遗传病中，约 14%是由于单个碱基 A/T 到 G/C 突变产生的，约 47%是由于单个碱基 C/G 到 T/A 突变产生的。这些单碱基的突变可通过单碱基编辑进行修正。Cas9 蛋白功能结构域 HNH 的 H480A 位点和 RuvC 的 D10A 位点突变后，Cas9 蛋白则失去核酸酶功能，称为 dCas9（dead Cas9）。没有酶切功能的 dCas9 可用于改变核苷酸碱基。将 dCas 或只有切割一条链活性的 nickase Cas（nCas）与作用于单链 DNA 的脱氨酶或者经过改造的腺嘌呤脱氨酶进行融合，可实现对靶点精准的 C-T 或 A-G 的碱基替换。

由胞嘧啶脱氨酶、nCas9 或 dCas9 组成的胞嘧啶碱基编辑系统（cytosine base editors）可以实现 C 到 T 或 G 到 A 的转变。利用大鼠来源的胞嘧啶脱氨酶与 dCas9 融合成第一代碱基编辑系统，在 sgRNA 的引导下，胞嘧啶脱氨酶结合到由 sgRNA、Cas9 蛋白和基因组 DNA 形成的 R-loop 区的单链 DNA 处，将单链 DNA 上一定范围的 C 脱氨基为 U，然后通过 DNA 修复或复制将 U 转变为 T，最终实现 C 到 T 或 G 到 A 的替换。为了提高 C 到 T 的转换效率，融合尿嘧啶糖苷酶抑制剂抑制细胞内 U 的切除通路得到第二代碱基编辑系统。为了进一步提高编辑效率，将第二代碱基编辑系统中 dCas9 HNH 结构域的 A840H 进行恢复，只保留 RuvC 的 D10A 的突变，使其仅切割非编辑链，即第三代碱基编辑系统。

由人工改造的腺嘌呤脱氨酶及 nCas9 组成的腺嘌呤碱基编辑系统（adenine base editors）可实现 A 到 G 或 T 到 C 的替换。其原理与胞嘧啶碱基编辑系统类似，在腺嘌呤脱氨酶作用下，将靶位点附近一定范围内的腺嘌呤（A）脱氨基变为次黄嘌呤（I），在 DNA 水平，次黄嘌呤会被当作鸟嘌呤（G）进行读码与复制，最终实现 A 到 G 的转变。

碱基编辑技术的开发为定向纠正碱基突变和实现基因组中的关键核苷酸变异提供了重要工具。自发现以来，研究者对编辑产物纯度、碱基编辑范围、碱基编辑活性窗口等不断优化（Huang et al.，2019；Doman et al.，2020；Kuroda and Ueda.，

2021），以保证高精确度的碱基替换和较低的删除率。目前，碱基编辑技术已被广泛用于基因治疗、动物疾病模型建立以及一些基础研究，在遗传疾病治疗、人类疾病研究和动植物科学基础研究等方面具有广阔的应用前景。

（三）转录抑制或激活

研究表明，CRSIPR/Cas9 可以在转录水平调控基因表达，其调控方式有转录激活和转录抑制两种。Cas9 蛋白功能结构域点突变后的 dCas9 尽管没有切割功能，但在 RNA 引导下可以结合到靶基因位点，通过融合 dCas9 与转录激活/抑制因子的表达，用于激活/抑制特定基因的转录。例如，在 *E. coli* 中通过 dCas9 与 RNA 聚合酶融合表达以激活报告基因的表达；在真核细胞中，将病毒蛋白 64（viral protein 64，VP64）（反式激活效应因子结构域）的激活域与 dCas9 融合亦可激活基因的转录。为了进一步增强该系统的激活效率，可以将 dCas9 进一步改进，使其能够募集多个转录激活因子。dCas9 不仅可以用于转录激活，还能用于转录抑制。在靶基因启动子区域或者增强子区设计 sgRNA，引导 dCas9 蛋白靶向结合该基因启动子区域的 DNA，利用 dCas9 的空间位阻效应，达到抑制 RNA 聚合酶转录活性的作用，从而使靶基因的转录被抑制。进一步将阻遏结构域 KRAB（Krüppel-associated box）融合到 dCas9 蛋白的羧基端，使转录抑制更强。通过反式激活效应因子结构域或阻遏结构域实现的转录激活或抑制机制与染色质重塑有关，是针对组蛋白表观修饰实现的（Li et al.，2021）。另外，CRISPR 也可通过针对 DNA 甲基化和去甲基化的表观修饰激活或抑制基因表达（Hanzawa et al.，2020；Kang et al.，2019）。通过将 dCas9 与 DNA 5-甲基胞嘧啶甲基转移酶 3A 的催化结构域融合，可以实现周期依赖激酶 2A（cyclin dependent kinase 2A，CDKN2A）启动子上特定 CpG 岛的 DNA 甲基化，降低靶基因的表达（McDonald et al.，2016）。将 dCas9 融合到一种维持 DNA 去甲基化酶 TeT1 的催化结构域，可以选择性地靶向乳腺癌 1 号基因（breast cancer 1，BRCA1）启动子，促进了基因的稳定表达（Choudhury et al.，2016）。

第二节　CRISPR/Cas9 基因编辑系统结构与功能

由于操作简单、稳定性高、成本低等优点，CRISPR/Cas 系统的出现及随后的迅速发展，使得 ZFN 和 TALEN 技术受到了冷落并逐渐被 CRISPR/Cas 替代。目前，在 CRISPR 编辑技术中发展最成熟的 CRISPR/Cas9 已经广泛应用到生命科学的各个领域。

一、CRISPR/Cas9 基因编辑系统分类

CRISPR/Cas 系统主要由 *cas* 基因、前导序列及 CRISPR 基因座组成。根据 CRISPR/Cas 系统作用机制及 Cas 蛋白的不同，CRISPR/Cas 系统分为两大类——Class1 和 Class 2，根据 *cas* 基因及其编码的蛋白质不同（这些基因和蛋白质在基因结构及功能上具有多样性）又分为 6 个类型、33 个亚型。表 9.2 总结了其分类和特征。

表 9.2　CRISPR/Cas 系统的分类和特征（Janik et al.，2020）

分类	类型	效应器模块	核酸酶结构域	是否有 tracrRNA	靶标
Class 1	I	多种 Cas 蛋白-Cas3（有时与 Cas2 融合）、Cas5～Cas8、Cas10 和 Cas11 的不同组合，取决于不同类型和亚型	组氨酸天冬氨酸结构域（HD）与 Cas3 融合	无	DNA
	III		HD 与 Cas10 融合	无	DNA
	IV		未知	无	DNA
Class 2	II	Cas9	RuvC 和 HNH	有	DNA
	V	Cas12a（Cpf1）/Cas12b/Cas12c	RuvC 和 Nuc	无	DNA
	VI	Cas13a/Cas13b/Cas13c	高等真核生物和原核生物核苷酸结合结构域	无	RNA

Class1 是由多个 Cas 蛋白组成的多亚基效应复合物，包括 I、III、IV 类。Class 2 是由单个、多结构域、多功能的 Cas 蛋白组成的效应器复合物，包括 II、V、VI 类。所有类型都通过效应器模块的不同结构来区分，含有独有的特征蛋白。每个亚型的特点是在编码亚型特异性 Cas 蛋白方面存在细微差异。在遗传学上，Cas1 和 Cas2 通常存在于不同的类型和亚型中，而在 I 型、II 型和 III 型中已经确定了标志性基因，分别为 *cas3*、*cas9* 和 *cas10*。其中，II 型系统研究相对较多。I 型系统有 6 个亚型（I-A 型～I-F 型），Cas3 是其标志性蛋白，Cas3 具有解旋酶和 DNase 结构域，负责降解靶基因（Gupta et al.，2019）。II 型可以分为 3 个亚型，即 II-A、II-B 和 II-C 系统，II-A 系统具有 *cas*2 附加基因，II-B 系统具有 *cas 4* 附加基因，II-C 系统无附加基因。在 II 型系统中起主要作用的是 *cas9* 基因，Cas9 蛋白参与 crRNA 加工，并在 crRNA 和另一种名为 tracrRNA 的协助下切割目标 DNA（Gupta et al.，2019）。III 型 CRISPR/Cas 系统包含标志性蛋白 Cas10（Gupta et al.，2019）。

二、CRISPR/Cas9 基因编辑系统结构

CRISPR/Cas9 编辑系统由确定靶标序列的 CRISPR RNA 复合体和 Cas9 核酸酶组成，前者由 crRNA 和 tracrRNA 组成，根据 crRNA 和 tracrRNA 设计的 sgRNA

可以识别靶位点，再利用 Cas9 蛋白进行切割，产生双链 DNA 断裂，之后在细胞自身修复系统修复过程中，在靶序列内部引入突变或插入一段特定的序列，实现对靶标基因的编辑。

（一）CRISPR 结构

CRISPR 是广泛分布于细菌和古细菌基因组中的一个特殊的 DNA 重复序列家族，通常由 21～48 bp 高度保守的重复序列和嵌合于其中的 26～72 bp 的间隔片段串联而成（图 9.4），其中高度保守的重复片段序列具有回文结构，可形成发夹结构，重复序列是 Cas 蛋白的结合区域，其重复次数可多达 250 次，且重复序列在同一菌属中的碱基组成和长度是相对保守的，在不同的菌属之间则不同。间隔序列是高度可变的序列，其长度与细菌种类和 CRISPR 位点有关。间隔序列与某些

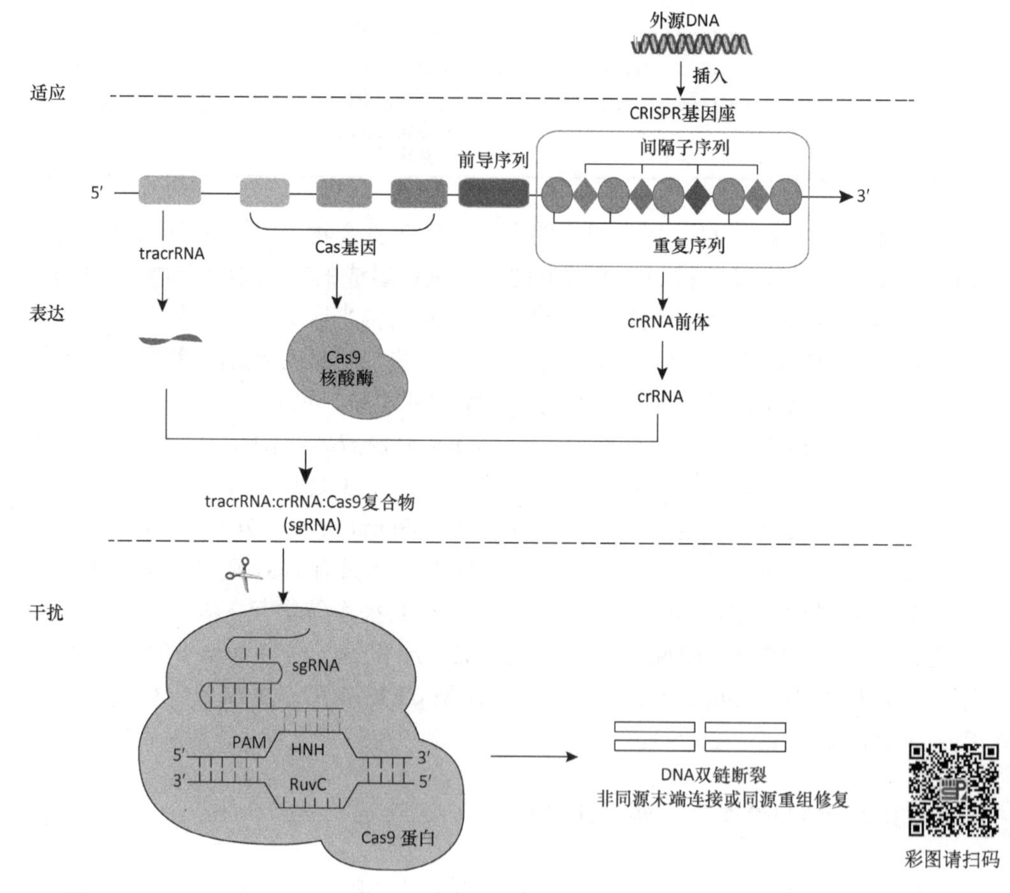

图 9.4　CRISPR/Cas 系统结构及作用机制模式图（Gaj et al.，2016；王天云等，2020）

噬菌体或质粒的序列具有同源性，甚至一些间隔序列与噬菌体基因组序列完全一致，提示这些间隔序列来源于噬菌体基因组。间隔序列提供给宿主细胞对抗外源基因侵染的能力，这种能力是细菌及古细菌长期进化形成的获得性免疫机制。将每个重复序列与间隔序列称为一个 CRISPR 单位，由数个 CRISPR 单位构成了 CRISPR 阵列，也称为 CRISPR 基因座。

位于 CRISPR 第一个重复序列上游的为前导序列（leader sequence），通常富含 AT 碱基，长度一般 550 bp。前导序列可以结合转录酶，是 CRISPR 序列的启动子区域，启动 CRISPR 序列的转录；另外，前导序列为新间隔序列的获得提供识别位点。

CRISPR 基因座转录生成 pre-crRNA（CRISPR RNA），CRISPR 基因座上游的基因座转录生成 tracrRNA。tracrRNA 是一种小的非编码 RNA，参与对 pre-crRNA 的酶切处理，使其成为短的成熟 crRNA。在 crRNA 的 5′端包含了一段来自外来遗传信息且序列互补的短 RNA 片段（即间隔子），3′端包含了一段 CRISPR 重复序列。

（二）Cas 蛋白

在系统发育多样性的古细菌和细菌基因组的 CRISPR 结构中，发现有 4 个基因经常出现在邻近的 CRISPR 区域，认为该基因与 CRISPR 相关，称为 CRISPR 相关（CRISPR associated，cas）基因。除了这 4 个 *cas* 基因家族外，2005 年 Haft 等描述了 41 个新的 *cas* 基因家族出现在 CRISPR 附近。45 个 *cas* 基因中有 2 个（*cas*1 和 *cas*2）存在于所有家族中（Haft et al.，2005）。*cas* 基因是一组高度保守的基因群，其编码的蛋白质称为 Cas 蛋白，是一种双链 DNA 核酸酶，与 *Fok* I 核酸酶功能类似，对双链 DNA 具有切割作用，但不需要形成二聚体发挥作用。Cas 蛋白除了具有内切核酸酶功能外，还具有解旋酶以及与核糖核酸结合的结构域。目前发现的 45 个 *cas* 基因，分为 8 个亚型，每个亚型包括 2～6 个不同的 *cas* 基因。

“适应”、“表达”和“干扰”三个连续阶段是 CRISPR / Cas 系统发挥作用的机制（图 9.4）。第一阶段即适应阶段，也称为间隔序列获得期。当质粒或噬菌体携带的外源 DNA 片段在第一次入侵细菌和古细菌后，质粒或噬菌体 DNA 的原间隔序列邻近基序（protospacer adjacent motif，PAM）与宿主体内的 CRISPR 相关蛋白质复合体结合，通过 Cas 蛋白的内切核酸酶切割作用，将 PAM 毗邻的一段 DNA 序列作为候选的原间隔序列，整合到前导序列与第一个重复序列之间，形成一个新的间隔序列，由此形成对外源 DNA 的“记忆”。通过适应阶段，为细菌和古细菌的获得性免疫奠定了结构基础，这是因为在宿主细胞 CRISPR 基因座中保存了该质粒或噬菌体的序列信息。

第二阶段为表达阶段。CRISPR/Cas 系统的前导序列在同源的质粒或噬菌体再次入侵时，发挥“启动子”功能，使 CRISPR 序列快速转录上调，含有外源 DNA 片段的 CRISPR 转录出一段序列特异的 CRISPR RNA 前体（pre-crRNA），经 crRNA、Cas 蛋白的加工剪接将 pre-crRNA 转变为短的、成熟的 crRNA。该过程主要由 Cas 蛋白加工剪接，不同的 Cas 蛋白参与不同 CRISPR/Cas 系统的催化过程。

第三阶段为 DNA 干扰阶段，即成熟的 crRNA、tracrRNA 和 Cas 蛋白结合形成复合物干扰靶基因。成熟的 crRNA 首先与 tracrRNA 结合形成新的双链 RNA，再进一步与 Cas 蛋白结合形成 CRISPR 核糖核蛋白复合物。由于入侵质粒或噬菌体的核酸序列与 crRNA 的间隔序列互补，蛋白复合物中的 crRNA 先与入侵的质粒或噬菌体互补结合，接下来外源 DNA 或 RNA 被复合物中的 Cas 蛋白切割，对其特定位点的切割造成外源 DNA 或 RNA 双链断裂，序列完整性破坏，不能在宿主体内进行自我复制表达。再进一步激活细胞的非同源末端连接或同源末端连接两种修复机制，实现基因的敲除、敲入或修饰。

CRISPR/Cas 系统的不同类型、不同亚型都使用一套独特的 Cas 蛋白和 crRNA 进行干扰。tacrRNA 与成熟 crRNA 中重复序列碱基配对，形成新的双链 RNA，被核糖核酸酶III（RNaseIII）切割形成 crRNA/tracrRNA 复合体。在实际应用中，用人工设计的 sgRNA 替代 crRNA/tracrRNA 复合体，简化了实验、提高了效率，且保留了功能。目前应用最广泛的基因编辑系统是II型 CRISPR/Cas9 系统，该系统主要由 Cas9 蛋白和 sgRNA 组成，其中 sgRNA 起导向作用，识别约 20 bp 的靶序列（Wang et al ., 2020）。Cas9 蛋白切割 DNA 双链，目前最常用的 Cas9 蛋白主要来源于酿脓链球菌（*Streptococcus pyogenes*）的 SpCas9 ，以及金黄色葡萄球菌（*Staphylococcus aureus*）的 SaCas9。不同来源的 Cas9 识别不同的 PAM 序列，SpCas9 识别的 PAM 序列是 NGG，而 SaCas9 识别的 PAM 序列则是 NNGRRT。其中，SpCas9 蛋白是一种大型的、多结构域、多功能的 DNA 内切核酸酶，由 1368 个氨基酸组成。Cas9 蛋白分子中含有 α 螺旋识别区和核酸酶区，α 螺旋识别区由三个 α 螺旋结构域（Helical-1、Helical-2 和 Helical-3）组成，核酸酶区由 RuvC 核酸酶结构域、HNH 结构域和 PAM 互作结构域三个结构域组成，富含精氨酸的桥螺旋结构域连接 α 螺旋识别区和核酸酶区。其中，RuvC 结构域负责切割非靶链，即与靶标互补的 DNA 链。HNH 结构域负责切割与 sgRNA 互补的靶 DNA 链，PAM 互作结构域主要与 PAM 的识别有关。当 Cas9 与 sgRNA 结合后，该复合体就开始寻找互补的靶 DNA 位点，靶 DNA 位点的搜索和识别不仅需要 sgRNA 上的间隔子序列与靶标 DNA 中大约 20 bp 的原间隔子序列互补配对，也需要在靶标 DNA 位点附近存在保守的 PAM 序列。实验表明，Cas9 通过寻找合适的 PAM 序列来启动靶标 DNA 的搜索过程，然后再寻找侧翼 DNA 是否具有与 sgRNA 互补的碱基。当遇到合适 PAM 时，Cas9 停留下来，停留时间取决于邻近 DNA 与 sgRNA 之间的互补程度。一旦 Cas9 找到合适 PAM 靶位点且靶标 DNA 的靶标链与 sgRNA 互补，Cas9 蛋白会在 PAM 邻近的位点触发局部 DNA 解链，然后 RNA 链入侵，形成 RNA-靶 DNA 杂合链并置换出非靶标的 DNA 链，形成 R 环。此过程中，sgRNA 的种子区域（一般将 sgRNA 靠近 PAM 的 10～12 bp 的碱基对称为种子区）和靶 DNA 之间的互补是 Cas9 介导靶标 DNA 的靶向切割所必需的。

三、常用 CRISPR/Cas9 基因编辑载体

由于 CRISPR/Cas9 来源于原核生物，对靶基因进行编辑时需要将功能组分 Cas9 蛋白和 sgRNA 递送到胞内，主要通过质粒载体或病毒载体递送编码 Cas9 蛋白和 sgRNA 的 DNA。

（一）质粒载体

CRISPR/Cas 系统的质粒载体可以同时编码 Cas9 蛋白和 sgRNA，也可以单独编码 Cas9 或 sgRNA，通过共转染实现。对于大多数应用，一般是将 Cas9 与 sgRNA 一起使用。另外，还有两个分别表达 CRISPR RNA 阵列和 tracrRNA 的表达盒，以及一个单独表达 SpCas9 的质粒（https://www.addgene.org/crispr/zhang/）。

pX330 和 pX335 是真核细胞基因组 CRISPR/Cas9 常用的二合一质粒，质粒包含两个表达盒，人类密码子优化的 SpCas9（或 SpCas9n）和 sgRNA，分别由鸡 β 肌动蛋白启动子和 U6 启动子介导。U6 启动子属于 RNA 启动子，启动小分子 RNA 转录。载体可以用 *Bbs* I 消化，一对退火的、根据目标位点序列（20 bp）设计的寡核苷酸可以在 sgRNA 序列前克隆到载体中，同时需要在 3′端添加 3 bp NGG PAM 序列。

同时，编码 Cas9 蛋白和 sgRNA 的质粒还包括含 EGFP 的 pX458（SpCas9-2A-EGFP 和 sg RNA），以及含嘌呤霉素筛选标记的 pX459（SpCas9-2A-Puro 和 sgRNA）、pX460［SpCas9n（D10A nickase）和 sgRNA］、pX461［SpCas9n-2A-EGFP（D10A nickase）和 sgRNA］和 pX462［SpCas9n-2A-Puro（D10A nickase）和 sgRNA］等载体。有的载体含有抗性基因或荧光基因，可有效富集转染细胞，提高基因编辑效率。

pX260 和 pX334 也是常用的同时编码 Cas9 蛋白和 sgRNA 的质粒，但其包含三个表达盒：人类密码子优化的 SpCas9 或 SpCas9n、CRISPR RNA 阵列和 tracrRNA，载体可以用 *Bbs* I 消化，一对退火的、根据目标位点序列（30 bp）设计的寡核苷酸可以克隆至 CRISPR RNA 阵列中，同时也需要在 3′端添加 3 bp NGG PAM 序列。

pX165 质粒只包括一个编码 SpCas9 的表达盒，sgRNA 可以作为 PCR 扩增子

进行共转染。

（二）病毒载体

CRISPR/Cas9 编辑系统的病毒载体具有相对高的转基因表达稳定性和转染效率，在体内外已得到了广泛应用。腺相关病毒、慢病毒、腺病毒和噬菌体是常用的病毒载体。目前已有单载体和双载体病毒表达系统（https://www.addgene.org/crispr/zhang/），通过腺相关病毒在体内传递 Cas9 和 sgRNA。单载体系统使用来自金黄色葡萄球菌（SaCas9）较小的 Cas9，并将 SaCas9 基因及 sgRNA 包装到一个质粒中。双载体系统中的一个载体表达 SpCas9，另一个载体表达 sgRNA（可同时表达 1～3 个 sgRNA）。

常用的腺相关病毒载体包括 pX601、pX602、pX600、pX551、pX552 载体。其中，pX601（CMV-SaCas9 + U6-sgRNA）和 pX602（TBG SaCas9+U6-sgRNA）属于单载体系统，包括两个表达盒，一个是由 U6 启动子驱动的 sgRNA，另一个是由 CMV 启动子（pX601）或肝特异性酪氨酸结合球蛋白启动子（pX602）驱动的 SaCas9。pX601 和 pX602 载体可以用 *Bsa* I 消化，根据目标位点序列（21～22 bp）设计的一对退火寡聚体在 sgRNA 之前克隆到载体中。pX600（CMV-SaCas9）载体只包含一个由 CMV 启动子驱动的表达 SaCas9 的表达盒。pX551 质粒（Mecp 2-SpCas9）包含一个由截短的甲基化-CpG-结合蛋白-2（methyl-CpG-binding protein 2，MeCP 2）启动子驱动的 SpCas9 表达盒，用于在神经元中表达 Cas9。pX552 是一个用于 sgRNA 克隆的 AAV 质粒，包含 U6-sgRNA[SapI-Hsyn-GFP-KASH-bGH（SpCas9 引导受体）]，其中 GFP-KASH 的融合可以促进流式细胞术对细胞和细胞核的分选。

慢病毒 LentiGuide-puro 和 LentiCas9-Blast 需要成对使用，U6 启动子驱动 LentiGuide-puro 载体 sgRNA 的表达，EF-1α 启动子驱动嘌呤霉素抗性基因表达。EFS 启动子驱动载体 lentiCas9-Blast Cas9 蛋白和杀稻瘟菌素的表达。

第三节　CRISPR/Cas9 基因编辑系统优化

尽管 CRISPR/Cas 编辑系统具有设计简单、操作便捷、特异性强等诸多优点，但仍存在大量脱靶突变。对于古生菌和细菌而言，脱靶突变会出现免疫逃逸；但对于基因治疗和生物学研究而言，脱靶突变会影响基因编辑的精确性。研究认为，出现脱靶效应的主要原因是 SpCas9 能够容许 sgRNA 与靶标 DNA 的错误配对，以及 SpCas9 可以在与 sgRNA 部分配对的 DNA 靶点进行切割。虽然大量的研究致力于解决 Cas9 的脱靶效应，但完全消除脱靶效应几乎是不可能的。因此，应用 CRISRP/Cas9 技术进行基因编辑要最小化脱靶效应，如合理设计 sgRNA 分子和突变 Cas9、调整 Cas9 的浓度、调节 Cas9 与 sgRNA 的比例，以及选择合适的 Cas9 与 sgRNA 复合物的递送方式等（Sledzinski et al.，2021）。

一、合理设计 sgRNA 分子

sgRNA 的长度和结构可以影响脱靶效应或切割效率。sgRNA 由 tracrRNA 和 crRNA 组成，crRNA 负责识别约 20 bp 的靶标序列，而 tracrRNA 发挥指导 crRNA 与靶序列特异性结合的作用。为保证将外源 DNA 全部清除，来自细菌或古细菌等对噬菌体侵害免疫机制的 CRISPR/Cas9 系统允许 sgRNA 具有耐受 1～5 个碱基错配的容错能力（Doench et al.，2016）。sgRNA 与靶标序列的错配是产生脱靶现象的最主要原因。Cas9 蛋白切割的靶点由 sgRNA 的 20 bp 向导序列决定，除了正常切割靶点 DNA 双链，也有可能切割与靶点同源性较高的非靶点 DNA 序列，产生脱靶效应。脱靶效应主要取决于 sgRNA 与靶 DNA 序列错配碱基的数目、碱基错配类型（转换、颠换）、错配碱基所在位置等。研究人员通过计算机软件对 sgRNA 进行合理设计可以显著降低脱靶效应，通过对参数、界面及输出等陆续进行优化推出了一系列设计软件，如 CRISPR Design、ZiFiT、E-CRISP、CasOT、Cas-OFFinder、sgRNACas9、CHOPCHOP 等。通过模拟目标基因组内所有可能与 sgRNA 结合的位点，有助于设计特定的靶标位点。合理设计 sgRNA 是 Cas9 系统与靶序列特异性结合的关键因素，如果 sgRNA 设计不合理，会导致特异性降低和脱靶率升高。

（一）sgRNA 特异性

控制 sgRNA 与靶 DNA 序列碱基错配数目，同时最小化 sgRNA 与其他序列的相似性，避免与预测的脱靶位点有连续或间隔的 4 个碱基配对，且与非靶标序列存在 3 个以上错配，错配应是间隔小于 4 个碱基，或者是连续的、位于非靶序列的种子区域内的错配最少有 2 个。这是因为 Cas9 蛋白更能接受 sgRNA 5′端的错配（Martin et al.，2016），而位于 3′端 PAM 上游的 4 个核苷酸（+4 到+7 位点）对靶点的错配高度敏感（Safari et al.，2017）。sgRNA 的种子区决定其与靶点识别的特异性，其余序列也在不同程度上影响脱靶效应。研究发现，sgRNA 的基因编辑效率与 sgRNA 种子区 GC 含量成正比，而且 sgRNA 脱靶位点 DNA 序列与种子区序列存在 3 个以上碱基错配时，脱靶效应降低甚至消失（Ren et al.，2014）。因而在设计 sgRNA 序列时，可选择 GC 含量 40%～60%、与靶点基因序列之外的同源性低的 sgRNA 序列以提高 sgRNA 的特异性。另外，PAM 远端的 sgRNA 序列可以引起 Cas9 构象改变，使靶标位点 DNA 发生断裂，当 PAM 远端的第 15 个碱基为胞嘧啶核苷酸时，可增加 sgRNA 的特异性，降低脱靶效应（Labuhn et al.，

2018）。一般在设计 PAM 近端 sgRNA 序列时，种子区第一个碱基应避免选择胞嘧啶，优先选择鸟嘌呤，这与鸟嘌呤富集的 sgRNA 更易折叠形成稳定的结构从而降低脱靶效应有关。

（二）sgRNA 分子中碱基组成及位置

sgRNA 分子中碱基的组成及位置影响基因编辑效率，通过对 1841 条 sgRNA 进行比较，发现若 sgRNA 的 3′端第 16 位碱基为胞嘧啶核苷酸、第 20 位碱基为鸟嘌呤核苷酸，基因组编辑效率较高；若第 16 位碱基为鸟嘌呤核苷酸、第 20 位碱基为胞嘧啶核苷酸，则基因组编辑效率低。若 sgRNA 第 3 位碱基为胞嘧啶核苷酸，则基因组编辑效率比该位置为腺嘌呤核苷酸时更低。若第 18 和 19 位碱基为胸腺嘧啶核苷酸，则其编辑效率相对低一些（Doench et al.，2014）。

如果是 U6 启动子驱动 sgRNA 分子转录，由于 U6 启动子驱动的转录可能会提前终止，因此应避免在 sgRNA 中使用 PolyT 重复序列。另外，靶向 sgRNA 序列尽量使碱基分布均匀。为了可以更好地实现 Cas9 对 DNA 片段的切割，靶点尽量选择在 DNA 超敏位点。

sgRNA 设计时，GC 含量不要太低也不能太高，以最大限度地减少 DNA 和 RNA 凸起的发生，并最大限度地提高切割效率。sgRNA 中 GC 含量过高，稳定性也会提高，会增加对错配的容许。如果 sgRNA 的 GC 含量低，发生脱靶效应的可能性也会低，但如果 sgRNA 的 GC 含量过低，则会增加 DNA/RNA 复合物的稳定性，反而对错配的容许程度增加了，脱靶突变的可能性会更高（Peng et al.，2016）。

（三）sgRNA 长度

sgRNA 长度的变化也会影响脱靶水平。一般情况下，GN19-NGG 规则用于设计 SpCas9 的 sgRNA 分子。增加或减少 2～3 个核苷酸的 sgRNA 能够减少错配率，从而增加靶序列的专一性。如在其 5′端额外添加两个鸟嘌呤（GGGN19NGG 或 GGN20-NGG），sgRNA 分子不仅保持了靶向活性，还能够极大地降低脱靶效应，而且特异性更高。但也会有某些 sgRNA 分子的活性可能会略低。短的 sgRNA（tru-sgRNA），即将典型的含 20 bp 的 sgRNA 的 5′端去掉 1～3 个核苷酸，这种 sgRNA 被称为 tru-sgRNA。5′端截短 1～3 bp 的 sgRNA 仍然显示类似于全长 sgRNA 的切割活性，但可以大幅降低脱靶效应。SpCas9-tru sgRNA 在大多脱靶位点的活性降低，但在靶点的活性无明显变化，随着 sgRNA 长度的进一步减少，会出现 Cas9 活性急剧下降，甚至检测不到其表达。如 sgRNA 分子的长度为 14～15 bp，Cas9 则无核酸酶活性，但会保留 DNA 结合活性。使用长度为 16 bp、18 bp 和 20 bp 的 sgRNA 分子引导 SpCas9，显示对靶标位点强大的核酸酶活性。如果使用长度为 14 bp 的 sgRNA 分子引导，则 SpCas9 核酸酶活性被去除。因此，为了实现高效的靶向作用，SpCas9 至少需要 17 bp sgRNA 才能结合靶位点。通过对 tracrRNA 尾部进行不同程度的延长，结果发现 sgRNA 尾部延长后靶向目的基因的插入水平提高了 5 倍（Hsu et al.，2013），这表明在某种程度上增强 CRISPR/Cas9 系统的稳定性可以通过 tracrRNA 尾部的延长来实现。

（四）sgRNA 化学修饰

通过对 sgRNA 的修饰可提高系统的特异性。除了在 sgRNA 的 5′端携带两个额外的 G，还可以通过嵌合 sgRNA 法，在其 5′端包含数个 DNA 核苷酸以达到降低脱靶效应的效果（Yin et al.，2018）。这是由于 DNA-DNA 双链的热力学稳定性较 DNA-RNA 双链低，在 sgRNA 的 5′端具有多达 10 个 DNA 核苷酸的嵌合 sgRNA，其对错配的耐受性也较低。

在全长 100 bp 的 sgRNA 5′端和 3′端进行不同的化学修饰，如 2′-*O*-甲基（M）、2′-*O*-甲基 3′-硫代磷酸酯（MS）和 2′-*O*-甲基 3′硫代膦酰基乙酸酯，发现对 sgRNA 修饰后人源原发性 T 细胞、祖细胞和 $CD34^+$造血干细胞的基因组编辑效率明显增强（Hendel et al.，2015）。对 sgRNA 组成中的五碳糖的 2 号位点进行修饰，引进其他的原子或某种化学基团如戊糖分子，可以提高 sgRNA 稳定性，增加基因编辑的效率和降低脱靶效应。

总之，合理设计 sgRNA 分子时需要注意：sgRNA 的长度一般为 17～20 bp；sgRNA 的转录终止序列中避免含“TTTT”序列，可以选择 3′端含 GG 的 sgRNA，且 GC%含量在 40%～60%为宜；在构建由 U6 或 T7 启动子驱动的 sgRNA 载体时，为提高转录效率，sgRNA 的 5′端可限定为 G 或 GG；如基因编辑的目的是造成基因移码突变，设计 sgRNA 时尽量选择在编码区内部或功能域。

二、设计 Cas9 突变体及其类似物

最常用的 SpCas9 是具有多结构域和多功能的 DNA 内切核酸酶。它通过 HNH 样和 RuvC 样两个核酸酶结构域，在 PAM 上游 3 bp 处剪切双链 DNA。通过改变 Cas9 蛋白构象、运用 Cas9 酶的“关闭开关”调节其在细胞核内的丰度，以及采用 Cas9 类似物等方法，可以降低脱靶效率。

（一）Cas9 突变体

合理设计 Cas9 突变体可以提高 CRISPR/Cas9 特异性。许多突变体显示出明显降低的脱靶效应。将 Cas9 中的 1 个酶切位点失活，即突变 Cas9 的 1 个核酸酶结构域，得到单切口（Cas9 nickase，Cas9n）突变型 D10A Cas9 切口酶或 H840A Cas9 切口酶（通常为 D10A 或者 H840A 突变）。由于单切口酶仅能切割单链 DNA，在

应用 CRISPR/Cas9 进行基因编辑时需要设计 2 条 sgRNA，同时引导单切口酶 H840ACas9 或 D10ACas9 至靶标位点，即 2 条 sgRNA 可以分别结合不同的 DNA 链，突变体的单切口酶会在 2 条 sgRNA 结合的不同位置切割单链 DNA 形成单链缺口，相邻的 2 个单链切口会形成 1 个双链 DNA 断裂。双链 DNA 断裂会引起细胞以非同源末端连接的方式进行修复，从而实现缺失、插入及突变类型的基因编辑。这种单链切口酶的优点在于，需要 2 条 sgRNA 均发生错配时才会发生脱靶，如果 1 条 sgRNA 发生错配，只会形成 1 个切口，无法形成双链 DNA 断裂，而细胞会通过同源重组修复方式自动将其修复正常。用单切口酶 Cas9 和成对 sgRNA 进行基因组编辑的策略有效提高了基因编辑效率，脱靶效率降低为原来的 1/1500～1/50。该方法适用于细菌、植物、动物等多种生物体的基因编辑。

将 Cas9 蛋白的两个核酸酶结构域都进行突变，产生丧失核酸酶活性的 Cas9（deactivated Cas9，dCas9）。dCas9 的 HNH 和 RuvC 两个活性位点均失活。随后将 dCas9 与 *Fok* Ⅰ核酸酶结合形成融合蛋白（Cas9-Fok Ⅰ）。由于 *Fok* Ⅰ只有形成二聚体时才具有核酸酶活性，因此在应用中只有当两个融合蛋白形成二聚体时才能行使切割功能，这需要针对靶点序列的两条链设计 1 对 sgRNA 序列。2 个 sgRNA 引导 Cas9-Fok Ⅰ蛋白复合体结合到相距 15～20 bp 的靶 DNA 区域。*Fok* Ⅰ核酸酶发生二聚化而激活，从而对中间的 DNA 进行切割，形成双链 DNA 末端断裂。研究表明，dCas9-Fok Ⅰ融合蛋白极大地降低了脱靶水平，其专一性比 Cas9 高 140 倍，而且是 Cas9n 的 4 倍，但效率和 Cas9n 相当（Kruminis-Kaszkiel et al.，2018）。

Cas9/sgRNA 与 DNA 对错配的耐受性以及结合的稳定性受 Cas9 与 DNA 接触的影响。用非极性的丙氨酸替换 Cas9 蛋白中第 848 位、1003 位的赖氨酸和第 1060 位的精氨酸，可以增强核酸与蛋白质之间的连接强度，极大程度上降低了 Cas9 的脱靶效应。将 SpCas9 中负责与靶标序列接触的关键氨基酸残基（N497、R661、Q695 和 Q926）突变为丙氨酸后，削弱了 Cas9-DNA 之间的相互作用，降低了对脱靶结合的耐受性，得到了高保真突变体 SpCas9-HF1。SpCas9-HF1 不仅保持了至少 70%野生型 SpCas9 的靶向活性，而且很大程度上减少了与非特异性 DNA 的结合。改变 SpCas9 中与非靶标链结合的氨基酸（K848A、K1003A 和 R1060A），去除涉及稳定 Cas9 和非靶标 DNA 链之间相互作用的正电荷，得到了增强型的 SpCas9，即 eSpCas9。与 SpCas9 相比，二者中靶效率相当，但 eSpCas9 显著降低了脱靶效率。SpCas9 的 REC3 结构域对于引导 RNA-靶标 DNA 异源双链复合体的结合是必不可少的，如果出现错配，REC3 结构域可使 SpCas9 处于无活性状态。通过对 REC3 结构域（N692A、M694A、Q695A 和 H698A）进行突变，得到新型超精确 SpCas9 变体 HypaCas9。HypaCas9 不仅具有更高的靶向活性，脱靶效率也明显降低（Slaymake et al.，2016）。高保真度的 evoCas9 突变体（M495V、Y515N、K526E 和 R661Q），靶向活性稍低，但特异性与 SpCas9-HFI 和 eSpCas9 相比提高了 4 倍（Casini et al.，2018）。使用噬菌体辅助持续进化技术得到 SpCas9 新型突变体变体 xCas9 3.7，可以识别更广泛的非 NGG PAM 序列，具有识别 5′-NG-3′、5′-GAA-3′和 5′-GAT-3′的能力，与野生型 SpCas9 相比显示出较低的脱靶效率。当在 NGG PAM 近端位点及所有非 NGG PAM 近端位点与转录激活因子 VPR 融合时，xCas9 3.7 明显优于野生型 SpCas9。对于基因组 DNA，在所有非 NGG PAM 近端位点，xCas93.7 活性明显高；但在 NGG PAM 近端位点，其核酸酶活性略高于野生型 SpCas9（Hu et al.，2018）。对突变体 xCas9 进行优化得到新突变体 yCas9（262A、324R、409N、480K、543D、694L、1219T），该突变体具有多 PAM 识别位点和低脱靶性，可识别 5′-NGN-3′、5′-GAA-3′和 5′-GAT-3′，且对 GAT PAM 的识别能力高于 xCas9。与 SpCas9 相比，yCas9 脱靶效率大幅度提高（薛冬梅等，2021）。另外还有可以与截短或延长的 sgRNA 分子结合使用的 Sniper-Cas9 突变体（Lee et al.，2018），以及结合了核糖核蛋白递送优势与 REC3 结构域中 R691A 突变的高特异性、高活性的 Hifi Case9 突变体等（Vakulskas et al.，2018）。

（二）Cas9 类似物

PAM 序列是 Cas9 蛋白进行 DNA 双链切割的必要条件。5′-NGG-3′是 SpCas9 识别的经典序列，但 Cas9 蛋白识别其他的 PAM 序列是造成脱靶的因素之一。将 PAM 序列延长 4 个或 5 个核苷酸，或者将 NGG 的 N 明确限制为 4 种核苷酸中的某一种，可以提高 Cas9 的专一性。例如，PAM 为 NGGG 的 SpCas9 突变体脱靶位点相对较少。鉴于 CRISPR/Cas9 的基因组和表观基因组编辑的 Cas9 类似物较多，通过识别不同的、更复杂的 PAM 序列，发现 SpCas9 类似物比野生型 SpCas9 具有更高的特异性。这是因为更复杂的 PAM 序列与 5′-NGG-3′ PAM 序列相比，在基因组中的出现频率更低，因此基因组中潜在的脱靶位点最少，但同时也减少了潜在靶标位点的数量。SpCas9 类似物来源广泛，包括金黄色葡萄球菌 Cas9（SaCas9）、脑膜炎奈瑟球菌 Cas9（NmCas9）、嗜热链球菌 Cas9（StlCas9 和 St3Cas9）、空肠弯曲杆菌 Cas9（CjCas9）、Cas12a 家族的酸性氨基球菌（LbCas12a）、氨基酸球菌（AsCas12a）和外村尚芽孢杆菌的类似物（BhCas12b）。虽然 SpCas9 类似物较多且具有较高的特异性，但具有与 SpCas9 相当靶向性的只有 SaCas9 和 CjCas9。其他类似物由于相对较低的靶向活性，限制了其应用的广泛性。

含有 1053 个氨基酸的 SaCas9 源自金黄色葡萄球菌，识别的 PAM 序列为 5′-NNGRRT-3′（其中 N 代表任何碱基，R 代表嘌呤碱基）。与 SpCas9 相比，SaCas9 识别的 PAM 更复杂，但其靶向活性和编辑效率与 SpCas9 相当。由 20～24 bp 长度的 sgRNA 分子引导，SaCas9 可以实现在真核细胞中的最大活性，且脱靶活性低于 SpCas9，但短于 17 bp 的 sgRNA 则丧失了 SaCas9 的活性。由于 SaCas9 的体积较小，可以与 U6 启动子驱动的 sgRNA 一起包装，也可以被包装到单个腺相关病毒颗粒中，为体内递送提供了便利。鉴于野生型 SaCas9 识别的 PAM 序列复杂且相对较长，因此靶向范围有限，SaCas9-KKH 突变体（E782KN968K 和 R1015H）可以识别 5′-NNNRRT-3′PAM 序列的变化，将 SaCas9 的灵活性和靶向范围提高到 2～4 倍，且该突变体在真核细胞中保留了强大的靶向活性。

最小的、源自空肠弯曲杆菌的 CjCas9 只有 984 个氨基酸，识别的 PAM 序列为 5′-NNNNACAC-3′和 5′-NNNNRYAC-3′（N 代表任何碱基，Y 代表嘧啶碱基，R 代表嘌呤碱基）。设计 sgRNA 时，长度为 20 bp 或 19 bp（相对较短）的 sgRNA 显示出较低的效率，甚至可以完全丧失 CjCas9 活性，但与 GX_{22} sgRNA 共同作用时，显示出最佳靶向活性（Kim et al.，2017）。与 SpCas9 和 SaCas9 相比，CjCas9 的靶向活性和特异性更高，加上 CjCas9 的小尺寸，为其包装提供了便利。CjCas9 在基因治疗中显示出了巨大的潜力，已成功将 U6-sgRNA 和 CjCas9 包装到腺相关病毒颗粒中，并靶向小鼠视网膜和肌肉细胞中的多个基因位点。

另外，由 1081 个氨基酸组成，源自脑膜炎奈球菌的 NmCas9 特异性识别 5′-NNNNGATT-3′ PAM 序列。在真核细胞中不同 U6 启动子驱动下，NmCas9 系统与 crRNA 和 tracrRNA 一起使用时，23～24 bp 相对较长的 sgRNA 显示出更好的活性。而将 NmCas9 与 sgRNA 结合使用时则更倾向于较短的（21 bp）sgRNA。NmCas9 脱靶活性和靶向活性都比较低。NmCas9 系统已经在人类 HEK293T 细胞以及人类诱导的多能干细胞的基因组编辑中成功应用（Ibraheim et al.，2018）。将 NmCas9 及其 U6-sgRNA 包装到腺相关病毒颗粒中，成功靶向了小鼠的前蛋白转化酶枯草溶菌素 9（proprotein convertase subtilisin/kexin type 9）基因。通过 NmCas9 与抗 CRISPR 蛋白的结合，实现了对 NmCas9 活性的调节。

由基因位点 CRISPR1 和 CRISPR3 编码的源自嗜热链球菌的 St1Cas9 和 St3Cas9 蛋白，分别特异性识别 5′-NNAGAAW-3′和 5′-NGGNG-5′PAM 序列［N 代表任何碱基，W 代表腺嘌呤（A）或胸腺嘧啶（T）］。与 SpCas9 相比，St1Cas9 和 St3Cas9 都具有较低的靶向活性，但脱靶活性都比 SpCas9 高。另外，St1Cas9 比 St3Cas9 具有相对高的靶向效率。St1Cas9 和 St3Cas9 需要 20 bp 的 sgRNA 引导才能正确靶向，如果 sgRNA 的长度减少，可能出现活性丧失的现象。

含有 1629 个氨基酸、衍生于新弗朗西斯菌的 FnCas9 识别的 PAM 序列为 5′-NGG-3′（N 代表任何碱基）。除 DNA 靶向外，FnCas9 同时还具有 RNA 靶向活性，其 RNA 靶向活性已成功用于丙型肝炎病毒、烟草花叶病毒以及黄瓜花叶病毒的 RNA 病毒抗性。FnCas9 的 RNA 靶向活性独立于 HNH 和 RuvC-1 核酸酶结构域，其具有包含小的 CRISPR/Cas 相关 RNA：tracrRNA 复合物的 PAM 独立机制，且通过 FnCas9 与 dCas9 共同作用，可提高 FnCas9 的靶向活性。另外，FnCas9

进化的 FnCas9-RHA 变体识别 PAM 的范围进一步扩大，并且也保持了 FnCas9 的靶向活性。

三、调节 sgRNA-Cas9 复合物浓度

sgRNA 和 Cas9 核酸酶的浓度影响脱靶效率。在对 HEK293T 细胞的基因组进行切割时，高通量测序检测了 5 个潜在的脱靶位点，发现高浓度的 sgRNA-Cas9 复合物可以切割 PAM 序列内部或附近位点，形成脱靶效应。通过减少转染细胞 Cas9 蛋白和 sgRNA 的质粒量，发现在靶向目的基因时，编辑系统的特异性明显增强（Hsu et al.，2013）。尽管通过调节 sgRNA 和 Cas9 核酸酶的浓度可降低脱靶风险，但基因组编辑能力也会随着 sgRNA 和 Cas9 浓度的降低而降低，因此在调节 sgRNA 和 Cas9 核酸酶的浓度时，必须考虑基因编辑效率与脱靶效应之间的平衡。

在使用质粒转染细胞时，载体的启动子不同会影响 sgRNA 转录，进一步影响细胞内 Cas9 和 sgRNA 的浓度，最终影响脱靶效率。通过减少细胞中 sgRNA 的分子数量，影响 sgRNA-Cas9 核糖核蛋白复合物浓度，可以降低脱靶效率。因此，可以单独构建含 sgRNA 分子模块的质粒载体，在转染中降低其在细胞中的浓度。也可以用较弱的启动子驱动 sgRNA 转录，与常用的 U6 启动子相比，相对较弱的 H1 启动子具有更高的特异性（Gao et al.，2019）。

Cas9 蛋白的浓度和活性影响 CRISPR/Cas9 基因编辑的特异性，随着 Cas9 酶活性的升高，可以观察到明显的脱靶效应。对 Cas9 蛋白的浓度和活性进行调控，可以提高基因编辑的特异性。例如，利用 4-羟基他莫昔芬（4-hydroxytamoxifen，4-HT）可以调控 Cas9 酶活性的特性，在 Cas9 特定位点引入 4-HT，发现 Cas9 酶活性依赖 4-HT 的剂量（Gangopadhyay et al.，2019）。通过融合雌激素受体结合结构域、雌激素受体、二氢叶酸还原酶等小分子（Maji et al.，2017），以及植物激素相关蛋白降解信号途径如脱落酸信号级联反应通路、脱落酸受体蛋白信号通路等，也可以调控 Cas9 蛋白的活性（Gangopadhyay et al.，2019）。利用化学信号如雷帕霉素也可以调控 Cas9 表达。光也可以诱导活化 Cas9 蛋白（Chiarella et al.，2020）。将 Cas9 蛋白融合到一个或多个降解结构域，可通过调控 Cas9 蛋白的降解来调控基因编辑。另外，通过抗 CRISPR 蛋白、核酸小分子抑制剂如 2-*O*-甲基修饰的寡核苷酸、组织特异性 microRNA 如 miR-122、miR-1 等抑制 Cas9 蛋白活性，也可以实现对基因编辑的调控（Liu et al.，2020；Hoffmann et al.，2019，2021）。

四、选择合适递送系统

选择合适的递送方式和递送载体将 Cas9 和 sgRNA 准确地靶向运输到特定的组织细胞，实现精确的基因编辑，也是提高 CRISPR/Cas9 编辑系统靶向效率的方式。在体外对靶细胞进行基因组编辑时，可以将 Cas9 和 sgRNA 构建到同一载体，也可以构建到不同的载体；还可以采用不同的递送方式，如通过电穿孔、纳米颗粒、脂质体或病毒载体将编辑质粒转入细胞中。

（一）递送方式

目前有三种传递方式可实现 Cas9 蛋白和 sgRNA 两个元件的递送：递送编码 Cas9 蛋白和 sgRNA 的 DNA 质粒、递送 Cas9 mRNA 和 sgRNA，以及递送 Cas9 蛋白和 sgRNA。

在 DNA 水平递送编码 Cas9 蛋白和 sgRNA 的 DNA 质粒，是常用的一种递送形式。可以是分别递送单个编码质粒，也可以递送二合一质粒。其中，pX330 是最常用的递送载体，但质粒 DNA 的分子质量大、负电荷强，给 CRISPR/Cas9 系统递送和表达带来了较大困难。另外，质粒需要进入细胞核转录成相应的 mRNA，mRNA 需要转移到细胞质中翻译成 Cas9 蛋白才能与 sgRNA 结合发挥功能，整个过程耗时较长。另外，Cas9 蛋白存在于细胞中的时间也相对较长，长时间存在的 Cas9 蛋白会引起相对高的脱靶效应和较高的免疫反应。

递送 sgRNA 和编码 Cas9 蛋白的 mRNA 属于 RNA 水平的递送方式。由于递送的是 RNA，只需递送到细胞质即可，Cas9 mRNA 无需进入细胞核内，在胞质核糖体中翻译成 Cas9 蛋白就可以发挥作用。与质粒递送相比，由于 Cas9 蛋白的表达是瞬时的，此递送方式产生的脱靶效应低，递送的 mRNA 稳定性差，很容易被核酸酶降解，需要选择合适的递送方法以保护 mRNA 不被核酸酶降解。制备两性离子氨基脂质非病毒载体，通过包封长序列 RNA，有助于 mRNA 体内逃逸核酸酶的降解。另外，通过化学修饰 Cas9 mRNA 和 sgRNA 以抵抗核酸酶的降解，可以提高其稳定性和基因编辑的效率。

直接递送 Cas9 蛋白和 sgRNA 是最直接、简便的递送方法。该递送方式无转录和翻译过程，基因编辑效率快速高效，也可以显著降低脱靶效应。将体外合成的 Cas9 蛋白与 sgRNA 组成核糖核蛋白递送至靶细胞，然后立刻切割靶标 DNA 并且在细胞内迅速降解。在评估 11 个脱靶位点时发现，阳离子脂质体包裹的核糖核蛋白递送系统，与质粒 DNA 转染方式相比，基因编辑效率提高近 10 倍（Zuris et al.，2015）。另外，利用核糖核蛋白系统共转运 Cas9 蛋白和 2′-*O*-甲基 3′-硫代磷酸酯修饰的 sgRNA，能够显著提高不同靶向基因的在靶与脱靶效率比值（Hendel et al.，2015）。

（二）递送载体

CRISPR/Cas9 系统递送方法包括微注射、电穿孔，以及病毒载体和非病毒载体等。电穿孔进行基因转染时对细胞的损伤较大；质粒和病毒载体应用比较广泛；脂质体和纳米颗粒也是有前景的递送工具。

质粒载体具有操作简单、稳定性高、成本低等优点，是一种常用的递送载体。病毒载体转基因表达稳定，且具有高效的转染效率，也是一种常用的递送载体。常用的病毒载体包括腺病毒、腺相关病毒、慢病毒和噬菌体等。其中，腺病毒具有良好的生物学特性、高效的转染效率、遗传稳定性和大规模易用性等优点。相对于其他病毒载体，腺相关病毒具有良好的安全性，表现出更低的免疫原性，是递送 CRISPR/Cas9 系统应用最广泛的病毒载体。但腺相关病毒仅有 4.7 kb 的装载量，因此更小分子的 SaCas9 被开发利用。慢病毒的装载量在 8 kb 左右，是一种可以包封多达 100 个表达 SaCas9 蛋白 mRNA 的慢病毒生物纳米颗粒，与腺病毒或腺相关病毒相比，具有较低的脱靶率（Lu et al.，2019）。噬菌体载体主要用于抗多药耐药菌，将 Cas9 蛋白和 sgRNA 包封到从噬菌体 P22 衍生出的类病毒颗粒中，可以实现靶向断裂 DNA 双链，通过同源重组或非同源末端连接有效地进行基因编辑（Qazi et al.，2016）。

尽管通过病毒载体进行细胞转导能够实现有效地递送，但在宿主体内有可能引起不必要的突变风险和免疫原性。类脂质非病毒载体和阳离子脂质载体通过静电相互作用装载核酸，已被用于 CRISPR/Cas9 系统的质粒 DNA、mRNA 和核糖核蛋白递送。为了提高递送效率，一种两性离子氨基脂质的纳米颗粒已经制备；为促进体内载体逃逸、提高基因编辑效率，制备了一种生物还原性脂质纳米粒，通过响应还原环境迅速释放 Cas9 mRNA，对 HEK 细胞 *EGFP* 基因的敲除效率高达 90%（Liu et al.，2019）。基于聚合物的聚乙烯亚胺可以递送不同大小的核酸，研究者设计了阳离子脂质辅助聚合物纳米颗粒，可以递送各种核酸。为了提高阳离子脂质辅助聚合物纳米粒递送 CRISPR/Cas9 的特异性，将质粒 Cas/sgRNA 的启动子更换为细胞特异性启动子，改造后的质粒实现了在巨噬细胞中特异性启动 Cas9 核酸酶的表达，不仅提高了基因编辑的特异性，还降低了脱靶效应（Luo et al.，2018）。另外，金属纳米颗粒、抑制蛋白结构域蛋白 1 介导的微泡、氧化石墨烯纳米载体等也可以进行 CRISPR /Cas9 系统的递送。阳离子聚合物与纳米金粒子组合而成的递送载体将供体 DNA 和 Cas9 核糖核蛋白递送至细胞中，纠正了导致肌营养不良小鼠突变的 DNA，而且降低了脱靶效应（Lee et al.，2017）。一种具有跨细胞膜转运能力的细胞穿透肽已被用于实现高效 Cas9 蛋白和 sgRNA 递送，与质粒转染相比，其脱靶率明显降低。

五、调控细胞修复通路

靶标位点的专一性与 DNA 双链断裂修复通路有关。DNA 双链断裂后，机体通过非同源末端重组和同源重组两种机制进行修复，如果无同源供体 DNA 模板，细胞会通过非同源末端重组方式进行修复，导致靶标位点碱基的插入或缺失，使非同源末端重组修复错误率较高。若存在同源供体 DNA，细胞会采用同源重组修复系统准确地将同源 DNA 插入，因此同源重组修复可以精确地向基因组中插入片段。在具备完整 DNA 双链断裂修复能力的人类多能干细胞中，脱靶突变很少发生，而在一些改造的人类细胞中，如出现 DNA 双链断裂修复通路失调，则容易发生脱靶效应。此外，在细胞中，两种修复机制存在相互竞争作用，因此提高同源重组的修复率可以提高 CRISPR/Cas9 编辑系统的专一性。通过小分子抑制剂抑制非同源末端重组修复方式可以提高编辑效率。DNA 连接酶 IV 是非同源末端重组通路中的关键因子，使用 DNA 连接酶 IV 抑制剂 SCR7 可以将同源重组介导的基因编辑效率提高 19 倍（Peng et al.，2016）。DNA 蛋白激酶抑制剂 NU7441 和 KU-0060648 通过 DNA 连接酶 IV 上游的 DNA 依赖性蛋白激酶催化亚单位靶点抑制非同源末端重组修复通路，促进同源重组修复。另外，小分子化合物 β3 肾上腺素受体激动剂 L755507 可以将同源重组介导的基因编辑效率提高了 3 倍，其机制是通过 siRNA 和蛋白质的降解作用使正常的连接酶 IV 转变为连接酶 IV 变体，降低了非同源末端重组的活性（Pawelczak et al.，2018）。

细胞周期影响断裂 DNA 双链的修复方式，非同源末端重组修复方式可以发生在细胞周期各个阶段，而同源重组修复主要发生在 S 期和 G_2 期。如果将细胞周期阻止在 S 期和 G_2 期，则可以提高同源重组的修复率。通过同步化细胞周期在 S 期和 G_2 期，如在培养的细胞中添加细胞周期阻滞药物 ABT-751、aphidicolin、nocodazole 等化合物，使细胞停滞在 G_2 期，可以提高基因组定点修饰的效率（Pawelczak et al.，2018）。

研究发现，供体 DNA 的长度也会影响同源重组率，应用相对较长的同源臂能够提高同源重组效率。但同源臂的长度需要根据所使用的细胞来源、插入片段大小和方式等来确定其最优长度。一般每个同源臂的大小为插入片段长度的 50%～100%，则可以获得较高的同源重组效率。在供体 DNA 的末端进行硫代磷酸化修饰保护可以提高编辑效率（Liang et al.，2017）。另外，在人类胚胎干细胞中双侧引入同源臂比单侧引入同源臂的同源重组效率高。

除了以上针对 CRISPR/Cas9 编辑系统的优化方式外，研究者根据细胞内大量稳定存在 tRNA 的现象，一种耐 RNase 的笼状 tRNA 样 crRNA（catRNA）被开发，catRNA 非常稳定，与传统 crRNA 相比，介导外源 DNA 的整合效率增加了 4.3 倍（Zhang et al.，2018）。另外，在 CRISPR/Cas9 基础上建立的各种碱基编辑器，如胞嘧啶碱基编辑器、Cas9 碱基编辑器、Cpf1 碱基编辑器、腺嘌呤碱基器等，可实现胞嘧啶向胸腺嘧啶的转换，在高甲基化区域、GC 富集区域和 AT 富集区进行碱基替换，不仅扩展了单碱基编辑的范围，且显著提高了点突变效率及靶向突变的精确性，降低了脱靶效率（Zeng et al.，2020）。

总结与展望

基因组编辑技术是对基因特定位点进行修饰，目前常用的基因编辑系统主要包括 ZFN、TALEN 和 CRISPR/Cas 三种。ZFN 编辑系统主要由锌指蛋白结构域和内切核酸酶 *Fok* Ⅰ 结构域组成，TALEN 编辑系统主要由 TALE 蛋白和 *Fok* Ⅰ 组成，CRISPR/Cas 编辑系统包括 CRISPR RNA 复合体和 Cas 蛋白。三种基因编辑系统的核酸酶在靶基因的特定位点使 DNA 双链断裂，诱发非同源末端连接或同源重组修复断裂的 DNA 双链，从而实现基因的敲除、敲入、碱基编辑和转录抑制或激活等。其中，CRISPR/Cas9 系统因其基因编辑高效、遗传操作便捷可靠等优点，已经成为生物学技术领域最重要的基因编辑工具，其编辑载体包括质粒载体和病毒载体，在应用 CRISRP/Cas9 技术进行基因编辑时，可以通过优化 sgRNA 分子、Cas9、Cas9 与 sgRNA 的比例及递送方式等措施降低或最小化脱靶效应。

虽然目前基因编辑技术尤其 CRISRP/Cas9 编辑系统发展迅速、技术成熟，在医学研究、临床治疗、生物药物、材料与环境等领域被广泛应用，但仍然存在一定局限性，如在基因编辑时，由于细胞类型或靶位点的不同，靶向效率存在很大差异，存在一定的脱靶效应。因此，在应用 CRISRP/Cas 技术进行基因编辑时，仍需要不断进行优化和改造，挖掘其他 Cas 蛋白酶，开发利用多种融合蛋白的基因编辑工具进一步丰富基因编辑的范围，最大限度地提高靶向效率，降低脱靶效应。

参 考 文 献

王天云，贾岩龙，王小引，等. 2020. 哺乳动物细胞重组蛋白工程. 北京：化学工业出版社.

薛冬梅，朱海霞，杜文豪，等. 2021. 基于结构的 CRISPR 蛋白 xCas9 的优化设计. 生物工程学报，37(4): 1385-1395.

Amoasii L, Hildyard J C W, Li H, et al. 2018. Gene editing restores dystrophin expression in a canine model of Duchenne muscular dystrophy. Science, 362(6410): 86-91.

Bibikova M, Golic M, Golic KG, et al. 2002.Targeted chromosomal cleavage and mutagenesis in *Drosophila* using zinc-finger nucleases. Genetics, 161(3): 1169-1175.

Casini A, Olivieri M, Petris G, et al. 2018. A highly specific SpCas9 variant is identified by in vivo screening in yeast. Nat Biotechnol, 36(3): 265-271.

Chiarella A M, Butler K V, Gryder B E, et al. 2020. Dose-dependent activation of gene expression is achieved using CRISPR and small molecules that recruit endogenous chromatin machinery. Nat

Biotechnol, 38(1): 50-55.

Choudhury S R, Cui Y, Lubecka K, et al. 2016. CRISPR-dCas9 mediated TET1 targeting for selective DNA demethylation at BRCA1 promoter. Oncotarget, 7(29): 46545-46556.

Doench J G, Fusi N, Sullender M, et al. 2016. Optimized sgRNA design to maximize activity and minimize off-target effects of CRISPR-Cas9. Nat Biotechnol, 34(2): 184-191.

Doench J G, Hartenian E, Graham D B, et al. 2014. Rational design of highly active sgRNAs for CRISPR-Cas9-mediated gene inactivation. Nat Biotechnol, 32(12): 1262-1267.

Doman J L, Raguram A, Newby G A, et al. 2020. Evaluation and minimization of Cas9-independent off-target DNA editing by cytosine base editors. Nat Biotechnol, 38(5): 620-628.

Gaj T, Sirk S J, Shui S L, et al. 2016. Genome-editing technologies: Principles and applications. Cold Spring Harb Perspect Biol, 8(12): a023754.

Gangopadhyay S A, Cox K J, Manna D, et al. 2019. Precision control of CRISPR-Cas9 using small molecules and light. Biochemistry, 58(4): 234-244.

Gao Z, Herrera-Carrillo E, Berkhout B. 2019. A single H1 promoter can drive both guide RNA and endonuclease expression in the CRISPR-Cas9 system. Mol Ther Nucleic Acids, 14: 32-40.

Gupta D, Bhattacharjee O, Mandal D, et al. 2019. CRISPR-Cas9 system: A new-fangled dawn in gene editing. Life Sci Sep, 232: 116636.

Haft D H, Selengut J, Mongodin E F, et al. 2005. A guild of 45 CRISPR-associated(Cas)protein families and multiple CRISPR/Cas subtypes exist in prokaryotic genomes. PLoS Comput Biol, 1(6): e60.

Hanzawa N, Hashimoto K, Yuan X, et al. 2020. Targeted DNA demethylation of the Fgf21 promoter by CRISPR/dCas9-mediated epigenome editing. Sci Rep, 10(1): 5181.

Hendel A, Bak R O, Clark J T, et al. 2015. Chemically modified guide RNAs enhance CRISPR-Cas genome editing in human primary cells. Nat Biotechnol, 33(9): 985-989.

Hoffmann M D, Aschenbrenner S, Grosse S, et al. 2019. Cell-specific CRISPR-Cas9 activation by microRNA-dependent expression of anti-CRISPR proteins. Nucleic Acids Res, 47(13): e75.

Hoffmann M D, Mathony J, Upmeier Zu Belzen J, et al. 2021. Optogenetic control of *Neisseria meningitidis* Cas9 genome editing using an engineered, light-switchable anti-CRISPR protein. Nucleic Acids Res, 49(5): e29.

Hsu P D, Scott D A, Weinstein J A, et al. 2013. DNA targeting specificity of RNA-guided Cas9 nucleases. Nat Biotechnol, 31(9): 827-832.

Hu J H, Miller S M, Geurts M H, et al. 2018. Evolved Cas9 variants with broad PAM compatibility and high DNA specificity. Nature, 556(7699): 57-63.

Huang T P, Zhao K T, Miller S M, et al. 2019. Circularly permuted and PAM-modified Cas9 variants broaden the targeting scope of base editors. Nat Biotechnol, 37(6): 626-631.

Ibraheim R, Song C Q, Mir A, et al. 2018. All-in-one adeno-associated virus delivery and genome editing by *Neisseria meningitidis* Cas9 *in vivo*. Genome Biol, 19(1): 137.

Ishino Y, Shinagawa H, Makino K, et al. 1987. Nucleotide sequence of the iap gene, responsible for alkaline phosphatase isozyme conversion in *Escherichia coli*, and identification of the gene product. J Bacteriol, 169(12): 5429-5433.

Janik E, Niemcewicz M, Ceremuga M, et al. 2020. Various aspects of a gene editing system-CRISPR-Cas9. Int J Mol Sci, 21(24): 9604.

Jansen R, Embden J D, Gaastra W, et al. 2002. Identification of genes that are associated with DNA repeats in prokaryotes. Mol Microbiol, 43(6): 1565-1575.

Kang J G, Park J S, Ko J H, et al. 2019. Regulation of gene expression by altered promoter methylation using a CRISPR/Cas9-mediated epigenetic editing system. Sci Rep, 9(1): 11960.

Kim E, Koo T, Park SW, et al. 2017. *In vivo* genome editing with a small Cas9 orthologue derived from *Campylobacter jejuni*. Nat Commun, 8: 14500.

Kruminis-Kaszkiel E, Juranek J, Maksymowicz W, et al. 2018. CRISPR/Cas9 technology as an emerging tool for targeting amyotrophic lateral sclerosis(ALS). Int J Mol Sci, 19(3): 906.

Kuroda K, Ueda M. 2021. CRISPR nickase-mediated base editing in yeast. Methods Mol Biol, 2196: 27-37.

Labuhn M, Adams F F, Ng M, et al. 2018. Refined sgRNA efficacy prediction improves large- and small-scale CRISPR-Cas9 applications. Nucleic Acids Res, 46(3): 1375-1385.

Lee J K, Jeong E, Lee J, et al. 2018. Directed evolution of CRISPR-Cas9 to increase its specificity. Nat Commun, 9(1): 3048.

Lee K, Conboy M, Park H M, et al. 2017. Nanoparticle delivery of Cas9 ribonucleoprotein and donor DNA *in vivo* induces homology-directed DNA repair. Nat Biomed, 1: 889-901.

Lillico S G, Proudfoot C, Carlson D F, et al. 2013. Live pigs produced from genome edited zygotes. Sci Rep, 3: 2847.

Li X, Huang L, Pan L, et al. 2021.CRISPR/dCas9-mediated epigenetic modification reveals differential regulation of histone acetylation on *Aspergillus niger* secondary metabolite. Microbiol Res, 245: 126694.

Liang X, Potter J, Kumar S, et al. 2017. Enhanced CRISPR/Cas9-mediated precise genome editing by improved design and delivery of gRNA, Cas9 nuclease, and donor DNA. J Biotechnol, 241: 136-146.

Liu J, Chang J, Jiang Y, et al. 2019. Fast and efficient CRISPR/Cas9 genome editing *in vivo* enabled by bioreducible lipid and messenger RNA nanoparticles. Adv Mater, 31(33): e1902575.

Liu Q, Zhang H, Huang X. 2020. Anti-CRISPR proteins targeting the CRISPR-Cas system enrich the toolkit for genetic engineering. FEBS J, 287(4): 626-644.

Lu B, Javidi-Parsijani P, Makani V, et al. 2019. Delivering SaCas9 mRNA by lentivirus-like bionanoparticles for transient expression and efficient genome editing. Nucleic Acids Res, 47(8): e44.

Luo Y L, Xu C F, Li H J, et al. 2018. Macrophage-specific in vivo gene editing using cationic lipid-assisted polymeric nanoparticles. ACS Nano, 12(2): 994-1005.

Maji B, Moore C L, Zetsche B, et al. 2017. Multidimensional chemical control of CRISPR-Cas9. Nat Chem Biol, 13(1): 9-11.

Martin F, Sánchez-Hernández S, Gutiérrez-Guerrero A, et al. 2016. Biased and unbiased methods for the detection of off-target cleavage by CRISPR/Cas9: An overview. Int J Mol Sci, 7(9): 1507.

McDonald J I, Celik H, Rois L E, et al. 2016. Reprogrammable CRISPR/Cas9-based system for inducing site-specific DNA methylation. Biol Open, 5(6): 866-874.

Nakade S, Tsubota T, Sakane Y, et al. 2014. Microhomology-mediated end-joining-dependent integration of donor DNA in cells and animals using TALENs and CRISPR/Cas9. Nat Commun, 5: 5560.

Oikemus S R, Pfister E, Sapp E, et al. 2021. Allele-specific knockdown of mutant huntingtin protein via editing at coding region single nucleotide polymorphism heterozygosities. Hum Gene Ther, 33(1-2): 25-36.

Pawelczak K S, Gavande N S, VanderVere-Carozza P S, et al. 2018. Modulating DNA repair pathways to improve precision genome engineering. ACS Chem Biol, 13(2): 389-396.

Peng R, Lin G, Li J. 2016. Potential pitfalls of CRISPR/Cas9-mediated genome editing. FEBS J, 283(7): 1218-1231.

Qazi S, Miettinen H M, Wilkinson R A, et al. 2016. Programmed self-assembly of an active P22-Cas9

nanocarrier system. Mol Pharm, 13(3): 1191-1196.
Ren X, Yang Z, Xu J, et al. 2014. Enhanced specificity and efficiency of the CRISPR/Cas9 system with optimized sgRNA parameters in *Drosophila*. Cell Rep, 9(3): 1151-1162.
Safari F, Farajnia S, Ghasemi Y, et al. 2017. New developments in CRISPR technology: improvements in specificity and efficiency. Curr Pharm Biotechnol, 18(13): 1038-1054.
Slaymaker I M, Gao L, Zetsche B, et al. 2016. Rationally engineered Cas9 nucleases with improved specificity. Science, 351(6268): 84-88.
Sledzinski P, Dabrowska M, Nowaczyk M, et al. 2021. Paving the way towards precise and safe CRISPR genome editing. Biotechnol Adv, 49: 107737.
Thomas K R, Folger K R, Capecchi M R. 1986. High frequency targeting of genes to specific sites in the mammalian genome. Cell, 44(3): 419-428.
Vakulskas C A, Dever D P, Rettig G R, et al. 2018. A high-fidelity Cas9 mutant delivered as a ribonucleoprotein complex enables efficient gene editing in human hematopoietic stem and progenitor cells. Nat Med, 24(8): 1216-1224.
Wang J, Zhang C, Feng B. 2020. The rapidly advancing class 2 CRISPR-Cas technologies: A customizable toolbox for molecular manipulations. J Cell Mol Med, 24(6): 3256-3270.
Yin H, Song C Q, Suresh S, et al. 2018. Partial DNA-guided Cas9 enables genome editing with reduced off-target activity. Nat Chem Biol, 14(3): 311-316.
Zeng D, Li X, Huang J, et al. 2020. Engineered Cas9 variant tools expand targeting scope of genome and base editing in rice. Plant Biotechnol J, 18(6): 1348-1350.
Zhang X, Xu L, Fan R, et al. 2018. Genetic editing and interrogation with Cpf1 and caged truncated pre-tRNA-like crRNA in mammalian cells. Cell Discov, 4: 36.
Zuris J A, Thompson D B, Shu Y, et al. 2015. Cationic lipid-mediated delivery of proteins enables efficient protein-based genome editing in vitro and *in vivo*. Nat Biotechnol, 33(1): 73-80.

（王小引　王　冲）

第十章　基因表达载体操作实例

基因工程和蛋白质工程技术的发展越来越快，也越来越完善，作为新世纪生物科学前沿，其快速发展促进了各相关领域的进步。通过基因工程表达蛋白质，通常需要先获得目的基因、构建基因表达载体、将基因表达载体转入受体细胞、目的基因的检测与鉴定以及目的蛋白的表达与纯化等步骤（Sambrook and David，2002；鞠守勇等，2021）。许多蛋白质可以通过多种基因表达载体在不同宿主细胞中成功表达。由于遗传调控机制的差异，重组蛋白的表达条件和表达水平因表达系统不同而存在差异（Jain et al.，2017；Sepehrifar et al.，2021）。因此，应根据不同的蛋白质，选择合适的表达载体和表达系统；同时，也应充分考虑各种因素，如载体、宿主、转化和纯化方法等。

第一节　原核表达载体操作实例

原核表达系统是目前发展最经典的表达系统，表达菌株较多，但不同的表达载体对应有不同的表达菌株。其中，*E. coli* 表达系统是生产重组蛋白的最优选择系统，因为它不仅可以在廉价的培养基上生长，而且倍增时间较短、突变体的选择较易；此外，*E. coli* 表达重组蛋白的效率较高。外源蛋白质也可在 *E. coli* 菌体表面表达，可用于疫苗制备、作为探针筛选药物等。

原核表达系统操作的一般程序包括：①获得目的基因；②构建重组表达载体，即将目的基因插入表达载体中并进行测序验证；③获得含有重组表达质粒的菌种；④诱导目的蛋白表达及纯化；⑤鉴定表达蛋白的活性及功能。

干扰素（interferon，IFN）是机体在受到感染或其他炎症刺激下而产生的细胞因子，这些细胞因子具有抗病毒和调节免疫细胞的功能；同时，干扰素对宿主防御也至关重要，可能参与自身免疫和炎症性疾病的发病过程。最初，由病毒诱导产生干扰素的产量低且价格昂贵，满足不了生活所需；目前，可在 *E. coli* 中发酵来进行大规模生产（李晨和李洁，2018）。本节以人滋养层 IFN 为例，介绍原核表达系统操作的具体流程。

一、材料

PCR 仪、水平电泳槽、Nano 分光光度计、恒温培养箱、高压灭菌锅、制冰机、摇床、试管、超声破碎仪、离心管、紫外分光光度计、低温离心机、pH 计、超净工作台、垂直凝胶电泳仪、高压细胞破碎仪、AKTA 蛋白纯化仪、透析袋、凝胶成像仪、水浴锅、聚偏二氟乙烯（polyvinylidene fluoride，PVDF）膜。

HEK 293 细胞、限制性内切核酸酶、RNA 提取试剂盒/TRIzol 试剂、酵母粉、氯仿、异丙醇、无 RNase 超纯水（无 RNase ddH_2O）、逆转录试剂盒、*Taq* Mix、琼脂糖、DNA Marker、DH5α 感受态、*Amp*、胰蛋白胨、NaCl、琼脂粉、TAE 电泳缓冲液、*E. coli* BL21（DE3）、pET-32a、三羟甲基氨基甲烷（Tris）、过硫酸铵、异丙基-β-D-硫代半乳糖苷（IPTG）、甘油、咪唑、30%丙烯酰胺/甲叉双丙烯酰胺、10×TBST 溶液（pH7.4）、75%乙醇、T4 连接酶、磷酸缓冲盐溶液（PBS）、质粒提取试剂盒、四甲基乙二胺、5×SDS 上样缓冲液、甘油。

二、方法

（一）原核表达载体构建

1. 目的基因分离

1）HEK293 细胞总 RNA 提取

使用 RNA 提取试剂盒（参照说明书）或 TRIzol 法从 HEK293 细胞中提取总 RNA，其中 TRIzol 法提取 RNA 步骤如下。

（1）将培养的 HEK293 细胞培养皿置于冰上，加入 TRIzol 试剂（按照 1×10^7 个细胞加 1 mL 计算）后作用 5～10 min，接着用移液器轻轻吹打混匀并将液体转入 1.5 mL 离心管中。

（2）向上述 1.5 mL 离心管中加入氯仿，加入量为所加 TRIzol 体积的 1/5，充分混匀，放于冰上 5～10 min（氯仿为有机溶剂，能有效地分离有机相和无机相。其中，有机相中主要是酚和蛋白质，RNA 进入无机相，从而使蛋白质和 RNA 分离）。

（3）将离心管置于离心机中，4℃、12 000 r/min 离心 15 min。离心后，离心管中液体分为三层，其中 RNA 在上清中。

（4）将离心管轻轻取出，避免振荡。

（5）准备新的 1.5 mL 离心管，轻柔吸取上清于新的离心管中，切勿吸到下层沉淀。

（6）往新的离心管中加入与上述吸取的上清等体积的异丙醇，放于冰上 10 min，12 000 r/min 离心 10 min（异丙醇主要用于沉淀 RNA）。

（7）离心后，将上清轻轻吸弃，观察离心管侧壁，有少许沉淀。

（8）75%乙醇洗涤沉淀，用于分离剩余的有机溶剂。冰上静置 1～2 min，使有机溶剂充分溶解，然后4℃离心5 min，将上清轻轻吸弃。

（9）瞬时离心，将管壁液体慢慢吸出，将离心管置于超净台中干燥 5～10 min。注意不能过度干燥RNA样品，否则较难溶解。

（10）加入50 μL无RNase超纯水，充分溶解沉淀。

（11）测定RNA浓度，将RNA于–80℃保存备用。

2）RT-PCR扩增获得干扰素基因

根据已报道的IFN序列（GenBank登记号：L25664.1），使用Primer Premier 6.0或Oligo 6软件设计合成扩增IFN基因的引物，用Bioedit软件分析IFN序列的酶切位点，并在每条引物的5′端添加合适的酶切位点，如*Sal* I或*Eco*R I。

采用逆转录试剂盒进行逆转录反应，将总RNA逆转录成cDNA；然后以cDNA为模板，利用设计合成的IFN引物，通过PCR扩增获得IFN基因（588 bp）。具体步骤如下。

（1）去除基因组DNA反应体系如表10.1。

表10.1　去除基因组DNA反应体系

试剂	体积
5×gDNA Eraser Buffer	2.0 μL
gDNA Eraser	1.0 μL
总RNA	≤1.0 μg
无RNase水	加至10 μL

反应条件为42℃、2 min，4℃保存。

（2）cDNA合成反应体系如表10.2。

表10.2　cDNA合成反应体系

试剂	体积
步骤（1）的反应液	10.0 μL
PrimeScript RT Enzyme Mix I	1.0 μL
Oligo dT Primer	50 pmol
5×PrimeScript Buffer 2	4.0 μL
无RNase水	加至20 μL

反应条件为37℃、15 min，85℃、5 s，37℃保存。

（3）IFN基因PCR扩增体系如表10.3。

PCR程序为95℃预变性3 min；95℃、30 s，55℃ 、30 s，72℃、5 min，共30个循环；72℃ 延伸5 min，4℃保存。

表 10.3 IFN 基因 PCR 扩增体系

试剂	体积
cDNA	10 ng
上游引物（10 μmol/L）	1.0 μL
下游引物（10 μmol/L）	1.0 μL
Taq Mix	12.5 μL
ddH_2O	加至 50 μL

反应结束后，通过 1%～2%琼脂糖凝胶电泳进行鉴定。

当条带大小约 588 bp 且条带单一时，回收目的片段（具体步骤参照琼脂糖凝胶回收试剂盒说明书）。

2. 重组表达载体构建

1）目的片段及表达载体双酶切

分别用限制性内切核酸酶 *Sal* I 和 *Eco*R I 双酶切上述回收的 IFN 基因片段和原核表达载体如 pET-32a，双酶切体系如表 10.4。

表 10.4　双酶切体系

试剂	体积
pET-32a/IFN 片段	1～2 μg
10×Buffer	1.0 μL
Sal I（15 U/μL）	1.5 μL
*Eco*R I（15 U/μL）	1.5 μL
ddH_2O	加至 50 μL

反应条件为：37℃，2～4 h。反应结束后，将酶切后的产物进行 1%～2%琼脂糖凝胶电泳鉴定，IFN 片段为 588 bp，pET-32a 质粒片段约 5900 bp。使用琼脂糖凝胶回收试剂盒回收相应目的片段。

2）目的片段与表达载体连接

将上述回收获得的 IFN 片段与 pET-32a 载体酶切片段通过 T4 连接酶进行连接，连接反应体系参考表 10.5。

表 10.5　T4 连接反应体系

试剂	体积
IFN 目的片段	300 ng
表达载体 pET-32a	100 ng
T4 连接酶（350 U/μL）	1.0 μL
10×T4 DNA Ligase Buffer	1.0 μL
ddH_2O	加至 10 μL

将上述体系在 16℃下进行过夜连接，之后将连接产物转化入 *E. coli* DH5α 感受态细胞，步骤如下。

（1）从–80℃取出 *E. coli* DH5α 感受态细胞，冰上融化，在超净工作台中加入连接完成的反应液，轻轻混匀，冰上静置 25～30 min。

（2）42℃水浴热激 90 s，冰上静置 2～3 min。

（3）在超净工作台内，往离心管中加入 0.5～1.0 mL LB 液体培养基，置于 37℃摇床，200 r/min 培养约 45 min。

（4）培养后，低速（不超过 4000 r/min）离心，弃去大部分上清，只留取 100～200 μL，然后与沉淀轻轻混匀，涂布在含有相应抗生素的 LB 平板上（含 *Amp*）。

（5）在 37℃培养箱中将培养皿倒置培养 12～15 h。

3. 重组表达载体提取与鉴定

1）重组表达载体提取

在超净工作台内，挑取过夜培养获得的单菌落于 5 mL 含有 *Amp* 的 LB 液体培养基中，37℃、220 r/min 培养 12～15 h。按照质粒提取试剂盒说明书进行质粒提取，将其命名为 pET32a-IFN，并测定其浓度及质量。

2）重组表达载体鉴定

对获得的重组表达载体 pET32a-IFN 进行双酶切鉴定，酶切后获得 IFN 基因片段与 pET-32a 质粒片段。通过 1%～2%琼脂糖凝胶电泳进行检测，由于 IFN 基因与 pET-32a 质粒片段相对分子质量不同，在电泳过程中产生不同的条带，通过与已知长度对比确定其正确性；或将上述过夜培养获得的阳性克隆进行菌落 PCR 鉴定。

将酶切鉴定正确的质粒或菌落培养液送至测序公司进行序列测定。将测序结果与目的序列进行同源比对分析。

3）重组表达载体保存

若测序结果与目的序列相同，说明重组表达载体 pET32a-IFN 已构建成功。接种已构建成功的重组表达载体 pET32a-IFN 菌液于 5 mL 含有 *Amp* 的 LB 液体培养基中，37℃、220 r/min 培养 12～15 h。在超净工作台中，将菌液与 60%甘油菌按照体积比为 1∶1 均匀混合于冻存管中，–80℃冰箱保存。

（二）干扰素的原核表达、鉴定与纯化

1. 干扰素的原核表达

1）干扰素的小量表达

（1）将上述测序正确的 pET32a-IFN 重组质粒转化至 *E. coli* BL21（DE3）中，

于37℃培养箱中过夜培养。

（2）在超净工作台中，挑取过夜培养的单菌落，将含有重组质粒pET32a-IFN的*E. coli* BL21（DE3）接种至含有相应抗生素的4 mL LB液体培养基中（含*Amp*），37℃、220 r/min振荡培养10～12 h，作为种子液。

（3）将种子液按照1∶100（*V/V*）的比例接种至6管6 mL新鲜LB液体培养基中（含*Amp*），置于37℃、220 r/min摇床进行培养。

（4）培养2～3 h后，使用紫外可见分光光度计测定菌液的OD_{600}，当测得菌液的OD_{600}为0.6～0.8时，其中3管加定量诱导剂（如1 mmol/L IPTG）进行诱导，另外3管作为不加诱导剂的对照组，然后将其放置在不同的温度条件下培养（16℃表达24 h，25℃表达12 h，37℃表达5 h）。

（5）进行诱导剂浓度优化，与上述培养方式相同，当OD_{600}=0.6～0.8时，分别添加不同的IPTG浓度（如0 mmol/L、0.2 mmol/L、0.5 mmol/L、1 mmol/L、2 mmol/L），然后将其置于上述优化的最适温度下进行诱导表达。

（6）诱导表达结束后，测定菌液OD_{600}值，12 000 r/min离心1 min收菌。完全弃去上清后置于–20℃保存。

2）细菌的裂解

为获得表达的蛋白质，必须确保细胞的有效裂解。目前最常用的裂解方法是通过超声处理和高压均质化对细胞进行物理破坏。有文献报道，噬菌体细胞裂解系统被视为传统细胞裂解方法的潜在替代品（Gao et al.，2013；Saier and Reddy，2015），而该系统需要得到严格的调控，以避免细胞过早裂解，并且不能作为通用的蛋白质生产系统使用。本节使用超声破碎法进行裂解，具体步骤如下。

（1）按照每10 OD加1 mL缓冲液A（20 mmol/L Tris，500 mmol/L NaCl，20%甘油，20 mmol/L咪唑，pH8.5）的比例对上述收集的菌体进行悬浮。

（2）将彻底悬浮后的菌体放置于超声波细胞破碎仪下（冰浴条件），按照超声处理仪设置参数（如70 W，超声2 min），破碎细胞。

（3）菌体破碎后，吸取破碎后的全液样品80 μL，然后4℃、12 000 r/min离心剩余样品2 min，分离破碎后的上清和沉淀。

（4）将上清吸出，另吸取上清80 μL于新的离心管中；将用比步骤（1）中少80 μL的裂解液将沉淀进行重悬，吸取沉淀重悬液80 μL。

（5）向吸取80 μL的全液样品、上清样品和沉淀重悬液样品中分别加入5×SDS上样缓冲液20 μL进行混合。

2. 干扰素的鉴定

1）变性聚丙烯酰胺凝胶电泳（SDS-PAGE）检测蛋白表达

（1）根据蛋白质的大小配制相应浓度的SDS-PAGE凝胶，具体参考表10.6。

本实例中干扰素蛋白大小约 22 kDa，可配制 15%的 SDS-PAGE 凝胶。

表 10.6　SDS-PAGE 胶浓度配制参考表

蛋白质大小/kDa	推荐浓度/%
60～200	6
40～100	8
20～70	10
20～60	12
10～40	15

（2）配制 15%的 SDS-PAGE 凝胶，将上述制备的样品在水中煮沸 10 min，12 000 r/min 离心 2 min，吸取上清 10 μL 进行上样。

（3）使用 80 V 恒定电压进行电泳，待染料至分离胶后可调整电压至 120～150 V，然后继续电泳至凝胶底部结束。

（4）剥离蛋白胶，放入染色盒中，加入适量考马斯亮蓝染色液，微波炉稍微预热后放置室温染色约 20 min，然后将染色液倒入回收瓶中。

（5）加入适量蛋白脱色液进行脱色，可进行多次脱色直至背景无色透明即可。

（6）脱色结束后，将脱色液倒掉，加入清水，使用扫描仪观察结果。

2）Western blot 鉴定

为进一步确定所表达的蛋白质是否为干扰素蛋白，对其进行 Western blot 鉴定，具体步骤如下。

（1）按照上述 SDS-PAGE 实验步骤（1）～（3）进行 SDS-PAGE 电泳，切取 15～30 kDa 范围的凝胶，然后进行转膜。

（2）将滤纸、玻璃棒、海绵垫和经过甲醇活化的 PVDF 膜放入转膜液中浸泡，将海绵垫、滤纸、切取的凝胶、PVDF 膜、滤纸和海绵垫按照从下至上顺序放置于转膜槽中，中间勿产生气泡。将转膜槽置于冰上，以 300 mA 恒流或 100 V 恒压进行转膜，约 22 min（按照 1 kDa/min）。

（3）将转好的 PVDF 膜放入 5%的脱脂牛奶（使用 1×TBST 溶解）中进行封闭 1～2 h，然后按照 1∶5000 稀释一抗（抗 His 标签抗体），4℃孵育过夜。

（4）室温下，用 1×TBST（用 10×TBST 稀释）洗膜 3 次，每次置于脱色摇床 10 min。

（5）按照 1∶3000 稀释二抗（使用 1×TBST 稀释），室温下孵育 60 min。然后重复步骤（4）。

（6）曝光分析结果。若在 22 kDa 附近出现与 His 抗体结合的单一蛋白质条带，其与干扰素蛋白的理论相对分子质量相符，表明所表达的蛋白质为干扰素蛋白。

3. 干扰素蛋白的纯化

1）IFN 蛋白的大量表达

（1）在超净台内将含有重组质粒 pET32a-IFN 的 *E. coli* BL21（DE3）接种至 15 mL 含有相应抗生素（本例为 *Amp*）的培养基中，37℃、220 r/min 培养过夜。

（2）按照 1∶100（*V/V*）的比例将种子液接种于 2 瓶含有 0.5 L 的 LB 培养基（含 *Amp*）中，37℃、220 r/min 培养 2～3 h，当 OD_{600} 值为 0.6～0.8 时，用上述优化的最适表达条件诱导表达。

（3）诱导表达结束后，6000 r/min 离心 10 min 收集全部菌体，进行后续实验或–20℃保存。

2）高压破碎菌体

（1）用 50 mL 缓冲液 A（20 mmol/L Tris，500 mmol/L NaCl，20%甘油，20 mmol/L 咪唑，pH8.5）重悬菌体，用振荡器或移液枪使菌体充分重悬均匀，冰上放置。

（2）打开高压细胞破碎仪，吸掉腔内 75%乙醇，然后在 100 MPa 的压力下用超纯水清洗 2～3 次，再用缓冲液 A 清洗 2～3 次。

（3）向腔体内加入步骤（1）中混合均匀的菌液，每次不超过 7 mL，然后在 150 MPa 的压力下进行高压破碎。

（4）全部菌液破碎完毕后，使用步骤（2）中方法清洗腔体，清洗完毕后向腔体内加满 75%乙醇。

（5）在 4℃条件下，11 000 r/min 离心上述高压破碎后的菌液，时间为 45 min。

（6）将离心后的上清用 0.22 μm 的滤膜进行过滤除杂，4℃备用。

3）镍离子亲和层析

（1）对蛋白纯化过程中所用的溶液进行超声脱气 20～30 min。

（2）使用超纯水以 3 mL/min 的流速对蛋白纯化仪管路进行清洗，直至压力值平稳。

（3）将 5 mL 含有 Ni^{2+}-Agarose 填料的镍离子亲和层析柱固定到蛋白纯化仪上，设置蛋白吸收波长为 280 nm，继续用超纯水冲洗系统，使镍柱中的乙醇流出，直至基线平稳。

（4）使用缓冲液 A 平衡镍柱，流速为 2 mL/min，直至基线平稳。

（5）将过滤后的上清液以 1 mL/min 的流速上镍柱，观察峰值，由于蛋白质含有 His 标签，因此可与镍柱结合。

（6）上样结束后，使用缓冲液 A 冲洗系统中的杂蛋白，流速为 2 mL/min，直至基线平稳。

（7）分别用不同浓度（10%、20%、30%、50%、100%）的缓冲液 B（20 mmol/L Tris、500 mmol/L NaCl、20%甘油、500 mmol/L 咪唑、pH8.5）以 1 mL/min 的流速进行梯度洗脱，等到 UV280 曲线上升时开始收集目的蛋白，直至曲线下降平稳后结束。

（8）使用超纯水清洗镍柱，流速为 2 mL/min，直至基线平稳。

（9）使用 20%乙醇溶液冲洗系统，流速为 2 mL/min，运行约 10 个柱体积，直至基线平稳，卸载镍柱，关闭蛋白纯化仪。

（10）将收集得到的样品按照前述方法进行制样，然后进行 SDS-PAGE 验证（步骤参考上述 SDS-PAGE 电泳）。

（11）将纯化后的融合蛋白装在透析袋（5～8 kDa）中，置于 2 L 透析液（用超纯水配制 20 mmol/L 的 PBS，向其中加入 5%甘油，pH7.4；0.22 μm 滤膜抽滤除杂质，超声除气）中，4℃透析过夜。

（12）收集蛋白质，使用蛋白质浓度检测试剂盒对透析后的融合蛋白浓度进行测定。

注：在 *E. coli* 中，高水平的重组蛋白表达往往导致不可溶性聚集的折叠中间体作为包涵体在细胞质中积累。包涵体中错误折叠的变性蛋白质分子缺乏生物活性。因此，蛋白质分子必须从这些包涵体中被溶解和重新折叠。上述例子表达的蛋白质为可溶性蛋白质；若表达的蛋白质为非可溶蛋白质，即形成包涵体，可按照如下步骤进行。

1）包涵体的分离

包涵体经离心沉淀后可用 Triton-X100/乙二胺四乙酸或尿素洗涤；若要获得可溶性的活性蛋白，需将洗涤过的包涵体重新溶解并进行重折叠。

将细胞裂解混合物 4℃、12 000 r/min 离心 15 min，弃上清，沉淀用 9×洗涤液［0.5% Triton-X100 + 10 mmol/L 乙二胺四乙酸（pH8.0）］重悬，室温放置 5 min；4℃、12 000 r/min 离心 15 min，弃上清，用 100 μL ddH_2O 重新悬浮沉淀；分别吸取 40 μL 上清和重新悬浮的沉淀，加入 10 μL 5×SDS 上样缓冲液，进行 SDS-PAGE 电泳。

2）包涵体的溶解与复性

用 100 μL 缓冲液 I（1 mmol/L 苯甲基磺酰氟 + 8 mol/L 尿素 + 10 mmol/L 二硫苏糖醇，溶于裂解液中）溶解包涵体，室温放置 1 h；加入 100 μL 9×缓冲液 II［50 mmol/L KH_2PO_4+1 mmol/L 乙二胺四乙酸（pH8.0）+ 50 mmol/L NaCl + 2 mmol/L 还原型谷胱甘肽 + 1 mmol/L 氧化型谷胱甘肽］，室温放置 30 min，用 KOH 调节 pH 至 10.7 溶解蛋白；用 HCl 滴定 pH 至 8.0，在室温下放置约 30 min，然后以 1000 r/min 离心 15 min，吸出上清液并保留，进行后续验证实验。

三、注意事项

（1）因 RNA 易降解且在提取过程中易掺杂其他杂质，因此在 RNA 提取过程中应全程低温，环境应保持干净清洁，无 RNA 酶污染且应尽量缩短 RNA 的提取时间；吸取上清时，切忌吸到中间层蛋白；RNA 干燥时间应适中，若干燥时间过长会降低其溶解性，影响 RNA 的提取质量。

（2）因 RNA 提取过程中所用到的有机试剂如 TRIzol、苯酚、氯仿等易燃易爆，且会刺激皮肤和黏膜，需在通风橱内进行操作。

（3）将目的基因插入表达载体时，应保证所选择酶切位点的单一性，且勿发生阅读框移位。

（4）诱导剂的加入时间及浓度：诱导剂加入过早会对菌生长有抑制作用。一般在对数生长期，即 OD 为 0.6～0.8 时加入。合适的诱导剂浓度可以提高蛋白产率，浓度过高容易出现包涵体。

（5）由于咪唑的竞争洗脱，可用不同浓度的咪唑进行洗脱，经 SDS-PAGE 凝胶电泳分析最佳的咪唑洗脱浓度。

（6）为保持蛋白质的稳定性及活性，蛋白质样品在收集和制备的过程应全程冰上操作。

第二节　昆虫表达载体操作实例

由于昆虫表达系统具有与绝大多数真核生物相似的翻译后修饰及加工能力，是一类应用较为广泛的真核表达系统（Munk et al.，2019），其中昆虫-杆状病毒细胞蛋白表达系统 BEVS 最为流行；果蝇-昆虫表达系统在稳定性和表达效率方面较为突出，也逐渐被关注和研究。

杆状病毒表达系统的一般操作程序包括：①获得目的基因；②构建重组杆状病毒载体；③昆虫细胞的培养与病毒生成；④蛋白质的表达与鉴定。

乙酰肝素酶（heparanase，HPA）是一种内切 β-葡萄糖醛酸苷酶，可以切割硫酸乙酰肝素。大量研究发现，HPA 不仅具有调节硫酸乙酰肝素代谢、组织重塑、胚胎发育和血管生成等生理功能，也能在炎症、肿瘤生长和转移、肾小球疾病等各种病理生理过程中发挥重要作用（Jayatilleke and Hulett，2020）。本节以 HPA 为例，介绍杆状病毒表达载体表达蛋白操作的具体流程。

一、材料

PCR 仪、离心管、恒温培养箱、摇床、水平电泳槽、低温离心机、50 mL 摇瓶、6 孔板、细胞培养箱、密封膜、倒置显微镜、Countstar 自动细胞计数仪、超净工作台、0.22 μm 滤膜、培养皿、生物反应器、滤纸、玻璃棒、海绵垫、PVDF 膜、转膜槽、脱色摇床。

DH10Bac 感受态、IPTG、质粒抽提试剂盒、穿梭载体 pFastBac1、Sf9 细胞、*Kan*、昆虫细胞培养基、胎牛血清（fetal bovine serum，FBS）、甘油、十二烷基麦芽糖乙戊二醇、转染试剂、植物查尔酮合成酶、咪唑、4-羟乙基哌嗪乙磺酸（HEPES）、NaCl、甲醇、脱脂牛奶、5×SDS 上样缓冲液。

二、方法

（一）重组杆状病毒表达载体的构建与鉴定

将目的基因 HPA 序列（GenBank 登记号：AF084467.1）（1638 bp）插入到 pFastBac1 多克隆位点上，利用 Tn7 转座子将含有 HPA 的片段导入到杆状病毒基因组中，形成能表达 HPA 蛋白质的重组杆粒，如图 10.1 所示（方法同第一节中重组表达载体构建）。

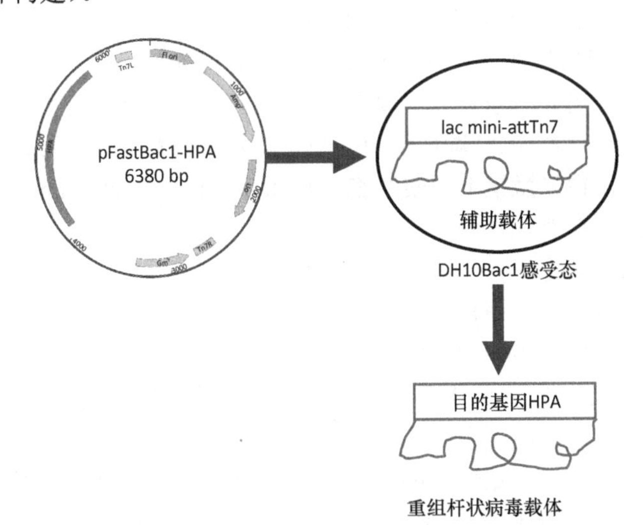

图 10.1　病毒表达载体 pFastBac1-HPA 构建示意图

（二）HPA 在 Sf9 细胞中的表达及鉴定

1. 昆虫细胞的培养

从液氮中取出冻存的 Sf9 细胞，立即置于 37℃水浴锅中使其快速融化，然后将细胞转移至含有 3 mL 培养基的离心管中，1000 r/min 离心 5 min，小心弃去上清，加入新的培养基重悬，转移至 125 mL 摇瓶中，27℃、110 r/min 条件下培养。

2. 重组杆状病毒-HPA 的制备

1）P1 代病毒的生成

（1）取对数生长期的 Sf9 细胞，以 1.0×10^6～2.0×10^6 个细胞/孔接种到 6 孔板中，静置条件下孵育 20～30 min，待细胞贴壁后更换培养基为转染培养基。

（2）实验前一天，将携带目的基因的 DNA 即 pFastBac1-HPA 在 55℃的水浴中孵育 1 h。在无菌水中制备终浓度为 100 ng/μL 的质粒 DNA，然后放置 4℃冰箱保存（可选）。

（3）在 1.5 mL 无菌离心管中制备转染混合物，选用昆虫转染试剂 LipoInsect™，实验步骤严格按照说明书进行：取两个 1.5 mL 离心管，各加入 100 μL 转染培养基，分别标记为 A、B 管，然后在 A 管中加入 16 μg pFastBac1-HPA 质粒，在 B 管中加入 8 μL 转染试剂；室温孵育 5 min，同时制备阴性对照组。

（4）将 B 管中试剂缓慢滴加入 A 管中，用手指轻轻敲击管子（2～3 次），室温孵育 30 min。在孵育期间轻敲试管 2～3 次。

（5）将混合液均匀地加入细胞表面，于 27℃培养箱培养 4～6 h。

（6）培养后，在所有孔中加入 2 mL 的 10% FBS-昆虫细胞生长培养基。用密封膜封闭平板。在 27℃的潮湿环境中（防止蒸发）孵育 5 天，不摇晃。

（7）3 天后，在显微镜下观察细胞。4000 r/min 离心 20 min，收集上清即为 P1 代病毒，–20℃保存。

2）P2 代病毒的生成

（1）在感染前一天，根据扩增所需的细胞培养体积（最小体积为 3 mL，包括一个阴性对照），接种细胞密度为 0.75×10^6～1.0×10^6 个细胞/mL 的细胞悬液。

（2）感染当天，在 10% FBS-昆虫细胞生长培养基中将细胞浓度稀释至 1.0×10^6 个细胞/mL，接种于孔板中，并准备阴性对照。

（3）以 1∶100 的体积比例添加 P1 代病毒至孔板中，阴性对照孔不加。

（4）在 27℃条件下振荡孵育 24 h，速度取决于生物反应器和摇床类型。测定细胞密度和细胞活力，如果样品孔中的细胞密度为阴性对照细胞密度的 80%～100%，则用 10% FBS-昆虫细胞生长培养基 1∶1 稀释样品。

（5）继续培养 24 h，测定细胞密度和细胞活力。如果样品孔中的细胞活力降低到 86%以下，就可以开始收获，否则应在收获前，在相同的条件下继续孵育 24 h。

（6）4℃、2000 r/min 离心 10 min，收集上清，0.22 μm 滤膜过滤后即为 P2 代病毒，4℃保存。

3）P3 代病毒的生成

（1）在感染前一天，计算扩增所需的细胞培养体积（最小体积为 3 mL，包括一个阴性对照），接种细胞密度为 0.75×10^6～1.0×10^6 个细胞/mL 的细胞悬液。

（2）感染当天，在 10% FBS-昆虫细胞生长培养基中将细胞浓度稀释至 1.0×10^6 个细胞/mL，接种于孔板中，并准备阴性对照。

（3）以 1∶100 的体积比例添加 P2 代病毒至孔板中，阴性对照孔不加。

（4）在 27℃条件下振荡孵育 24 h，速度取决于生物反应器和摇床类型。测定细胞密度和细胞活力，如果样品孔中的细胞密度为阴性对照细胞密度的 80%～100%，则用 10% FBS-昆虫细胞生长培养基 1∶1 稀释样品。

（5）继续培养 24 h，测定细胞密度和细胞活力。如果样品孔中的细胞活力降低到 86%以下，就可以开始收获，否则应在收获前，在相同的条件下继续孵育 24 h。

（6）4℃、2000 r/min 离心 10 min，收集上清，0.22 μm 滤膜过滤后即为 P3 代病毒，4℃保存。

3. HPA 在昆虫细胞中的表达与鉴定

1）小量表达

（1）感染前一天，测定细胞参数（活细胞密度和细胞活力），在 50 mL 摇瓶中用昆虫细胞生长培养基将细胞稀释至 1.0×10^6 个细胞/mL。在 27℃条件下振荡孵育 24 h。

（2）在感染当天，测定细胞参数（活细胞密度应约为 2.0×10^6 个细胞/mL），并加入实验确定的病毒体积（来自 P2 或 P3 库存），确保稀释比例为 1∶20～1∶50。在 27℃条件下振荡孵育 24 h。

（3）测定活细胞密度后，800 r/min 收集细胞，–80℃冰箱保存。

（4）在 5 mL 低渗缓冲液中裂解细胞，然后进行细胞破碎。为了使裂解液溶解，加入 500 μL 10%甘油（*V*/*V*）、10%十二烷基麦芽糖乙戊二醇-2%植物查尔酮合成酶（*m*/*V*）（最终浓度：1%十二烷基麦芽糖乙戊二醇-0.2%植物查尔酮合成酶），并在 4℃下搅拌孵育 2 h。

（5）将上述溶液转移到一个聚碳酸酯管中，必要时加入低渗溶液保持平衡。在 4℃下，以 150 000 r/min 离心 45 min，去除不溶物质。将咪唑加入上清液中，至最终浓度为 20 mmol/L，与 40 μL TALON IMAC 树脂孵育过夜（手动）或与半自动 IMAC 机器孵育 2 h。用 6 mL 的 50 mmol/L HEPES（pH7.5）、800 mmol/L NaCl、10%甘油（*V*/*V*）、20 mmol/L 咪唑、0.01%十二烷基麦芽糖乙戊二醇-0.002%植物查尔酮合成酶（*m*/*V*）清洗树脂。结合受体用 120 μL 50 mmol/L HEPES（pH7.5）、800 mmol/L NaCl、10%甘油（*V*/*V*）、300 mmol/L 咪唑、0.01%十二烷基麦芽糖乙戊二醇-0.002%植物查尔酮合成酶（*m*/*V*）洗脱。洗脱后的样品可进行 SDS-PAGE（20 μL）和质谱分析。通过 SDS-PAGE 结果分析目的蛋白表达的质量和产量。

2）大量表达

（1）感染前一天，测定细胞参数（活细胞密度和细胞活力），并在适当大小的生物反应器中稀释至 1.0×10^6 个细胞/mL。在 27℃条件下振荡孵育 24 h，速度取决于生物反应器和摇床类型。

（2）在感染当天，测定细胞参数（活细胞密度应约为 2.0×10^6 个细胞/mL），并加入确定的病毒体积（来自 P2 或 P3 代病毒），确保稀释比例为 1∶20～1∶50。

（3）在 27℃下孵育 72 h（或实验确定的最佳孵育时间），取 500 μL 上清液，用 SDS-PAGE、Western blot 或其他技术分析其表达水平。

（4）将培养物收集到离心管中。4℃条件下 3200 r/min 离心 15～30 min，丢弃上清。

（5）测定湿重，并将细胞储存在–20℃条件下。

3）Western blot 鉴定（同第一节）

若在 58 kDa 附近出现与 HPA 抗体结合的单一蛋白质条带，其与重组 HPA 酶的理论相对分子质量相符，表明 HPA 酶以分泌蛋白的形式在昆虫表达载体中得到表达。

4. HPA 蛋白质的纯化

参考第一节镍柱亲和层析方法进行纯化，可获得大量目的蛋白。

三、注意事项

（1）重组 Bacmid DNA 应分装冻存于–20℃，因为反复冻融会导致 Bacmid 断裂，从而显著降低其转化效率。若 2 周内使用，可保存于 4℃。

（2）昆虫细胞培养过程中，培养基使用前应提前室温预热；培养时需保持稳定低温环境，一般应该在 27℃。

（3）LipoInsect™转染试剂对人体有害，操作时应小心，避免直接接触人体或吸入体内。

（4）建议在昆虫细胞的对数生长期进行病毒感染，此时细胞密度在 1.0×10^6～2.0×10^6 个细胞/mL 为佳。

（5）P1 代病毒可短期保存于 4℃，或分装于含 2% FBS 的培养液后在–80℃较长期保存。切忌反复冻融，否则病毒活力会大大降低。P2 代病毒即可用于分析目的蛋白的表达；如果 P2 代病毒滴度仍然偏低，可对 P2 代病毒再次进行扩增。P2 代病毒感染昆虫细胞后最终会获得滴度更高的 P3 代病毒。为减少扩增过程中出现的突变，最多可扩增至 P3 代病毒。实验过程中，P1～P3 病毒储存液需要避光保存。

（6）为防止蛋白质降解，在收集细胞后要加入蛋白酶抑制剂防止蛋白质降解。

第三节　植物表达载体操作实例

植物表达系统能够表达来自动物、细菌、病毒以及植物本身的蛋白质，易于大规模培养和生产，且在基因表达与修饰及安全性方面有独特的优势，因此，利用植物表达系统生产外源蛋白的研究展现了极其诱人的前景（Malaquias et al.，2021）。多种抗体、酶、激素、血浆蛋白和疫苗等都已通过基因工程的手段在植物的叶、茎、根、果实、种子等器官中得到表达（Sohrab et al.，2017）。

结核病作为一种烈性传染病，已成为卫生防疫的重点控制对象。结核分枝杆菌是引起结核病的病原体，对其疫苗的研发已经被证实是控制该类传染病最经济和有效的方法（Morgan and Poland，2011）。本节以表达结核分枝杆菌抗原为例，介绍植物表达系统操作具体流程，如图 10.2 所示。

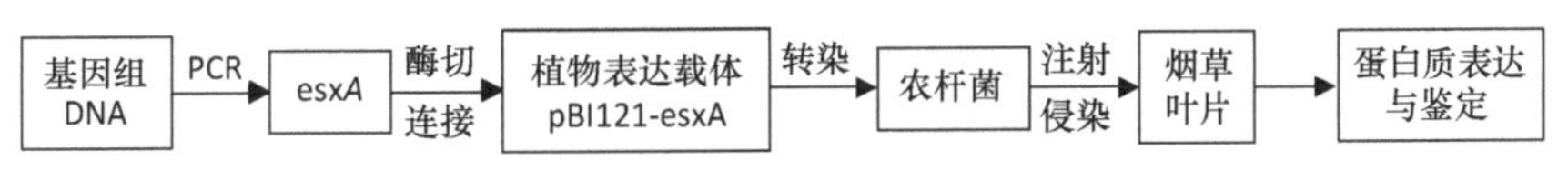

图 10.2　烟草表达系统表达蛋白质流程图

一、材料

Nano 分光光度计、PCR 仪、水平电泳槽、凝胶成像仪、恒温培养箱、水浴锅、超净工作台、摇床、紫外分光光度计、低温离心机、pH 计、垂直凝胶电泳仪、AKTA 蛋白质纯化仪、0.22 μm 滤膜、注射器、分析天平、研钵、涡旋振荡器、PVDF 膜。

限制性内切核酸酶（*Sac* I 和 *Bam*H I）、pBI121 载体、High Fidelity PCR、琼脂糖、DNA Marker、PCR 产物回收试剂盒、质粒提取试剂盒、农杆菌 GV3101、利福平（rifampin，*Rif*）、DH5α 感受态、*Kan*、2-（*N*-吗啡啉）乙磺酸、乙酰丁香酮、$MgCl_2$、胰蛋白胨、酵母粉、NaCl、琼脂粉、T4 连接酶、三羟甲基氨基甲烷（Tris）、NaCl、甘油、咪唑、30%丙烯酰胺/甲叉双丙烯酰胺、四甲基乙二胺、过硫酸铵、5×SDS 上样缓冲液、本生烟草、植物蛋白裂解液试剂盒。

二、方法

（一）结核分枝杆菌融合基因植物表达载体的构建及鉴定

根据结核分枝杆菌菌株基因组（GenBank 登记号：NC_000962.2）中 *esxA* 基因序列（288 bp），利用分子生物学分析软件 Primer Premier 6.0 或 Oligo 6 设计引物，如表 10.7 所示。按照前述 PCR 扩增、连接及转化方法将 *esxA* 基因插入 pBI121

载体中，构建重组载体 pBI-esxA（方法同第一节中重组表达载体构建）。

表 10.7 用于与 pBI121 载体连接的 PCR 引物序列及酶切位点

引物名称	序列（5′→3′）	限制酶
pBI121-esxA-F	*CGC*GGATCC**GCCACC**ATGGCAGAGCAGCAGTGGAATTTCG	*Bam*H I
pBI121-esxA-R	*TCC*GAGCTCTCAGTGGTGGTGGTGGTGGTGTGCGAACATCCCAGTGACGTTG	*Sac* I

注：斜体为保护碱基，加粗为 KOZAK 序列，画线为酶切位点，字符边框为编码组氨酸标签序列。

（二）在植物烟草中的表达、纯化及鉴定

1. 在烟草中的表达

1）制备农杆菌感受态细胞

（1）接种农杆菌 GV3101 单菌落至 2 mL YEB 液体培养基（含 *Rif* 50 μg/mL）中，28℃、250 r/min 振荡培养 16～24 h。

（2）吸取上述菌液 0.2 mL，接种到 20 mL YEB 液体培养基（含 *Rif* 50 μg/mL）中，28℃、250 r/min 振荡培养至 OD_{600} 值为 0.4～0.5。

（3）吸取全部培养菌液到 50 mL 离心管中，冰上放置 10 min，冷却细菌，4℃、4000 r/min 离心 10 min。

（4）轻倒上清，用 5 mL 0.05 mol/L $CaCl_2$ 溶液轻轻重悬菌体，4℃、4000 r/min 离心 10 min。

（5）重复步骤（4）。

（6）轻倒去上清液，用 2 mL 预冷的悬浮液（含 0.05 mol/L $CaCl_2$ 溶液和 10% 甘油）重悬菌体，最后分装在 4℃预冷的 1.5 mL 离心管中（100 μL/管），–80℃保存备用。

2）农杆菌质粒转化

（1）分别取 pBI-esxA 和 pBI121 质粒约 1 μg 加入到 100 μL 农杆菌感受态细胞中，冰浴 20～30 min。

（2）置于液氮（也可用无水乙醇和干冰混合物代替）中 2～5 min 后取出，37℃下迅速热激 5 min，接着放置冰上 2 min。

（3）超净工作台中向离心管中加入预热的 YEB 液体培养基（不加抗生素）0.8～1.0 mL，28℃下振荡培养 3～4 h。

（4）4000 r/min 离心 2 min，弃去大部分上清液，留取约 100 μL 菌液均匀涂布在的 YEB 固体培养基（含 *Kan* 50 μg/mL、*Rif* 50 μg/mL）上。

（5）28℃倒置培养 2～3 天，观察菌落生长情况。

3）农杆菌转化子的筛选和鉴定

在筛选平板上挑取单菌落，接种至6 mL含有相应抗生素的LB液体培养基中，本实验为含*Kan* 50 μg/mL、*Rif* 50 μg/mL的培养基；28℃、250 r/min避光振荡培养16～24 h，进行菌落PCR鉴定，提取质粒后进行酶切鉴定。

4）农杆菌侵染烟草

（1）制备农杆菌侵染液。接种上述鉴定正确的含重组质粒GV3101-pBI-esxA的农杆菌和GV3101-pBI121农杆菌至2 mL YEB液体培养基（含*Kan* 50 μg/mL、*Rif* 50 μg/mL）中，28℃下避光振荡培养过夜。吸取1 mL上述培养液，接种到50 mL YEB液体培养基［含*Kan* 50 μg/mL、*Rif* 50 μg/mL、10 mmol/L 2-（*N*-吗啡啉）乙磺酸、20 μmol/L乙酰丁香酮］中，继续培养，不定时测定菌液OD_{600}，当OD_{600}值达到0.8时终止培养。将培养液倒入预冷的50 mL离心管中，冰上放置10 min，然后4℃、5000 r/min离心10 min，收集菌体。用含10 mmol/L $MgCl_2$、10 mmol/L 2-（*N*-吗啡啉）乙磺酸、100 μmol/L乙酰丁香酮的侵染液重悬农杆菌，调整使其OD_{600}值分别为0.1、0.3、0.6、0.8、1.0、1.2及1.5，室温避光放置2～3 h备用。

（2）注射渗透法侵染烟草。取4～6周龄烟草，选择第3、4叶（从顶端向下数），用1 mL注射器吸取上述制备的侵染液，将针头去除，在叶片背面进行注射。注射时，顶住注射器的前端，使侵染液慢慢渗透叶脉。注射结束后，在黑暗环境下过夜，然后将其放置在28℃培养箱中培养。侵染时，按照OD_{600}值梯度进行，同一OD值农杆菌液侵染3株烟草。

5）烟草叶片总蛋白提取

按照C500011植物蛋白裂解液试剂盒（上海生工生物工程有限公司）说明书进行操作，简述如下：剪下待提取的烟草叶片并称重；将其剪碎，然后放在已用液氮预冷的研钵中使用液氮对其充分研磨；研碎后按照说明书要求加入适量裂解液，吸取至预冷的离心管中；将其放置冰上3～4 h，每隔1 h振荡30 s；结束后，4℃、12 000 r/min离心20 min，取出上清液，备用。

2. 纯化

按照His-Bind Purification Kit说明书进行操作，具体操作步骤参考第一节中镍离子亲和层析。取洗脱收集的目的蛋白进行SDS-PAGE电泳，分析蛋白的纯化情况。

3. Western blot 鉴定

按照前述方法将纯化后的蛋白进行SDS-PAGE分离并转移到PVDF膜上，封闭、抗体孵育后ECL显色，最后使用WB成像仪检测纯化的蛋白质。

三、注意事项

（1）农杆菌感受态细胞制备时应严格控制菌液浓度，防止细胞老化。制备过程中防止杂菌和杂 DNA 的污染。

（2）农杆菌侵染全过程应为无菌操作，注意避免周围杂菌污染。建议在农杆菌侵染的第一天早晨给植物浇水，否则，农杆菌很难在不破坏组织的情况下成功渗入叶片组织。

（3）侵染的烟草应选择正处于生长旺盛时期（1 个月左右，未开花）。注射时应避开叶脉，缓慢、均匀用力推压。注射过程中，可用针头自制微小伤口，然后从伤口注入菌液。

（4）为保持蛋白质的稳定性及活性，提取蛋白质时应在低温条件下进行。一般情况下，转化后 24 h 即有蛋白质表达，而 48 h 后会逐渐消失。

第四节　哺乳动物表达载体操作实例

哺乳动物细胞表达系统是常用的可表达人类复杂糖基化蛋白的表达系统，在蛋白质表达过程中会形成接近天然蛋白的蛋白质折叠和聚合。因此，80%以上的蛋白产品如单克隆抗体、促红细胞生成素（EPO）、γ 干扰素等由哺乳动物细胞表达系统获得，产生最接近天然活性的蛋白质分子。哺乳动物细胞表达系统也因其自身优势，已成为最先进的蛋白质生产平台。

目前我国生产的乙肝疫苗为基因重组乙肝疫苗，它是利用转基因技术，构建含有乙肝病毒抗原基因的重组质粒，转入中国仓鼠卵巢（CHO）细胞或酵母（啤酒酵母或毕赤酵母）表达的乙型肝炎表面抗原。本节以乙型肝炎疫苗（Zhao et al., 2020）为例，介绍哺乳动物细胞表达系统操作具体流程。

一、材料

PCR 仪、超净工作台、培养皿、恒温培养箱、摇床、150 mL 摇瓶、水浴锅、无内毒素质粒提取试剂盒、紫外分光光度计、CO_2 培养箱、Countstar 细胞自动计数仪、低温离心机、生物安全柜、磁力搅拌器、Bio-Rad 蛋白电泳仪、WB 凝胶成像仪、PVDF 膜。

Lipofectamine®2000 转染试剂、FBS、HEK293 细胞、青/链霉素、DMEM 高糖培养基、6 孔板、12 孔板、24 孔板、96 孔板、胰蛋白酶、293 细胞悬浮培养基、0.08%台盼蓝染色液、5×SDS 上样缓冲液、琼脂糖、GelRed 核酸染料、DNA Marker、10×TAE 缓冲液、PBS、无水乙醇、异丙醇、新霉素（*Neo*）、蛋白质 Marker。

二、方法

（一）乙型肝炎表面抗原表达载体构建及鉴定

1. 载体构建

选择真核表达载体 pIRES-neo（GenBank 登记号：U89673），从 NCBI 获取 HBsAg 序列信息（GenBank 登记号：ABY65392.1），利用引物软件 Primer Premier 6.0 或 Oligo 6 设计引物，按照前述 PCR 扩增及连接、转化方法构建 HBsAg 表达载体，命名为 pIRES-HBsAg，载体如图 10.3 所示（方法同第一节中重组表达载体构建）。

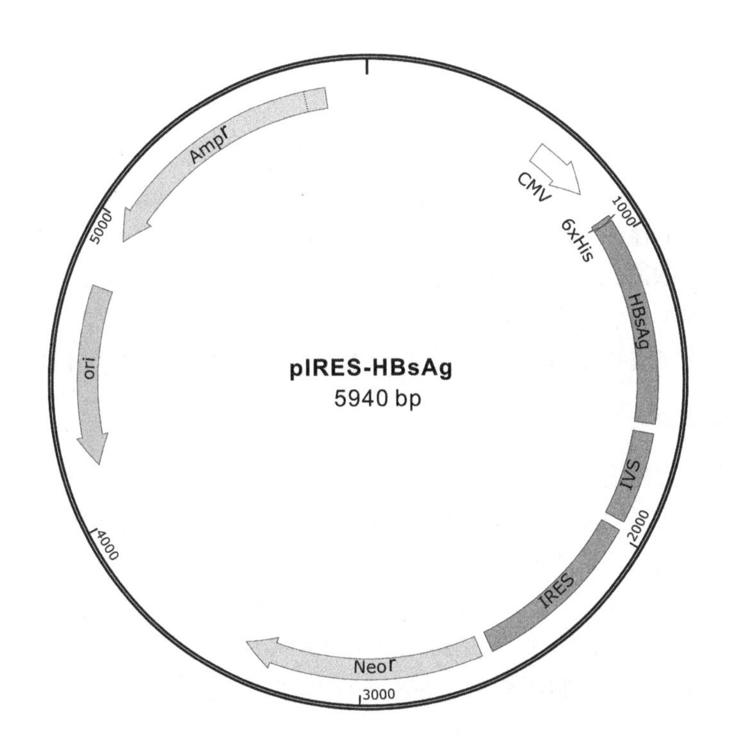

图 10.3　pIRES-HBsAg 表达载体结构示意图

2. 无内毒素质粒提取

按照无内毒素质粒提取试剂盒说明书提取 pIRES-HBsAg 无内毒素质粒，测定其浓度值并进行电泳检测鉴定。

（二）细胞培养、蛋白瞬时表达及鉴定

1. 细胞培养及转染

HEK293 细胞培养于含 10% FBS、1%青/链霉素的 DMEM 高糖培养基中，于转染前一天以 1.0×10^6 个细胞/孔的细胞量铺于 12 孔板，待细胞达到 70%～80%融合度时，使用 Lipofectamine®2000 试剂进行转染（王天云等，2020）。转染步骤如下。

（1）在 1.5 mL 离心管中分别加入 50 μL Opti-MEM 培养基和 1.6 μg DNA（实验设置对照组和实验组，对照组未转染任何质粒，实验组转染提取的无内毒素质粒 pIRES-HBsAg）。

（2）在另一个空 1.5 mL 离心管中分别加入 50 μL Opti-MEM 培养基和 4.0 μL Lipofectamine®2000 转染试剂（注意用前先混匀），轻轻混匀，制成 Lipofectamine®2000 稀释液，室温静置 5 min。

（3）将 DNA 稀释液和 Lipofectamine®2000 稀释液混合，轻轻混匀，室温静置 20 min，形成 DNA-Lipofectamine®2000 复合物。DNA-Lipofectamine®2000 复合物在室温下可稳定存在 6 h。

（4）将 DNA-Lipofectamine®2000 复合物加入到上述 70%～80%融合度的 HEK 293 细胞中，将培养板轻轻地前后摇动，使复合物分散均匀。

（5）在 37℃ CO_2 培养箱中培养 4～6 h 后更换培养基，继续培养 18～48 h。

2. 瞬时表达

（1）待细胞转染 48 h 后，将细胞进行胰酶消化后转移至 6 孔板中扩大培养。

（2）待 6 孔板中细胞长满后（一般 HEK293 细胞悬浮接种量至少需要 7.0×10^5 个细胞/孔），根据细胞总量添加悬浮培养基至 6 孔板中悬浮培养。置于摇床，5% CO_2 培养箱，转速 120～130 r/min 进行培养，隔天开始每天进行细胞计数，当细胞达到 5×10^6 个细胞/mL 时，使用终浓度为 0.04%台盼蓝进行细胞计数，记录总细胞数及细胞活率。当细胞活率达到 50%～60%时（一般在第 7 天），收集 2 mL 细胞悬液。

（3）将 2 mL 细胞悬液以 800～1000 r/min 离心 5 min，吸取上清转入新的离心管中，细胞沉淀放入–20℃保存备用。

（4）将上清以 12 000 r/min 离心 10 min，继续吸取离心后的上清至另一新的离心管中，取出 80 μL 加入 5×SDS 上样缓冲液 20 μL 混合均匀后，煮沸 10 min。剩余上清–20℃保存备用。

3. Western blot 鉴定

参照第一节 Western blot 步骤进行鉴定。若在与 HBsAg 抗原理论值大小（约 25 kDa）处获得单一蛋白质条带，表明 HBsAg 抗原在 HEK293 细胞中表达。

（三）蛋白稳定表达及纯化

1. 稳定细胞系筛选及鉴定

目的基因的稳定表达是工业生产重组蛋白所必需的。真核表达载体 pIRES-neo 含有 *Neo* 抗性基因，待细胞转染 48～72 h 后，通过 *Neo*（10 μg/mL）进行加压筛选。待对照组细胞全部死亡后，可降低 *Neo* 浓度至 5 μg/mL 或不变，继续筛选培养，当细胞汇合度达到 80%～90%时，进行消化扩大培养。

当筛选获得稳定的细胞池后，以 7.0×10^5 个细胞/mL 的细胞密度接种进行悬浮培养，使目标蛋白稳定表达。隔天开始进行细胞计数，当细胞活率降为 50%～60%时，开始收集细胞，进行样品的收集、处理及制样，随后进行 Western blot 检测。

2. 单克隆细胞筛选及鉴定

培养上述稳定细胞株，待其对数期时以 0.8 个细胞/孔的细胞密度接种于 96 孔板中，每孔中添加 100 μL 含 *Neo*（5 μg/mL）的选择培养基。隔天使用显微镜观察，将每孔只含有 1 个细胞的孔进行标记，每隔 3 天进行补液或者换液，直至克隆团汇合度达到 80%左右，依次将克隆团转至 24 孔板和 12 孔板中进行筛选培养。当 12 孔板中细胞长满后，以 7.0×10^5 个细胞/mL 的细胞密度接种于 12 孔板中进行悬浮培养。隔天开始每天进行细胞计数，当细胞活率为 50%～60%时，收集细胞，进行处理及制样，随后进行 Western blot 检测，通过 Image J 软件对检测结果进行分析，筛选获得表达量较高的单克隆细胞系，冻存于–80℃冰箱。

3. 摇瓶培养及蛋白纯化

将上述筛选获得的表达量较高的单克隆细胞株进行大量传代培养，以 7.0×10^5 个细胞/mL 的细胞密度接种于 150 mL 摇瓶中进行悬浮培养。第三天添加培养基对应补料，继续培养。隔天开始每天进行细胞计数，当细胞活率为 50%～60%时，收集细胞，进行样品的收集和处理，将最终得到的上清用 0.22 μm 滤膜过滤。

参考第一节中镍柱亲和层析方法进行蛋白纯化，获得大量目的蛋白。

三、注意事项

（1）细胞转染时，根据转染试剂 Lipofectamine®2000 说明书要求，细胞铺板密度较高，转染前的细胞融合度应在 80%～90%。转染时所用质粒应为不含内毒素的质粒。制备转染复合物时，要求用无血清培养基稀释 DNA 和转染试剂，因为血清会影响复合物的形成。

（2）筛选稳定细胞株时，应首先确定抗生素的筛选浓度，以 10～14 天细胞全部死亡的抗生素浓度为最适筛选浓度。筛选时，最好要设置空白对照组，待空白对照组细胞全部死亡，才可确定转染组中不具有耐抗生素的细胞基本全部死亡，但仍需要继续加抗生素维持。

（3）挑取单克隆时，应尽量多挑几个单克隆，最后验证其表达，一般为 15～20 个。

（4）细胞悬浮培养时，初始接种密度不宜过小，应不少于最低接种量，如 CHO 细胞为 3.0×10^5～5.0×10^5 个细胞/mL、HEK293 细胞为 7.0×10^5～9.0×10^5 个细胞/mL。悬浮培养时培养基体积不能大于悬浮培养瓶总体积的 1/3。

（5）收集细胞上清的步骤应在细胞培养基中的营养耗尽之前完成，细胞的死亡率不得大于 20%。

第五节 CRISPR/Cas9 基因编辑操作实例

宿主细胞的优化需要高效的基因编辑工具，CRISPR/Cas 系统依赖于细菌在 CRISPR 基因座中存储一段外来噬菌体基因组片段的能力。这些基因座连同周围的重复序列被 Cas 核酸内切酶作为向导选择性识别外来基因组序列并与之对抗。除了这些可编程酶系统的生物学影响外，CRISPR/Cas 系统由于其较强的选择性能，使人们对其在各种生物技术研究领域的应用有了极大的兴趣，如基因编辑和创新生物传感系统的开发（Hatoum-Aslan，2018）。其中，CRISPR/Cas9 基因编辑技术在生物和医疗领域应用极为广泛，已经在哺乳动物、真菌和细菌的基因组修饰中广泛应用（Lee et al.，2015，2016）。

在人体中，胞苷酸 *N*-乙酰神经氨酸羟化酶（CMP-*N*-acetylneuraminic acid hydroxylase，CMAH）基因已经缺失，利用 CHO 细胞生产药物蛋白时，宿主细胞产生的 CMAH 可能会引起人体的免疫反应。本节以 CRISPR/Cas9 基因编辑技术对 CHO 细胞基因组中 CMAH 位点进行基因编辑为例，构建重组 CHO 细胞株，同时利用该重组细胞表达 EPO 蛋白。

一、材料

Nano 分光光度计、PCR 仪、水平电泳槽、凝胶成像仪、恒温培养箱、水浴锅、超净工作台、摇床、试管、离心管、紫外分光光度计、低温离心机、分析天平、CO_2 培养箱、Countstar 细胞自动计数仪、倒置显微镜、PVDF 膜。

琼脂糖、DNA Marker、质粒提取试剂盒、无内毒素质粒提取试剂盒、DH5α感受态、*Amp*、胰蛋白胨、酵母粉、NaCl、琼脂粉、TAE 电泳缓冲液、Tris、NaCl、甘油、咪唑、30%丙烯酰胺/甲叉双丙烯酰胺、四甲基乙二胺、过硫酸铵、琼脂糖凝胶回收试剂盒、5×SDS 上样缓冲液、杀稻瘟菌素、CHO-K1 细胞、胎牛血清、青/链霉素、DMEM/F12 培养基、Lipofectamine®2000 转染试剂、0.25%胰酶、6 孔板、96 孔板、基因组提取试剂盒、T7 核酸内切酶 I、*Pur*。

二、方法

（一）sgRNA 设计及载体构建

1. sgRNA 设计

利用 NCBI 查找 CHO 细胞基因组中 CMAH 基因（GenBank 登记号：100689391）序列，选择其基因序列的编码区 8 作为打靶区域，通过 sgRNA 设计网站（http://crispr.mit.edu/）或在线软件 E-CRISP（http://www.e-crisp.org/E-CRISP1）进行打靶位点设计。同时结合脱靶分析，选择合适的打靶位点。经筛选得到两个特异性较强的 sgRNA 结合位点，结合位点序列如表 10.8 所示。

表 10.8　sgRNA 序列信息

sgRNA 名称	序列（5′→3′）
sgRNA1	GTGGATTGCACCAGACCCAA
sgRNA2	GCACCAGACCCAATGGGGGA

2. 载体构建

1）CRISPR/Cas9 系统载体构建

CRISPR/Cas9 系统包括两部分结构：Cas9 表达载体（hCas9 质粒）和 sgRNA 表达载体（刘世利等，2021）。目前 CRISPR/Cas9 表达载体一般有两种形式，一种是 Cas9 和 sgRNA 在同一个载体上，另一种是 Cas9 和 sgRNA 分别在不同的两个表达载体上，在这里使用的是前者。

CRISPR/Cas9-sgRNA 以 Cas9 载体为骨架构建，由商业公司提供，带有红色荧光和抗性筛选标记基因，其载体模式图见图 10.4。

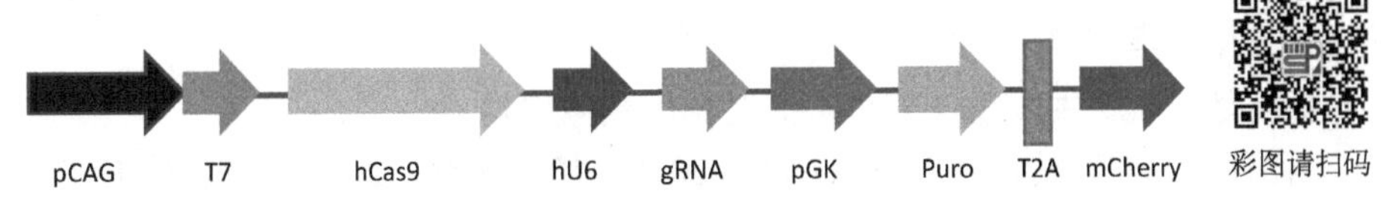

图 10.4　CRISPR/Cas9 载体结构示意图

（1）Oligo 二聚体的形成。根据靶位点序列，为将 sgRNA 靶点序列插入到 CRISPR/Cas9-sgRNA 质粒中，设计如下引物，见表 10.9。

表 10.9 寡核苷酸序列引物

引物	序列（5′→3′）
sgRNA1-F	AAACACCGgtggattgcaccagacccaa
sgRNA1-R	CTCTAAAACttgggtctggtgcaatccac
sgRNA2-F	AAACACCGgcaccagacccaatggggga
sgRNA2-R	CTCTAAAACtcccccattgggtctggtgc

将上述合成的 oligo 引物分别稀释成 10 μmol/L，配制 Oligo 退火反应体系，配比如表 10.10。

表 10.10 Oligo 退火反应体系

试剂	体积
sgRNA-F（10 μmol/L）	1.0 μL
sgRNA-R（10 μmol/L）	1.0 μL
Solution I	5.0 μL
ddH_2O	加至 10 μL

反应条件为 95℃、5 min，然后自然冷却至室温，16℃、5 min。

（2）将 Oligo 二聚体插入到载体中，按照表 10.11 配制体系。

表 10.11 CRISPR/Cas9-sgRNA 重组质粒反应体系

试剂	体积
Cas9/gRNA Vector	10 ng
步骤（1）的 oligo 二聚体	2.0 μL
ddH_2O	加至 10 μL

反应条件为室温（25℃）静置 5 min。将上述反应后的产物加入到 *E. coli* DH5α 感受态细胞中，轻弹混匀，按照前面转化方法进行转化，最后涂布于含有 *Amp* 的平板上。

（3）阳性克隆的鉴定。挑取上述单菌落，扩大培养，进行普通质粒提取，测序检测。将测序结果和设计的 sgRNA 序列进行比对。扩大培养测序正确的菌种，并进行无内毒素质粒提取。

2）促红细胞生成素（EPO）重组表达载体构建

采用同源重组技术（Zeng et al.，2017；杨传辉等，2019）将表达 EPO 蛋白的表达盒定点插入至 CMAH 基因组中。因此，除构建 CRISPR/Cas9 基因编辑系统外，为实现定点整合，还需构建 EPO 同源重组载体。采用 Infusion 克隆技术进行同源重组载体的构建，流程如图 10.5 所示。构建过程包括：同源臂克隆至 pGMT 载体中，同源臂左臂和右臂的扩增，EPO 基因扩增，同源臂和 EPO 基因进行重组，克隆至含有核基质附着区（MAR）序列的 pMAR-IRES 表达载体。

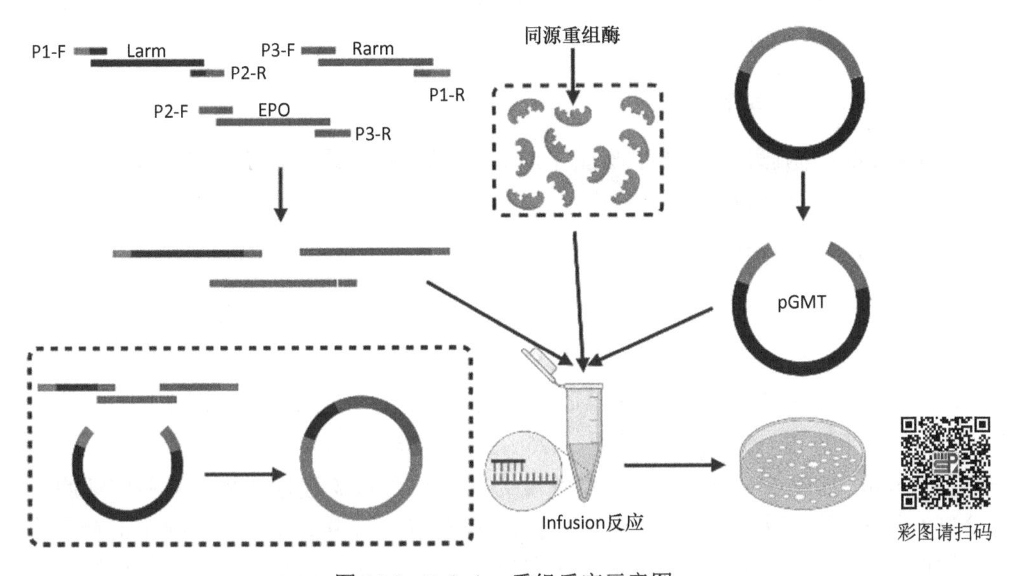

图 10.5 Infusion 重组反应示意图

供体载体 pMAR-IRES 中含有 MAR 序列（http://proteineasy.com/products/），在 5′同源臂和 3′同源臂内侧插入 EPO 目的基因，供体载体的抗性基因为杀稻瘟菌素（BSD）基因（图 10.6）。

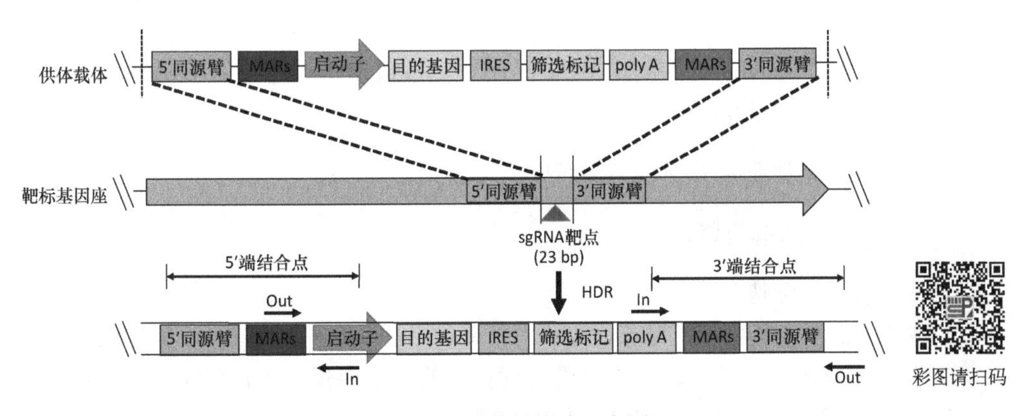

图 10.6 供体载体构建示意图

3）质粒提取

取单克隆过夜培养，通过无内毒素质粒提取试剂盒进行无内毒素质粒提取，用分光光度计检测其浓度及纯度并进行电泳检测。条带大小正确且清晰后可进行细胞转染。

（二）细胞培养与 sgRNA 剪切活性检测

1. CHO 细胞培养

CHO-K1 细胞培养于含 10%胎牛血清、1%青/链霉素的 DMEM/F12 培养基中，于 5% CO_2、37℃细胞培养箱内常规培养。

2. sgRNA 剪切活性检测

sgRNA 的剪切活性检测具体步骤如下。

（1）使用 Lipofectamine®2000 转染试剂将 CRISPR/Cas9-sgRNA1 和 CRISPR/Cas9-sgRNA2 转染至 CHO-K1 细胞，详细步骤为：①转染前一天，用 PBS 清洗 CHO-K1 细胞 2～3 次，然后用 0.25%胰酶消化，转移至 1.5 mL 离心管中，1000 r/min 离心 5 min；②使用终浓度为 0.04%台盼蓝进行计数，然后将细胞以 0.2×10^6 个细胞/孔接种至 6 孔板中，放置 37℃培养箱中培养；③待细胞汇合度达到 70%～80%时，按照转染试剂说明书进行质粒转染；④转染 4～6 h 后更换新鲜的完全培养基。

（2）转染 72 h 后，使用基因组提取试剂盒提取转染质粒后的 CHO-K1 细胞基因组。针对打靶区域设计特异性引物进行 PCR 扩增。

（3）T7 核酸内切酶 I（T7ENI）酶切检测 sgRNA1-2 的剪切活性（方法参照说明书进行）。

（4）使用 ImageJ 软件测量 PCR 扩增产物条带和切割条带的灰度值，从而估计 sgRNA 的剪切效率。

（三）基因敲除细胞系的筛选与验证

1. 细胞池筛选与鉴定

1）细胞池筛选

根据 sgRNA 活性检测结果，选择对打靶位点活性最高的 sgRNA 载体进行基因敲除细胞系的建立。本实验中，按照上述描述的转染步骤将 CRISPR/Cas9-sgRNA1 和供体载体共转染 CHO-K1 细胞，同时设置只转染 EGFP 的质粒作为对照组。

本实验所用供体载体含有 BSD 抗性基因，CRISPR/Cas9 系统含有 *Pur* 抗性基因。按照前述转染方法转染质粒，此时需要摸索两个质粒之间的最佳配比。转染后，首先需要通过向培养基中添加 BSD（10 μg/mL）进行加压筛选，大约 7 天后再使用 *Pur*（15 μg/mL）进行加压筛选直至未同时转染两种质粒的细胞死亡。继续培养，转染两种质粒的细胞逐渐形成克隆团。当细胞汇合度达到 80%～90%时，消化后扩大培养，一部分用于鉴定，一部分用于单克隆细胞筛选。

2）稳定细胞池鉴定

根据构建的载体信息，设计 5′同源臂和 3′同源臂上下游引物，验证其是否发生定点整合。具体步骤如下。

（1）合成含有同源臂的引物，序列见表 10.12。

表 10.12　同源臂鉴定引物

引物	序列（5′→3′）
5′同源臂-F	AAGAGAAGACAGTATACTATGC
5′同源臂-R	CCACCTCAGTGATGACGAGA
3′同源臂-F	CTGTTGAAGCTCTTAAGCC
3′同源臂-R	GAGACAATGGATACAAATGC

（2）获取基因组 DNA：提取对照组和实验组细胞的基因组 DNA。

（3）以上述提取的 DNA 为模板，使用合成的引物进行 PCR 扩增，体系如表 10.13。

表 10.13　稳定细胞 PCR 鉴定体系

试剂	体积
Ex Taq	0.2 μL
10×Ex Taq Buffer（20 mmol/L）	2.0 μL
dNTPs（2.5 mmol/L）	1.6 μL
提取基因组	200 ng
引物 F（10 μmol/L）	0.5 μL
引物 R（10 μmol/L）	0.5 μL
ddH_2O	加至 20 μL

PCR 程序为：95℃预变性 3 min；95℃、30 s，55℃ 、30 s，72℃、1 min，共 35 个循环；72℃延伸 5 min。

（4）琼脂糖凝胶电泳检测：对照组没有扩增出任何条带，实验组在 1000 bp 左右处扩增出目的条带，初步认为稳定细胞池中发生目的基因的定点整合；也可测序进一步验证。

2. 单克隆细胞的筛选与鉴定

1）单克隆细胞的筛选

培养上述稳定细胞株，待其对数期时以 0.8 个细胞/孔的细胞密度接种于 96 孔板中。隔夜进行观察，选择每孔只含有 1 个细胞的进行标记，每隔 3 天换液，直至克隆团汇合度达到 75%，依次转入 24 孔板和 6 孔板进行培养。

2）单克隆细胞的鉴定

同细胞池鉴定方法。

3）EPO 蛋白的表达及鉴定

当单克隆细胞株长满 6 孔板后，以 5.0×10^5 个细胞/mL 的细胞密度接种悬浮培养。每天进行计数，当细胞活性达到 60%左右时，1000 r/min 离心 5 min 收集细胞。取上清，进行 SDS-PAGE 电泳及 Western blot 检测。

EPO 是一种糖蛋白，含有 1 个 *O*-糖基化位点和 3 个 *N*-糖基化位点，可通过超高效液相对 EPO 的各个 *N*-糖苷进行定量，快速、方便、准确。

三、注意事项

（1）不同 Cas9/gRNA 靶点在基因敲除效率上差异较大，应同时设计并构建多个靶点的基因敲除载体，从中筛选效果较佳的靶点。基因敲除靶点设计应遵循设计靶点要求，避免漏靶。

（2）同源臂引物设计时需满足同源臂重叠碱基数。

（3）Cas9 mRNA 或 Cas9 蛋白易降解，可通过设置阳性对照组共转染避免 Cas9 mRNA 或 Cas9 蛋白降解的问题。

（4）琼脂糖凝胶电泳分析剪切效率时，可通过设置阴性对照组来区分目标剪切条带和非目标条带，以避免非特异性条带多而无法分析剪切效率。

（5）T7E1 突变检测时，可以增加 DNA 用量，降低酶的用量，减少酶切时间来降低非特异切割现象。

总结与展望

原核表达系统、昆虫表达系统、植物表达系统、哺乳动物细胞表达系统及 CRISPR/Cas9 基因编辑技术是目前基因表达系统的主要组成部分。在表达某一蛋白质时，首先需要确定表达蛋白质的目的基因序列，选择相应合适的表达载体，构建获得重组表达载体；然后将重组表达载体通过转化、转染或侵染等方式转入宿主细胞中进行优化表达；通过 SDS-PAGE 及 Western blot 等技术检测表达情况；最后进行扩大培养、纯化，获得大量目的蛋白。

尽管如此，在选择某一个表达系统表达蛋白质时，由于不同蛋白质的结构不同，常会出现不同的表达效果。因此，需要根据不同蛋白质的性质来调整表达条件，获得较优的表达效果。随着对各种表达系统研究的不断深入、更多表达机理和影响因素的发现，未来在不同表达系统中表达目的蛋白质的操作流程将更简便和高效。

参 考 文 献

李晨, 李洁. 2018. 重组人干扰素的研究进展及相关专利申请. 中国发明与专利, 15(2): 15-19.

刘世利, 李海涛, 王艳丽, 等. 2021. CRISPR 基因编辑技术, 北京: 化学工业出版社.

鞠守勇, 曹志林, 汪俊, 等. 2021. 基因操作技术, 北京: 化学工业出版社.

杨传辉, 卢荣锐, 杨愈丰. 2019. 无限制克隆技术研究进展及其应用. 生物化学与生物物理进展, 46(7): 719-726.

王天云, 贾岩龙, 王小引, 等. 2020. 哺乳动物细胞重组蛋白工程, 北京: 化学工业出版社.

Gao Y, Feng X, Xian M, et al. 2013. Inducible cell lysis systems in microbial production of bio-based chemicals. Appl Microbiol Biotechnol, 97(16): 7121-7129.

Hatoum-Aslan A. 2018. CRISPR methods for nucleic acid detection herald the future of molecular diagnostics. Clin Chem, 64(12): 1681-1683.

Jain N K, Barkowski-Clark S, Altman R, et al. 2017. A high density CHO-S transient transfection system: Comparison of ExpiCHO and Expi293. Protein Expr Purif, 134: 38-46.

Jayatilleke K M, Hulett M D. 2020. Heparanase and the hallmarks of cancer. J Transl Med, 18(1): 453.

Lee J S, Kallehauge T B, Pedersen L E, et al. 2015. Site-specific integration in CHO cells mediated by CRISPR/Cas9 and homology-directed DNA repair pathway. Sci Rep, 5: 8572.

Lee J S, Grav L M, Pedersen L E, et al. 2016. Accelerated homology-directed targeted integration of transgenes in Chinese hamster ovary cells via CRISPR/Cas9 and fluorescent enrichment. Biotechnol Bioeng, 113(11): 2518-2523.

Malaquias ADM, Marques LEC, Pereira S S, et al. 2021. A review of plant-based expression systems as a platform for single-domain recombinant antibody production. Int J Biol Macromol, 193(Pt B): 1130-1137.

Morgan A J, Poland G A. 2011. The Jenner Society and the Edward Jenner Museum: tributes to a physician-scientist. Vaccine, 29(4): D152-D154.

Munk C, Mutt E, Isberg V, et al. 2019. An online resource for GPCR structure determination and analysis. Nat Methods, 16(2): 151-162.

Sambrook J, David W R. 2002. 分子克隆实验指南. 北京: 科学出版社.

Saier M H Jr, Reddy B L. 2015. Holins in bacteria, eukaryotes, and archaea: multifunctional xenologues with potential biotechnological and biomedical applications. J Bacteriol, 197(1): 7-17.

Sepehrifar H R, Pilehchian Langroudi R, Ataei S, et al. 2021. Evaluation and comparison of clostridium epsilon-alpha fusion gene expression using different commercial expression vector. Arch Razi Inst, 76(1): 7-16.

Sohrab S S, Suhail M, Kamal M A, et al. 2017. Recent development and future prospects of plant-based vaccines. Curr Drug Metab, 18(9): 831-841.

Zhao H, Zhou X, Zhou Y H. 2020. Hepatitis B vaccine development and implementation. Hum Vaccin Immunother, 16(7): 1533-1544.

Zeng F, Hao Z, Li P, et al. 2017. A restriction-free method for gene reconstitution using two single-primer PCRs in parallel to generate compatible cohesive ends. BMC Biotechnol, 17(1): 32.

（孙秋丽　张　玺）

中英文对照表

2A 自加工肽	2A self-processing peptides
4-羟基他莫昔芬	4-hydroxytamoxifen
5-氟胞嘧啶	5-fluorocytosine
5-氟尿嘧啶	5-fluorouracil
5-氟乳清酸	5-fluorowhey acid
α-交配因子 1	α-mating factor 1
α-半乳糖苷酶	α-galactosidase
β-半乳糖苷酶	β-galactosidase
β-异丙基苹果酸脱氢酶	β-isopropylmalate dehydrogenase
cos 位点	cohesive end site
C-重复序列结合因子	C-repeat binding factor
DNA 结合蛋白	DNA-binding protein
DNA 结合结构域	DNA binding domain
GTP 环化水解酶 1	GTP cyclization hydrolase 1
G 蛋白偶联受体	G protein-coupled receptor
P1 派生人工染色体	P1-derived artificial chromosome
Ri 质粒	root inducing plasmid
Wiskott-Aldrich 综合征	Wiskott-Aldrich syndrome

A

阿尔茨海默病	Alzheimer's disease
阿西尼亚扁刺蛾病毒 2A 肽	Thosea asigna virus 2A
埃博拉病毒	Ebola virus
癌基因	oncogene
癌症靶向基因-病毒治疗	cancer targeting gene-viral-therapy
氨苄青霉素抗性	ampicillin resistance
氨基糖苷-3'-磷酸转移酶	aminglycoside-3'-phosptransferase
胺氧化酶	amine oxidase

B

巴斯德毕赤酵母	*Pichia pastoris*
胞苷酸 *N*-乙酰神经氨酸羟化酶	CMP-*N*-acetylneuraminic acid hydroxylase
胞嘧啶碱基编辑系统	cytosine base editors
保守结构域	conserved region domain
包装位点裂解酶	packaging site cleavage enzyme

白黑链霉菌	*Streptomyces alboniger*
白细胞介素-3	interleukin-3
半乳糖激酶	galactokinase
吡咯啉-5-羧化酶合成酶	pyrroline-5-carboxylate synthase
编码序列	coding sequence
遍在染色质开放元件	ubiquitous chromatin opening element
病毒蛋白 64	viral protein 64
病毒样颗粒	virus-like particle
病毒诱导的基因沉默	virus-induced gene silencing
丙酮酸磷酸双激酶	pyruvate phosphate dikinase
博莱霉素	zeocin
博伊丁假丝酵母	*Candida boidinii*
布拉氏酵母菌	*Saccharomyces boulardii*
哺乳动物人工染色体	mammalian artificial chromosome
不依赖于连接反应的克隆	ligation-independent cloning

C

草地贪夜蛾	*Spodoptera frugiperda*
草丁膦乙酰转移酶	phosphinothricin acetyltransferase
插入型载体	insertion vector
潮霉素 B	hygromycin B
超驱动序列	overdrive sequence
超氧化物歧化酶	superoxide dismutase
成簇规律间隔短回文重复序列	clustered regularly interspaced short palindromic repeats
赤藓酮糖激酶	erythrulose kinase
赤藓酮糖脱氢酶	erythritol dehydrogenase
重复可变双残基氨基酸	repeat variable di-residue amino acid
重组 DNA 技术	recombinant DNA technique
重组腺相关病毒	recombinant adeno-associated virus
雌激素	estrogen
从头 DNA 合成	*de novo* DNA synthesis
粗糙链孢霉	*Neurospora crassa*
促红细胞生成素	erythropoietin

D

大肠杆菌	*Escherichia coli*
大麦条纹花叶病毒	Barley stripe mosaic virus
单纯疱疹病毒 1 型	herpes simplex virus-1
单克隆抗体	monoclonal antibody
蛋白质二硫键异构酶	protein disulfide isomerase
蛋白质数据库	protein data bank

胆碱单加氧酶	choline monooxygenase
单链向导 RNA	single guide RNA
低密度脂蛋白受体	low-density lipoprotein receptor
地衣芽孢杆菌	*Bacillus licheniformis*
杜氏肌营养不良症	Duchenne muscular dystrophy
短小芽孢杆菌	*Bacillus pumilus*
多聚腺苷酸	polyadenylic acid
多聚组氨酸	polyhistidine
多克隆位点	multiple cloning site
多形汉逊酵母	*Hansenula polymorpha*
端粒	telomere

E

二羟丙酮合成酶	dihydroxyacetone synthetase
二氢叶酸还原酶	dihydrofolate reductase

F

番茄丛矮病毒	Tomato bushy stunt virus
反式激活 crRNA	trans-activating crRNA
泛素 C	ubiquitin C
反向末端重复区	inverted terminal repeat
翻译后修饰	post-translational modification
翻译延伸因子	translation elongation factor
芳香族氨基酸脱羧酶	aromatic acid decarboxylase
非同源末端连接	non-homologous end joining
分解代谢基因活化蛋白	catabolite gene activator protein
粉纹夜蛾	*Trichoplusia ni*
分子克隆	molecular cloning
复制起始位点	origin of replication
复制型病毒	replication competent virus
复制子	replicon
辅助载体	helper vector
附着体载体	episomal vector

G

甘露糖转移酶 1	mannose transferase 1
干扰素	interferon
杆状病毒	Baculovirus
杆状病毒表达载体系统	Baculovirus expression vector system
杆状病毒介导的哺乳动物细胞转导	Baculovirus-mediated transduction of mammalian cell
高甘露糖基化	hypermannosylation

高级别胶质瘤	high-grade glioma
根癌农杆菌	*Agrobacterium tumefaciens*
根性肿瘤	rooty tumor
共整合载体	co-integrated vector
谷氨酰胺合成酶	glutamine synthetase
谷胱甘肽-*S*-转移酶	glutathione *S*-transferase
固定化金属亲和层析	immobilized metal affinity chromatography
光应答元件	light response element
过氧化氢酶	catalase
过氧化物酶基质蛋白	peroxidase matrix protein
过氧化物酶体生物发生因子	peroxisomal biogenesis factor
果糖-二磷酸醛缩酶 1	fructose-bisphosphate aldolase 1
果蝇 S2 细胞	*Drosophila* Schneider 2

H

海床黄杆菌	*Flavobacterium okeanokoites*
核定位序列	nuclear localization sequence
核多角体蛋白	polyhedrin
核骨架附着区	scaffold attachment region
核基质结合区	matrix attachment region
核糖体结合位点	ribosome binding site
核糖体 RNA	ribosome RNA
核酮糖-1,5-二磷酸羧化/加氧酶	ribulose-1,5-bisphosphate carboxylase/oxygenase
核型多角体病毒	Nuclear polyhedrosis virus
互补型载体	complementary vector
花椰菜花叶病毒	Cauliflower mosaic virus
化脓链球菌	*Streptococcus pyogenes*
环出	looping out
环磷酸腺苷	cyclic adenosine monophosphate
黄单胞菌属	*Xanthomonas*
黄嘌呤-鸟嘌呤磷酸核糖转移酶	xanthine-guanine phosphoribosyl transferase
黄色荧光蛋白	yellow fluorescence protein

J

鸡超敏感位点 4	chicken hypersensitive site 4
几丁质酶	chitinase
肌肉肌酸激酶	muscle creatine kinase
肌萎缩侧索硬化	amyotrophic lateral sclerosis
基因工程	gene engineering
基因座控制区	locus control region
己糖转运蛋白	hexose transporter

家蚕核多角体病毒	*Bombyx mori* nuclear polyhedrosis virus
甲氨蝶呤	methotrexate
甲醇氧化酶	methanol oxidase
甲基化-CpG-结合蛋白-2	methyl-CpG-binding protein 2
甲基转移酶 17	methyltransferase 17
甲硫氨酸亚砜亚胺	methionine sulfoximine
甲醛脱氢酶	formaldehyde dehydrogenase
剪接位点	splice site
剪切供体	splicing donor
剪切受体	splicing acceptor
豇豆花叶病毒	Cowpea mosaic virus
酵母胞嘧啶脱氨酶	yeast cytosine deaminase
酵母附着体质粒	yeast episomal plasmid
酵母人工染色体	yeast artificial chromosome
酵母整合型质粒	yeast integrated plasmid
酵母着丝粒质粒	yeast centromeric plasmid
解脂耶氏酵母	*Yarrowia lipolytica*
巨噬细胞集落刺激因子	macrophage colony stimulating factor
菊粉蔗糖酶	inulosucrase
巨大芽孢杆菌	*Bacillus megaterium*
聚偏二氟乙烯	polyvinylidene fluoride
巨细胞病毒	cytomegalovirus
聚乙二醇	polyethylene glycol
绝缘子	insulator

K

卡那霉素抗性	kanamycin resistance
抗氧化应答元件	antioxidant response element
抗原展示型载体	epitope presentation vector
柯萨奇病毒和腺病毒受体	Coxsackievirus and Adenovirus receptor
可结晶片段	fragment crystallizable region
口蹄疫病毒	Foot and mouth disease virus
枯草芽孢杆菌	*Bacillus subtilis*

L

劳氏肉瘤病毒	Rous sarcoma virus
酪氨酸酶	tyrosinase
酪氨酸羟化酶	tyrosine hydroxylase
类转录激活因子效应物	transcription activator-like effector
类转录激活因子效应物核酸酶	transcription activator-like effector nuclease
李痘病毒	Plum pox virus

利福平	rifampin
链霉菌属	*Streptomyces*
链霉素抗性	streptomycin resistance
裂殖子表面蛋白 1	merozoite surface protein 1
磷酸甘油酸激酶	phosphoglycerate kinase
磷酸甘油醛脱氢酶	glyceraldehyde phosphate dehydrogenase
磷酸甘油酸变位酶 1	phosphoglycerate mutase 1
磷酸丙糖异构酶	triosephosphate isomerase
磷脂酶 C	phospholipase C
硫氧还蛋白	thioredoxin
氯霉素抗性	chloramphenicol resistance
氯霉素乙酰转移酶	chloramphenicol acetyltransferase
绿色荧光蛋白	green fluorescent protein

M

马甲型鼻炎病毒 2A 肽	Equine rhinitisvirus 2A
马铃薯 X 病毒	Potato virus X
麦芽糖结合蛋白	maltose binding protein
猫免疫缺陷病毒	Feline immunodeficiency virus
美国食品药品监督管理局	Food and Drug Administration
密码子适应指数	codon adaption index
绵羊髓鞘脱落病毒	Maedi-visna virus
目的基因	gene of interest
苜蓿银纹夜蛾核型多角体病毒	*Autographa californica* nucleopolyhedrovirus

N

内部核糖体进入位点	internal ribosome entry site
内含子	intron
逆转录病毒	retrovirus
黏粒	cosmid
黏性末端位点	chohensive-end site
尿酸氧化酶	urate oxidase
酿酒酵母	*Saccharomyces cerevisiae*
凝血因子Ⅷ	coagulation factor Ⅷ
牛免疫缺陷病毒	Bovine immunodeficiency virus
牛乳头瘤病毒	Bovine papillomavirus
牛生长激素	bovine growth hormone

O

欧洲药品管理局	European Medicines Agency

P

帕金森病	Parkinson's disease
嘌呤霉素	puromycin
嘌呤霉素 *N*-乙酰转移酶	puromycin *N*-acetyl-transferase
拼接末端载体	split-end vector
葡萄汁酵母	*Saccharomyces uvarum*
葡萄糖转运体 1	glucose transporter 1

Q

启动子	promoter
前蛋白转化酶枯草溶菌素 9	proprotein convertase subtilisin/kexin type 9
前导序列	leader sequence
前列腺特异抗原	prostate specific antigen
前末端蛋白	preterminal protein
桥石短芽孢杆菌	*Brevibacillus choshinensis*
醛脱氢酶 3 家族成员 A1	aldehyde dehydrogenase 3 family，member A1

R

Rho 相关蛋白激酶 2	Rho-associated protein kinase 2
热激蛋白	heat shock protein
人工启动子	artificial promoter
人工染色体	artificial chromosome
人类免疫缺陷病毒	Human immunodeficiency virus
人类人工染色体	human artificial chromosome
人胚胎肾	human embryonic kidney
人乳头瘤病毒	Human papilloma virus
人生长激素	human growth hormone
人血清白蛋白	human serum albumin
人转铁蛋白	human transferrin
融合/释放型载体	fusion/release vector
乳酸菌	lactic acid bacteria
乳腺癌 1 号基因	breast cancer 1

S

杀稻瘟菌素 S	blasticidin S
杀伤蛋白	killer protein
山梨醇脱氢酶	sorbitol dehydrogenase
上游激活序列	upstream activating sequence
生殖细胞基因治疗	germline gene therapy
噬菌体	bacteriophage
噬菌粒载体	phagemid or phasmid

双链断裂	double-strand break
水疱性口炎病毒	Vesicular stomatitis virus
水蛭素	hirudin
四环素抗性	tetracycline resistance
斯坦链异壁菌	*Streptoalloteichus hindustanus*
松散 DNA	unwinding DNA
苏云金芽孢杆菌	*Bacillus thuringiensis*
酸性磷酸酶	acid phosphatase

T

胎牛血清	fetal bovine serum
糖基磷脂酰肌醇锚定蛋白	glycosyl phosphatidylinositol anchor protein
体细胞基因治疗	somatic cell gene therapy
甜菜碱醛脱氢酶	betaine aldehyde dehydrogenase
甜菜夜蛾	*Spodoptera exigua*
土拨鼠肝炎病毒转录后调控元件	woodchuck hepatitis virus post-transcriptional regulatory element
脱落酸	abscisic acid
脱落酸应答元件	abscisic acid responsive element
脱水应答元件	dehydration responsive element
脱水应答元件结合蛋白 1	dehydration responsive element binding protein 1
同源重复序列	homologous repetitive sequence
同源重组	homologous recombination
同义密码子相对使用度	relative synonymous codon usage
同义稀有密码子	synonymous rare codon

W

外激素受体	pheromone receptor
外壳蛋白	coat protein
晚期胚胎富集蛋白	late embryogenesis abundant protein
弯曲 DNA	curved DNA
未折叠蛋白反应	unfolded protein response
微小毕赤酵母	*Pichia minuta*
微同源介导的末端连接	microhomology-mediated end joining
稳定抗阻遏元件	stabilizing anti-repressor
无标记转基因植株	marker-free transgenic plant
无病毒基因的病毒载体	gutless vector
无限制性位点克隆	restriction site-free cloning
无血清培养基	serum free medium

X

细胞外蛋白 X	extracellular protein X
烯醇酶	enolase
细菌人工染色体	bacterial artificial chromosome
下游元件	downstream element
腺病毒 DNA 聚合酶	adenovirus DNA polymerase
腺苷酸脱氨酶	adenosine deaminase
腺嘌呤碱基编辑系统	adenine base editors
小泛素样修饰蛋白	small ubiquitin-like modifier
小核 RNA	small nuclear RNA
小麦条纹花叶病毒	Wheat streak mosaic virus
小鼠白血病病毒	Murine leukemia virus
小鼠鸟氨酸脱羧酶	mouse ornithine decarboxylase
小鼠乳腺肿瘤病毒	Mouse mammary tumor virus
硝酸盐转运子	nitrate transporter
信号肽	signal peptide
信号肽优化工具	signal peptide optimization tool
新霉素抗性基因	neomycin resistance gene
新霉素磷酸转移酶	neomycin phosphotransferase
锌指核酸酶	zinc finger nucleases
血凝素	hemagglutinin
血小板衍生生长因子	platelet-derived growth factor

Y

芽孢杆菌属	*Bacillus*
亚硝酸还原酶	nitrite reductase
芽性肿瘤	shooty tumor
烟草花叶病毒	Tobacco mosaic virus
延胡索酸脱氢酶	fumaric dehydrogenase
延伸因子-1α	elongation factor-1α
胭脂碱合成酶	nopoline synthase
叶绿素 a/b 结合蛋白	chlorophyll a/b binding protein
异丙基-β-D-硫代半乳糖苷	isopropyl-β-D-thiogalactoside
遗传霉素	geneticin
乙醇脱氢酶 1	ethanol dehydrogenase 1
乙醇氧化酶	alcohol oxidase
胰岛素前体	insulin precursor
胰高血糖素	glucagon
异柠檬酸裂合酶	isocitrate lyase
乙醛脱氢酶 2	aldehyde dehydrogenase 2
乙酰丁香酮	acetosyringone

乙酰肝素酶	heparinase
乙酰羟酸还原异构酶	acetylhydroxyl acid reductisomerase
乙肝病毒转录后调控元件	hepatitis B virus post-transcriptional regulatory element
乙型肝炎疫苗	hepatitis B surface antigen
引物结合位点	primer binding site
右边界	right border
猿猴病毒 40	Simian virus 40
原间隔序列邻近基序	protospacer adjacent motif
猿类免疫缺陷病毒	Simian immunodeficiency virus

Z

载体	vector
造血干细胞/祖细胞	hematopoietic stem/progenitor cell
增强型绿色荧光蛋白	enhanced green fluorescent protein
增强子	enhancer
脂蛋白脂肪酶	lipoprotein lipase
脂蛋白脂肪酶缺乏症	lipoprotein lipase deficiency
置换型载体	replacement vector
质粒	plasmid
致瘤基因	oncogene
质膜 H^+-ATP 酶	plasma membrane H^+-ATPase
致育因子	fertility factor
植物人工染色体	plant artificial chromosome
中国仓鼠卵巢细胞	Chinese hamster ovary cell
中期因子	midkine
中心粒	centrioles
肿瘤相关抗原	tumor-associated antigens
肿瘤诱发质粒	tumor-inducing plasmid
周期依赖激酶 2A	cyclin dependent kinase 2A
猪特斯琴病毒 2A 肽	porcine teschovirus 2A
主要晚期启动子	major late promoter
主要组织相容性复合体	major histocompatibility complex
转化酶	invertase
转录终止/抗终止蛋白	transcription termination/antitermination protein
转移 DNA	transferred DNA
转运 RNA	transfer RNA
着丝粒	centromere
自我失活型载体	self-inactivating vector
自主复制序列	autonomous replicating sequence
组织纤溶酶原激活剂	tissue plasminogen activator
左边界	left border
左边界内部同源区	left inside homology